绿色生态城区案例和技术指南

孙妍妍　邹　锦　张　鉴　乐　园　主编

中国建筑工业出版社

图书在版编目（CIP）数据

绿色生态城区案例和技术指南/孙妍妍等主编.—北京：中国建筑工业出版社，2020.6 （2024.2重印）
ISBN 978-7-112-25037-0

Ⅰ.①绿… Ⅱ.①孙… Ⅲ.①生态城市-城市建设-中国-指南 Ⅳ.①X321.2-62

中国版本图书馆CIP数据核字（2020）第065566号

责任编辑：张文胜
责任校对：党 蕾

绿色生态城区案例和技术指南
孙妍妍 邹 锦 张 鉴 乐 园 主编

*

中国建筑工业出版社出版、发行（北京海淀三里河路9号）
各地新华书店、建筑书店经销
北京鸿文瀚海文化传媒有限公司制版
北京凌奇印刷有限责任公司印刷

*

开本：787×1092毫米 1/16 印张：24¾ 字数：624千字
2020年9月第一版 2024年2月第二次印刷
定价：**85.00**元
ISBN 978-7-112-25037-0
（35758）

本书编委会

主编单位：

中国建筑科学研究院有限公司上海分公司

上海中森建筑与工程设计顾问有限公司

编委成员（以姓氏拼音为序）：

陈　清　陈桂营　杜定敏　杜杨燕　樊大连　范世峰

方　俊　甘启善　郭振伟　韩　楠　胡建龙　黄　娟

黄立付　李芳艳　李文杰　李志磊　罗溪玉　马素贞

冒　勤　潘　亮　钱颖初　孙大明　孙金金　谭新宇

汤　民　唐喜庆　王柏俊　王梦林　吴邦本　邢丽萍

严　阵　闫艳红　赵广志　周　燕　朱恩惠　左嘉源

参编单位（以首字拼音为序）：

安泰得（上海）软件科技有限公司

长沙市城市建设科学研究院

桂林市住房和城乡建设委员会

湖北中城科绿色建筑研究院

湖南绿碳建筑科技有限公司

宁波华聪建筑节能科技有限公司

三棵树涂料股份有限公司

上海丰调节能科技有限公司

上海豪米建设工程技术服务有限公司

上海浦东发展银行

上海前滩国际商务区投资（集团）有限公司

同济大学

维态思（上海）环保科技有限公司

英国建筑研究院（BRE Group）

中国城市科学研究会绿色建筑研究中心

仲量联行（JLL）

前　言

《绿色生态城区案例和技术指南》（简称《技术指南》）由中国建筑科学研究院有限公司上海分公司和上海中森建筑与工程设计顾问有限公司共同主编，旨在帮助建设主管部门、规划设计单位、城区建设和开发单位等了解绿色生态城区特点，建设一流的绿色生态城区。

近年来，在不断提升绿色建筑发展水平基础上，建设生态文明，形成绿色发展方式和生活方式，为人民创造良好生产生活环境，为全球生态安全作出贡献。国家和地方通过政策引导、资金扶持、技术保障、试点示范创建等多种手段，推进绿色生态建设已取得一定进展和成效。全国各地的新城区建设绝大部分均以绿色生态为核心内容。在此背景下，国家标准《绿色生态城区评价标准》GB/T 51255-2017 自 2018 年 4 月 1 日开始实施，目前已经开展多个绿色生态城区项目评价。上海市也在 2018 年发布绿色生态城区评价地方标准——上海市《绿色生态城区评价标准》DG/TJ 08-2253-2018，自 2018 年 5 月 1 日开始实施，同年出台《关于推进本市绿色生态城区建设指导意见》（沪府办规〔2018〕24 号），2018 年开始在上海行政区范围内推动 28 个新开发城区和更新城区开展绿色生态城区评价工作。2019 年发布《上海绿色生态城区评价技术细则 2019》，明确绿色生态城区评价的路径和方法。在上海市大规模创建绿色生态城区的过程中，《技术指南》编制组发现各绿色生态城区的开发主体单位和规划设计单位亟需进一步指导和帮助，例如项目如何开展生态绿色规划、绿色和生态技术的梳理和运用、绿色产品选型、如何申报绿色生态城区评价标识等。所以《技术指南》编制组组织多家相关单位共同开展本书的编写工作。

本书收录国内外生态城案例 25 个，以最近获得国家和上海市绿色生态城区评价标识的案例为主进行详细介绍，同时收录获得住房城乡建设部绿色生态城区示范、中欧低碳生态城区示范、世行 GEF 低碳城区示范和各省级生态城区试点和示范项目。在编写时注重实用性，第一章“规划与设计”详细介绍规划设计单位在绿色生态城区规划中的空间、交通、土地利用、水系统和绿色建筑规划方法等。第二章“技术与产品”重点介绍绿色生态城区中可用的新技术和新产品。第三章“绿色生态城区碳排放计量”介绍如何计算绿色生态城区的碳减排量。第四章“绿色金融和绿色生态城区”介绍如何运用好绿色金融来帮助绿色生态城区的建设。第五章“实施与工具”介绍辅助生态城区规划决策、建设管理、技术服务和评价的一系列软件工具。第六章“绿色生态城区星级评价”介绍绿色生态城区评价标识，并给出申报和评审的流程。第七章“案例与实践”介绍国内外生态城的典型案例。第八章“绿色生态城区咨询服务”介绍绿色生态城区的规划和生态指标体系。附录“政策与标准”中列举国内外近年来绿色生态城区的法规和标准，“参考文献”中列出文中引用的资料来源。

本书编写主旨为“求新、求实、不求全”，技术内容覆盖全部流程，因生态城区内容繁多，且篇幅所限，只收录最重要内容和最新技术产品，力求走在领域前沿，为创建绿色生态区域起到指引作用。对于各项技术和产品内容，读者可关注中国建筑科学研究院有限公司上海分公司公众号 Ecocity 生态城，查阅更为详细的技术资料。本书编写过程中也参考了国内外大量的资料和文献，在此一并感谢。编委会能力所限，在撰写中如有疏漏和错误之处，敬请读者指正。

本书前言由孙妍妍完成；第一章由邹锦、李志磊、韩楠、汤民完成；第二章由乐园、王柏俊、唐喜庆、王梦林、谭新宇、朱恩惠、左嘉源、黄娟、樊大连完成；第三章由陈桂营、孙金金完成；第四章由钱颖初、赵广志、甘启善完成；第五章由李文杰、李志磊、左嘉源、范世峰完成；第六章由郭振伟等完成；第七章和第八章由孙妍妍、朱恩惠、左嘉源等完成；案例由马素贞、李芳艳、杜杨燕、冒勤、邢丽萍、陈清、周燕等提供；附录由王柏俊、罗稀玉完成。本书编写还得到上海市住房和城乡建设管理委员会建筑节能和建筑材料监管处、中国城市科学研究会绿色建筑研究中心、上海前滩国际商务区投资（集团）有限公司、英国建筑研究院（BRE Group）、桂林市住房和城乡建设委员会、湖南绿碳建筑科技有限公司、湖北中城科绿色建筑研究院、宁波华聪建筑节能科技有限公司、仲量联行（JLL）、上海浦东发展银行、上海丰调节能科技有限公司、同济大学、上海豪米建设工程技术服务有限公司、三棵树涂料股份有限公司、维态思（上海）环保科技有限公司等单位的大力支持，在此一并致谢。

孙妍妍

2020 年 1 月 1 日

感　言

经过一年多辛苦的组织、筹备、编写与著述工作，《绿色生态城区案例和技术指南》一书终于即将出版了。这对努力付出的工作团队成员们来说是心血凝结的成果，同时也是极大的奖励与鼓舞。特别感谢中国建筑科学研究院有限公司上海分公司孙妍妍主任及其团队，他们周密筹划、认真严谨的科学态度和专业化的组织工作使本书得以顺利推进、完善和出版。

我作为本书的共同主编单位——上海中森建筑与工程设计顾问有限公司生态城市研究中心的研究人员，有幸参与了本书的编写与著述工作。上海中森建筑与工程设计顾问有限公司是中国建设科技集团所属一级子企业，多年来致力成为“建设科技进步的推动者和提供设计全程解决方案的领跑者”，深具行业使命感与社会责任感。本书在编写工作中，得到公司领导严阵院长与中心分管领导郭欣书记的大力支持，以及公司诸多同事的无私帮助，在此深表谢意！

近年来，绿色生态城区建设工作在全国各地迅速开展，渐成如火如荼之势，但是却存在具体目标与实施细则脱节、评价标准不统一、技术框架不完整等问题。同时，作为一个在全球范围内仍在不断实践和发展的领域，相关前沿知识和先进技术的搜集、论证与采用，对我国当前的相关实践也有重要意义。本书针对目前实践中存在的问题、立足我国现实发展、引入国内外先进理论与技术，建立了较为完整的技术框架体系和深入的实施细则，并以国内外优秀案例作为辅助，帮助读者深入理解，为相关机构及其从业人员提供较为完备与实用的技术指导。

2020是值得被铭记的一年，从年初开始的新冠肺炎疫情以席卷全球的态势，深深影响甚至改变了全球大多数人的生活。在疫情防控常态化的形势下，需要我们思考从专业领域出发的应对策略，以期为未来城市发展的公共卫生安全提供更多保障，为城市的可持续发展做更多深入细致的研究工作。在此与各位同仁共勉！

邹锦

2020年7月 于上海

目　　录

第一章　规划与设计

城市是社会生产力和商品经济发展的产物，绿色生态城区是未来城市建设的发展方向。生态城区的建设是基于“人与自然”和谐共生的原则，保障不同人群、不同地区、不同层级的公共服务设施需求，同时明确绿色建筑和建筑工业化要求，以实现绿色建筑的科学化、合理化及规模化发展。在生态城区的建设发展过程中会形成各种不同的城区类型和建筑类型，本章对此进行了详细介绍。

第一节　空间结构与土地利用

一、生态空间格局构建

生态空间格局是区域的基本生态框架。健康的区域生态框架格局的构建不止对规划区内生态系统长期稳定地健康运作、持续长久地提供生态效益方面意义重大，同时还从生态承载力、生态空间总量等方面决定城市未来发展的规模与方向，对现有和未来新的自然和人工建成环境都有一定约束与可持续性指导作用。

1. 规划原则

（1）保护和发展共同前进，保护优先，尊重自然本底，尽量保护原有生态系统。对于未开发的土地以保护生态系统完整性为最基本原则，对于已开发的地区要恢复和提高生态系统自我维持自我恢复功能，并能持续提供生态服务效能。

（2）合理布局，从提高人居环境舒适度、保证绿地生态功能、落实区域生态廊道格局等要求出发，构建完整的生态框架和系统化、网络化的生态系统，合理确定生态保护空间和绿地系统的空间布局，保障连通性是关键。

（3）结合重要的城市生态功能区，以及郊野公园、湿地公园、遗址公园等建设，恢复健全生物物种栖息地，增加开敞空间和各生境斑块的连接度和连通性，保护栖息地生态系统的结构与功能，通过生态廊道建设构建城市生物多样性保护网络。

（4）城市生态格局是自然生态空间的延续和继承，保持生态系统在空间上的连续性对其生态功能的实现不可或缺。因此，应将城市生态系统纳入区域整体生态系统中进行考虑，与周边区域一起构成开放式的生态空间格局，以促进区域内外生态系统的有机融合，使区域整体生态系统进入良性循环。

2. 规划方法

（1）综合多种手段对规划区生态本底进行生态诊断，重点关注生态系统结构。对区域内生态要素及其空间的分布、现状质量及生物多样性进行现状评价分析，重点明确区域内主要的生态节点、泄洪排涝通道、物种及栖息地等。通过现状分析，评价规划区范围内的生态系统现状情况，探讨现状存在的问题以及未来建设可能带来的问题。

（2）根据对片区内生态问题的分类分级梳理结果，进行生态空间识别。对区域内的绿地、水系、湿地、动植物资源等重要生态斑块进行分析识别，结合对现有生态空间生态质量的优劣分析，从而确定保护、恢复、重建、改造等不同方式方法。

（3）生态廊道控制，根据廊道的位置与特征，确定其适宜的构建方式、控制宽度等，促进区域生态系统的完整性。

（4）在不同等级或者不同性质的廊道系统的交汇处由于具有重要的生态功能，应作为关键控制节点。通过不同等级、性质的廊道、绿地斑块和关节控制节点形成规划区内整体生态结构网络系统。

（5）基于景观生态学原理，将规划区内生态系统与周边区域进行整合、连通，成为更大尺度上城市生态网络的一部分，构建区域内外连通的生态系统结构网络，形成“斑—廊—基”的合理生态格局。

3. 规划内容

（1）明确区域生态系统规划中涉及规划区的重要生态空间名称，提出绿色生态城区内规划的生态廊道结构、各生态廊道名称以及生态廊道两侧绿化带的控制宽度。提出不同类型绿地的低影响开发控制目标和指标，并根据绿地的类型和特点，明确各类绿地低影响开发规划建设目标、控制指标等和适用的低影响开发设施类型。

（2）推进生态廊道建设，努力修复被割断的绿地系统，加强城市绿地与外围山水林田湖的连接。同时将城市生态廊道建设与城市有机更新相结合，依托现有城市绿地、道路、河流及其他城市开敞空间，构建城市通风廊道，缓解热岛效应，减轻污染物浓度。

（3）切实保障城市生态安全格局用地，结合绿地系统规划城市防灾避险开放空间。空间规划应同时满足日常使用与防灾避险临时使用要求，禁止修建任何永久或半永久设施占用该空间，同时保证空间的面积、易达性、安全性、基本设施配套等要求，为地震、火灾、水灾等城市灾害提供疏散通道和避难场地。

（4）通过生境网络的规划，保护生境斑块，对抗景观破碎化和维护生物多样性的关键景观格局，布局合理、相互连接的生境网络利于物种安全的栖息与迁徙。

（5）通过分析自然和历史遗产的演变过程，构建绿道网络将全部有价值的自然和历史文化遗产作为保护对象，将各类遗产通过线性网络通道连接起来，为城市自然和文化遗产保护提供空间框架。

二、城区空间结构与布局

生态城区空间结构规划应基于“人与自然”和谐共生的原则，规划用地布局应尊重自然地形，保护林地、山头、陡坡、裸露岩层、江河、溪流、冲沟等生态敏感性高、生态环境脆弱的自然环境，并与周边自然环境建立有机的共生关系。城市开发建设尽量利用原有地形地貌和自然景观条件，突出具有地方特色的空间格局，减少土石方工程量。

城区用地布局应综合考虑周边环境、道路交通系统、公共服务设施与住宅布局、绿地系统及空间环境等的内在联系。将土地利用规划、建筑空间布局与生态交通体系、被动能耗设计、高科技生态技术与材料的运用全面有机综合，形成低碳节能、绿色生态、富有地方特色的空间形态布局。规划内容包括：

1. 采用“小街区”模式控制地块规模

（1）科学合理划分地块，营造适于步行和自行车的街道网络。采用街坊式小地块布局，形成安全、可交往、充满活力的城市街道空间。

（2）采用密集街道网络形成“小街区”，用地规模控制在 $4hm^2$ 以内。形成基于土地集约原则，强调高效、功能混合、适宜步行的开放性街区空间的土地开发模式。

（3）根据城市功能的容纳、城市空间的可渗透性、城市交通的要求、土地效益的经济性、街区的活跃性、各国实践经验参考值等因素确定街区尺度。

（4）规划区内 $2.0hm^2$（含 $2.0hm^2$）以下的地块数量占地块总量的比例不宜小于80%。

（5）相邻地段的小地块可整体出让，但地块间的支路需按规划控制的道路断面与标准建设，并24h对公众开放。

2. 围绕公共交通开展用地布局

（1）推行以公共交通为导向（TOD模式）为主的城市发展模式，公共交通站点为功能、密度和强度的中心，由此合理进行城市用地布局。公共交通站点与周边地区有便利的步行及自行车慢行道联系。

（2）使公共交通站点与周边用地功能紧密结合，形成地面、地下空间立体综合开发的有机整体。

（3）公共交通引导低碳生态城区的整体规划和集约发展，合理组织人流、车流和车辆停放，减少机动车交通能耗。

（4）用地功能混合，紧凑布局。

（5）在符合绿色生态城区所在区域总体用地布局的前提下，规划区内的用地功能应多样化、混合利用，尽量避免功能单一的土地利用模式。

（6）除特殊要求外，开发地块宜混合利用，体现多样性。地块平面混合与垂直混合结合。

（7）规划应明确具有混合功能的地块中各类功能的具体建筑面积或比例。

（8）规划区单个可开发地块内具有两种及以上功能的地块规模占可开发地块总规模的比例不小于80%。

3. 土地开发强度控制

（1）在公共交通站点周边400m（步行5min）范围内的地块在满足相关规定的情况下，宜进行高强度和高密度开发。

（2）邻近生态保育、景观营造、文物保护等敏感地区的用地，宜合理控制开发强度和建筑高度，地块规模可相对灵活。

（3）一般区域根据区位、用地性质等要素，合理控制开发强度与密度，使规划区整体呈现具有梯度层次的开发分区。

三、公共服务设施规划

根据城区发展规划、人口结构及其需求特征，设置教育、医疗卫生、文体娱乐等满足居民日常生活要求的公共服务设施系统。保障不同人群、不同地区、不同层级的公共服务设施需求，重点关注保障民生和弱势群体如老年人等公共服务功能供给的设施配置需求。

根据实际情况，适当提高设施配置与建设标准，同时重点落实社区中心、菜场等日常生活设施内容。规划内容包括：

（1）结合区域公共服务设施，以及居民日常生活需求，为地块配置功能齐全、使用便利的多种公共服务设施。

（2）加强大容量公共交通枢纽与城市中心和片区中心的整合。结合公共交通枢纽、场站集中布局公共服务设施、公共事务办理机构，形成“城市级—片区级—社区级”公共服务中心。

（3）与规划结构相适应，确定各项公共服务设施半径除学校和医院外，社区级公共服务设施宜结合居住建筑布局，且在步行5min范围内。

（4）相关公共服务设施混合设施，局部地域设施成套设置。

（5）公共服务设施布局应与步道、自行车道等慢行系统紧密结合，同时尽量实现公共交通对公共服务设施的全覆盖，提高设施的可达性。

（6）针对设施自身需求布局，采取绿色环保的设置方式，同时考虑景观生态要求。

四、地下空间开发利用

结合规划区内开发利用条件规划城市各类地下空间的开发利用，在使用功能、空间形态、交通组织、开发时序等方面相协调，满足重点开发区域的地下空间利用需求，注重相邻区域地下空间的连通，构建完整的地下空间网络，达到紧凑布局和集约节约利用土地资源的目的。

1. 地下空间开发利用原则

（1）地下空间的利用地区应结合轨道站点、广场、公共绿地、大型商业区等地区，进行系统性规模化开发，开发规模根据地面建筑配建相关要求确定。

（2）结合规划区内开发利用条件的分析以及城市建设功能的需要，将地下空间利用划分综合功能区、复合功能区、单一功能区。根据各种功能的设置条件，对不同功能的地下空间提出相应的开发控制要求。

（3）地下空间开发利用应结合TOD开发模式，基于公共交通体系，使地下街和交通联系通道串联，建立由轨道交通、地下换乘中心以及各类地下开发建设体所组成的地上地下紧密结合、功能合理、繁荣高效的地下空间综合利用体系。

（4）受蓝线控制的河道及周边防洪地区、紫线控制的传统风貌地区、生态保护的地区、防灾避难场所、中小学校等不允许进行地下空间开发。

（5）禁止将幼儿园、托儿所、养老院、学生宿舍、医院住院部等建筑设置在地下或半地下空间[1]。

2. 地下空间开发利用类型

（1）地下交通设施。将地面交通和地下交通统筹考虑，建立由轨道交通、地下换乘中心、地下步行系统以及地下停车场等串联贯通形成的综合地下交通体系，并与其他功能建筑物和地面空间有机结合。

（2）地下商业设施。结合地上功能和交通条件，划分地下空间鼓励和限制开发区域。紧密围绕轨道站点合理开发周边地下空间，利用地下交通体系带来的人流发展商业设施，形成地上地下紧密结合、功能合理、繁荣高效的地下空间综合利用体系[1]。

（3）人防设施。根据综合防灾专项规划及相关配建要求，测算各类人防工程建设规模，明确建设方式和平战结合的使用要求。

（4）市政综合管廊。根据专项规划，结合土地利用情况，明确地下市政综合管廊和地下污水处理厂、变电站、煤气站、垃圾转运站、能源站、蓄水池等公用设施的位置、规模、标高等控制要求。

五、案例介绍

四新生态新城位于湖北省武汉市，东起长江干堤，西至龙阳大道，北起墨水湖南岸，南至中环线所围范围，包括博览中心核心区和四新居住片区，涉及 20 个控规管理单元，土地面积 17.43km^2，规划人口 25 万人。自然生态资源得天独厚，坐拥龙阳湖、墨水湖、南太子湖、三角湖等四座自然湖泊，水域面积达 8.5km^2（图 1-1）。

图 1-1　四新生态新城鸟瞰图

资料来源：绿色建筑设计研究院。

1. 城市生态空间格局构建

四新生态新城规划基于“外向生长，内向渗透”的城市生态结构思路，以三种廊道形式，即：（1）依托道路为主体，包括公交走廊、林荫休闲道和两旁绿化带等形成的灰色廊道（图 1-2）；（2）以水系为主体，由水体、植被、河滩、湿地等组成，包括河道、河漫滩与河岸（水域、岸域和陆域）三部分形成的蓝色廊道（图 1-3）；（3）以带状绿地为主体，包括植物、休闲道、景观设施等形成的绿色廊道，构筑城市复合生态廊道（图 1-4）。三种廊道叠加后，形成芳草路和联通港路、四新大道沿线地带宜作为城市通风廊道，人行、自行车及公交廊道，滨水绿化廊道，居住区级公共服务设施廊道和城市低密度开发带的“五合一”的复合廊道。复合廊道在城市层次设置宽度为 100～150m，分区层次设置 50～100m，社区层次设置 30～50m[2]。

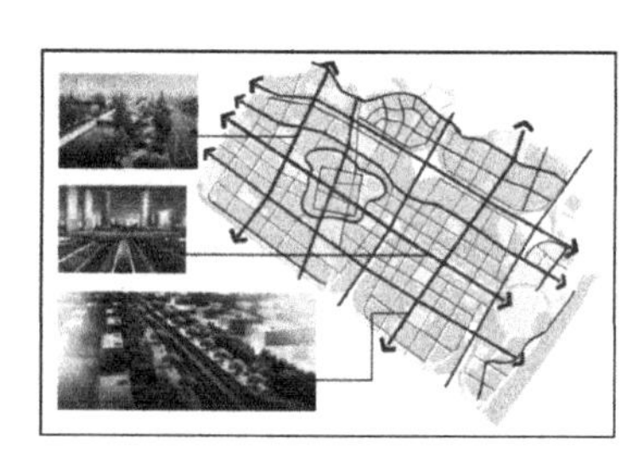

图 1-2　灰色廊道

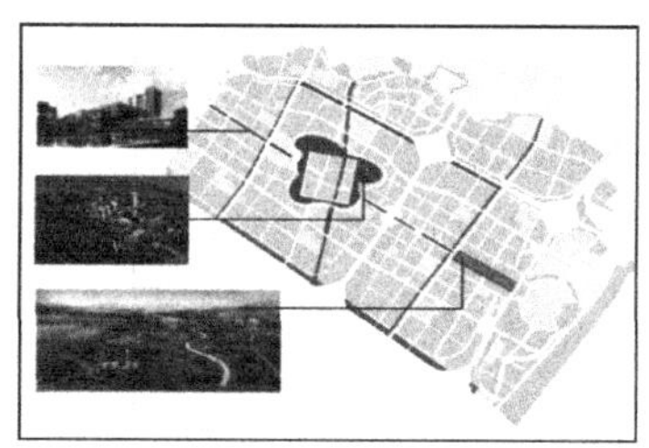

图 1-3　蓝色廊道

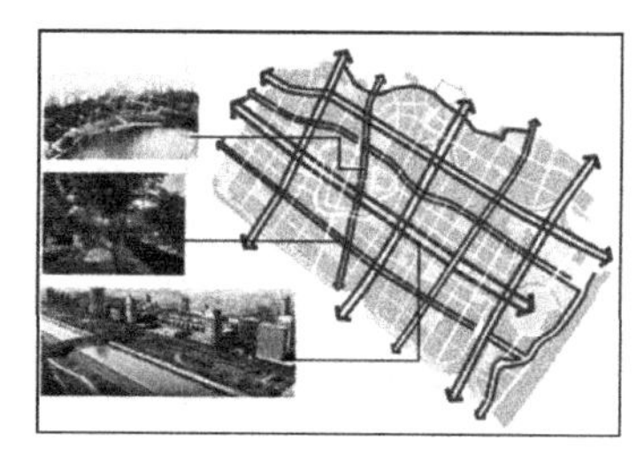

图 1-4　绿色廊道

资料来源：绿色建筑设计研究院。

以城市生态结构为背景，结合三种廊道形式交织在一起共同形成网络状的城市复合生态廊道，构建起以两江环抱、六湖联通为背景，以四新大道发展轴为依托，以方岛蓝心、滨江会展为两大城市生态绿核，两条生态廊道贯穿南北的城市生态安全格局（图 1-5、图 1-6）。

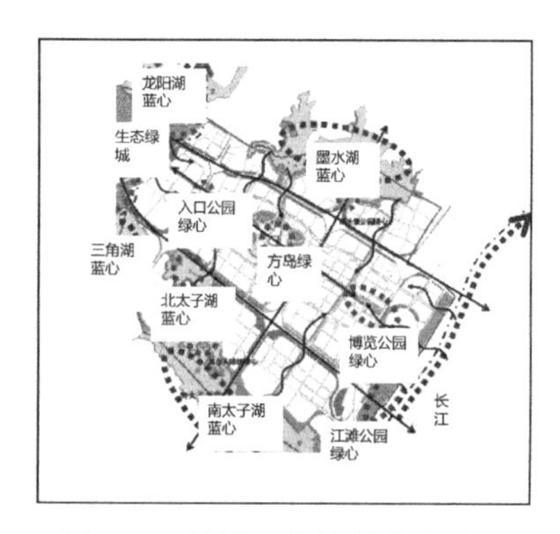

图 1-5　关键生态控制节点分析

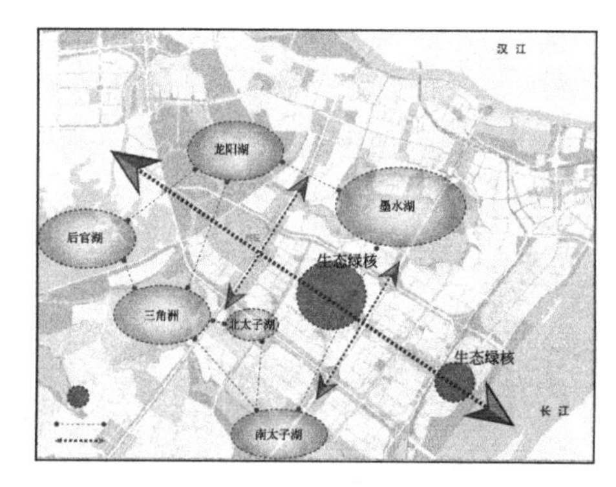

图 1-6　城市生态空间格局构建

资料来源：绿色建筑设计研究院。

2. 城区空间结构与布局

武汉属于冬冷夏热地区，城市结构布局应利于降低能源需求。因此应引导夏季东南风尽可能地穿越城市空间带去凉爽的空气，这就要求建筑组团规划在顺应风向的同时适当地分散布置；反之，在冬季，防风供暖成为主要需求，表面积小且布局紧凑的建筑可以最大限度地减少热量损失，节省供暖费用。

为顺应这一气候条件，规划采用了“大分散、小集中”的城市布局。所谓“大分散”是指城市各组团间保留足够空隙，能保证夏季风穿过城市，给城市降温，减弱其热岛效应；而“小集中”是指在城市组团内部、社区尺度上，建筑宜紧凑布局，以尽量减少热损失，保证冬季的防风与供暖需求[2]（图 1-7）。

在用地模式上，采取功能集约开发，复合利用的方式，例如：居住兼容公共建筑的混合用地（RC），分布于沿芳草溪和连通港两条城市生态生活廊道，主导用地性质是居住（R 类），要求居住面积不低于总面积的 60%；或者公共建筑兼容居住的混合用地（CR），沿四新大道公共服务轴进行布置，分别位于芳草路和龙阳大道之间、连通港路和梅子路之间，主导用地性质是公共建筑（C 类），要求公共建筑面积不低于总面积的 60%（图 1-8）。

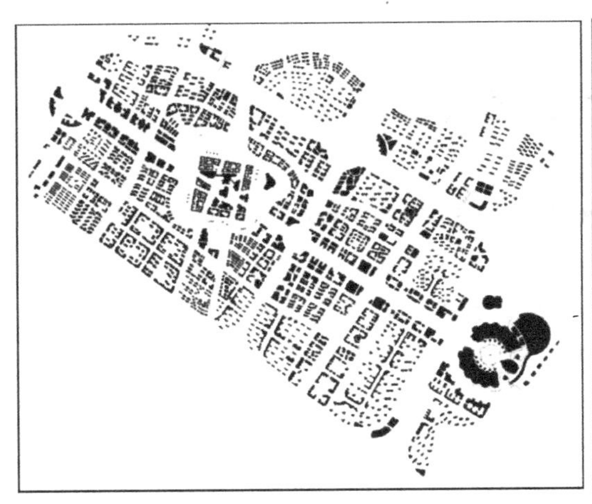

图 1-7　“大分散小紧凑”的布局结构
资料来源：绿色建筑设计研究院。

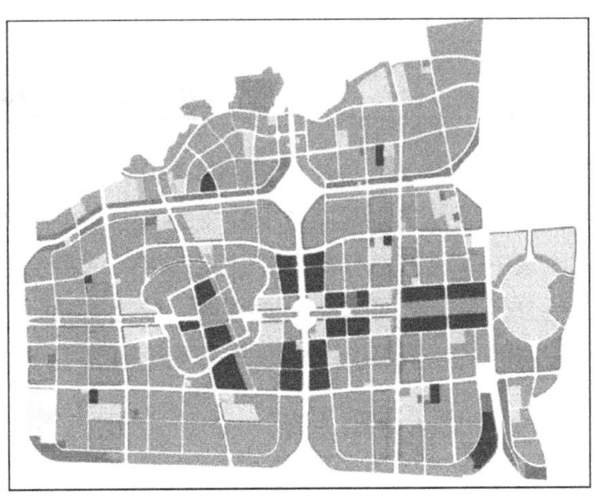

图 1-8　混合用地分布图
资料来源：绿色建筑设计研究院。

3. 构建通风廊道缓解城市热岛效应

理想的城市通风道应结合城市中的天然廊道或自然要素进行规划布置，例如自然河道、湖泊、湿地、绿地等。相关研究表明，当通风道总体宽度达到 150m 左右时，才能达到较为理想的通风排热效果。

通过内外连通的大尺度城市风道使自然风得以在城市中流通，将四新外围水域和林地温度相对较低的冷空气和新鲜空气引入中心城区，带走城市中心区的热量和废气，可以最大限度地达到降低城市内部温度和净化城市空气的目的，缓解城市热岛效应[3]。

此外，在夏热冬冷地区城市空间布局形态上，应该尽量依靠建筑群体设计及布置方式使夏季的南向、东南向风得到强化，同时阻挡冬季寒冷的北风、西北风。按照这个原则，将体量小的独立住宅布置在用地最南边，然后依次是其他低矮的建筑类型，而最高和最长的建筑则布置在用地的北部边界（图 1-9）。因此，整个地区由南向北分别布置了独立或双拼别墅、两至三层的联排式住宅，以及高层板式公寓楼，从而形成了一个“凹”字形，迎合夏季风，同时阻挡冬季风（图 1-10）。

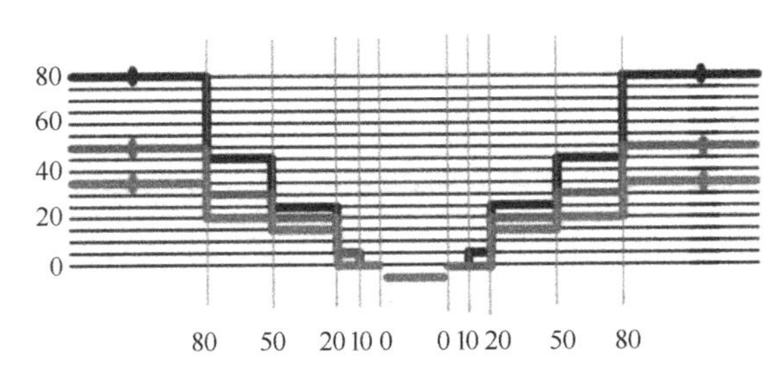

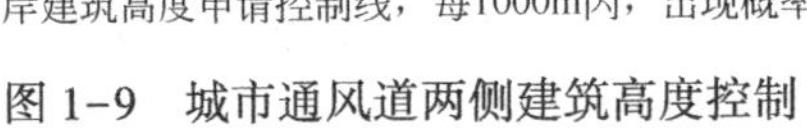

图 1-9　城市通风道两侧建筑高度控制

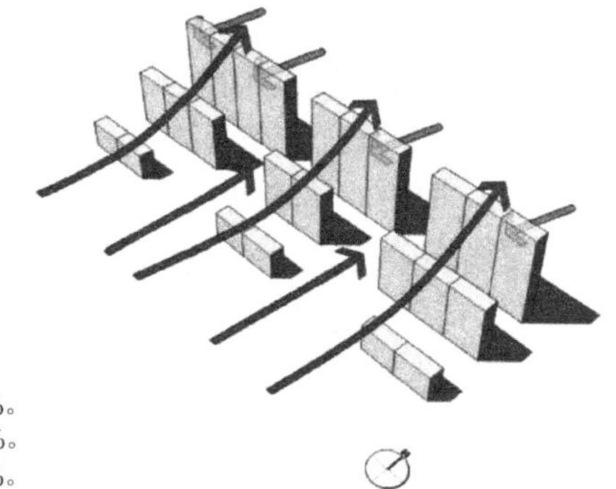

图 1-10　应对气候的城市空间布局形态

第二节　绿色交通规划

发展绿色交通既能减少环境污染，又能节约能源，还可以促进人们形成健康的生活方式，集中体现了生态城市的健康追求。绿色交通规划致力于提高公共交通、步行、自行车的出行分担率，从而达到交通减量、减耗、减排的目的。此外，城市交通系统与土地利用的一体化能够引导城市形成良好的空间形态和合理的开发密度，从而使城市交通能耗水平降低。

一、城区道路系统

（1）以公共交通为导向围绕交通站点进行高强度开发，根据不同的用地性质调整路网间距：中心区的混合用地可以为 100～150m；商住混合区可以为 120～200m；完全居住区可以为 180～250m，并配以独立步行道，加密慢行密度，促进绿色低碳生活。

（2）优化城市路网分级体系。区内承担过境交通的主干路采用间隔一个街区（100～200m）的单向二分路，提高道路网密度与交叉口通行效率。

（3）采用细而密的道路网布局，以道路间距来控制路网的合理性。道路红线宽度不宜大于 30m（城市快速路除外），道路密度宜控制在 10～15km/km^2，道路面积率宜控制在 15%～18%，支路间距宜控制在 100～250m 范围内。

（4）道路断面设计应与城市核心功能关联考虑，充分体现步行者的权益。支路（次干道）+路两侧为生活功能、支路（次干道）+路两侧为商业功能、支路（次干道）+路两侧为公园绿地功能时，人行道宽度应渐次增加，但不应小于 3m，若条件限制，最低不得小于 1.5m。

（5）步行与公共交通优先之下的城市道路局部建议：立交时车行道之间不互通，但要保证步行道之间互通；在公共交通需求较大的主次干道上设置公交专用道。

二、公共交通系统

（1）生态城推行公共交通优先政策，积极发展轨道交通、城市快速公交、常规公交、多模式优势互补、绿色环保、换乘便捷的公共交通体系。

（2）积极发展大容量公共交通，充分考虑大容量公共交通与常规公交的衔接方式，完善换乘设施与系统化的交通接驳方式。TOD 站点处交通接驳除考虑便捷性外还应考虑景观性。

（3）构建功能清晰、布局合理的主线—干线—支线形成的三级公交网络，发展社区公交、支线小公交等系统。形成“步行+公共交通”“自行车+公共交通”“小型公交+轨道交通”“特色交通+公共交通”等层级化、多样化、特色化的绿色公交系统。

（4）公共交通方式出行分担率应占居民出行方式的 50%以上，其中轨道交通和城市快速公交应占公共交通方式的 50%以上。

（5）按照城市实际需求特征，因地制宜，有针对性地发展辅助公交载体，如水上公交、缆车、扶梯等有地域特色的公交网络，以满足实际需求，并弥补常规交通的不足。

三、慢行交通系统

1. 步行系统

（1）结合地形，构建安全、便捷、通畅的独立式步行路径与立体步行网络。主慢行道的布置垂直或者斜交等高线，形成串联核心功能轴的绿荫林带，在地形起伏高差不大的规划区，慢行道宜形成环状或网络状结构。

（2）步行系统由绿道、步道（包括公共垂直交通工具）及其相配的城市支路（必要时可为次干道，但不应为主干道）共同构成，其中主次干道为支撑，慢行道为主导。

（3）步行道设置应考虑景观与生态效应，沿着核心的绿道，设置绿带公园，成为连接各个生态斑块之间的生态廊道。

（4）机动车流量较大的区域及 TOD 核心区的慢行网络可以和机动车分离，形成连续的立体步行网络。

（5）交叉口和路段人行横道均应采用标线、辅助标志等界定过街区域，并采取无障碍设计；人行横道宽度不应小于 4m。

（6）纯步行道与城市主、次、支路共同组成步行基网，但纯步行道的面积指标考虑其特殊性计入城市公园绿地。基网内步行路径间距应为 75~200m，步行网络密度应大于 12~20km/km^2。

（7）步行出行方式分担率应达到居民出行方式的 40%以上。

2. 自行车系统

（1）设置机非分离形式、以通勤为目的的自行车道并形成系统；在以旅游、休闲、游憩、观景等功能为主的区域，设置以休闲、游览为主要目的的自行车系统（例如双人、多人自行车等）及其专用道路。

（2）结合地形并根据城市核心功能布置，于大型商业设施、公共服务设施、公共交通站点、绿地广场等处预留地面自行车停放点，按照道路情况及设施对人流的吸引力确定各停车配建指标，在可能条件下建议集合住宅区 0.4 车位/户，办公区 0.4 车位/100m^2 建筑面积，商业区 0.5 车位/100m^2 建筑面积。

（3）在自行车与公共交通的接驳区域，设置自行车换乘系统（B+R）。租赁点宜结合城市道路（人行道、行道树间、路侧绿化带）、轨道站出入口及公交场站，以及广场、公园、居住小区、建筑后退红线地带等独立空间灵活设置，租赁方式宜同时便于本地与外地居民出行，配建指标建议为 3.5 车位/100 远期高峰小时旅客。

（4）在地形条件允许的情况下，考虑租自行车者的理想步行出行距离及所服务腹地的人口密度等因素，公共自行车租赁点的平均间距推荐取 300m；平均服务半径推荐取 150m；平均密度推荐取 11 个/km^2。

四、城市停车系统

（1）城市停车系统配建指标应根据城市功能布局合理分配，建议居住区配套车位 0.34 个/100m^2，商业办公配套车位 0.5 个/100m^2，餐饮娱乐配套车位 1 个/100m^2，中小学配套车位 0.2 个/100m^2，文化设施配套车位 0.5 个/100m^2，社会停车场配套车位 1 个/30m^2。

（2）在城区边缘、人流量较大的轨道交通站点、公共交通站点处，建立完善的停车换乘系统（P+R），提供停车设施及相应优惠政策，抑制小汽车进入城区，提高公共交通使用率。

（3）结合道路设计和停车收费政策，限制长时间路边停车，鼓励地下停车或立体机械停车库停车。立体停车库应结合地形，进行底部空间开放性设计、同时考虑融入商业空间，形成功能复合综合体。

（4）车辆定位和查询、场内停车引导等功能，提高城市停车管理水平和智能信息服务系统的能力。

五、案例介绍

1. 伯克利绿色交通系统规划

伯克利位于美国西海岸加州中部偏北，属阿拉米达郡管辖范围。占地 27km^2，总人口约 10 万多人。伯克利东部依阿巴拉契亚山而建，西部濒临太平洋的旧金山湾，与举世闻名的金门大桥遥遥相望。伯克利是一座富有自由气息和国际色彩丰富的学园都市，加利福尼亚大学伯克利分校（UCB）即坐落于此。除此之外，该城市还拥有世界性的研究所、各种研究机构、学校、图书馆、美术馆、剧院、植物园、体育场、游艇码头等设施。

伯克利对外交通发达，内部建设慢行车道，提倡使用自行车或以步行代车，倡导慢速街道，其交通理念是"依靠就近出行而非交通运输实现可达性"。具体措施包括：

外部交通：伯克利与外界交通较为发达，80、580、123、880 以及 980 等高速公路将其与 Alamada 郡其他城市相连。

内部交通：

（1）伯克利市内除公交等日常交通工具以外，还鼓励市民减少对小汽车的依赖。

（2）伯克利于 1970 年首次采取"自行车计划"，鼓励市民以自行车代替小汽车；兴修自行车道。

（3）宣传自行车知识等[4]。

（4）伯克利还于 1980 年初倡导慢速街道的相关概念[4]。通过工程补偿金缓和开发带来的交通影响。

（5）小汽车共享和上下班交通车合用在伯克利相当普遍。

2. 北京未来科技城绿色交通体系规划

北京未来科技城选址于昌平区七北路高科技产业走廊最东端，位于从海淀区北部沿北清路高科技产业园区、昌平区七北路产业集聚发展带到顺义区临空产业集聚区的金十字走廊上。规划占地面积约 10km^2，主要用于入驻央企研发和创新服务设施建设（图 1-11）。

与未来科技城的发展定位相匹配，规划建设可持续发展、以人为本的高标准现代化综合交通体系，引导城市空间结构调整和功能布局优化，促进区域交通协调发展，支持经济繁荣和社会进步，规划打造高效便捷、多项联运、节能环保、人车分离的综合交通体系，将未来科技城打造成为"绿色出行示范城"。

（1）绿色出行比例：构建由轨道交通、市政公交、环保巴士班车、公共电瓶车、公共自行车、步行、私人小汽车组成的多形式联运系统，其中公共交通出行比例达到 80% 以上。满足对外、到达交通出行、通勤交通出行、私人交通出行、企业公车交通出行、内部生活交通出行、特殊交通出行（会展、参观等）六大类交通出行（图 1-12）。

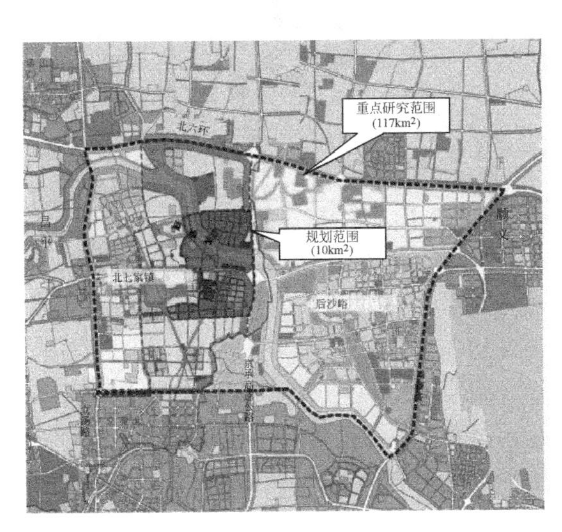

图 1-11　北京未来科技城区位图

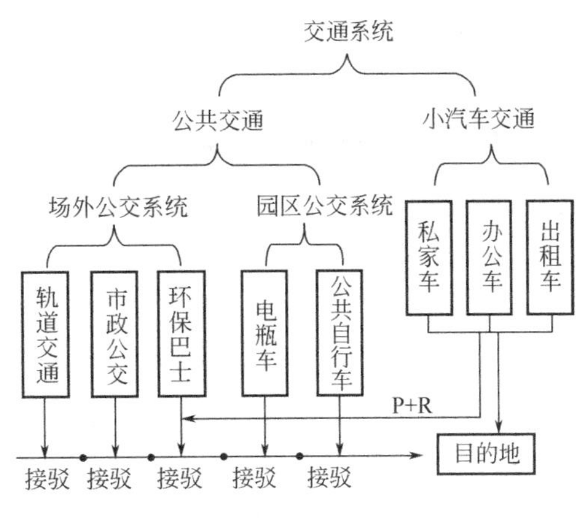

图 1-12　未来科技城绿色交通系统构成

资料来源：未来科技城总体规划。

（2）公共交通系统：园区外设置环保巴士系统，使其与城市轨道交通站点、市政公交枢纽相连接；环保巴士到达园区主路站点后，再换乘电瓶车，实现园区内绿色交通换乘。小汽车驾车人刷卡进入 P+R 专用停车场（库），并用该卡换乘绿色交通，即可享受停车费用优惠，并在此便捷的换乘园区内电瓶车入园（图 1-13~图 1-15）。

（3）慢行交通系统：自行车交通系统由一般自行车道、健身自行车道、休闲自行车道构成，园区内设有多个公共自行车站，取用方便（图 1-16）；步行系统由步行主轴、特色步行路、公园健行路构成（图 1-17）。

（4）交通接驳系统：未来科技城外部公共交通分为不入园区的场外公交系统和进入园区的接驳公交系统。场外公交系统由轨道交通和环保巴士班车构成；接驳公交系统由入园的公共电瓶车和公共自行车构成。

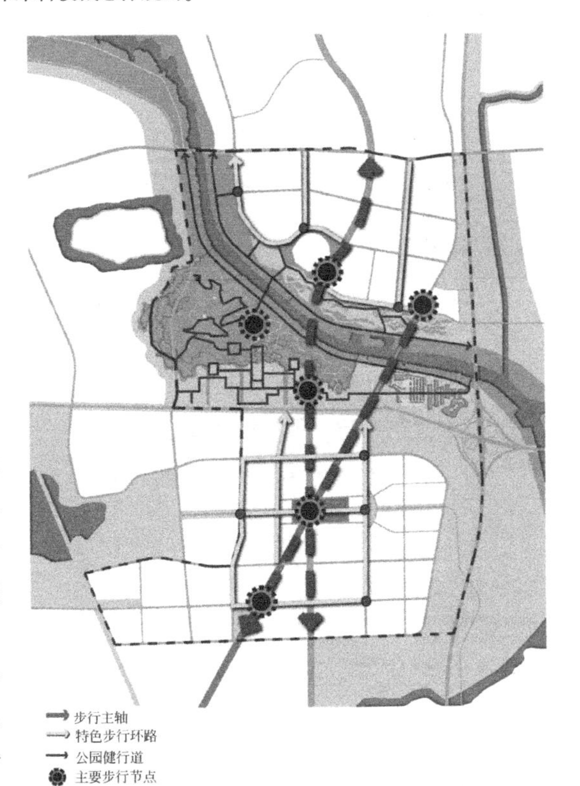

图 1-13　人行系统

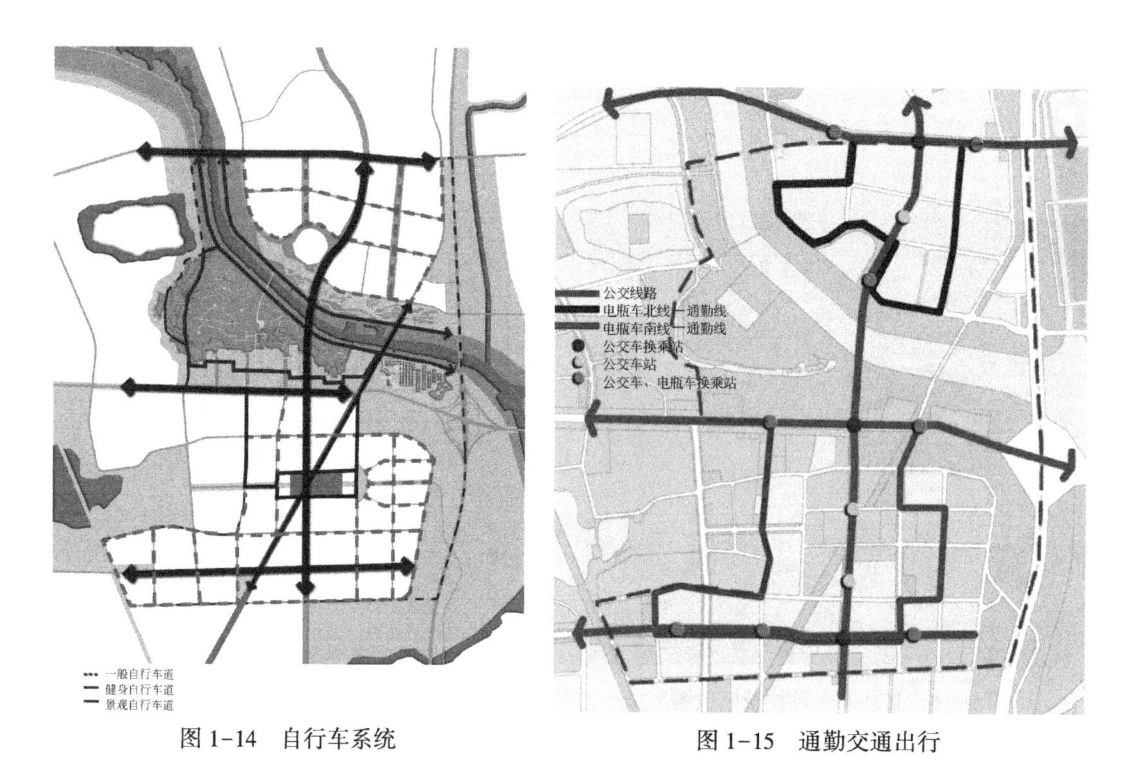

图 1-14　自行车系统　　　　图 1-15　通勤交通出行

资料来源：未来科技城交通专项规划。

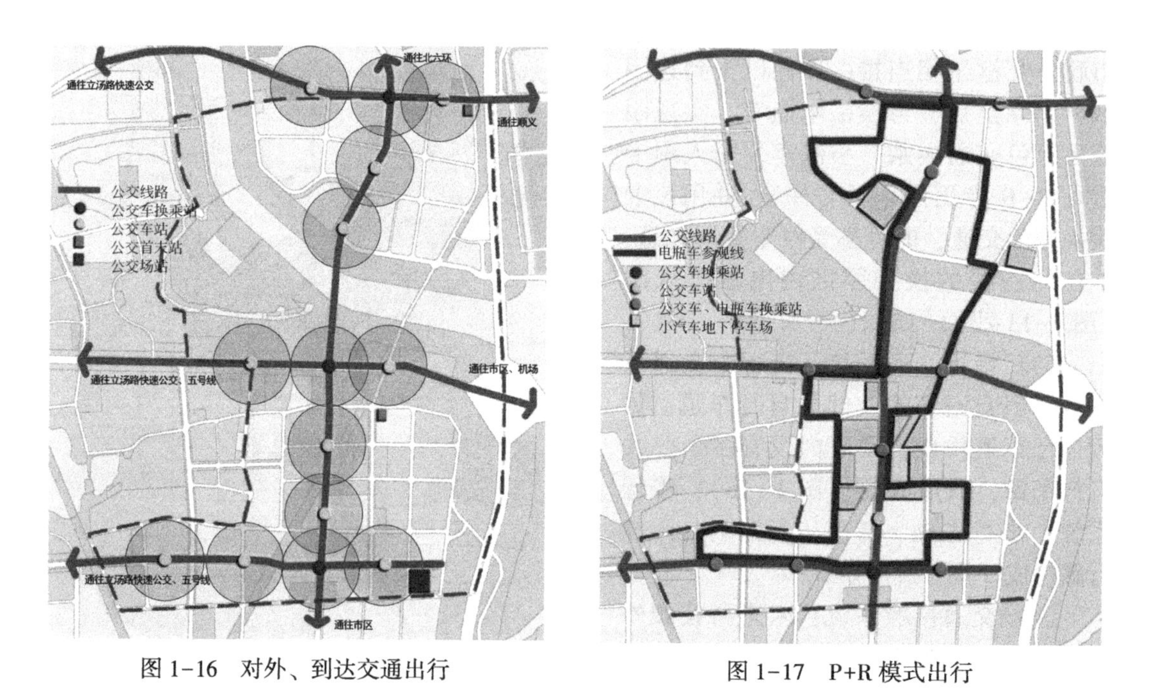

图 1-16　对外、到达交通出行　　　　图 1-17　P+R 模式出行

（5）停车系统：地上停车只满足公共交通的停放需求，私人小汽车停放充分利用公共建筑的地下空间，企业车辆全部内部解决。同时，鼓励外来办公车辆停在出入口指定停车场，换乘公共电瓶车进入园区（图 1-18）。

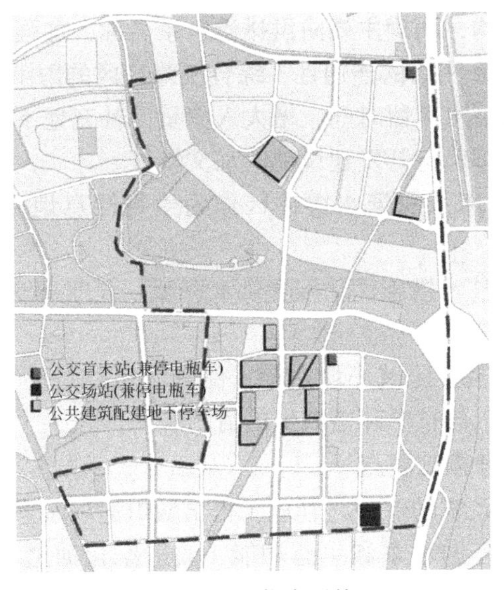

图 1-18　停车系统

第三节　城区水系系统规划

一、城区水系系统规划

1. 水生态系统规划目标

构建跨尺度的水生态基础设施，综合地解决城市在水安全、水环境、水生态等方面的问题，包括构建区域性的城市防洪体系防止城市内涝；治理污染净化水质提升水环境；保护生物多样性，恢复与保育生物栖息地，补充地下水，维持自然的水文循环与生态过程等。从水生态系统构建出发实现对城市整体生态系统的保护与重建，以期为城市提供持久的生态效益。

修复河湖湿地水系网络。城市水系网络是生态城市的重要组成部分。城市河湖、湿地等水体本身不仅仅是为水生态系统服务，其所承载的生态服务功能更是对城市生态系统意义重大，并与流域内其他土地利用和各类景观要素相联系。为最大限度地维持城市开发前的自然水文特征，不仅需要严格地保护城市原有的自然河流、湖泊、湿地、坑塘、洼地、沟渠、林地等生态体系，同时要修复原有水系网络，构建健康完整的城市水生态系统。因此，需要科学合理地划定城市的“蓝线”“绿线”等，严格限度开发边界、确定需保护区域。

2. 水生态系统规划原则

（1）强调尊重和利用本地自然环境特性，与城市发展相适应。保持规划范围内现有主要水系格局，维持河流水系及其堤岸的自然生态属性，保护现有生态质量较好的生态空间，改造生态质量较差的生态空间。

（2）明确防洪排涝水系，在尽量保持规划区现状水系格局的基础上，结合用地布局，提出区内防洪排涝水系结构，明确主要防洪排涝水系名称，加强河道综合治理。

（3）尽量保证城市水系网络的连通性，综合统筹片区的雨洪调节功能。通过生态化措施，减少地表径流，延长雨水滞留时间，增大入渗量，补充地下水与地下径流，从而为河湖提供稳定的水量。使城市保持开发建设前的水文特征。

（4）保护与恢复城市水系及滨水缓冲区作为生物栖息地和迁徙通道的连续性与完整性。

（5）通过各种适宜的技术措施优化配置供水资源，合理开发利用雨水和污水资源，缓解城市对水资源需求的增长。

（6）营造亲水环境，改善区域环境质量，促进城市以对环境更低冲击的方式进行规划、建设和管理，达到城市与自然和谐共生的目的。

3. 城市水生态系统规划编制要点

（1）加强城市自然水系统的保护与管理，提出城市河湖水系布局及水系改造要求，有条件的地区逐步恢复已破坏的水系和生态功能、改造渠化河道，实现河湖水系的自然连通，保持城市水系结构的完整性。

（2）划定水生态敏感区范围，提出水域、岸线、滨水区及周边绿地布局等控制要求，明确滨水空间的绿化控制线、建筑控制线等，建设植被缓冲带，根据河湖水系汇水范围，同步优化、调整蓝线周边绿地系统布局及空间规模。

（3）合理规划防洪排涝水系与景观水系。在尽量保持规划区现状水系格局的基础上，结合用地布局，提出区内防洪排涝水系结构，明确主要防洪排涝水系名称，加强河道综合治理，确保区域防洪排涝水系的畅通。在防洪排涝水系的基础上，各用地类型的地块内部可结合景观需要，因地制宜提出景观水系的建设要求，以营造宜人的滨水空间。

（4）加强对城市河湖、湿地、洼地、坑塘等水体自然形态的保护和修复。在保障城市水安全的前提下，保护和恢复河道的蜿蜒性特征。保留凹岸、凸岸、深潭、浅滩及沙洲等自然形态，避免盲目裁弯取直，重塑健康自然的河岸生态系统。

（5）尽量减少工程性措施，通过种植、养殖水生植物、底栖生物、滤食鱼类等生物措施，增强水体自净能力，逐步改善水环境质量。保护和修复河滩和湖滨植被缓冲带，以乡土植物为主，优先选择具有水质净化功能的水生、湿生植物。

二、城区绿地系统规划

1. 绿地生态系统规划目标

（1）结合城市发展，落实城乡总体规划和绿地系统规划，切实保障城市生态安全格局用地。将城市廊道建设与城市有机更新相结合，依托现有城市绿地、道路、河流及其他城市开敞空间，构建城市通风廊道，缓解热岛效应，减轻污染物浓度。

（2）构建体现地域与场地特征的生态网络体系，保护山头、水系、自然林地、库塘湿地、径流通道、雨水蓄滞设施等具有本地特色的重要自然生态空间。

（3）通过绿地系统规划达到涵养水源的目的。绿化是水源涵养的主要技术措施之一。在城市生态修复中，可以通过恢复植被、建设水源涵养区达到控制土壤沙化、降低水土流失的目的。植被具有涵养水源、调节气候的功效，是促进自然界水分良性循环的有效途径之一，因此有“绿色水库”的美名。尤其是分布在河川上游水源地区的林地，对于调节河

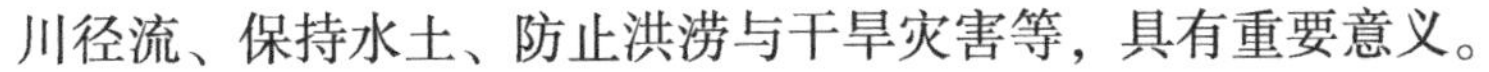

川径流、保持水土、防止洪涝与干旱灾害等，具有重要意义。

（4）建设连接社区历史遗迹和游憩场地的绿色慢行体系，对场地内原有历史记忆的复原与保护，有助于空间内涵的延续与场所认同感的形成，满足居民的精神与心理需求。

（5）增强中心城区绿地斑块布局的均好性，在提供生态服务功能的同时，让市民尽可能平等的享受到绿色生态开敞空间所提供的生态与社会功能，提升城市环境品质，为居民提供更为舒适的生活空间。

2. 绿地系统规划原则

（1）统筹规划区现有生态空间，推进区域内外一体化绿地系统的规划建设，提升绿色开放空间的连通性与服务效能，构建连通城乡、覆盖区域的绿地生态网络。

（2）优化城市绿地系统布局，构建“生态功能区—生态廊道—生态节点”相结合的多层级绿地生态体系。划分不同类型和等级的生态功能区，划定区域重要生态廊道，严格控制开发强度，保护区域绿色生态基底。

（3）结合区域绿地系统格局推进城区绿道系统建设，通过绿道有机连接分散的生态斑块，实施环城绿带、生态廊道等规划建设，使规划区内部的水系、园林绿地同城市外围的山林、河湖、湿地等形成完整的生态网络体系。

（4）城区绿地空间规划应尊重生态基底，顺应自然机理，对原生环境和自然、水文地质、地形地貌、历史人文资源造成最小干扰和影响，生态建设优先，避免大拆大建，坚持可持续发展。

（5）开展近自然绿地建设，恢复稳定的地区性植物群落，促进野生种群恢复和生境重建，广植乡土植物和本地适生植物，提高乔木的种植比例，推进湿地公园建设，提升园林绿地生态功能和碳汇功能。

3. 城区绿地系统规划编制要点

（1）基于可达性的布局。以可达性来评价绿地广场为居民提供服务的能力，并作为绿地广场布局的重要手段。公共绿地和街头广场宜布置在步行5～10min能到达的范围内，公园和城市广场宜布置在步行10～15min能到达的范围内，形成均衡布局的生态开敞空间系统。

（2）基于缓解热岛效应的布局。基于热岛效应分析，确定热岛密集区，在热岛密集区安排嵌入式点状绿地或广场，同时根据主导风向布置贯通式绿地或开敞空间，形成通风廊道，达到缓解热岛效应、改善局部微气候的目的。

（3）基于污染物防护的布局。根据防护对象和污染源的不同进行合理布局，对固定点源污染，防护林带应以污染源为中心，依据各方向上污染物落地浓度为半径布置；针对道路噪声污染源，则根据道路类型和等级沿路缘向外布置不同宽度的绿色屏障；针对水体污染，则紧邻河道、湖泊等水体布局植物缓冲区域作为防护绿地，截留和去除地表及地下径流中的污染物。

（4）公园与绿地规划应整合区域各种自然、人文资源，结合不同的现状资源与环境特征，突出地域风貌，展现多样化的景观特色。衔接相关规划，加强区域内交通联系，引导形成绿色网络，延续场地记忆，发挥综合功能。

（5）城市公园及绿地应以满足市民休闲健身为重点，注重人性化设计。维持绿地周边生态界面的连续性和开放性，构建绿道，并通过与城区交通网络及慢行系统的合理联系，提高城市绿地空间的可达性及连通性。

（6）合理确定城市绿地系统低影响开发设施的规模和布局。应统筹水生态敏感区、生态空间和绿地空间布局，落实低影响开发设施的规模和布局，充分发挥绿地的渗透、调蓄和净化功能。公园绿地与广场应降低地表硬质铺装比例，城市绿地应与周边汇水区域有效衔接，通过平面布局、地形控制、土壤改良等多种方式，将低影响开发设施融入绿地规划设计中，尽量满足周边雨水汇入绿地进行调蓄自净的要求。

（7）根据规划区气候特点提出绿化配置结构方式及海绵设施的植物选择要求，适当增加乔木种类和数量，采用乔、灌、草相结合的复层绿地结构，通过优化绿地组合方式和植物品种，有效提高绿地生态效益。同时，应明确各类型用地类型的本地物种比例、单位绿地面积乔木量等控制要求。

三、案例介绍

欧文位于美国加利福尼亚州以南50km处，属于橘郡管辖范围。占地88km^2，现有人口17.5万人。作为美国最安全、规划完善、自然环境最优美、便于开展商务商业活动的最佳区域，欧文吸引了大量的居民和企业进入，已经成为橘郡的重要高科技产业中心。

整个欧文依据地形可以分为三大部分：南部海滨地区、中部地区以及北部高山地区，以南部和北部地区自然资源最为丰富。拥有山脉、峡谷、湖泊、溪流、湿地、海洋等丰富的自然生态资源。对于生态脆弱区域采用大规模自然保护区、城市公园以及社区公共绿地三级体系，保证了生态保护区的连续性和完整性。

（1）绿地分级：欧文的生态保护区分为三大体系，其中在生态环境较为脆弱的地区设置规模较大的保护区，在城市建成区内设置城市公园对规模较小的区域进行保护；同时，为了形成完整的环境系统，在每个大型居住区（村落）中都有社区公共绿地和水面。

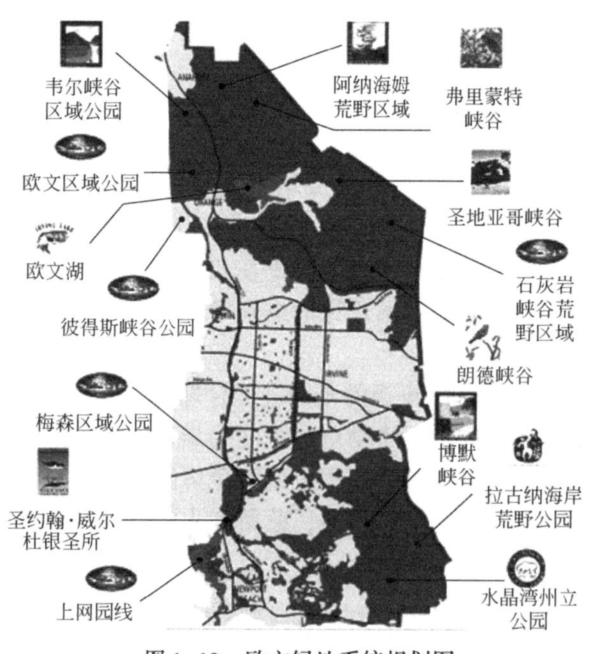

图1-19　欧文绿地系统规划图
资料来源：欧文绿地系统规划。

（2）自然生态空间保护：欧文的生态保护区面积达到50000英亩，大规模自然保护区相对独立，对于维护区域生态环境和保护生物物种有重要作用。

（3）满足市民休闲健身需求：城市公园以及社区公共绿地遍布欧文市，在美化城市环境的同时，为居民亲近自然和室外活动提供了大量的空间。同时为各个生态斑块与基质之间形成生态廊道，构成欧文完美的绿地生态体系（图1-19）。

第四节　绿色建筑专项规划

绿色建筑专项规划，从宏观层面系统阐述绿色建筑发展的总体目标、任务及保障措施，建立指标体系。以实现绿色建筑的科学化、合理化及规模化发展，指导绿色生态城区的建筑规划。从规划上明确绿色建筑和建筑工业化等要求，并作为建设用地使用权的招标、拍卖或者挂牌的前置条件，后续建设过程中实现全过程监管，以在真正意义上推动“多规融合”的绿色建筑的发展。

一、编制方法

目标管理分区即根据城市总体规划、产业空间布局和行政管理格局，以乡镇行政边界、县（市、区）行政边界和各类工业园地域边界为基础，划定的绿色建筑和建筑工业化等发展目标管理的基本范围。

政策单元即根据所属目标管理分区内绿色建筑发展目标、现状基础和规划建设用地布局情况，以控制性详细规划编制单元为基础，以主次干道、铁路、河流等为边界划定的明确绿色建筑和建筑工业化发展等指标要求的基本管理单元。

二、确定目标

绿色建筑专项规划编制的首个问题即是合理确定设区市、县（市）绿色建筑和建筑工业化总体发展目标、技术路线等宏观层面上的指标，需综合考虑如下因素：绿色建筑和建筑工业化等发展现状、上位规划中的发展定位、城市自身发展定位、同等类型城市的横向对比等，经多方征求意见后明确定位，并给出可量化的总体指标，指标应兼具落地性和可操作性，作为后续指标分解和地块绿色建筑评价的基础依据。

三、可行性评价

如何基于地块有限的规划条件，包括容积率、绿地率等，实现绿色建筑和装配式建筑等指标的可行性量化分析是专项规划编制中的核心问题。

1. 绿色建筑评价的层次结构模型

综合考虑现行国家标准《绿色建筑评价标准》GB/T 50378 中得分项、地块有限的规划条件、地块建筑性质、地块所属区位条件等因素，经构造判断矩阵构建、层次单排序及其一致性检验、层次总排序及其一致性检验后，形成的地块的绿色建筑评价层次结构模型（指标权重），如图 1-20 所示。

2. 绿色建筑可行性评价

（1）绿色建筑的可行性评价系对图 1-20 中所示层次结构模型的各因素进行综合打分，从而评价其高星级绿色建筑的可行性：

（2）客观技术因子：根据现行国家标准《绿色建筑评价标准》GB/T 50378 将绿色建筑得分项分为两类：第一类指标系可以通过设计等综合技术手段予以实现，例如围护结构节能方案的优化等，该类指标总体上受增量成本影响较大；另一类指标系与规划控制条件

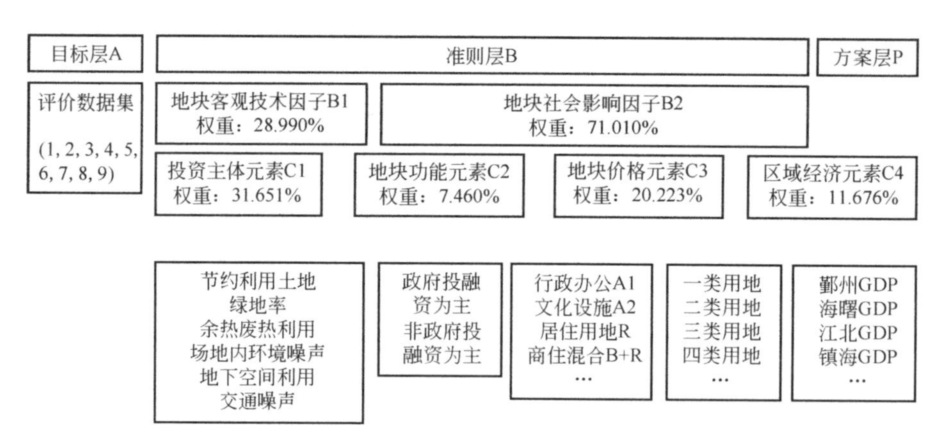

图 1-20　绿色建筑评价层次结构模型

相关，例如容积率、绿地率等，系建设单位及设计单位不能把控，但又对绿色建筑至关重要的技术指标，该类指标统称为“地块客观技术因子”。“地块客观技术因子”中各项指标的得分参照现行国家标准《绿色建筑评价标准》GB/T 50378 取值，将各地块最大与最小分值线性 9 等分，获得评价集数据｛9，8，7，6，5，4，3，2，1｝；

（3）社会影响因子——投资主体：政府办公建筑、政府投资或政府投资为主的建筑对于绿色建筑建设等级要求远高于其他类型建筑，获得评价集｛9，1｝；

（4）社会影响因子——地块功能：按居住用地、行政办公用地、文化设施用地、科研用地、体育用地等采用 1-9 度标分法两两比较其“实施高星级绿色建筑建设标准”的难易程度，构造成对比较阵，经过一致性判断后计算组合权向量，最终确认各功能的权重因子，将权重从高到低获得评价集数据｛9，8，7，6，5，4，3，2，1｝；

（5）社会影响因子——地块价格：根据地价类别中的基准地价高低，从高到低获得评价集数据｛9，8，7，6，5，4，3，2，1｝；

（6）社会影响因子——区域经济：按照地块所属区域的第三产业 GDP 数据，从高到低线性 9 等分，获得评价集数据｛9，8，7，6，5，4，3，2，1｝。

3. 确定绿色建筑等级

将以上评价集赋值于基本地块，根据权重计算每个地块的绿色建筑可行性得分（分值越高，按高星级绿色建筑标准建设的可行性越大），结合量化的总体发展目标（如绿色建筑二星级及以上面积比例为 50%），考虑地块计容建筑面积因素后进行百分比排位，确定高星级绿色建筑建设的基准分数线，从而确定既定地块的绿色建筑等级建设要求。

4. 政策单元划分

考虑不同建筑类型，遵循控制性指标（绿色建筑建设等级要求、装配式建筑建设要求、全装修建设要求等）的归类原则，将相同、相似地块划分为同一个政策单元，该政策单元应以清晰且无歧义的行政界线、主次干道、铁路、河流等为边界。

5. 指标复核

在政策单元划分过程中，考虑到归类原则，可能会降低或提高某个地块的控制性指标要求，故应根据最后的政策单元划分，核算高星级绿色建筑或装配式建筑的面积比例，如高于既定的总体量化发展目标，则说明上述政策单元及对应控制性指标要求是可行的，如低于既定的总体量化发展目标，则需要降低确定的中高星级绿色建筑建设的基准分数线，直到满足绿色建筑总体发展目标的定量要求。

为了合理控制高星级绿色建筑或装配式建筑面积比例，以引导绿色建筑和建筑工业化的健康发展，应使得最终指标高于既定的总体目标的差异控制在5%左右，不宜过大或过小。

6. 目标管理分区划分

以乡镇行政边界、县（市、区）行政边界和各类工业园地域边界为基础划定目标管理分区，目标管理分区可由一个或若干个政策单元组成。根据既定的政策单元划分核算对应目标管理分区的控制性指标要求（例如绿色建筑高星级的面积比例、装配式建筑的面积比例等），即作为该目标管理分区的控制性指标要求。

四、案例介绍

以宁波市为例，充分阐释基于层次分析法的专项规划编制技术路径和成果表达。专项规划最终成果分为文本、图则及说明书三部分，其中政策单元的图则表达为专项规划的核心内容。

1. 规划原则

专项规划的编制遵循“因地制宜，科学发展”、“政府引导，市场推动”、“全面推进，突出重点”、“远近结合，有序推进”的原则。

2. 规划依据

专项规划编制的依据主要包括：（1）国家、省市法律法规，例如《浙江省绿色建筑条例》、《浙江省城乡规划条例》；（2）国家、省市相关标准，例如浙江省《绿色建筑专项规划编制技术导则》、《绿色建筑设计标准》（DB33/1024）；（3）国家、省市重要政策文件，例如《关于进一步加快装配式建筑发展的通知》（甬政办发〔2017〕30号）、《关于推进新建住宅全装修工作的实施意见（试行）》（甬政办发〔2018〕39号）；（4）城市主要规划，例如《宁波市城市总体规划（2006~2020年）》及各控制性详细规划等。

3. 规划期限

规划期限为2018~2025年。其中近期规划期限为2018~2020年；远期规划为2021~2025年。其中远期目标侧重于引导性实施，而近期目标则属于约束性指标，也是本节说明的重点。

4. 总体定位

在横向比较上海、南京、深圳、苏州及杭州等地市的绿色建筑发展水平后，会同浙江省住房城乡建设厅、宁波市住房城乡建设委，并经各方征求意见后，明确宁波市绿色建筑发展的总体定位：在巩固和保持宁波已有优势的基础上，进一步推动绿色建筑和建筑工业化的各项工作，使得绿色建筑和建筑工业化发展水平与社会经济水平相协调，加快实现绿色建筑和建筑工业化的“多规融合、规模化”发展，力争各项工作成效综合指标达到“国内先进水平、长三角地区领先水平”，成为“浙江省绿色建筑重点发展地区和标杆城市”。

5. 总体目标

（1）绿色建筑

为了评估宁波市绿色建筑发展现状，选取自《浙江省绿色建筑条例》颁布实施到

2016 年 12 月 31 日时间段内的统计数据作为参考：该段时间内，宁波市已获得绿色建筑标识认证的项目共计 18 个共 1543740m^2，其中一星级设计标识项目为 6 个共 292590m^2；二星级设计标识为 4 个共 219150m^2；三星级为 8 个共 1032000m^2。与此同时，该时间段内，已经通过审图的民用建筑面积约为 1240 万 m^2，即按绿色建筑一星级强制标准建设的项目，其中国有投资为主的公共建筑面积约 1551795m^2，即按绿色建筑二星级及以上标准建设要求实施。综上，现阶段宁波市二星级及以上绿色建筑面积比例水平约为 23%、三星级绿色建筑面积比例水平约为 8%。此外，根据“浙江省绿色建筑重点发展地区和标杆城市”的发展定位，在横向比较上海、南京、深圳、苏州及杭州等地市的发展目标后，最终确定把“二星级及以上标准建设的新建民用建筑面积比例为 50%”作为 2020 年的约束性指标，具体如表 1-1、表 1-2 要求。

其他市绿色建筑总体目标对比　　表 1-1

城市	到 2020 年高星级绿色建筑建设面积比例
上海	70%(重点功能区块)
南京	60%
苏州	60%
杭州	55%

绿色建筑总体目标要求　　表 1-2

<table>
<tr><th colspan="3">指标分类</th><th>2018~2019 年</th><th>2020 年</th></tr>
<tr><td colspan="3">按一星级及以上标准建设的新建民用建筑面积比例</td><td>100%</td><td>100%</td></tr>
<tr><td rowspan="2">其中</td><td colspan="2">按二星级及以上标准建设的新建民用建筑面积比例</td><td>30%</td><td>50%</td></tr>
<tr><td>其中</td><td>按三星级及以上标准建设的新建民用建筑面积比例</td><td>4.5%</td><td>9.5%</td></tr>
</table>

（2）建筑工业化及全装修

根据《关于进一步加快装配式建筑发展的通知》（甬政办发〔2017〕30 号）要求，宁波市装配式建筑发展总体目标如表 1-3 所示。

装配式建筑总体目标要求　　表 1-3

<table>
<tr><th colspan="2">指标分类</th><th>市域</th></tr>
<tr><td rowspan="2">装配式建筑占新建民用建筑面积比例</td><td>~2018 年</td><td>20%</td></tr>
<tr><td>2019~2020 年</td><td>35%</td></tr>
</table>

根据《关于推进新建住宅全装修工作的实施意见（试行）》（甬政办发〔2018〕39 号），2018~2020 年，宁波市本级全范围内新出让或划拨国有土地上的新建住宅（拆迁安置房除外），实行全装修和成品交房。其他区县（市）由当地人民政府结合当地实际，划定住宅全装修实施范围。

（3）海绵城市

根据《宁波市中心城区海绵城市专项规划（2016~2020 年）》，关于海绵城市：2018

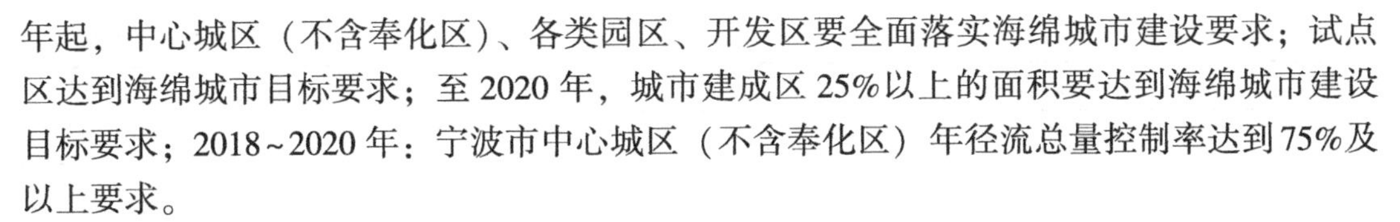
年起，中心城区（不含奉化区）、各类园区、开发区要全面落实海绵城市建设要求；试点区达到海绵城市目标要求；至 2020 年，城市建成区 25%以上的面积要达到海绵城市建设目标要求；2018~2020 年：宁波市中心城区（不含奉化区）年径流总量控制率达到 75%及以上要求。

6. 规划范围及内容

遵从上位规划原则，专项规划范围与《宁波市城市总体规划（2006~2020 年）》相协调，空间规划上分成两个规划层级，内容规划上对应分为三个指标层次，具体详见表 1-4。

专项规划范围和内容（2 个层级、3 个层次）　　**表 1-4**

规划范围		规划内容	
规划层级	所含地域	指标层次	具体指标
第一层级：市域范围	海曙、江北、鄞州（含高新区、东钱湖）、北仑（含梅山、大榭、保税区）、镇海、奉化；余姚市、慈溪市、象山县、宁海县、杭州湾	第一层次：针对第一层级（市域范围）	市域范围，确定绿色建筑和建筑工业化等总体发展目标
		第二层次：针对第一层级（市域范围）	划定市域目标管理分区
			明确各目标管理分区内高星级绿色建筑、装配式建筑的面积比例、全装修住宅建设和中心城区（不含奉化中心城区）海绵城市建设等目标要求
第二层级：市本级范围	海曙、江北、鄞州（含高新区、东钱湖）、北仑（含梅山、大榭、保税区）、镇海、奉化	第三层次：针对第二层级（市本级范围）	划定市本级范围的政策单元
			明确各政策单元的绿色建筑等级、装配式建筑要求、住宅全装修建设要求和中心城区（不含奉化中心城区）年径流总量控制率等控制指标
			明确各政策单元的适用技术及引导性指标

（1）政策单元划分

结合绿色建筑可行性评价方法，对宁波市本级约 3200 个、其他县市约 3000 个控规地块进行评价分析。根据绿色建筑总体要求（表 1-2）、装配式建筑总体要求（表 1-3）、全装修范围及海绵城市建设要求等，结合层次分析法、百分比排位分析法确定基本地块的控制性指标要求；参照划分政策单元并根据复核总体指标是否满足要求。

根据上述步骤，宁波市共划分为 124 个政策单元，其中市本级为 68 个政策单元、其余县市为 56 个政策单元，具体详见表 1-5。

政策单元数量统计表　　**表 1-5**

用地方位	政策单元数量（个）
海曙	8
江北	10
镇海区	6
鄞州	13
高新	4
东钱湖	2

续表

用地方位	政策单元数量(个)
北仑	11
梅山	3
大榭	2
保税区	1
奉化	8
余姚	13
慈溪	11
象山	11
宁海	14
杭州湾	7

既定政策单元的控制性指标要求，包括绿色建筑等级、装配式建筑要求、住宅全装修建设要求和中心城区（不含奉化区中心城区）年径流总量控制率等控制指标，以图则的方式予以表达。

（2）目标管理分区的划分及要求

在政策单元划分的基础上，结合行政边界划分目标管理分区，并核算各目标管理分区控制性指标要求，宁波市共分为16个目标管理分区，其中市本级11个、其余县（市）5个，详见表1-6及表1-7。

各目标管理分区的绿色建筑指标要求 **表1-6**

目标管理分区编号	用地范围	绿色建筑要求			
		二星级及以上绿色建筑面积比例		三星级及以上绿色建筑面积比例	
		2019年	2020年	2019年	2020年
330200-01	海曙	30%	50%	7%	10%
330200-02	江北	35%	55%	7%	11%
330200-03	镇海	35%	40%	3%	8%
330200-04	鄞州	30%	55%	6%	11%
330200-05	高新	50%	90%	6%	18%
330200-06	东钱湖	25%	40%	3%	8%
330200-07	北仑	25%	45%	3%	9%
330200-08	梅山	25%	45%	3%	9%
330200-09	大榭	20%	35%	0	7%
330200-10	保税区	0	30%	0	6%
330200-11	奉化	25%	45%	3%	9%
330281	余姚	30%	55%	3%	8%
330282	慈溪	30%	55%	3%	8%
330225	象山	25%	45%	2%	7%
330226	宁海	25%	45%	2%	7%
330261	杭州湾	10%	25%	1%	4%

各目标管理分区的建筑工业化要求 **表 1-7**

目标管理分区编号	用地范围	建筑工业化要求			
		装配式建筑面积比例		住宅全装修	
		2018 年	2020 年	2018 年	2020 年
330200-01	海曙	65%	100%	全装修范围内的新建住宅（拆迁安置房除外）全部实行全装修	
330200-02	江北	80%	100%		
330200-03	镇海	35%	100%		
330200-04	鄞州	40%	100%		
330200-05	高新	100%	100%		
330200-06	东钱湖	20%	100%		
330200-07	北仑	20%	100%		
330200-08	梅山	10%	20%		
330200-09	大榭	40%	100%		
330200-10	保税区	100%	100%		
330200-11	奉化	30%	100%		
330281	余姚	20%	35%	中心城区范围内的新建住宅（拆迁安置房除外）全部实行全装修	
330282	慈溪	20%	35%		
330225	象山	15%	30%		
330226	宁海	15%	30%		
330261	杭州湾	10%	20%		

7. 专项规划实施模式

专项规划的实施充分体现“规划+国土+住建”多部门联动的“多规融合”理念，实施模式为：

（1）城乡规划主管部门在提出或明确建设用地规划条件时，应当将绿色建筑专项规划的政策单元中确定的绿色建筑等级、装配式建筑建造和住宅全装修等控制性要求书面告知国土资源主管部门。

（2）国土资源主管部门应当在国有建设用地使用权招标、拍卖或者挂牌公告中，明示该地块绿色建筑等级、装配式建筑建造和住宅全装修等控制性要求，并纳入土地出让合同。

（3）建设主管部门依法落实监管责任，从而实现真正意义上从源头推进绿色建筑和建筑工业化的规模化发展。

8. 结论

（1）浙江省及宁波市绿色建筑专项规划的编制和实践充分体现了“规划+国土+住建”多部门联动的“多规融合”理念，对于实现绿色建筑的科学化、合理化及规模化发展至关重要，是推动形成绿色低碳的城市建设运营模式的有效规划手段。

（2）基于层次分析法的专项规划编制技术路径是宁波市绿色建筑专项规划编制过程中总结形成的一套规划思路和方法，对其他地区的专项规划编制具有一定的指导意义。

（3）基于控制性详细规划为基础的专项规划编制在浙江省以外的地区尚无实践案例可供参考，仍需要在实践过程中不断总结和完善。

第五节 生态城市类型

一、冷冻城市[5]

随着全球气温的升高，城市正面临着过热的风险。除了全球变暖的影响，城市的热量还来自于太阳辐射的吸收、积聚的热量释放缓慢、电能使用和人类活动。早在19世纪，就有文献记载，城市的温度高于周围的农村地区。近年来，人们开始意识到，城市过热对能源使用、空气质量、生活质量、气候环境、健康、经济和社会公平均有负面影响。

以下三种因素将进一步加剧城市过热现象：

城市规模以及人口正在迅速增长：到2050年，城市人口迁移趋势将导致2/3的人居住在城市化地区。到2050年，亚洲和非洲约有90%的城市居民增长率（UNDESA 2018）。按目前的趋势继续下去，在2018年至2030年之间，城市规模将增加80%。

全球平均温度正在上升：政府间气候变化专门委员会（IPCC）发现，2017年全球平均温度比工业化前高0.8~1.2℃，每十年增加0.2℃。

由于城市热岛的影响，城市升温速度是全球平均的两倍：到2050年，全球各大型城市还会有2℃的额外升温。中型城市将会有1℃的额外升温。一项针对1692个城市的研究发现，到2050年，将有20%的城市气温上升4℃，到2100年气温上升7℃。

减少城市过剩热量是21世纪可持续性的关键挑战之一。发展中国家城市化、全球气候变化和城市快速升温的综合趋势意味着还有数十亿人需要找到获得热舒适解决方案的途径才能生存。城市过热对城市系统的负面影响是巨大的，几乎影响到城市生活的方方面面，而且对于实现全球发展目标形成阻碍。冷冻城市这一新理念城市顺应而生，合理有效地降低城市空气温度迫在眉睫。

1. 冷冻城市的优势

（1）平均节约20%的能源；

（2）反射率和绿地率的提升；

（3）室内温度减少2~4℃；

（4）城市冷冻等于减少20年50%的汽车使用；

（5）能源峰值需求降低，提高转换率。

2. 过热带来的问题

（1）健康问题

问题：到2050年热死亡率达到250000人/年；热引发的疾病：心脏病，糖尿病，肾脏疾病。

解决：一项研究发现，城市表面平均太阳反射率增加0.10，植被覆盖面积增加10%，在高温天气期间死亡率降低7%。在费城，能源协调机构（Energy Coordinating Agency）为附属居民翻新了一层白色屋顶涂料，并教会居民如何正确使用窗扇。他们发现，通过这些升级，顶层房间的空气温度降低了2.7℃。

（2）空气质量

问题：到2030年，臭氧污染将成为人类第三大死因；随着冷却能源需求上升，以满足城市变暖的热舒适需求，发电厂排放的污染物量将会增加。根据发电方式的不同，发电厂排放的空气污染物将导致全球变暖和地面臭氧（烟雾），可能包括二氧化硫（SO_2）、氮氧化物（NOx）、一氧化碳、二氧化碳（CO_2）、细颗粒物（PM2.5）和汞（Hg）。位于城市附近的发电厂对城市空气质量的影响将大于位于农村地区的发电厂。

解决：选用被动冷却策略提高空气质量：减少臭氧的形成；植物与空气颗粒物发生干燥沉积，能除去PM2.5研究的综述发现，城市树木能将附近任何地方的PM2.5浓度降低9%~50%，在距离树木30m以内效果最大。

（3）水质量

问题：城市土地加热也对水质有负面影响。

解决：增加植被，树木吸收的水分可以减少多达62%的直接雨水径流。

（4）能源消耗

问题：城市温度在20~25℃，电力需求相对平稳。气温每升高0.6℃，需求就会以1.5%~2.0%的速度增长。到2050年，伦敦的城市热岛和不断上升的气温趋势可能导致城市降温成本增加30%。

解决：在适度隔热的建筑中，太阳能反射屋顶在夏季将室内最高温度降低2℃，而冷却能源需求的降低幅度可能在10%~40%之间。植被和树冠覆盖的增加也会导致能源需求的减少。放置良好的树木为建筑遮阳，并通过减少阳光照射到建筑围护结构的数量来冷却周围的区域，特别是如果这些树木为窗户和建筑屋顶的一部分遮阴的话。根据植物的朝向和大小，以及它们与建筑物的距离，效益会有所不同。

1. 五大冷却措施

（1）反射性基础设施

城市面积有25%~30%是由屋顶组成。所谓“冷表面”的有效性是由它们反射的太阳辐射的比例与它们吸收并转化为热量的比例（由太阳反射率或SR测量）来衡量的。

1）冷冻屋顶：通过各项技术减少建筑屋顶吸收的太阳热量的屋顶，统称为冷冻屋顶。其优势为：能源节约；提高室内热舒适；降低温度；抵消了大气中已经存在的温室气体导致的升温效应。

需考虑的问题：冷冻可能会增加冬季对建筑供暖的需求，太阳辐射少，供暖支出集中在夜间，与颜色无关。太阳反射率随时间的变化——屋顶的太阳反射率随年龄、天气和土壤污染而下降。冷凝：室内空气中的水分会在屋顶结构/系统中冷凝。如果多年累积，湿气会损坏这些材料，并对屋顶的耐久性和使用寿命产生负面影响。

经济性：为一个功能良好的屋顶涂漆可能会有很高的前期成本，但在节能、延长屋顶寿命和其他方面会有回报。

2）冷冻墙壁：冷墙与冷屋顶非常相似，但适用于垂直建筑表面。模拟预测，在7月，整个洛杉矶墙体太阳反射率的增加，将使“城市峡谷”（urban canyon）建筑物之间的室外日平均气温降低约0.2℃。

需考虑的问题：反射率增加，冷冻墙壁在城市表面之间反射的阳光比深色墙更多，这导致传热增加。这种效果可能会增加制冷负荷，减少供热负荷，减少附近建筑物对人工照明的需求。墙体的反射性更强，以减少建筑的太阳能吸热，但冷冻墙壁会提高太阳辐射，影响行人的热环境。

太阳能反光路面：通过减少路面对太阳热量的吸收，一般适用于行人或车辆较少的道路。

需考虑的问题：温室气体的排放，建筑能源需求，遮阴对降温能力的影响，行人热舒适，产品耐久性。

(2) 遮阴和可渗透的基础设施

1) 绿色屋顶：绿色屋顶是生长在屋顶上的“营养层”。在植被有限的城市使用绿色屋顶可以缓解热岛效应，尤其是在白天。绿色屋顶的表面温度可以比传统屋顶低 17~22℃，如果大规模部署，整个城市的环境温度可以降低 3℃。绿色屋顶还有其他重要的好处，包括管理和保留雨水，延长屋顶的使用寿命，为城市农业和栖息地提供空间，增加生物多样性，提高财产价值，改善城市空气质量等。

需考虑的问题：在建筑特性方面，建筑物必须能够承受增加的植物重量，生长介质和屋顶上的积水。带有钢甲板的屋顶可能需要最严格的结构加固。一般来说，在平坦或低坡度的屋顶上安装绿色屋顶要比在陡坡屋顶上安装绿色屋顶容易。在水的使用方面，根据植被的选择、气候，绿色屋顶需要额外的水，超出了降雨量。在这些情况下，位于干旱或容易干旱地区的城市应仔细评估绿色屋顶的需水量。在热舒适的竞争效应方面，蒸发蒸腾过程降低温度，但增加了白天空气的湿度。一些研究表明，绿色基础设施减少了白天温度，但增加了夜间温度。

2) 绿色墙壁：绿色的墙，也被称为“生物墙”，绿色墙是由生长在支撑垂直系统中的植物组成的。通过蒸发和树荫减少热量。

需考虑的问题：绿色墙体仍然只是城市制冷产品市场的一小部分。这里提出的使用考虑反映了这样一个事实，即市场尚未降低首次成本溢价和其他成本。随着市场的成熟，这些成本开始下降，绿色墙体可能在降温策略中发挥重要作用，尤其是在密集的垂直城市空间中。在成本方面，尽管绿色墙有很多好处，但前期成本很高。在维修方面，需要经常浇水、添加营养物质和确保土壤保持原位，时间和成本消耗较多。

3) 透水人行道：透水路面与传统的沥青和混凝土路面非常相似，但它是混合的，没有细颗粒，并允许雨水通过路面表面。当水通过透水表面后，它被暂时储存在地下垫层碎石储集层（称为补给层）中，并慢慢释放到下垫层土壤中。虽然这些技术传统上用于过滤、管理和保留雨水，但它们也具有类似于绿色基础设施的冷却效益。随着温度的升高，路面上的水分会蒸发，从而降低白天和晚上的温度。

需考虑的问题：干燥时的冷却效果，选择正确的用地，正确的安装和维护，规范排水能力和污染。

4) 树冠和遮阴：当树木和植被种植在建筑物周围的战略位置和行人较多的地区时最为有效。树木通过蒸发蒸腾作用提供降温，同时在城市表面产生阴影。一项研究通过比较我国台湾台北市 61 个公园在夏季中午温度的研究发现，面积超过 $3hm^2$ 的公园通常比周围的市区温度要低。研究表明，大型公园的降温效应从公园边界向外延伸。

需考虑的问题：城市夜间的热量：虽然大多数研究表明，在城市里，树木和公园减少了白天的热量，但几项研究发现，由于风流量较少，树冠在夜间比开阔的草地保留热量的

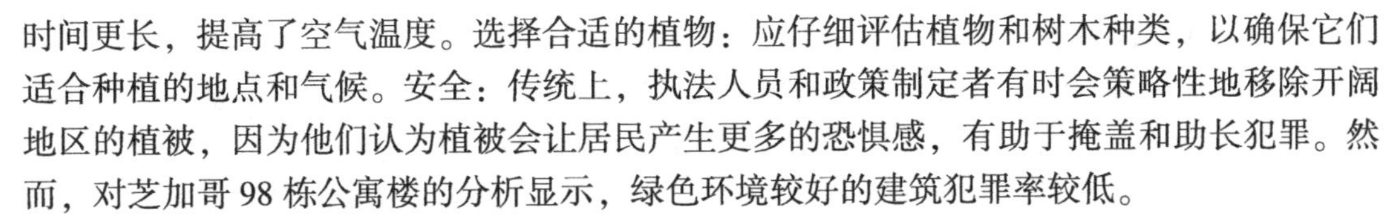

时间更长，提高了空气温度。选择合适的植物：应仔细评估植物和树木种类，以确保它们适合种植的地点和气候。安全：传统上，执法人员和政策制定者有时会策略性地移除开阔地区的植被，因为他们认为植被会让居民产生更多的恐惧感，有助于掩盖和助长犯罪。然而，对芝加哥98栋公寓楼的分析显示，绿色环境较好的建筑犯罪率较低。

（3）水基础设施

水的表面温度通常比周围建筑环境的表面温度低几度，因此可以通过对流过程为周围空气降温。以水为基础的城市景观，如湖泊、河流和湿地，有助于“城市冷岛”，并可能使城市环境温度降低1~2℃。水利基础设施可能是人造的，包括喷泉、游泳池和喷雾站。世界各地的城市公共空间已经开发、测试和实施了蒸发风塔和洒水器等有源或混合型水组件。除了被动冷却的好处外，喷泉和水池等水景还可以在极热的日子重新利用，作为城市居民的冷却站。像东京这样的一些城市已经尝试用喷雾或灌溉城市表面来加强降温。

（4）规划城市空间

城市规划方面（例如人口密度、土地用途组合、道路密度和绿色开放空间的百分比）和景观特征（例如建筑物的间距、朝向和定位、绿地和人行道）是城市过热的重要指标。这些因素通过影响城市表面吸收多少阳光、风如何有效地穿过城市社区、建筑物和人行道如何有效地散热来影响城市热强度。

1）促进风流：阻碍风流动的建筑物或建筑群会导致风速降低，并降低附近地区消除热量和污染空气的能力。风廊的设计目的是通过平流，将来自自然冷却源的冷空气最大限度地输送到城市热点地区。改善城市风量的方法有：使建筑走廊与盛行风保持一致；连接开放空间；优先考虑水体附近的开放空间；安排建筑物引导风；尽可能减少整面墙的空间；鼓励阶梯式建筑高度剖面和减少人类产生的热量。

2）空间冷却：空间冷却是一个机械过程，从一个被占用的空间中去除热量和水分，以提高居住者的舒适度，尽管它对室外空气温度有负面影响。改善空调/冷水机的能源效率和促进区域冷却的努力将有助于抵消空间冷却需求增加对城市热量的影响。

3）运输：集中城市地区的汽车和卡车是另一种人为热源，特别是在其空转时。通过减少城市车辆的数量或从热的内燃机转向更冷的电动发动机，可以减轻由车辆引起的城市过热。

（5）城市降温策略之间的联系和共生关系

城市供暖没有“一刀切”的解决方案。多种解决方案的部署将有助于降温，并有助于实现其他重要的社会和环境目标。

增加绿色屋顶上的太阳能电池板与黑色屋顶上的太阳能电池板的太阳能输出。较低的屋顶表面温度降低了电阻，因为电力从面板传输到逆变器和电网。太阳能反射屋顶和墙壁减少了9%的蒸发，可用于支持额外的绿色基础设施。减少蒸发允许更多的地面和近地表水分被用来维持更多的树木，公园和绿地。与单独使用遮阳和反光路面相比，遮阳的太阳能反射路面最大限度地提高了行人的热舒适性。太阳能反射屋顶搭配适当的隔热层，有助于优化冬季和夏季进出建筑的热量。鼓励节能建筑和节能空间制冷设备的措施相结合，将在不损害舒适度的前提下降低空间制冷的总体能源需求。有条件改善能源效率的建筑物将减少温室气体排放和冷却设备产生的热量优先考虑散热的城市设计和规划将有助于优化建筑和社区规模的冷却策略，比如增加绿地和太阳能反射面。

2. 政府政策、做法、规划

世界各地的城市已经采取并正在执行政策工具（例如，奖励、要求、信息收集、提高认识、市政行动），以鼓励采取减热措施。策略活动基本分为5类：

（1）授权和建立活动的重点是开发数据、方法和基础设施，这些数据、方法和基础设施有助于制定明智的政策，并为缓解高温问题的解决方案建立可持续的市场。

（2）提高公众和其他利益相关者对城市降温的认识。

（3）“以身作则”活动涉及影响市政府直接控制的建筑物、人行道和城市区域的规划和政策。

（4）奖励是鼓励在建筑物和其他空间实施降温措施的奖励形式。

（5）强制性活动是政府强制执行的要求（例如法规），以强制实施降温策略。

二、韧性城市[6]

韧性城市是强调吸收外界冲击和扰动的能力、通过学习和在组织恢复原状态或达到新平衡态的能力。韧性城市的兴起来源于外部“扰动”带来的危机。据路透社中文网援引国家统计局的数据显示，2013年中国因自然灾害带来的经济损失几近4210亿元。相比于传统的城市应变应急研究和综合防灾减灾规划，韧性城市被视作是实现可持续发展的一种新手法，其研究更具系统性、长效性，也更加尊重城市系统的演变规律。传统的应急应变策略重心在于短期的灾后规划。相比之下韧性城市的研究思想则强调通过对规划技术、建设标准等物质层面和社会管治、民众参与等社会层面相结合的系统构建过程，全面增强城市系统的结构适应性，从而长期提升城市整体的系统韧性（图1-21）。这一转变，体现了“授人以鱼”和“授人以渔”的本质区别。

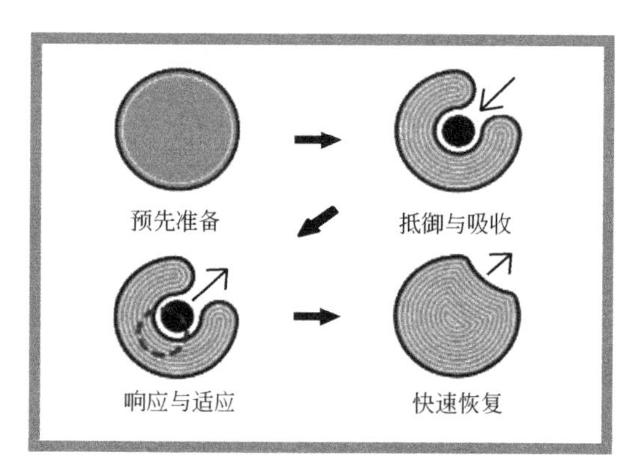

图1-21　韧性城市理念示意图

1. 评估与判断方法

为有效评价和科学量化城市韧性，不同研究机构从各自领域出发建立起韧性城市研究的框架体。

（1）洛克菲勒基金会的韧性城市研究框架

韧性城市的研究框架，由领导力及策略（Leadership & strategy）、健康及福祉（Health & wellbeing）、经济及社会（Economy & society）、基础设施及环境（Infrastructure & environment）4个维度组成（图1-22）。

每个城市可根据自身特点，确定各指标的相对重要性及其实现方式。并通过定性和定量相结合的方法，评估城市的现状绩效水平和未来发展轨迹，进而确定相应的规划策略和行动计划以强化城市韧性[7]。

（2）EMI的城市韧性总体规划

2015年，EMI（Earthquake emergency initiative）针对发展中国家发布《城市韧性总体规

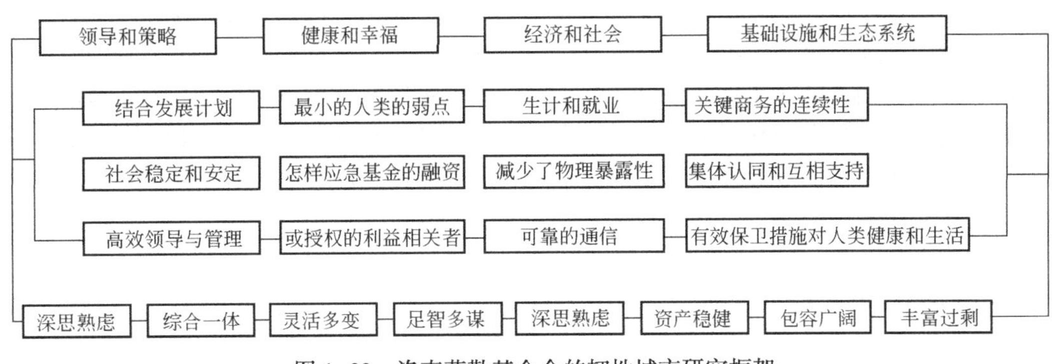

图 1-22 洛克菲勒基金会的韧性城市研究框架

划》。通过实施灾害风险管理总体规划（DRMMP）的方法为韧性城市建设提供规划框架和实施路径。具体实施过程分为以下四个阶段：组织与准备，组织利益相关者，明确职责分工；诊断与分析，开展风险和脆弱性的全面评估与预测，利用树状图、网络分析等方法确定风险的损失和影响；通过情景分析的方法确定影响城市韧性的主要因素或关键环节；规划编制，制定城市发展目标和相应的规划对策，并明确责任分工、时间节点和投资成本等；规划实施、监测和评估：建立有效的监控和评估机制对规划的实施状况进行评价和反馈调整[8]。

（3）国内韧性城市评价指标

目前国内韧性城市评价指标分为五大模块，分别是数据来源、数据处理、指标权重、评价方法和评价结果分级。

2. 城市规划思考

（1）基础设施规划

以往各类基础设施的体系构建和规模确定，以资源承载力为前提，以支撑城市发展的规模需求为目的。而从城市的韧性出发，则重点应放在设施稳定性和面临风险干扰时的脆弱性。需要将极端事件纳入考量范畴，在此情况下设施能否有效运转。因此规划层面应当进行专门的城市风险评估，建议在总规、专项规划中增加针对性的城市风险评估和基础设施脆弱性分析，其中重要一步就是建立一个坚实的信息基础。例如 CIRCLE-2 团队建立的“气候变化项目数据库”完整收录了 2004~2014 年欧盟实施的 1412 个气候变化项目，这一系列项目是欧盟提升城市韧性的重要研究和实践。1412 个项目中脆弱性评估、变化分析类项目分别占到总数的 29%和 48%。

（2）冗余度的考量

韧性城市的冗余度是从安全角度考虑多余的一个量。我国人均资源占有量低，城市规划十分强调资源的一体化统筹。冗余基础设施的价值则体现在极端情况下，由于是小概率事件，若这种情况未来不出现，其价值终得不到体现，规划上也很难落实。因此，基础设施的冗余需要赋予多元化的功能价值：海绵城市建设就是一个极具代表性的案例。例如《成都市海绵城市专项规划》中构建了涵盖城市自然河流流域生态基底、河流湖泊系统和城市近郊生态圈的“绿海绵”，对成都市整个生态系统进行修复保护的同时成为调蓄雨水的自然基础设施。

（3）韧性社区的建设

城市社区需要具备开放的基础设施属性和紧密的社会网络联系，国外许多专家也将此概念理解为韧性社区，能够使各个空间彼此相互连通，提高社区的交流沟通能力；空间布局疏密结合，在面对灾害冲击时能够调节有余，提高基础设施韧性；空间布局结合地方文化和环境特色，提高社区文化韧性，在灾后恢复时也更容易建立认同感。例如，澳大利亚的罗森塔尔公园就是合理利用空间，增加多样性功能和互动性服务的一个典型。公园具备聚会、社区集市、表演等各种活动场地，平时是居民休闲活动中心，在应对灾难时又可作为疏散路径和避难中心。

3. 案例介绍

2012 年纽约遭到飓风 Sandy 的重创，导致 48 人死亡。气象专家研究声称，2030~2045 年，纽约每五年将遭遇一次大面积洪灾。全球气候的变化，海岸城市未来将面临更加严峻的挑战，海岸城市的生态韧性研究成为当今城市管理的重要议题。纽约是典型的海岸城市，纽约市把韧性城市建设作为长期持续的工程，让各个系统协同推进，有针对性的提出了较为完整的解决思路[9]。

关键策略：以景观整合方式实现弹性的防灾基础设施建设（图 1-23）。

图 1-23　纽约海岸韧性规划示意图

（1）弹性水岸：纽约布鲁克林大桥公园[9]

从纽约布鲁克林大桥公园的剖面图可看出（图 1-24），海面、码头、滨水步道、公园、城市道路为这条海岸线的规划路线。设计者用这样的顺序逐步分流洪灾对城市带来的影响。首先运用柔性自然的植物和碎石可以有效缓冲海水对岸线的侵蚀和冲击；逐渐抬高的地形用于抵挡海平面上升以及海水倒灌入城；最终，可渗透、高效的水边缘将提供不断扩大的生物栖息领地，为海水倒灌提供更大的缓冲区。

（2）曼哈顿主岛滨水区的 U 形保护系统[9]

该城市防洪系统中的一个“缓冲区”，用来保护社区免受风暴潮和海平面上升的侵害。通过营造一种多样化滨海城市景观空间，加强城市与海滨之间的联系，不仅为邻近社区提供户外空间和便利设施，也向人们展示了将城市发展与海平面上升问题共同纳入适应性策略的必要性（图 1-25）。

图 1-24 纽约布鲁克林大桥公园

图 1-25 曼哈顿主岛滨水区

三、智慧城市

智慧城市（Smart City）是指利用各种信息技术和创新理念，集成城市的组成系统和服务，以提升资源运用的效率，优化城市管理服务和改善市民生活质量为目标，构建用户创新、开放创新、大众创新、协同创新为特征的城市可持续发展生态，实现全面透彻的感知、宽带泛在的互联、智能融合的应用，从而实现治理更现代、运行更智慧、发展更安全、人民更幸福。

通过智能计算技术的应用，使得城市管理、教育、医疗、房地产、交通运输、公用事业和公众安全等城市组成的关键基础设施组件和服务更互联、高效和智能。目前的智慧城市试点项目也是围绕这些方面作为切入点，结合智慧城市顶层规划设计开展专项智慧系统的建设，提升城市信息化水平和应急管理能力，通过更加“智慧”的系统为政府主管部门、行业用户乃至家庭用户、普通个人提供全方位的服务。

智慧城市以云计算中心为核心，实现全面感知、互联互通、数据共享和高效服务，具备以下几个方面的特点：

第一，全面感知：通过各种终端、摄像头、传感器等收集和获取各种信息，各种感知设备是智慧城市的神经末梢。

第二，互联互通：各类宽带有线、无线网络技术的发展为城市中物与物、人与物、人与人的全面互联、互通、互动提供了基础条件，智慧城市通过有线及无线设备，实现各种终端的无线接入，并承载到相应的业务网络。

第三，数据共享：基于新一代数据中心的云计算、物联网及运营支撑系统，对收集到的数据进行存储、处理和转发，支撑上层具体业务应用。同时，数据开放性也是衡量智慧城市的关键标准，通过数据支撑层打破各业务系统之间的条块分割，实现数据的横向联合和共享应用。

第四，高效服务：智慧城市的最终应用是服务，为市民、企业和政府管理部门提供各种服务。

1. 建设目标

智慧城市的建设目标有四项：一是城市管理精细化，是指将管理领域信息化体系基本形成，统筹资源，推动政府行政效能和城市管理水平大幅提升；二是生活环境宜居化，指居民生活数字化水平显著提高，水、大气、噪声、土壤和自然植被环境智能监测体系以及污染物排放能源消耗在线防控体系基本形成，促进城市人居环境；三是基础设施智能化，指的是下一代信息基础设施基本建成，公用基础设施的智能化水平大幅提升，工业化与信息化深度融合，信息服务业加速发展；四是网络安全长效化，指城市网络安全保障体系和管理制度基本建立，基础网络和要害信息系统安全可控，重要信息资源安全得到切实保障，居民、企业和政府的信息得到有效保护。

此外，为了在智慧城市建设中提供更好的、有竞争力的产品、技术和服务，还需要各个方面不断提升。

首先是整体解决方案的能力，智慧城市的安全和可视化应用需求广泛，不仅包括政府部门也包括行业单位、企业和社区家庭，需要不断提高整体解决方案的能力。

其次是IT系统设计的能力，智慧城市包括大规模视频信息的汇集、共享、交换和并发业务处理，需要系统具备高性能、高可靠性和高可用性，将进一步促使传统安防与IT技术的融合，IT系统设计能力在智慧城市建设中至关重要。

第三是业务咨询服务的能力，智慧城市的智慧含义不仅体现在信息处理上，更体现在信息应用上，有必要关注智慧城市的业务应用如治安防控、应急指挥、数字城管等，为智慧城市建设提供专业的业务应用方案和咨询服务。

2. 建设意义[10]

建设智慧城市在实现城市可持续发展、引领信息技术应用、提升城市综合竞争力等方面具有重要意义。

（1）建设智慧城市是实现城市可持续发展的需要

改革开放30多年来，中国城镇化建设取得了举世瞩目的成就，尤其是进入21世纪后，城镇化建设的步伐不断加快，每年有上千万的农村人口进入城市。随着城市人口不断膨胀，“城市病”成为困扰各个城市建设与管理的首要难题，资源短缺、环境污染、交通拥堵、安全隐患等问题日益突出。为破解“城市病”困局，智慧城市应运而生。由于智慧城市综合采用了包括射频传感技术、物联网技术、云计算技术、下一代通信技术在内的新一代信息技术，因此能够有效化解“城市病”问题。这些技术的应用能够使城市变得更易于被感知，城市资源更易于被充分整合，在此基础上实现对城市的精细化和智能化管理，

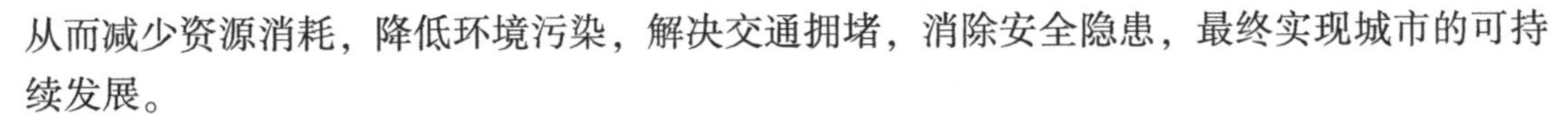

从而减少资源消耗，降低环境污染，解决交通拥堵，消除安全隐患，最终实现城市的可持续发展。

（2）建设智慧城市是信息技术发展的需要

当前，全球信息技术呈加速发展趋势，信息技术在国民经济中的地位日益突出，信息资源也日益成为重要的生产要素。智慧城市正是在充分整合、挖掘、利用信息技术与信息资源的基础上，汇聚人类的智慧，赋予物以智能，从而实现对城市各领域的精确化管理，实现对城市资源的集约化利用。由于信息资源在当今社会发展中的重要作用，发达国家纷纷出台智慧城市建设规划，以促进信息技术的快速发展，从而达到抢占新一轮信息技术产业制高点的目的。为避免在新一轮信息技术产业竞争中陷于被动，我国及时提出了发展智慧城市的战略布局，以期更好地把握新一轮信息技术变革所带来的巨大机遇，进而促进我国经济社会又好又快地发展。

（3）提高我国综合竞争力的战略选择

战略性新兴产业的发展往往伴随着重大技术的突破，对经济社会全局和长远发展具有重大的引领带动作用，是引导未来经济社会发展的重要力量。当前，世界各国对战略性新兴产业的发展普遍予以高度重视，我国在“十二五”规划中也明确将战略性新兴产业作为发展重点。一方面，智慧城市的建设将极大地带动包括物联网、云计算、三网融合、下一代互联网以及新一代信息技术在内的战略性新兴产业的发展；另一方面，智慧城市的建设对医疗、交通、物流、金融、通信、教育、能源、环保等领域的发展也具有明显的带动作用，对我国扩大内需、调整结构、转变经济发展方式的促进作用同样显而易见。因此，建设智慧城市对中国综合竞争力的全面提高具有重要的战略意义。

3. 建设理念[11]

智慧城市是继数字城市之后信息化城市发展的高级形态，包括智慧交通、智慧政务、智慧环保、智慧食品安全、智慧口岸，智慧法律，智慧生活、智慧教育、智慧医疗、智慧养老、智慧社区和智慧城市云等。

未来城市社会无处不“智慧”，这种智慧、智能和创新程度，也为精致社会建设和未来社区的打造奠定了扎实的基础。下一步智慧城市建设要按照“目标引领，问题导向，系统设计，开放共享，协同推进”的思路和“一个体系架构、一张天地一体的栅格网、一个通用功能平台、一个数据集合、一个城市运行中心、一套标准”的“六个一”载体来有效推进相关工作。

（1）一个开放的体系架构。遵循体系建设规律，运用系统工程方法，构建开放的体系架构，通过“强化共用、整合通用、开放应用”的思想，指导各类新型智慧城市的建设和发展。

（2）共性基础“一张网”。构建一张天地一体化的城市信息服务栅格网，夯实新型智慧城市建设的基础，实现城市的精确感知、信息系统的互联互通和惠民服务。

（3）一个通用功能平台。构建一个通用功能平台，实施各类信息资源的调度管理和服务化封装，进而支撑城市管理与公共服务的智慧化，有效管理城市基础信息资源，提高系统使用效率。

（4）一个数据体系。建立一个开放共享的数据体系，通过对数据的规范整编和融合共用，实现并形成数据的“总和”，进而有效提高决策支持数据的生产与运用，进一步提升城市治理的科学性和智能化水平。

(5) 一个高效的运行中心。构建新型智慧城市统一的运行中心，实现城市资源的汇聚共享和跨部门的协调联动，为城市高效精准管理和安全可靠运行提供支撑，更好对城市的市政设施、公共安全、生态环境、宏观经济、民生民意等状况有效掌握和管理。

(6) 一套统一的标准体系。标准化是新型智慧城市规范、有序、健康发展的重要保证，需要通过政府主导，结合各城市特色，分类规划建设内容和核心要素，建立健全涵盖"建设、改革、评价"三方面内容的标准体系。

建设智慧城市已经成为历史发展必然趋势。智慧城市的建设不能是一哄而上，大家互相攀比的运动，而是润物细无声地和城市建设融为一体，这样才能成为增强城市经济发展的新动力，让未来城市生活更加智慧、便捷和快乐。有序的交通、绿色的楼宇、良好的水处理技术、智能化的供电系统、智能的家居在我们的生活中成为现实。

4. 案例介绍

世界上最先进的建筑物都有"大脑"，一种能够平衡并调和各种相冲突利益需求的中央神经系统，比如，要能最大限度地降低能耗、并保证住户舒适度和电网稳定性等。

西门子开发能够做到这一点的楼宇自控系统。这个名为"Desigo CC"的系统是首个允许将所有楼宇系统整合到一起上进行直观操作的管理平台。来自西门子楼宇科技的 Naoufel Ayachi 表示："当前，消防、采暖、通风和气候控制、照明、录像监视等建筑物的所有系统，通常仍然是单独控制的。我们的管理站第一次将所有这些系统整合起来，并实时显示每一个系统的状态。"

西门子城在设计上极其重视生态环保，并且采用了先进的绿色楼宇科技。这座城市的新主塔由 120 根混凝土柱子支撑，这些柱子向下延伸了 100 英尺（约 30.48m），冬天为大楼的办公室供暖，夏天通过特殊的导管为大楼降温。

在西门子城，连接至 Desigo 平台的电动汽车不仅仅是用电者，也是临时储能装置。就楼宇管理而言，它们可以充当蓄电装置。譬如，在突然乌云密布时，车辆反而可以向楼宇输送电能，从而弥补屋顶光伏发电系统发电量的下降。楼宇管理系统从充电站获得了关于车辆充电需求的信息。然后，它根据这些信息，以及从气候控制、供暖装置及其他耗电设备等采集来的数据，来预告第二天的用电需求。

西门子的楼宇管理系统可以访问整个建筑群中大约 10000 个传感器，提供了节能的照明、室温和通风控制。例如，当所有员工都离开房间后，传感器能收到相应信号，办公室的供暖和照明系统就会自动关闭。总部实施的节能措施可以使二氧化碳年排放量减少 1000t[12]。

四、紧凑城市

2015 年 12 月 20~21 日召开的中央城市工作会议首次提出"紧凑城市"理念。改革开放以来，我国经历了世界历史上规模最大、速度最快的城镇化进程，城市发展波澜壮阔，取得了举世瞩目的成就。城市发展带动整个经济社会发展，城市建设成为现代化建设的重要引擎。城市环境污染、交通堵塞、土地用途布局不合理等城市病已经成为全球性问题。

如今我国有 7 亿人生活在城镇，常住人口城镇化率为 56%。国际上有研究表明：一国城镇化率刚刚过半时，是城市化问题最为突出的一个时期，也是城市发展要由一个阶段进入下一阶段的转型期。

科学和巧妙地进行城市规划，高效利用土地资源，用精致的发展方式代替无序蔓延，让城市在功能、规模和结构上实现紧凑高效，也就是当下被广泛提及的“紧凑型城市”(图 1-26)。强调土地混合利用和密集开发，主张居民集中居住，并围绕居住区建设基本的公共服务设施[13]。

图 1-26　紧凑城市示意

1. 建设理念[14]

紧凑城市包括以下三个理念：高密度开发、功能混合的土地开发、公共交通导向。

(1) 高密度开发

高密度开发是指提高建设用地的利用率，主要强调立体式的空间发展。这一方面是基于城市建设用地的份额处于不断消耗的前提下，其次这是对抗原先城市无序扩张的一种手段。

过去 20 年，我国城市建成区的土地使用是粗放低效的。学者牛文远指出，1991~2010 年，我国城市建成区面积扩大了 2. 12 倍，而城市人口仅仅增长了 0. 89 倍，土地扩张速率是人口增长速率的 2. 38 倍。英国城市复兴倡导者安帕瓦认为，密度是城市活力和高品质生活的前提，巴塞罗那的市区密度高达 400 户/hm^2，郊区达到 200 户/hm^2。

实现高密度的土地开发主要强调在保证资源环境承载力的前提下，提倡立体发展，这是紧凑发展，功能混合的前提和保障。较高的城市密度是建设紧凑城市的核心条件，一个建设稀疏的城市中，公共交通和其他公共设施的使用强度无法达到规模经济，由此破坏了其他紧凑特征的可能性。

(2) 功能混合的土地开发

功能混合的土地开发是指将居住用地与工作用地、休闲娱乐、公共服务设施用地等混合布局，可以在更短的通勤距离内提供更多的工作，降低交通需求，减少能源消耗。

城市雾霾很大程度上是由城市交通（即机动车的石油消耗）造成的。因此，一个城市的居住地、工作地和第三场所（文化娱乐场所）之间彼此界限越明显，距离越远，就意味

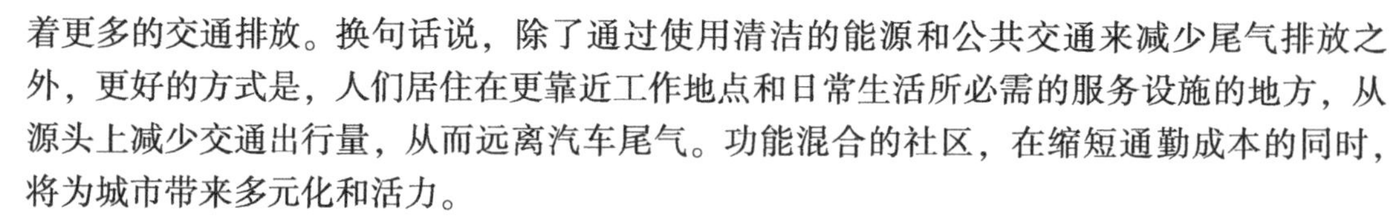

着更多的交通排放。换句话说，除了通过使用清洁的能源和公共交通来减少尾气排放之外，更好的方式是，人们居住在更靠近工作地点和日常生活所必需的服务设施的地方，从源头上减少交通出行量，从而远离汽车尾气。功能混合的社区，在缩短通勤成本的同时，将为城市带来多元化和活力。

（3）公共交通导向

公共交通导向是一种以公共交通发挥轴线作用，来引导城市土地利用的规划理论。

20 世纪 90 年代，深受汽车纠缠的美国城市开始提倡 TOD 模式（以公共交通为导向的发展模式），即，依靠地铁、轻轨、巴士线路，形成一系列以公交站点为中心、以 5～10min 步行路程为半径的城市细胞。这一模式将公共交通体系和用地开发高度耦合起来，从而大大提高了公交体系的使用率。在东京生活，你会惊讶于其公共交通与城市紧密接驳的状态：通常出门步行 5min 进入地铁站或巴士站，方便快捷地换乘，出站后直接进入酒店商场或办公楼门厅。另一个例子，京都火车站中，地下 3 层的交通系统，与地上 16 层的商业空间（包含酒店、百货、购物中心、电影院、博物馆、展览厅）完美结合，使其成为远近闻名的购物天堂，突破了我们对交通建筑与城市关系的想象。

我们不但要用公共交通引导城市的形态建设，还要以合理科学的形态构建来引导城市规划重回正规。

2. 建设重点[15]

紧凑城市的本质是以人为本。在过往的城镇化过程中，一个不容忽视的问题是，一些地区只重视土地的城镇化，而非人的城镇化。城市发展是农村人口向城市集聚、农业用地按相应规模转化为城市建设用地的过程，这一过程中，人口和用地要匹配，城市规模要同资源环境承载能力相适应，关键是以人的需求为本。因此，以有限空间满足人的多样需求，是城市可持续发展的关键。

要把建设紧凑城市当成百年大计来规划和执行。城市发展与经济社会发展相辅相成、相互促进，而城市规划在城市发展中起着重要引领作用。规划有失误，发展之路必定充满浪费，难以持续。我国城市发展进入新阶段后，发展重点与以往有所不同。中央提出“城市规划编制要接地气，可邀请被规划事业单位、建设方、管理方参与其中，还应邀请市民共同参与”的具体部署，同时要求城市发展规划经过批准后要严格执行，“一茬接一茬干下去，防止出现换一届领导、改一次规划的现象”等要求，正是直指当前许多城市当局出现政策断层的弊端。

3. 案例介绍

我国香港是全世界人口最密集的城市之一，人口增长率超过建设用地增长率，城市密度有增无减。香港的地理环境特殊，地形以丘陵为主，约 20%为低地，主要集中在新界北部，对比其他城市，其可发展用地有限。多元化的发展模式和特殊的土地政策，使其无论在其空间结构还是功能模式上，都呈现出一种复杂性和多样性。

我国香港高密度城市空间发展策略主要有以下特点：

（1）高度密集及竖向发展

与欧洲传统街区的高密度空间格局不同，我国香港表现出竖向发展的特点，高层建筑成为主要的建筑形式。由于建筑之间的间距很小，建筑之间的关系异常紧密，城市空间结构和形态界面连贯而统一，形成超级都市结构。在这种结构中，建筑的个体功能被弱化，

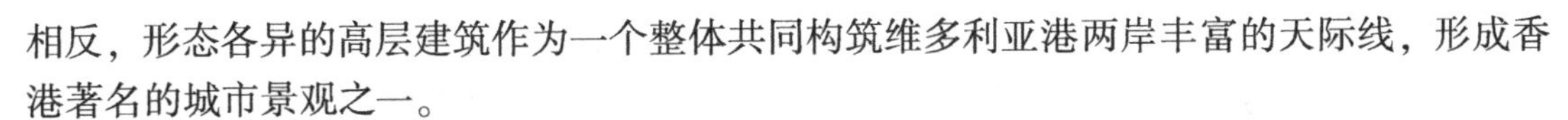

相反，形态各异的高层建筑作为一个整体共同构筑维多利亚港两岸丰富的天际线，形成香港著名的城市景观之一。

（2）混合使用功能的立体化格局

伴随高密度的空间配置，我国香港的另一显著特点是高度混合的土地使用模式。这种混合的土地使用方式不仅体现在社区范围，还扩展至整个都市区。在功能混合的实践中，传统的二维并置方式似乎并不适用，取而代之是各种职能空间在竖直方向上的叠加。为加强各部分空间的可达性并使其商业价值得以最大化，建筑融合了许多城市特征，如在内部设置城市步行通道、城市休憩中庭及交通转换站等。

（3）交通系统与其他功能的高度复合

紧凑城市的一个特点是拥有高度发达的公共交通系统。我国香港的公共交通系统目前已覆盖90%的地区。各种交通方式在都市内是交叉重叠的，也就是说，市民可以选择不同的交通工具从一个地方出行到另一个地方，因而大大减少了他们对私人交通工具的需求。

（4）城市公共空间的多维拓展

伴随功能空间的立体化格局，我国香港的公共空间也呈现多维度发展的趋势。步行天桥系统在城市中心大量出现，连接主要建筑物，使街道生活从地面扩展至二层标高。天桥空间不仅能提供步行交通功能，还是进行各种商业、文化和社会活动的场所，已达到对步行人流合理利用的目的。

我国香港许多独特的城市现象是在紧凑高密度城市发展的压力下产生的，而这些现象却提供了有力的证据，让人们可以预见当开发强度达到一定的程度时可以采用什么空间格局和空间操作来实现社会、经济及环境的和谐统一。

五、海绵城市

海绵城市（Sponge City），顾名思义是借海绵的物理特性来形容城市的某种功能。通过文献检索，发现国内外多有学者运用该概念来形象比喻城市吐纳雨水的能力。国际通用术语为“低影响开发雨水系统构建”，下雨时吸水、蓄水、渗水、净水，需要时将蓄存的水“释放”并加以利用。在国内，海绵城市是指城市能够像海绵一样，在适应环境变化和应对雨水带来的自然灾害等方面具有良好的“弹性”，下雨时吸水、蓄水、渗水、净水，需要时将蓄存的水“释放”并加以利用也可称之为“水弹性城市”[16]。

建设海绵城市，首先要扭转观念。传统城市建设模式，处处是硬化路面。每逢大雨，主要依靠管渠、泵站等“灰色”设施来排水，以“快速排除”和“末端集中”控制为主要规划设计理念，往往造成逢雨必涝，旱涝急转。根据《海绵城市建设技术指南》，城市建设将强调优先利用植草沟、渗水砖、雨水花园、下沉式绿地等“绿色”措施来组织排水，以“慢排缓释”和“源头分散”控制为主要规划设计理念，既避免洪涝，又有效地收集雨水。

建设海绵城市的目标是让城市“弹性适应”环境变化和自然灾害，保护原有水生态系统，通过“蓝线”、“绿线”确定开发边界和保护区域；恢复被破坏的水生态，推行“河长制”治理水污染、改善水生态；推行低影响开发，全面采用“绿色屋顶”可以很好地截留降雨，减少溢流量；通过种种低影响措施及其系统组合减少地表水径流，减轻暴雨对城市运行的影响（图1-27）。

传统排水特点为“多、快、通畅”的市政模式，将其转变为以“滞、蓄、渗、净、用、排”为特点的海绵城市。通过海绵城市的建设，可以实现开发前后径流量总量和峰值流量保持不变，在渗透、调节、储存等诸方面的作用下，径流峰值的出现时间也可以基本保持不变。水文特征的稳定可以通过对源头削减、过程控制和末端处理来实现。

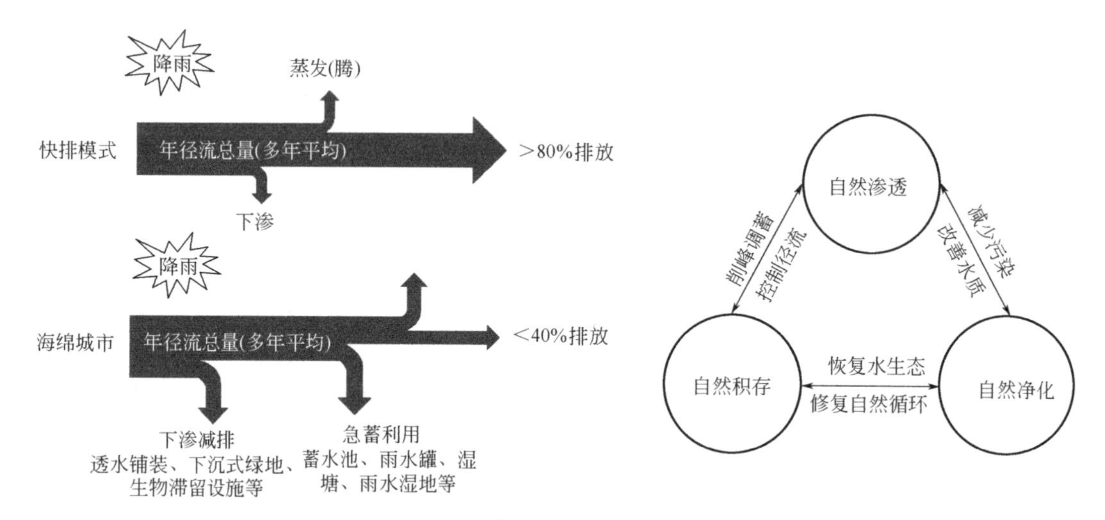

图 1-27　海绵城市径流示意图

1. **建设路径**

（1）区域水生态系统的保护和修复（图 1-28）

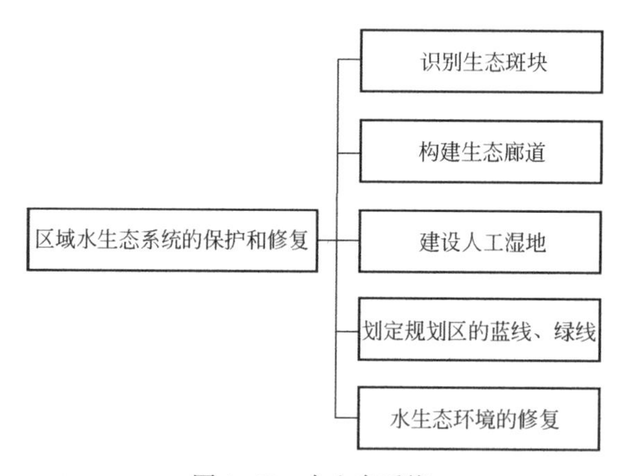

图 1-28　水生态系统

（2）城市规划区海绵城市设计与改造（图 1-29）

低影响开发的雨水控制与利用系统建设具体来讲有以下几点：

一是在扩建和新建城市水系的过程中，采取一些技术措施，如加深蓄水池深度、降低水温来增加蓄水量并合理控制蒸发量，充分发挥自然水体的调节作用。

二是改造城市的广场、道路，通过建设模块式的雨水调蓄系统、地下水的调蓄池或者下沉式雨水调蓄广场等设施，最大限度地把雨水保留下来（图 1-30）。

三是在居住区、工商业区 LID 设计中，改变传统的集中绿地建设模式，将小规模的下

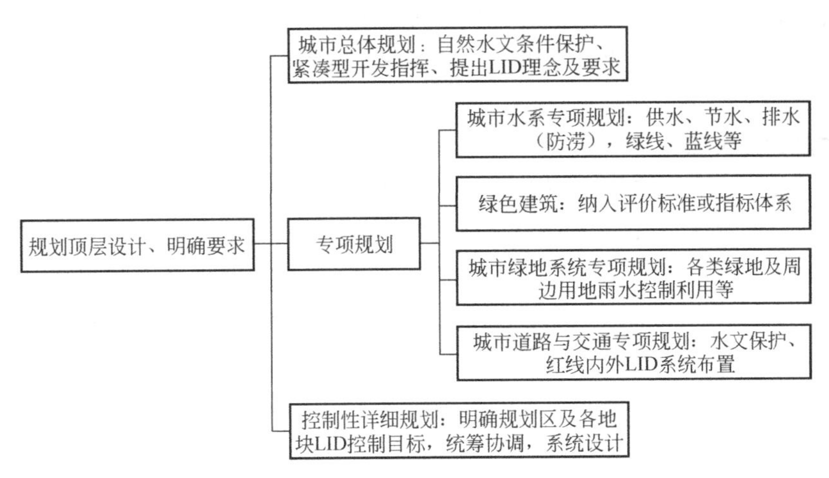

图 1-29 海绵城市顶层设计

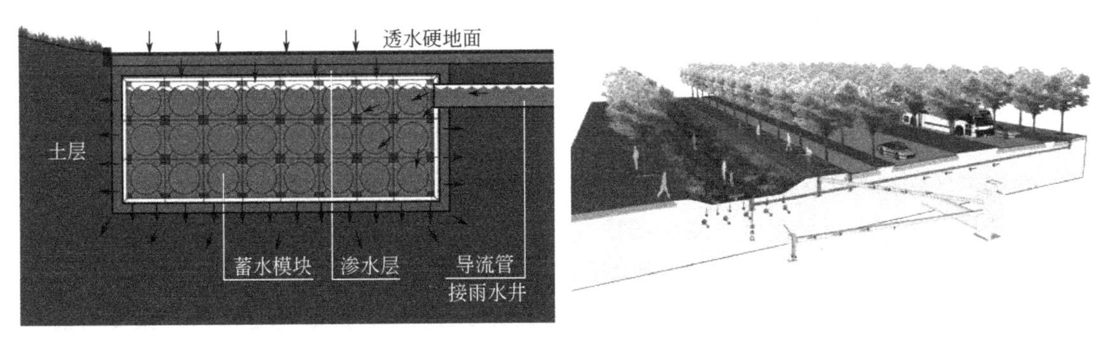

图 1-30 蓄水池 & 透水路面

凹式绿地渗透到每个街区中。

四是在园林绿地采用 LID 设计，绿地的生态效益更加明显。在海绵城市建设实践中，通过建设滞留塘、下凹式绿地等低影响开发设施，并将雨水调蓄设施与景观设计紧密结合，可以实现人均绿地面积≥20m^2、绿地率≥40%、绿化覆盖率≥50%、透水性地面≥75%（其中下凹式绿地≥70%）的目标，径流系数可以控制在 0.15 左右。同时，收集的雨水可以循环利用，公园可以作为应急水源地。中国城市科学研究会水技术中心也推出了一些先进技术，例如，通过在池底铺设表面经过处理的砂层，沙地雨水处理池的含氧量比普通池提高 3 倍，从而能长久保持水的新鲜度。

（3）建筑雨水利用和中水回用

在海绵城市建设中，建筑设计与改造的主要途径是推广普及绿色屋顶、透水停车场、雨水收集利用设施，以及建筑中水的回用（建筑中水回用率一般不低于 30%）。首先，将建筑中的灰色水和黑色水分离，将雨水、洗衣洗浴水和生活杂用水等污染较轻的“灰水”经简单处理后用于冲厕，可实现节水 30%，而成本只要 0.8~1 元/m^3。其次，通过绿色屋顶、透水地面和雨水储罐收集到的雨水，经过净化既可以作为生活杂用水，也可以作为消防用水和应急用水，可大幅提高建筑用水节约和循环利用，体现低影响开发的内涵。

综上，对于整体海绵建筑设计而言，可将整个建筑水系统设计成双管线，抽水马桶供

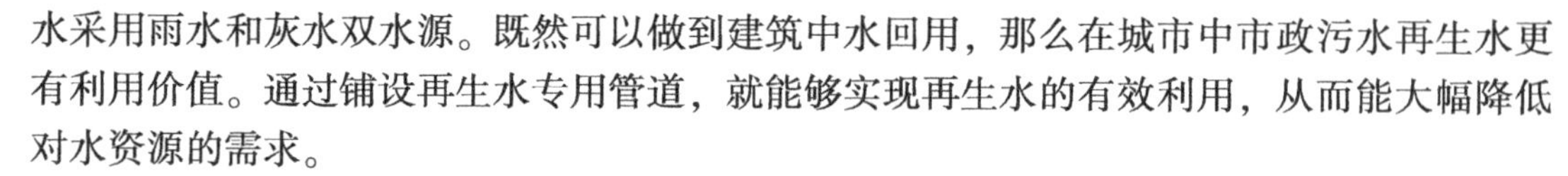

水采用雨水和灰水双水源。既然可以做到建筑中水回用，那么在城市中市政污水再生水更有利用价值。通过铺设再生水专用管道，就能够实现再生水的有效利用，从而能大幅降低对水资源的需求。

2. 城市规划及展望

(1) 引入弹性城市和垂直园林建筑的精细化设计

一是引入弹性城市（Resilient City）的设计理念。从城市应对气候变化引起的水资源短缺的弹性来看，一旦把水循环利用起来，每利用一次就等于水资源增加了一倍，利用两次就增加了两倍，以此类推；如果通过反渗透等技术，实现水资源的 N 次利用，就可以做到城市建设与水资源和谐发展，这就是一种“水资源弹性”。

二是结合园林设计的理念。如果把中水和雨水在建筑中充分综合利用，就可以把整个园林搬到建筑上去，即垂直园林建筑。这种建筑整体上呈现出海绵状态，能将雨水充分收集利用，实现中水回用，排到自然界中的水体污染物几乎等于零，所有的营养素都能在建筑内循环利用，并且绿色植物还能够固定二氧化碳。

(2) 海绵城市（社区）结合水景观再造

海绵建筑推而广之就是海绵社区。当代城市规划师应该传承历史文化，回归社区魅力，增加社区的凝聚力。

(3) 引入碳排放测算

我国已决定建立中国特色的碳交易市场，在我国内部首先实现公平的碳排放权交易。海绵城市建设能够在很大程度上减少碳排放，因为传统的外地调水特别是长距离供水需消耗大量的能源资源，属高碳排放的工程。如果把海绵城市建设模式引发的碳减排拿到碳交易市场上进行交易，变成现金，则可以有效减少项目的投资，形成稳定持久的投资回报。

(4) 分区测评、以奖代补、奖优罚劣

住房城乡建设部出台的《海绵城市建设技术指南》将我国大陆地区大致分为五个区，并给出了各区年径流总量控制率 α 的最低和最高限值，即：Ⅰ区（$85\% \leqslant \alpha \leqslant 90\%$）、Ⅱ区（$80\% \leqslant \alpha \leqslant 85\%$）、Ⅲ区（$75\% \leqslant \alpha \leqslant 85\%$）、Ⅳ区（$70\% \leqslant \alpha \leqslant 85\%$）、Ⅴ区（$60\% \leqslant \alpha \leqslant 85\%$）。

根据我国的年径流总量控制率分区，建立评测体系，研究充分利用中央财政资金以奖代补、奖优罚劣的方式，加快引导和推动各地海绵城市建设。

(5) 海绵城市建设智慧化

海绵城市建设可以与国家正在开展的智慧城市建设试点工作相结合，实现海绵城市的智慧化，重点放在社会效益和生态效益显著的领域，以及灾害应对领域。

智慧化的海绵城市建设，能够结合物联网、云计算、大数据等信息技术手段，使原来非常困难的监控参量变得容易实现。未来，我们将实现智慧排水和雨水收集，对管网堵塞采用在线监测并实时反应；通过智慧水循环利用，可以达到减少碳排放、节约水资源的目的；通过遥感技术对城市地表水污染总体情况进行实时监测；通过暴雨预警与水系统智慧反应，及时了解分路段积水情况，实现对地表径流量的实时监测，并快速做出反应；通过集中和分散相结合的智慧水污染控制与治理，实现雨水及再生水的循环利用等。

通过网格化、精细化设计将城市管理涉及的事、部件归类，系统标准化等使现场管理反应快、准、好。在此基础上，再推行城市公共信息平台建设，通过智慧城管平台，主动发现问题，并有预见性地应对。最后，通过物联网智能传感系统，实现实时监测。通过以上这些优化设计，可以使我国城市迅速、智慧、弹性地来应对水问题。智慧的海绵城市离不开这样一个循环：信息的监测收集→信息的传输→准确地指挥→迅速地执行→对结果进行反馈修正。这样一种信息的循环利用模式，可以使海绵城市能够非常高效和智慧地运行。

3. 案例介绍[17]

浦阳江发源于浦江，是钱塘江的重要支流，全长 150km，经诸暨、萧山后汇入钱塘江。浦阳江是浦江县城的母亲河，河流穿城而过。本案例位于浦江县域范围内，长度约 17km，总面积 196hm^2，宽度为 20~30m。设计范围上游段从通济湖水库坝脚至翠湖，下游段从浦江第四中学至义乌溪。

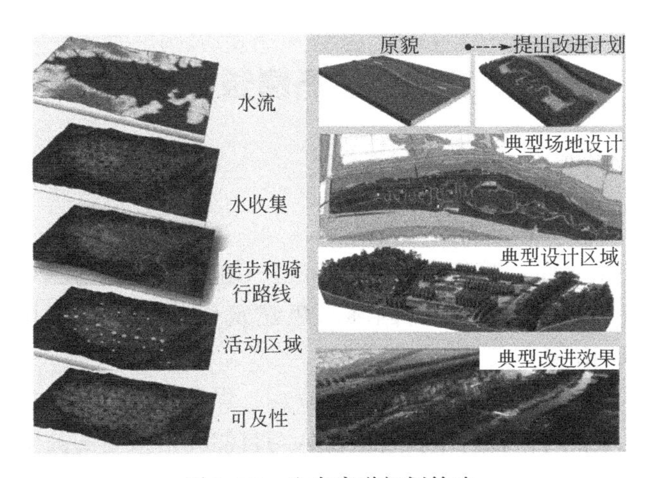

图 1-31　生态廊道规划策略

（1）湿地净化系统构建及水生态修复策略

在本次研究范围内共有 17 条支流汇聚到浦阳江，规划提出完善的湿地净化系统截留支流水系，将支流受污染的水体通过加强型人工湿地净化后再排入浦阳江。设计后湿地水域面积约为 29.4hm^2，以湿地为结构，发挥水体净化功效并提供市民游憩的湿地公园的总面积达 166hm^2，占生态廊道总面的 84%（图 1-31）。各斑块设置在对应支流与浦阳江的交汇处，将原来直接排水入江的方式改变为引水入湿地，增加了水体在湿地中的净化停留时间。目前水质得到了提升，从连续的劣Ⅴ类水达到现在的地表Ⅲ类水，并且水质逐步趋于稳定。

（2）与洪水相适应的海绵弹性系统策略

设计运用海绵城市理念，通过增加一系列不同级别的滞留湿地来缓解洪水的压力。据统计，实施完成的滞留湿地增加蓄水量约 290 万 m^3，按照可淹没 50cm 设计计算则可增加蓄洪量约 150 万 m^3。原本硬化的河道堤岸被生态化改造，经过改造的河堤长度超过 3400m。硬化的堤面首先被破碎并种植深根性的乔木和地被，废弃的混泥土块就地做抛石护坡，实现材料的废物再利用。迎水面的平台和栈道均选用耐水冲刷和抗腐蚀性的材料，包括彩色透水混凝土和部分石材。滨水栈道选用架空式构造设计，尽量减少对河道行洪功能的阻碍，同时又能满足两栖类生物的栖息和自由迁移。

(3) 低投入、低维护的景观最小干预策略

浦阳江两岸枫杨林茂密，设计采用最小投入的低干预景观策略，最大限度地保留了这些乡土植被，结合廊道周边用地情况以及未来使用人流的分析采用针灸式的景观介入手法，充分结合场地良好的自然风貌，将人工景观巧妙地融入自然当中。

(4) 水利遗迹保护与再利用策略

场地内现存大量水利灌溉设施，包括浦阳江上7处堰坝、8组灌溉泵房以及一组具有鲜明时代特色的引水灌溉渠和跨江渡槽。设计保留并改造了这些水利设施，通过巧妙的设计在保留传统功能的前提下转变为宜人的游憩设施。经过对渡槽的安全评估以及结构优化，将其与步行桥梁结合起来，并通过对凿山而建的引水渠的改造形成连续、别具一格的水利遗产体验廊道。

第六节 生态建筑类型

一、绿色建筑

2006年我国发布第一部《绿色建筑评价标准》GB/T 50378，在2014年、2019年分别进行了二次修订。在国内使用较多的国际绿色建筑评估体系有美国的LEED、英国的BREEAM、德国的DGNB等。

绿色建筑指在建筑的全寿命周期内，节约资源、保护环境、减少污染，为人们提供健康、舒适和高效的使用空间，最大限度地实现人与自然和谐共生的高质量建筑物[18]。

1. 适用范围

任何建筑都可以是绿色建筑，无论是家庭，办公室，学校，医院，社区中心，还是任何其他类型的建筑。

2. 评价技术指标

(1) 国家标准《绿色生态城区评价标准》GB/T 51255-2017第6.2.1条规定：新建建筑执行高星级绿色建筑要求，提高二星级及以上绿色建筑的比例要求，评价总分值为15分[18]。

(2) 上海市工程建设规范《绿色生态城区评价标准》DG/TJ 08-2253-2018第5.2.8条规定：新建建筑执行绿色建筑，健康建筑，超低能耗建筑等相关标准要求，评价总分值为15分[19]。

3. 实施要点

(1) 加强绿色设计意识

避免以往的绿色建筑设计中业主很难感受到绿色建筑在健康、舒适、便捷等方面的问题。从尺度、材料、采光、遮阳、通风等人们可以真切感受到的方面进行环境提升。为人们提供更加舒适的环境、设施和服务，促进人们身心健康，提高对空间的愉悦感。

(2) 对资源能源的节约

从形态组织入手，探索建筑空间对环境气候的调节，以被动式设计策略达到绿色建筑目标，实现空间结构的优化，并减少主动式设备的投入，为后期运行维护降低难度，同

时，为绿色建筑大大降低资源成本和经济成本[20]。

（3）让绿色认证成为自然而然的事

绿色投入成本是许多开发商最为关切的问题，人们通常会认为绿色建筑代表着高科技、低能耗、高成本，因此使得一些开发商望而却步。其实，成本和绿色并不是对立的矛盾体，绿色建筑可能需要投入额外成本，但也会带来效益。此外，在建筑设计上多下一番功夫，通过合理的设计策略，能够使后期设备投入成本大大降低，也给运行阶段的成本节约带来更大的空间。最终，绿色认证不再是绿色技术和成本的叠加，而成为设计完成后自然而然的结果[20]。

4. 案例介绍

（1）江森自控亚太总部大楼[21]

江森自控亚太总部大楼是我国首座“三种认证”的绿色建筑，中国绿色建筑设计标识三星级认证、世界银行集团国际金融公司 EDGE 卓越高能效设计认证和美国绿色建筑协会 LEED 新建建筑铂金级认证。大楼有效实现了年节能 45.47%，年节水 42.27%，年节约材料中的物化能源 20.82%，堪称上海乃至中国绿色智慧建筑新地标[22]。

严控光污染：避免发光标识牌带来的光污染；楼宇周边的路灯也被设计成光源朝下，照向地面，在夜晚仅给路人提供可以看清道路的灯光，而不追求营造通透辉煌的园区夜景；楼内所有光源都嵌入顶棚内，从室外向内看，不可以直视到光源；大楼的中庭区域仅在边角位安装几个射灯，白天自然光通过中庭顶部玻璃进入室内，既省电又避免光污染；顶部玻璃全部按照倾斜角排列，既可以让阳光进来，同时又让热量有效反射，避免了夏天玻璃顶棚反而不节能的尴尬。

视野设计：亚太总部几乎做到 100%的员工都能看到窗外风景，除了将临窗空间隔开来，还刻意降低了办公桌挡板的高度，整体高度不得超过 1.1m。

地板送风：空气品质好，下送风首先进入呼吸区，新风浓度高；下送风不直接吹向头部，舒适度更高；但下送风风量不能太大，因为直接吹到脚踝处，人容易感觉到凉，但是如果风量过小，房间就会特别热（图 1-32）。

磁悬浮冷水机组：江森自控亚太总部大楼使用了磁悬浮冷水机组（图 1-33），机组没有摩擦、效率更高且更安静，因为没有摩擦就不需要机油、润滑油，从而降低了设备维保费用；除了磁悬浮，还有冰蓄冷技术，即利用峰谷电差价，在晚上电价比较便宜的时候把冷量储存起来，在白天把冷量放出来。相较其他建筑，这栋大楼通过中央冷冻机房、智能光控、地板送风、楼宇自控等系统，总体上可节能 45%；通过水资源回收循环用于冲厕、灌溉、洗车等环节，可节水 42%[22]。

鼓励绿色出行：大楼地址要求在城市地铁通勤可达范围内，为了鼓励员工多步行，楼内设置了洗澡间，夏天可供步行的员工冲去汗水。洗澡水则又可进入循环系统重复利用。

（2）上海城建滨江大厦

上海城建滨江大厦项目位于龙华路与宛平南路东南侧地块内，办公大楼，总占地面积 10443.7m^2，项目总建筑面积 50153m^2（图 1-34）。建筑高度约 45m，框架剪力墙结构，地上 10 层，地下 3 层。获得国家三星级绿色建筑设计标识、“2012 年度上海市建设工程绿色施工达标工程”称号。项目采用多项节能技术，包括：雨水处理系统、中水处理系统、诱导风技术、太阳能系统、节能灯具、光导管运用[23]。

图 1-32　地板送风

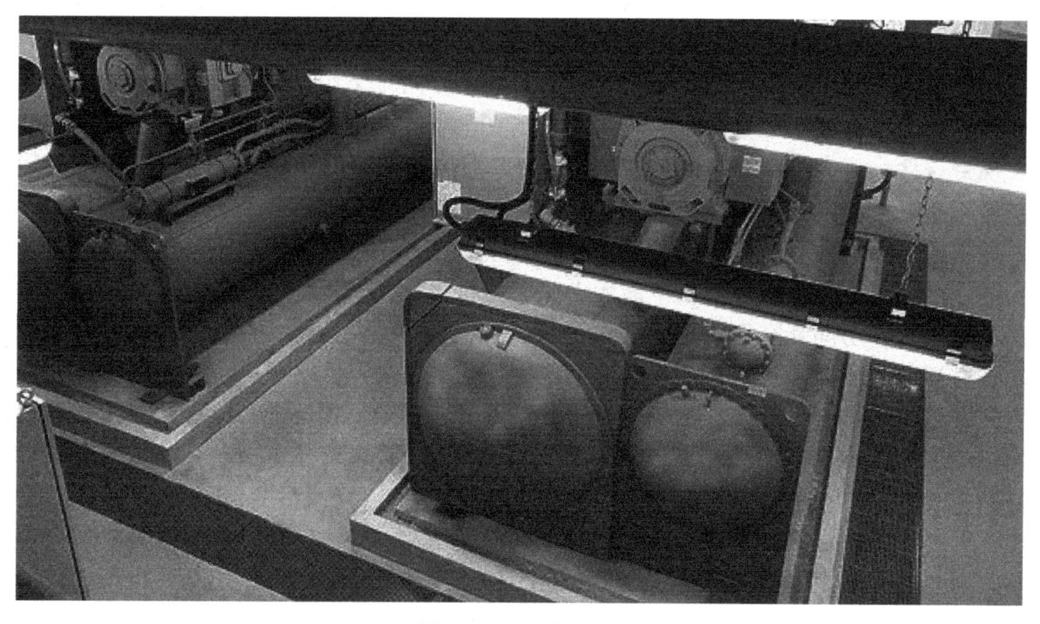

图 1-33　冷水机组

1）太阳能热水系统

利用太阳能提供生活热水，设计用水量为 8t/d，屋面安装 51 块平板集热板，每块集热板面积为 $2m^2$，所产热水能够满足建筑提供热水需求。在太阳日照辐射量不足时，可由辅助电加热提供热水。

2）太阳能光伏系统

大厦西侧设置了太阳能光伏停车棚，停车棚顶棚采用太阳能光伏电板。光伏系统为员

图 1-34　城建滨江大厦

工电动自行车、车棚夜间照明及车棚网络提供电力。该系统屋面铺设薄膜电池组件面积 170m^2，装机总量 8. 32kWp，采用了 128 块 65Wp 薄膜太阳能电池组件，储能蓄电池装机总量为 32. 4kWh，采用 18 块 12V、150Ah 的胶体铅酸储能蓄电池串联组成。

3）导光筒

项目共设置 10 套导光筒，将室外天然光导入地下室内，以改善地下室自然采光条件，其中地下餐厅 2 套，司机休息室 2 套，车库 6 套。

4）节能照明

地下车库采用了感应式 LED 照明，可以根据地下车辆及人员的运动情况，自动调节照明模式，实现照明亮度的分级控制，有效节省照明用电。

5）高效多联机空调系统

上海城建滨江大厦采用大金 VRV 智能化中央空调系统加新风系统，按照楼层、房间功能、设备容量划分系统，空调室外机集中布置在一层和屋面。

6）可调节外遮阳

在建筑东西侧九~十层采用垂直百叶可调节遮阳系统，通过磁力控制装置完成百叶的翻转功能，具有良好的遮阳、保温、隔热、歌声、调节采光性能[23]。

二、健康建筑

健康建筑的理念最早是 1981 年的《华沙宣言》指出建筑学应进入环境健康时代，建筑界开始将研究的目光转移到“居住与健康”上。到 20 世纪 90 年代中期已经广泛开展了居住与健康的研究工作，美国出台了 WELL 标准，日本建设省出版了《健康住宅宣言》和《环境共生住宅》指导住宅的建设与技术开发。瑞典、丹麦、芬兰、冰岛、挪威等北欧国家在建材方面也制定了严格的标准。目前，已有 3800 个项目在 WELL 健康建筑官网注册，超过 4. 48 亿平方英尺（约 0. 416 亿 m^2），正在 58 个国家应用[24]。

20 世纪 90 年代，随着我国住宅商品化的蓬勃发展，健康建筑的研究应运而生。早在

1999 年，国家住宅工程中心就居住与健康问题开展研究工作。2002 年，又启动了以住宅小区为载体的健康住宅建设试点与示范工程，以检验和转化健康住宅研究成果，在我国 41 个城市实施了 57 个健康住宅建设试点项目，并有 15 个项目通过竣工验收成为健康住宅示范工程。截至 2017 年 9 月，WELL 亚太区内共有项目 161 个。我国的项目申请数量位居亚太之首，占总数的 2/3，其中 45 个为写字楼项目。我国于 2017 年颁布了中国建筑学会标准《健康建筑评价标准》T/ASC02-2016[25]。

健康建筑被定义为：在满足建筑功能的基础上，为建筑使用者提供更加健康的环境、设施和服务，促进建筑适用这身心健康、实现健康性能提升的建筑[26]。相较于绿色建筑，健康建筑与其最大的区别在于，绿色建筑总体上是关于可持续性、建筑材料、能源效率和环境，而健康建筑更关注人类可持续性，增加了健康、保健、营养、健身、舒适和心灵这些组成部分（图 1-35）。

图 1-35　健康建筑效果图

1. 适用范围

适用于新建筑、租户改进，以及核心与建筑外墙开发。

2. 评价技术指标

上海市工程建设规范《绿色生态城区评价标准》DG/TJ 08-2253-2018 第 5.2.8 条规定：健康建筑或超低能耗建筑等的建筑面积占总建筑面积的比例达到 10%，得 4 分。

中国建筑学会标准《健康建筑评价标准》T/ASC 02-2016 是我国首部以“健康建筑”理念为基础研发的评价标准，该标准的实施标志着我国建筑行业向崭新领域的又一步跨越。该标准建立了以空气、水、舒适（声光、热湿）、健身、人文、服务六大健康要素为核心的指标体系。

3. 案例介绍

（1）上海宝山区顾村镇

上海宝山区顾村镇 N12-1101 单元 06-01 地块商品房项目位于上海市宝山区顾村镇，项目东至富长路，南至联谊路，西至共宝路，北至联汇路，项目总用地面积 70210.4m^2，总建筑面积 205256.79m^2。其中，地上建筑面积为 131545.60m^2，地下建筑面积 73711.29m^2（图 1-36）。目前，项目的 27-28，30-36 号楼已获得健康建筑设计标识三星级[27]。

图 1-36 上海市宝山区顾村镇规划图

1）空气

全热交换户式新风系统：采用 24h 的全热交换户式新风系统，主要由全热回收式新风机组、高效过滤组合等组成，提供净化的新风和舒适的湿环境。

装修材料污染物控制：项目对装修材料进行严格筛选，主要针对涂料、胶粘剂、壁纸、人造板及其制品、地板、门、家具、纺织品、皮革、聚氯乙烯卷材地板 10 大类共 24 种产品进行了标准的制定，该标准远远高于国家标准。

室内污染物浓度、颗粒物预评估：采用增强建筑围护结构气密性和降低室外颗粒物穿透相结合的方式，可有效控制室内颗粒物。

CO 检测联动排风装置：地下汽车库设置诱导通风系统，共 13 台排风风机，利用主排风机和诱导风机结合的方式对地下汽车库进行通风。

2）水

通过采用直饮水系统、高品质生活饮用水技术、配置分水器、设置恒温恒水生活饮用阀、合理设置水封以及水质在线监测系统等技术措施，保障了用水质量，严格防范用水器具污染水质的潜在威胁，提升了用水品质。

3）舒适

采用隔声降噪技术保障室内良好声环境。充分利用天然光和自然通风技术营造舒适的室内光环境和温湿度环境。通过空调系统以及新风系统对室内温湿度进行调节，提升室内人工热湿环境。

4）健身

建筑场地内或建筑室内设置健身运动场地，可以为使用者提供更多的运动机会并带来更多的健康效益。免费提供健身器材，保证健身器材有不同的种类和足够数量，给不同需求的人群提供不同的选择。

5）人文

通过对小区室外场地、心理健康、绿化绿植、适老化设计、医疗服务等人文关怀方面多角度考虑，丰富了住户的日常生活，提供心理调整的条件，满足精神层面的需求，有助于人体身心健康发展。

围绕着空气、水、舒适、健身、人文等几大指标，针对建筑物理，如温湿度、通风换气效率、噪声、光、空气品质等，建筑心理，如布局、环境色彩、照明、空间、使用材料等，采用适宜的健康建筑技术提升建筑空气、水、食品、声光热环境等方面的安全性与舒适性，最大限度约束建筑建设过程中各参与方降低建筑健康性能的不良行为，引导建筑在设计伊始就把维护建筑的安全性、降低建筑危害健康风险当作核心条件。

（2）北京远洋天著春秋二期

该项目建筑面积 13471m^2，为北京地区首个以 Well-Multifamily 金级作为认证目标的豪华别墅项目（图 1-37），位于北京西刘娘府地块，毗邻著名的八大处公园。该项目在设计过程中加入了高效空气过滤系统、智能化健康照明系统、隔声系统的考虑，引进了直饮水、健身、健康饮食管理，并且在施工中全部采用健康绿色建材，力求在空气、水、营养、光、健身、舒适和精神 7 个维度来诠释健康住宅的定义。

图 1-37　北京远洋天著春秋二期规划图

1）空间结构

针对全天的光线照射进行深入研究，该项目对空间结构进行科学合理的布局，如八角窗规划、三面采光的玻璃窗户设计，让室内能接受到自然光照射的角度达到 270°；更大的面宽和大尺度玻璃窗设计，顶层与阁楼通过设计独具匠心的圆形挑空天井与屋顶天窗，实现空气的对流、源源不断的鲜氧；充分利用别墅自身的优势，结合老人在生活中遇到的种种问题，提供一整套的适老化设计。

2）健康涂料

在涂料的选择上，墙面均选用健康涂料，不挥发有害气体。甄选聚氨酯地坪漆，既能防止雨雪路滑，又能呵护人体健康。天然而名贵的米黄石材，绿色环保的建筑材料，使之不会破坏这里无污染的自然生态。

三、超低能耗建筑

被动式超低能耗绿色建筑（以下简称超低能耗建筑）是指适应气候特征和自然条件，通过保温隔热性能和气密性能更高的围护结构，采用高效新风热回收技术，最大限度地降低建筑供暖、供冷需求，并充分利用可再生能源，以更少的能源消耗提供舒适的室内环境并满足绿色建筑基本要求的建筑（图 1-38～图 1-40）。

图 1-38　高效新风可回收系统

图 1-39　可再生能源

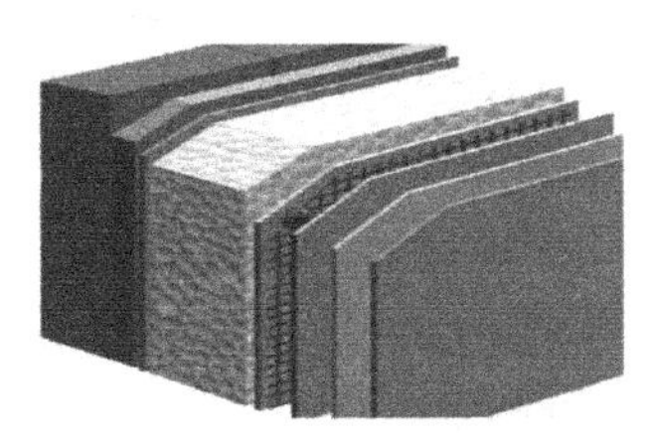

图 1-40　外墙保温隔热技术

目前国内夏热冬冷、夏热冬暖和温和地区也正在编制相应的超低能耗建筑技术导则和标准，如《上海市超低能耗建筑技术导则（试行）》、《北京市超低能耗示范项目技术导则》、河北省《被动式超低能耗居住建筑节能设计标准》等。超低能耗建筑分布的省份目前主要以北京、河北、山东、黑龙江、江苏为主。

超低能耗建筑的使用应充分考虑环境因素，包括气象条件、自然资源、生活居住习惯等因素对建筑的平面布局、朝向、体形系数、开窗形式、采光遮阳、建筑热惰性、室内空间布局进行设计。

超低能耗建筑包括设计、施工、验收及运行管理四个部分，包括使用保温隔热性能更好的围护结构与外窗、无热桥设计和施工、整体高气密性、高效新风热回收系统及可再生能源的利用，且满足《绿色建筑评价标准》GB 50378 一星级要求[28]。

超低能耗建筑主要优势包括：更加节能、更加舒适、有更好的空气品质，也有更高的质量保证。超低能耗建筑供暖能耗降低 85%以上；室内温湿度适宜、建筑内墙表面温度稳定均匀，与室内温差小，体感舒适；室内新鲜空气充足；建筑质量更高、寿命更长。

1. 适用范围

超低能耗建筑适用类型主要包括新建、扩建、改建和改造的居住建筑和公共建筑。

2. 评价技术指标

上海市工程建设规范《绿色生态城区评价标准》DG/TJ 08-2253-2018 第 5.2.8 条第 2 款规定：健康建筑或超低能耗建筑等的建筑面积占总建筑面积的比例达到 10%，得 4 分[19]。

3. 实施要点

（1）规划

根据建筑的体量、投资、规划情况考虑是否进行超低能耗建筑的建造区域，根据周边基础设施、气候、地理位置等因素确定是否适合进行超低能耗建筑的建造，建筑实施时应考虑技术的成熟度和实际节能效果。

（2）设计

建筑方案设计：利用景观创造合适的微气候，夏季增强自然通风、减少热岛效应，冬季避免冷风对建筑的影响；建筑物朝向以南北或接近南北为主，主要房间应避开主导冬季风向；建筑结构应尽量简单、规整紧凑保持较小体形系数。

隔热设计：考虑窗墙比对建筑供热供冷需求影响的同时也兼顾开窗面积对自然通风和采光效果的综合影响；建筑设计应有利于自然通风与冬季日照；建筑设计应尽量缩短风管长度，合理利用排风过流区，营造良好的气流组织。

围护结构设计：应优先选用高性能的保温材料以减少保温层厚度；应考虑材料的物理性能（如抗压性能等）；外窗应综合考虑传热系数与太阳得热系数 *SHGC*。

无热桥设计：在设计时应避免几何结构的变化，并保证在部件连接处连续无间隙，同时尽可能不要破坏或穿透外围护结构，必须穿透外围护结构时应保证足够的间隙进行密实无空洞的保温。

气密性及遮阳设计：气密层应连续并包围整个外围护结构，在门窗、孔洞等位置应进行气密性处理；遮阳设计应综合考虑窗口朝向、气候、房间使用要求等，包括可调节的遮阳措施、固定遮阳措施、自然遮阳等遮阳方式。

高效新风可回收系统：超低能耗建筑宜优先利用高效新风热回收系统，满足室内供冷或供暖要求，不用或少用辅助供暖供冷系统，同时通过回收利用排风中的能量降低供暖，实现超低能耗目标。

辅助供暖供冷系统：超低能耗建筑辅助供暖供冷应优先利用可再生能源，减少一次能源的使用。可再生能源主要包括太阳能、地源热泵、空气源热泵及生物质燃料等。

卫生间和厨房通风：每个卫生间宜设独立的排风装置，自然补风。排风经排风装置导入排风竖井，借助无动力风帽排出室外；且设置定时启停装置；厨房宜设独立的排油烟补风系统，补风应从室外直接引入，补风管道引入口处应设与排油烟机联动的保温密闭型电动风阀。

照明与计量：超低能耗建筑应选择高效节能光源，智能化照明控制系统，同时不宜采用过多的外立面照明或设置大幅 LED 屏幕；宜对典型户型的供暖供冷、照明及插座的能耗进行分项计量。计量户数不宜少于同类型总户数的 2%，且不少于 3 户。

（1）施工

无热桥施工：热桥控制重点应包括外墙和屋面保温做法、外门窗安装方法及其与墙体连接部位的处理方法，以及外挑结构、女儿墙、穿外墙和屋面的管道、外围护结构上固定件的安装等部位的处理措施。

气密性保障：气密性保障应贯穿整个施工过程，在施工工法、施工程序、材料选择等环节均应考虑，尤其应注意外门窗安装、围护结构洞口部位、砌体与结构间缝隙，以及屋面檐角等关键部位的气密性处理。施工完成后，应进行气密性测试，及时发现薄弱环节，改善补救。

设备系统：暖通空调系统施工应加强防尘保护、气密性、消声隔振、平衡调试以及管道保温等方面细节的处理和控制。

（2）验收要点

验收：应对采用的保温材料、门窗部品等材料和设备进行进场验收；对外墙、外窗、屋面、地面及楼板、暖通空调系统等分项工程应分别按施工质量标准进行检查验收，并做好质量验收记录；隐蔽工程在隐蔽前应由施工单位通知有关单位进行验收，并应形成验收文件；建筑主体施工结束，门窗安装完毕，内外抹灰完成后，精装修施工开始前还应进行建筑整体气密性实验。

评价：为保证超低能耗建筑的实施质量，推动其健康发展，超低能耗建筑建造完成后，应对其是否达到超低能耗建筑的要求给予评价；评价人员应经过相关专业技术培训；评价中的相关测试应由国家级检测机构实施。

（3）运行要点

第一，超低能耗建筑应针对其在建筑围护结构、暖通空调系统等方面的特点进行维护和管理。第二，物业管理单位应制定针对超低能耗建筑特点的管理手册。管理手册应包括建筑围护结构构造、特点及日常维护要求，设备系统的特点、使用条件、运行模式及维护要求，二次装修应注意的事项等；并对运行管理人员进行有针对性的培训，提高节能运行管理水平。二次装修时应避免破坏气密层。第三，如果业主自行委托进行二次装修，物业管理单位应对装修单位进行施工培训，避免影响超低能耗建筑的围护结构及设备系统性能。第四，超低能耗建筑运行管理需要用户的参与和配合，物业管理部门应编写用户使用手册，介绍超低能耗建筑的特点及用户日常生活中应注意的事项，倡导节能的行为方式，避免由于用户不当行为导致建筑性能下降。

4. 相关标准、规范

（1）《北京市超低能耗示范项目技术导则》（2018）；

（2）《北京市超低能耗农宅示范项目技术导则》（2018）；

（3）《北京市超低能耗建筑示范工程项目及奖励资金管理暂行办法》（2017）；

（4）河北省《被动式超低能耗居住建筑节能设计标准》（2018）；

（5）《河南省超低能耗居住建筑节能设计标准》（2018）；

（6）《山东省超低能耗建筑施工技术导则》（2018）；

（7）《山东省被动式超低能耗绿色建筑示范工程专项验收技术要点》（2017）；

（8）青海省《被动式低能耗建筑技术导则（居住建筑）》（2018）；

（9）《上海市被动式超低能耗建筑技术导则》（2019）；

（10）《被动式超低能耗绿色建筑技术导则（试行）（居住建筑）》（2015）。

5. 案例介绍

湖州朗诗“布鲁克公寓”[29]：布鲁克公寓是我国夏热冬冷地区第一个被动式超低能耗建筑，同时通过我国绿色建筑三星级、德国 DGNB 和美国 LEED 三重认证标准严格施工的超级被动房。公寓内部包括 36 个单间，6 个两套间和 2 个三套间。这座建筑可以比同类建筑节能 95%。布鲁克公寓位于浙江湖州长兴县，建筑面积约为 2500m^2，建筑采用欧洲先进的被动式建筑技术，与德国被动房研究所、德国能源署合作完成，建筑能够基本满足当地日常的住宿与接待功能。

布鲁克公寓从朝向设计到材质选择都透露着绿色节能的理念，设计之初，公寓就确定正南正北的走向。同时，在窗外都有一个向外探出的铝板固定遮阳篷。墙面外部的红白涂料能够强化遮阳效果，减少墙体的太阳辐射，降低蓄热量，从而达到隔热保温的目的。同时，在施工过程中布鲁克公寓也注重保温性能与气密性的处理（图1-41）。

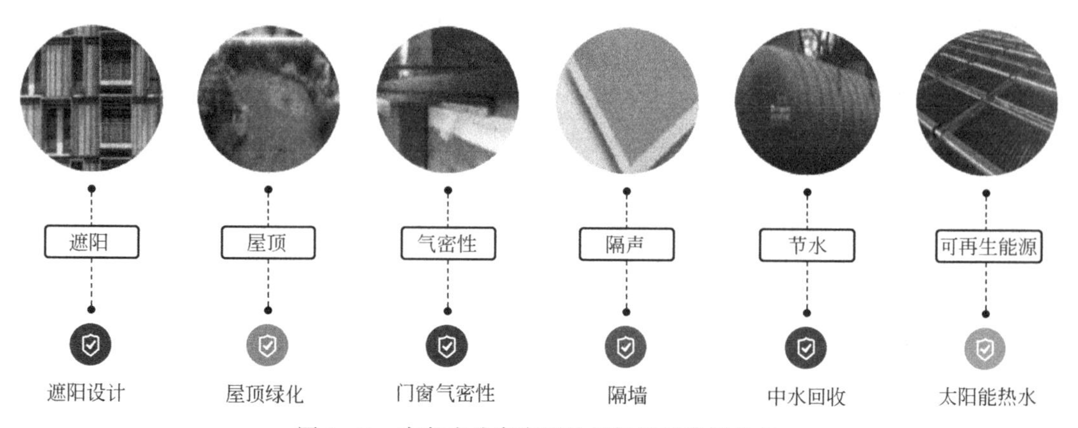

图1-41 布鲁克公寓应用的超低能耗建筑技术

四、近零能耗建筑

近零能耗建筑是指适应气候和场地条件，通过被动式建筑设计最大幅度降低建筑供暖、空调、照明需求，通过主动技术措施最大幅度提高能源设备与系统效率，充分利用可再生能源，以最少的能源消耗提供舒适的室内环境，且其建筑能耗水平较相对应的标准降低60%~75%以上的建筑（我国已经发布《近零能耗建筑技术标准》GB/T 51350-2019）[30]。

近零能耗建筑应以室内环境参数及能效指标为约束性指标，围护结构、能源设备和系统等性能参数为推荐性指标（图1-42~图1-44）。应通过技术手段使建筑物迈向更低能耗，即通过建筑被动式、主动式设计和高性能能源系统应用，最大幅度减少化石能源消耗。

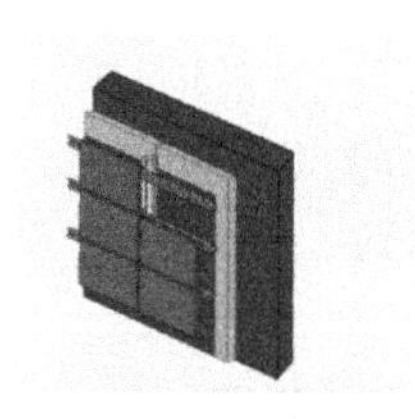

图1-42 围护结构

图1-43 能源设备

图1-44 近零能耗建筑

近零能耗建筑的设计、施工、运行应以能耗指标为约束目标，采用性能化设计方法、精细化施工方法和智能化运行模式。

近零能耗建筑因地制宜，建筑设计方案充分利用自然资源，高效集成建筑节能技术，实现舒适的室内环境的同时，大幅降低建筑实际能源消耗，对建筑使用者和国家能源安全产生积极影响。

1. 适用范围

近零能耗建筑适用类型主要包括新建、扩建、改建和改造的居住建筑和公共建筑。

近零能耗建筑的使用应充分考虑气候特征和场地条件，通过被动式设计降低建筑冷热

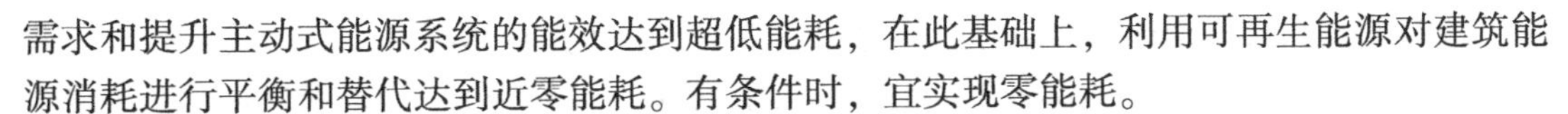

需求和提升主动式能源系统的能效达到超低能耗，在此基础上，利用可再生能源对建筑能源消耗进行平衡和替代达到近零能耗。有条件时，宜实现零能耗。

近零能耗建筑现阶段难以大规模适用，各城市宜选择特点鲜明的核心建筑作为示范性工程。

2. 评价技术指标

国家标准《近零能耗建筑技术标准》GB/T 51350－2019，自 2019 年 9 月 1 日开始实施。

上海市工程建设规范《绿色生态城区评价标准》DG/TJ 08－2253－2018 第 5.2.8 条第 2 款规定：健康建筑或超低能耗建筑等的建筑面积占总建筑面积的比例达到 10%，得 4 分[19]。

3. 实施要点

（1）规划要点

第一，在每个区域内，根据建筑的体量、投资情况、规划情况考虑近零能耗建筑的建造区域。第二，根据周边设施、气候特征、场地条件等因素确定是否适合进行近零能耗建筑的建造。第三，建筑实施时应考虑技术的成熟度和实际节能效果。第四，建造应进行全装修，室内装修应简洁，不应损坏围护结构气密性和影响气流组织，并宜采用获得绿色建材标识（或认证）的材料与部品。

（2）设计要点

规划与建筑方案设计：建筑的总体规划应有利于营造适宜的微气候。建筑的主朝向宜为南北朝向，主入口宜避开冬季主导风向；应根据建筑功能和环境资源条件，以气候环境适应性为原则，以降低建筑供暖年耗热量和供暖年耗冷量为目标，充分利用天然采光、自然通风，结合围护结构保温隔热和遮阳措施等被动式建筑设计手段，降低建筑的用能需求；近零能耗建筑应保持较小的体形系数、适宜的窗墙比和较小的屋顶透光面积比例；近零能耗建筑应采用高性能的建筑保温隔热系统及门窗系统；遮阳设计应根据房间的使用要求、窗口朝向及建筑安全性综合考虑。可采用可调或固定等遮阳措施，也可采用各种热反射玻璃、镀膜玻璃、阳光控制膜、低发射率膜等进行遮阳；应充分利用天然采光，地下空间宜采用设置采光天窗、采光侧窗、下沉式广场（庭院）、光导管等措施提供天然采光，降低照明能耗；近零能耗建筑应对热桥处理、气密性处理、新风热回收及通风、供冷供热系统进行专项设计；近零能耗建筑宜采用建筑光伏一体化系统。

围护结构设计：根据不同地区与不同建筑的具体情况，居住建筑与公共建筑非透光围护结构的传热系数限值应在 0.1～0.8W/（m^2·K）之间；楼板平均传热系数应在 0.2～0.5W/（m^2·K）之间，隔墙传热系数应在 1～1.5W/（m^2·K）之间；近零能耗建筑用外窗、外门气密性能不宜低于现行国家标准《建筑外门窗气密、水密、抗风压性能分级及检测方法》GB/T 7106 规定的 7 级，抗风压性能和水密性能宜按现行标准设计；外窗（透光幕墙）的传热系数应在室内空气温湿度条件下外窗大部分区域（玻璃边缘除外）不结露，并适当提高内表面平均辐射温度，以提高室内热舒适度；外窗（透光幕墙）的太阳得热系数是从节能角度考虑，在需要考虑冬季供暖能耗的地区冬季应提高建筑外窗（透光幕墙）的太阳得热系数，在需要考虑夏季空调制冷能耗的地区夏季应降低太阳得热系数；外窗性能和遮阳装置的选择应综合考虑夏季遮阳、冬季得热以及自然采光的需求。

能源设备和系统设计：选用分散式房间空气调节器作为冷热源时，单冷式热源空气调节器制冷季节能源消耗效率应小于5.4Wh，热泵型应小于4.5Wh；当采用户式燃气供暖热水炉作为供暖热源时，热效率 η_1 应大于99%，η_2 应大于95%；采用空气源热泵作为供暖热源时，热风型 *COP* 应达到2，热水型 *COP* 应达到2.3；采用燃气锅炉时，热效率应至少达到92%；新风热回收装置的显热交换效率应不低于75%或全热交换效率应低于70%；居住建筑新风单位风量耗功率应小于0.45W/（m^3·h），公共建筑单位风量耗功率应满足现行国家标准《公共建筑节能设计标准》GB 50189相关要求；新风热回收系统空气净化装置对大于或等于0.5μm细颗粒物的一次通过计数效率宜高于80%，且不应低于60%。

性能化设计：应根据标准规定的室内环境参数和能耗指标要求，利用能耗模拟计算软件等工具，优化确定近零能耗建筑的设计方案；性能化设计应采用协同设计的组织形式，包括：设定室内环境参数和能效指标、制定设计方案、利用能耗计算工具进行定量分析及优化、分析结果并进行达标判定、确定设计方案、编制性能优化设计报告六个步骤。

热桥处理：建筑围护结构应进行削弱或消除热桥的专项设计，围护结构应保证保温层的连续性；无热桥处理应包括外墙无热桥设计、外门窗及其遮阳设施热桥处理、屋面热桥处理、地下室和地面热桥处理四个部分。

建筑气密性：建筑围护结构气密层应连续并包围整个外围护结构，建筑设计施工图中应明确标注气密层的位置；围护结构宜采用简洁的造型和节点设计，减少或避免出现气密性难以处理的节点；气密层应依托密闭性围护结构层，并选择适用的气密性材料构成；门洞、窗洞、电线盒、管线贯穿处等易发生气密性问题的部位应进行节点设计并对气密性措施进行详细说明；不同围护结构的交界处以及排风等设备与围护结构交界处应进行密封节点设计，并对气密性措施进行详细说明。

供暖供冷系统：供热供冷系统冷热源应综合考虑经济技术因素进行性能参数优化和方案比选，根据不同气候类型选取不同的供冷或供热方案，并优先适用可再生能源，减少一次能源的应用；供热供冷系统设计应选用高能效等级的产品、有利于直接或间接的利用自然冷热源、多能互补集成优化、可根据建筑负荷灵活调节，且兼顾生活热水需求，并尽可能利用太阳能供应热水；近零能耗建筑采用的循环水泵、通风机等用能设备应采用变频调速等变负荷调节方式；近零能耗建筑应根据其冷热负荷特征，选取适宜的除湿技术措施。

新风热回收及通风系统：近零能耗建筑应设置新风热回收系统，新风热回收系统设计应考虑全年运行的合理性及可靠性；新风热回收装置类型应结合其节能效果和经济性综合考虑确定。设计时应采用高效热回收装置；新风热回收系统宜设置低阻高效的空气净化装置；严寒和寒冷地区新风热回收系统应采取防冻措施；居住建筑新风系统宜分户独立设置，并按用户需求供应新风量；居住建筑厨房应设独立的排油烟补风系统；补风应从室外直接引入，并设保温密闭型电动风阀，且电动风阀应与排油烟机联动；补风管道应保温，补风口尽可能设置在灶台附近。

照明与计量：应选择高效节能光源和灯具，宜选择LED光源，且其色容差、色度等指标应满足国家相关标准要求；近零能耗建筑应采用智能照明控制系统；电梯系统应采用节能的控制及拖动系统：当设有两台及以上电梯集中排列时，应具备群控功能；近零能耗建筑应对能耗进行分类分项计量。

(3) 施工要点

施工方案与培训：近零能耗建筑施工和质量控制应针对热桥控制、气密性保障等关键环节制定专项施工方案；施工前，应对现场工程师、施工人员、监理人员进行专项培训。零能耗建筑围护结构保温工程应实行专业化施工，应选用配套供应的外保温系统材料，其型式检验报告中应包括外保温系统耐候性检验项目。施工要求：

1) 围护结构保温施工、外门窗安装应预埋件安装完成并验收合格后进行，且确认围护结构无热桥施工。

2) 当设计有外遮阳时，应在外窗安装已完成、外保温尚未施工时确定外遮阳的固定位置，并安装联结件。联结件与基层墙体之间应进行阻断热桥的处理。

3) 围护结构、装配式结构应进行相应的气密性处理。

4) 施工过程中宜对热桥及气密性关键性部位进行热工缺陷和气密性检测，查找漏点并及时修补。

5) 机电系统施工安装时应避免产生热桥和破坏围护结构气密层，对风系统所有敞开部位均应做防尘保护，且机组安装及管道施工过程中应作消声隔振处理。

(4) 验收要点

验收：保温工程所用材料进场时，应进行施工现场见证取样复验，复验结果应符合设计要求；外门窗（包括天窗）应整窗进场。外门窗、建筑幕墙（含采光顶）及外遮阳设施进场时，应进行施工现场鉴证取样复验，复验结果应符合设计要求；外门窗所用防水透气材料、防水隔气材料进场时，应进行质量检查和验收；供暖与空调系统设备及施工所用材料进场时，应进行质量检查和验收，其类型、材质、性能、规格及外观应符合设计要求；对设备系统工程施工所用的保温绝热材料应进行施工现场取样复验，复验结果应符合设计要求；照明设备进场时，应进行施工现场见证取样复验，复验结果应符合设计要求；太阳能热利用或太阳能光伏发电系统设备进场时，应进行施工现场见证取样复验，复验结果应符合设计要求。

评价：为保证超低能耗建筑的实施质量，推动其健康发展，超低能耗建筑建造完成后，应对其是否达到超低能耗建筑的要求给予评价；评价人员应经过相关专业技术培训；评价中的相关测试应由国家级检测机构实施。

(5) 运行要点

近零能耗建筑应立足建筑设计，充分利用建筑构件和设备的功能实施控制调节，且根据室外气象参数和建筑实际使用情况做出动态运行策略调整。

近零能耗建筑应在正式投入使用的第一个年度进行建筑能源系统调适，覆盖季节性工况和部分负荷工况，中控系统及所有联动工作的用能系统和建筑构件。调适工作宜从正式投入使用开始延续至第三个完整年度结束。

近零能耗应针对私人使用空间编制用户使用手册，并对业主及使用者进行宣传贯彻。近零能耗建筑应在公共空间设公告牌，将与节能有关的用户注意事项等信息进行公示。

对建筑气密性有要求的近零能耗建筑，当建筑的门窗洞口或其他气密部位进行了改造或施工时，竣工后应对建筑气密性进行重新测定。

应定期对围护结构热工性能进行检验，并对热工性能减退明显的部位进行及时整改。

（6）近零能耗建筑补贴政策

山西省：获评为近零能耗的建筑，按其地上建筑面积给予 200 元/m^2 的奖励，单个项目最高不超过 300 万元。同时，在计算统计建筑面积时，因节能技术要求超出现行节能设计标准规定增加的保温层面积不计入容积率核算。

北京市：2017 年 10 月 8 日之前确认的项目按照 1000 元/m^2 进行奖励，且单个项目不超过 3000 万元；2017 年 10 月 9 日至 2018 年 10 月 8 日确认的项目按照 800 元/m^2 进行奖励，且单个项目不超过 2500 万元；2018 年 10 月 9 日至 2019 年 10 月 8 日确认的项目按照 600 元/m^2 进行奖励，且单个项目不超过 2000 万元。

河北省：根据河北省住房和城乡建设厅、河北省财政厅印发的《关于省级建筑节能专项资金使用有关问题的通知》，推广被动式低能耗建筑是提高建筑能效水平的重要途径之一。被动式低能耗建筑示范补助，由原来的每平方米补助 10 元、最高不超过 80 万元，上调为每平方米补助 100 元、最高不超过 300 万元。

郑州市：郑州市人民政府发布的《郑州市关于发展超低能耗建筑的实施意见》指出，2020 年年底前，对社会投资的超低能耗建筑项目给予一定的财政资金奖励，其中被认定为 2018 年度的示范项目，资金奖励标准为 500 元/m^2，且单个项目不超过 1500 万元；被认定为 2019 年度的示范项目，资金奖励标准为 400 元/m^2，且单个项目不超过 1200 万元；被认定为 2020 年度的示范项目，资金奖励标准为 300 元/m^2，且单个项目不超过 1000 万元。

青岛市：青岛市城乡建设委联合市发展改革委等部门联合出台《青岛市推进超低能耗建筑发展的实施意见》，超低能耗建筑示范项目由市财政给予每平方米 200 元的补贴，单个项目不超过 300 万元。

4. 案例介绍

中国建筑科学研究院近零能耗示范楼[31]：建筑位于中国建筑科学研究院内，是一栋具有高安全性、高互联化、面向未来的智能办公楼（图 1-45）。中国建筑科学研究院近零能耗示范楼（以下简称示范楼）位于寒冷地区北京市，建筑面积 4025m^2。于 2012 年开始建设，并于 2014 年建成。

图 1-45　中国建筑科学研究院近零能耗示范楼

示范楼坚持“被动建筑，主动优化，经济务实”的设计原则，在设计阶段制定了 25kWh/（m^2·a）的年度能源消耗目标，且不影响建筑功能和室内环境质量。中国建筑科

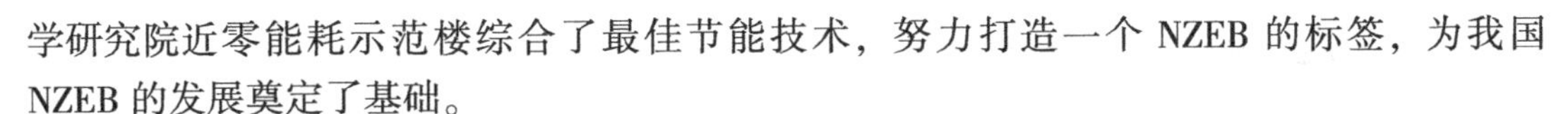

学研究院近零能耗示范楼综合了最佳节能技术，努力打造一个 NZEB 的标签，为我国 NZEB 的发展奠定了基础。

示范楼每年能源消耗约 25kWh/（m^2·a），其中主要能源消耗为 HVAC 系统，约占比 45%，除此之外，设备能耗占比 31%，照明能耗占比 18%，其他能源消耗占比 6%。

示范楼采用先进的主、被动节能技术，应用近零能耗建筑施工工法，包括墙、窗、遮阳、屋面、热阻、气密性等。同时，针对寒冷地区城市典型问题因地制宜进行示范，解决由于夏季炎热多雨、冬季寒冷干燥、空气品质差、交通拥堵等引起的诸多问题。

（1）围护结构

采用超薄真空绝热（VIP）板，将无机保温芯材与高温 VIP 板薄膜通过抽真空封装技术复合而成，属于无机类保温材料，防火等级达到 A 级。真空层使得材料导热系数仅为常规保温材料的 1/10，质量轻、厚度薄，在同等节能效果时，墙体厚度明显减薄，增加室内使用面积。外墙综合传热系数不高于 0.20W/(m^2·K)。采用三玻真空 Low-E 铝包木外窗，内设中置电动百叶遮阳系统，传热系数不高于 1.0W/(m^2·K)，遮阳系数小于 0.2。外窗与室内环境和谐统一，窗框结构坚固耐久，加强门窗的抗恶劣天气的性能。外窗的四密封结构大幅提高门窗气密、水密及保温性能。内置遮阳系统能够根据室外和室内环境变化，自动升降百叶及调节遮阳角度，可降低空调负荷与利用自然采光。

（2）可再生能源

示范楼夏季制冷采用太阳能吸收式制冷与地源热泵相结合的形式，太阳能转化效率可达 65%以上。使用屋顶真空玻璃管中温集热太阳能空调系统，与地源热泵系统、水蓄热系统共同提供示范楼冬季供暖所需的热量，通过对可再生能源的合理利用，可实现“冬季不依靠传统化石能源保证供暖需求，夏季降低一半空调运行能耗”的节能目标。

与南立面结合的光伏建筑一体化薄膜电池板，为室内公共区域提供照明用电。薄膜电池不仅弱光性好、可自然光发电、工作时间长，而且稳定性好，受温度影响小，高温下仍可发电。

（3）能源系统

冷热源采用太阳能空调与地源热泵联合运行的模式。太阳能集热器制备的热水，夏季用于驱动吸收式机组，冬季通过转换提供室内空调供暖所需的能量。

采用两种不同机组：热水驱动的单效吸收式机组，可有效利用太阳能进行供冷和蓄冷；磁悬浮离心式冷水机组，配以变频控制技术等其他先进技术可大幅提升机组综合能效比。

（4）照明及智能控制

室内照明采用高系统效率的 LED 灯具，能够营造舒适节能的室内光环境，同时，屋顶的光导管可以通过采光罩高效采集室外光，增加自然光的使用，减少白天灯光的能源消耗。照明控制采用控制系统，和相应的传感器、电动百叶窗联动，根据室外日照和室内照度的变化，调整室内光源。

（5）能源管理与楼宇控制

全自动化的楼宇自控系统平台，实现分散控制和集中管理，协调各个子系统高效运行。同时丰富应用楼宇内的传感器与分项计量装置，可以将实时运行状态和能耗数据传至中央控制器，并由建筑能源管理平台汇总。

五、产能建筑

为减缓全球气候变暖趋势，欧盟计划分别在 2019 年和 2021 年之前在新建的公共建筑和所有新建建筑中全面实施低能耗设计标准，并已为此立法，促进欧洲主要合作城市共同完成这一任务。产能建筑就在这一背景下应运而生。

产能建筑，顾名思义，不仅不消耗能源而且能够生产能源的建筑。简单地说，产能建筑就是能耗（在一个较长周期内的统计结果）为负值的建筑。根据德国 BMVBS 的定义：产能建筑，即其年一次能源（primary energy）消耗和年终端能源（end-use energy）消耗均为负值的建筑。

"产能建筑"概念的发展大致经历从太阳能建筑、低能耗建筑、被动式建筑、超低能耗建筑、近零能耗建筑、零能耗建筑、净零能耗建筑到产能建筑几个阶段。在建筑物迈向更低能耗的方向上，国际上尚无统一定义，但目标是一致的，即通过建筑被动式、主动式设计和高性能能源系统及可再生能源系统应用，最大幅度减少化石能源消耗。从定义涵盖范围来看，被动房属于近零能耗建筑，其核心内涵为通过被动式手段达到近零能耗。而产能建筑则需要在被动式设计的基础上，增加主动式设计，充分利用可再生能源为建筑供能。同时，产能建筑更加关注建筑能源产生量和消耗量，通常会采用能源管理系统。

未来建筑的发展方向不应当仅仅局限于节能，而应当是降低能耗与提高舒适性能相结合，对整体进行优化。第一批产能建筑已经在德国建成，并且证实了其实用性。由独栋住宅和集合住宅开始，逐步扩展到了学校和非居住型建筑。在街区改造方面，已经有试点项目处于设计阶段。能耗指标不应成为对建筑和城市评价的唯一指标。产能概念的提出，就是为实现可持续发展、能效水平及用户舒适度的和谐统一。

1. 产能建筑技术要求

超越"节能"，迈向"产能"建筑在重视能源的发达国家已逐渐成为一种趋势，多余的电能不仅可以传输到公共电网，还可以为电动汽车充电，实现多余能源的有效存储和利用。在我国，产能建筑要结合建筑形式、因地制宜地提出解决方案。

从简单地增加自然采光、利用太阳能集热器到加强保温措施，过渡到综合考虑被动式设计，再发展到利用智能化技术控制和整合多种主动式可再生能源系统，共同完成实现建筑低碳节能效果的目标。另外一个方面，上文提到的建筑新概念，的确会比一般房屋昂贵，但是长远来看，可替业主省下不少电费，而且伴随着其他好处，如较佳的室内温度和通风系统、更多采光和更好的防冷、隔热效果等。

产能建筑要求尽量使用回收建材，借助太阳能发电板等新技术、新产品，实现对清洁能源、可再生能源的利用。不仅节能减碳，还可以向外输出能源供汽车充电，向周围道路及设施供电等，乃至上传国家电网获取发电收益。

建筑能源涵盖能源与建筑两个系统，能源中又包含传统能源与新能源两大部分。在传统行业结构中，资源关系、供需矛盾、技术组织、运营管理等各方面对立多于和谐，亟待形成整体发展的主动态势。技术难点在于：新能源产业的行业组织管理状态、产业规划、技术标准、评价方法等诸方面均未成型，与传统规则的概念与规范达成协调尚需时日。

2. 案例介绍

在德国和美国，都有这样的产能房已经被建造并试验使用中。在那里，设计师计算出所需的太阳能板面积，并且找出屋顶倾斜角度来产生最多的电力。设计保温、门窗、遮阳、无热桥设计、新风系统等技术措施，并给出了改善体形系数、自然通风、增加光伏等的优化设计方案。产能房项目是由建筑节能向绿色建筑再到绿色城市的绿色化道路的延伸与发展，从节能、节材、节水的角度，将以建筑为中心转向以人为中心，提出高舒适度、低能耗、高性价比的房屋建设要求。

2011 年德国联邦交通建设与城市发展部（BMVBS）第一次推出产能建筑标准。在此之前，只有少数试点项目建成，其中之一是 SMA Solar Technology AG 的培训设施项目——太阳能学院（Solar Academy）。

建筑设计始于 2007 年，建成于 2010 年。该项目是德国主动式非居住类建筑领域最成功的试点和示范项目之一，获得 2011 年“建筑一体化太阳能技术”建筑类大奖和 2013 年德国太阳能大奖。为减少能耗，在项目设计初期，建筑师和工程师就对建筑的全年能源需求进行模拟以辅助建筑及设备的设计。建筑外围护结构的热工性能也达到非常高的水平。另外，设备的运行通过一个智能电负荷管理系统可以得到实时优化。

光伏在此项目中不仅起到发电的关键作用，而且是建筑美观设计的重要元素：南立面和屋顶都安装光伏组件（图 1-46）。南立面采用的是特殊的玻璃—玻璃—单晶光伏组件；而屋顶则覆盖标准的单晶光伏组件。南立面的光伏电池片不仅发电也为走廊提供遮阳。没有覆盖光伏电池片的玻璃部分仍旧可以让阳光或者室内灯光透过，这也使得建筑十分独特并且令人印象深刻。

图 1-46 光伏在建筑外立面的应用

该项目主要的供暖系统为由沼气热电联产供热的地暖系统。沼气热电联产系统在冬季为建筑提供大部分电能。除了建筑一体化光伏组件，建筑外部安置的追踪式光伏系统的发电量几乎相当于屋顶安装的光伏系统的发电量。建筑内部设置的 4 个蓄电池能储存整个建筑运行 3h 所需要的电量。在夏季制冷方面，项目采用地下水源热交换系统，通过辐射顶棚降温。由于所有的能量来源都是可再生能源，因此该项目也达到碳中和的标准。

德国最具经验的建筑能源规划公司之一 EGS-Plan，与 HHSPlaner+Architekten 建筑设计事务所共同设计一座位于德国法兰克福市中心的主动式多层公寓。此项目于 2015 年竣工（图 1-47）。这座公寓楼全年产生的一次能源和最终能源的量都分别高于消耗所需，因而在运营过程中能耗的二氧化碳排放量为零。

图 1-47　德国法兰克福市中心的主动式多层公寓

这座于法兰克福市中心主火车站附近的主动式城市住宅，地上共 8 层，建筑东西向长 150m，共有 74 套二到四居室出租公寓，总建筑面积约 11700m^2，和我国大城市一般公寓楼的体量非常接近。为达到主动房标准，最重要的措施是如其他绿色建筑一样尽可能地从各个方面降低能耗：建筑的立面采用超级保温的预制木立面安装系统，以南向采光为主，窗户为三玻两腔的保温窗。

建筑外围护结构大面积被用于产能。这个项目最大的特点是单坡的悬挑斜屋顶，1000 个高效光伏模块按最佳受光角度被安装在屋面上，是该建筑的主要电力来源（图 1-48）。另有 300 个高效光伏模块被安装在了建筑的南立面上。生活热水和冬季供暖所需的热水由附近污水源热泵制备。为进一步改善能源平衡，所有公寓均选配节能家电，建筑的一层还

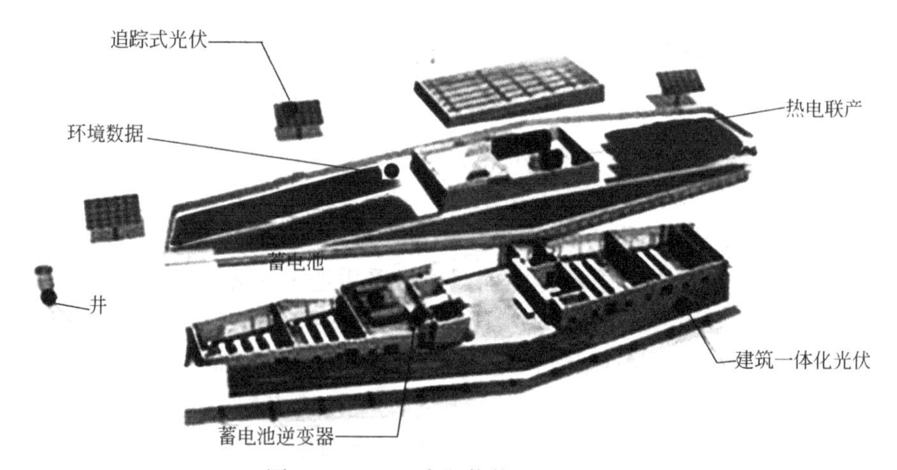

图 1-48　SAM 太阳能能源概念设计

设置电动汽车站。为保证项目能在运行中达到主动房的标准，每个公寓还专门配备触摸式控制面板，使用者可以随时了解各自的用能情况以合理用能。

此项目是德国第一座按产能建筑标准在市区建造的多层公寓楼，展示产能建筑在都市环境中的巨大潜力。实现的关键因素是一个一体化的能源方案：减少能耗以及对自产的可再生能源的利用。当然能耗监控和电动汽车能帮助使用者更高效地使用自产能源，也是实现主动房的关键手段之一。

六、装配式建筑

为了改变传统建筑价值观，在技术工艺上创新与发展，使得建筑在生产制造、规划设计、施工建造、运营维护等理念和方法上产生质的飞跃，我国开始绿色建筑进程，以有效转变城乡建设模式和建筑业发展方式，提高资源能源使用效率，减少污染物和废弃物的排放，提高城市环境质量，推进生态宜居城市建设。装配式建筑以其“标准化设计、工厂化生产、装配化施工、一体化装修、信息化管理和智能化应用”，彻底地转变了建筑业生产方式，全面提升了建筑品质，实现了建筑业节能减排和可持续发展。目前我国已发布《装配式建筑评价标准》GB/T 51129-2017。

“装配式建筑”是指预制构件在工地上装配而成的建筑，此类建筑拥有建造快、受环境制约小、节约劳力、质量较高的优点。我国的预制装配式混凝土技术目前处在起步和探索阶段，多种装配式结构体系并存，可以分为装配式混凝土框架结构体系、装配式混凝土剪力墙结构体系、装配式框架-现浇剪力墙（核心筒）结构体系等（图1-49~图1-51）。

图1-49　装配式剪力墙结构体系

图1-50　装配式外墙临时支撑

图1-51　装配式构件吊装及定位

1. 装配式混凝土建筑体系的设计原则和方法

装配式混凝土建筑设计必须符合国家政策、法规及地方标准的规定。在满足建筑使用功能和性能的前提下，采用模数化、标准化、集成化的设计方法，践行“少规格、多组合”的设计原则，将建筑的各种构配件、部品和构造连接技术实行模块化组合与标准化设计，建立合理、可靠、可行的建筑技术通用体系，实现建筑的装配化建造[32]。

设计中应遵守模数协调的原则，做到建筑与部品模数协调、部品之间模数协调以实现建筑与部品的模块化设计。各类模块在模数协调原则下做到一体化。采用标准化设计，将建筑部品部件模块按功能属性组合成标准单元，部品部件之间采用标准化接口，形成多层级的功能模块组合系统。采用集成化设计，将主体结构系统、外围护系统、设备与管线系统和内装系统进行集约整合。可提高建筑功能品质、质量精度及效率效益，做到一次性建造完成，达到装配式建筑的设计要求[33]。

2. 装配式混凝土建筑典型技术体系[34,35]

（1）装配式固模剪力墙结构体系；

（2）模卡体系；

（3）单元集成墙板体系；

（4）集块墙板体系；

（5）复合模壳体系；

（6）双面叠合墙体系；

（7）世构体系；

（8）装配式螺栓连接剪力墙结构（干式连接装配式剪力墙结构体系）；

（9）装配式整体叠合结构成套技术；

（10）高性能泡沫混凝土免拆模板保温体系；

（11）装配式混凝土钢筋 U 型环扣连接结构体系。

3. 相关标准规范

（1）国家装配式建筑相关文件与标准

1）《国务院办公厅关于大力发展装配式建筑的指导意见》（国办发〔2016〕71 号）；

2）《中共中央　国务院关于进一步加强城市规划建设管理工作的若干意见》（中发〔2016〕6 号）；

3）《住房城乡建设部关于印发〈“十三五”装配式建筑行动方案〉〈装配式建筑示范城市管理办法〉〈装配式建筑产业基地管理办法〉的通知》（建科［2017］77 号）；

4）《装配式混凝土结构技术规程》GB 50210；

5）《混凝土结构设计规范》GB 50010；

6）《钢结构设计规范》GB 50017；

7）《混凝土结构工程施工规范》GB 50666；

8）《钢结构焊接规范》GB 50661；

9）《装配复合模壳体系混凝土剪力墙结构技术规程》TCECS 522-2018；

10）《固模剪力墙结构技术规程》T/CECS 283-2017；

11）《装配式混凝土结构技术规程》JGJ1-2014。

（2）上海市装配式建筑相关政策及标准

1）《关于印发〈上海市装配式建筑 2016-2020 年发展规划〉的通知》（沪建建材〔2016〕740 号）；

2）《关于进一步加强本市新建全装修住宅建设管理的通知》（沪建建材〔2016〕688 号）；

3）《上海市住房和城乡建设管理委员会关于印发〈上海市装配式建筑单体预制率和装配率计算细则〉的通知》（沪建建材〔2019〕765 号）；

4）《上海市建筑节能和绿色建筑示范项目专项扶持办法》（沪建建材联〔2016〕432 号）；

5）《关于推进本市保障性住房实施装配式建设若干事项的通知》（沪建管联〔2016〕1 号）；

6）《关于印发〈进一步强化绿色建筑发展推进力度提升建筑性能的若干规定〉的通知》（沪建管联〔2015〕417 号）；

7）《关于推进本市装配式建筑发展的实施意见》（沪建管联〔2014〕901 号）；

8）《上海市绿色建筑发展三年行动计划（2014-2016）》（沪府办发〔2014〕32号）；

9）《〈关于本市进一步推进装配式建筑发展的若干意见〉实施细则》（沪建交联〔2013〕1243号）；

10）《关于本市进一步推进装配式建筑发展若干意见》（沪府办〔2013〕52号）；

11）《上海市装配式建筑示范项目创新、推广技术一览表》（沪建建材〔2018〕67号文附件2）；

12）《关于开展上海市装配式建筑产业基地示范工作的通知》（沪建建材〔2018〕217号）；

13）《装配整体式混凝土结构工程施工安全管理规定》（沪建质安（2017）129号）；

14）《关于进一步加强本市装配整体式混凝土结构工程管理的若干规定》（沪建质安（2017）241号）；

15）《关于进一步明确装配式建筑实施范围和相关工作要求的通知》（沪建建材〔2019〕97号；

16）《装配整体式混凝土居住建筑设计规程》DG/TJ08-2071-2016；

17）《装配整体式混凝土公共建筑设计规程》DGJ08-2154-2014；

18）《混凝土模卡砌块应用技术编制》DG/TJ08-2087-2019。

4. 案例介绍

（1）单元集成墙板体系——南京市浦口区大新片区11号地块学校项目

该项目教学楼围护墙采用钢筋陶粒混凝土轻质板材，板材在现场生产、现场拼装，取消现场砌筑和抹灰工序。钢筋陶粒混凝土轻质板材自重轻，对结构整体刚度影响小，板材强度较高。能够满足各种使用条件下对板材抗弯、抗裂及节点强度要求，是一种轻质高强围护结构材料。此外，该材料还具有很好的隔声性能和防火性能，陶粒混凝土板材生产工业化、标准化，其施工效率是传统砖砌体的4~5倍，材料无放射性，无有害气体溢出，是一种适宜推广的绿色环保材料（图1-52）。

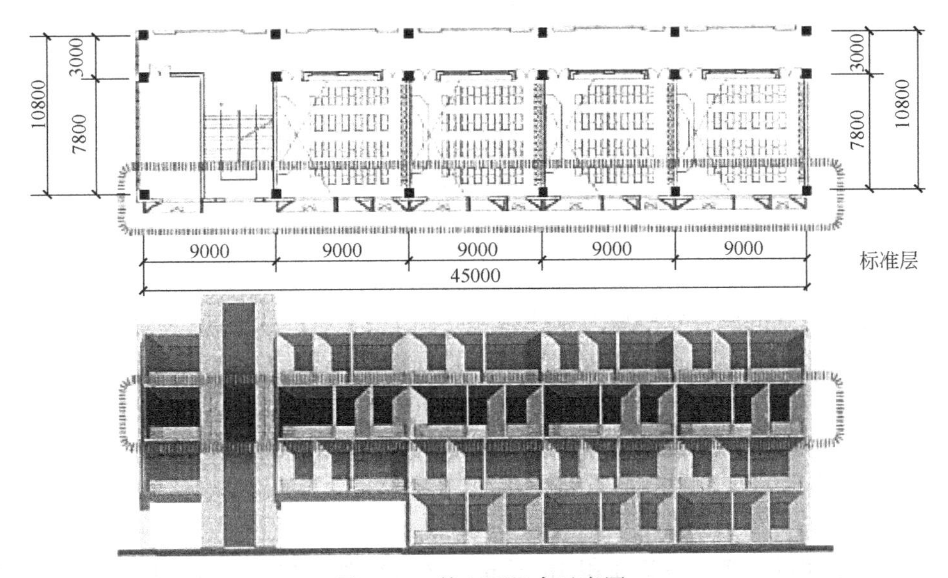

图1-52　外立面组合示意图

（2）复合模壳体系——赵巷保利建工西郊锦庐项目

赵巷保利建工西郊锦庐54号楼采用装配式复合模壳剪力墙体系。该项目位于上海市青浦区赵巷镇。预制构件设计包括：预制夹心保温墙体、预制楼梯、模壳剪力墙、模壳梁、带模壳梁的预制填充内墙。本项目技术创新之处在于：

1）外墙采用预制混凝土夹心保温三明治墙体；

2）运用免拆模板及节点快速连接等高效施工工法，构件表面实现了免抹灰；

3）采用工厂化生产的成型箍筋及钢筋网片；

4）内隔墙采用了机电管线一体化的轻质材料预制墙板。

实践表明“装配式复合模壳剪力墙体系”（模壳体系）结构安全可靠，具有可施工性。同时模壳体系具有拆分简便的特点，可有效降低构件拆分和设计的成本，节省总体设计时间，便于推广。

模壳体系实质为免拆模板的现浇混凝土剪力墙体系，浇筑成型后的整体性、抗震性均等同于现浇混凝土剪力墙结构体系，安全可靠。模壳体系避免在预制工厂大量预浇混凝土，有效降低整体构件的重量，构件自身成本较低，且运输和吊装成本较低。模壳体系可参照装配式构件的吊装方式进行现场拼装施工，大大减少现场模板及现场施工工序，提高工地机械化施工程度，降低能源消耗，经济优势明显。模壳体系将结构构件及填充墙构件一次吊装完成，通过现浇混凝土连接，具有高预制率、高装配率、高效、低成本的特点（图1-53）。

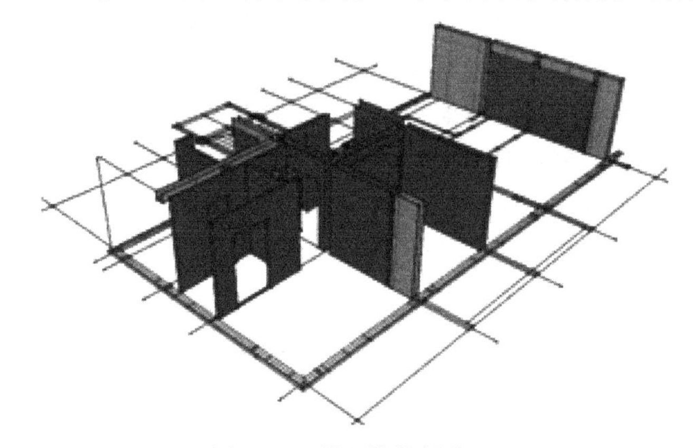

图1-53　单层构件拆分图

（3）双面叠合墙体系——青浦新城63A-03A地块普通商品房项目

该工程位于青浦新城东部，属于上海市青浦区新城大型居住社区，住宅房型设计以标准化、模块化为基础，以可变房型为设计原则（图1-54、图1-55）。住宅底部加强区（3层以下）采用现浇，顶层屋面采用现浇，其余楼层皆采用预制；建筑立面风格简洁明快，具有工业化的特点。

项目中实践在基于工业化的大空间可变房型设计，在示范项目的基础上，对可变房型进行了进一步的探索研究，并在本项目中落地。

（4）世构体系——南京金盛国际家居广场

该项目位于大桥北路，建筑面积16万m^2，3层框架结构（图1-56）。采用现浇柱、预制预应力混凝土叠合梁、叠合板的半装配框架结构形式，柱网尺寸为8m×8.5m、8m×7.8m，梁高为550mm、600mm；楼板结构厚100mm（其中预制板厚50mm，后浇层厚

50mm)。该工程划分为三个大区，共同施工，工程主体结构仅用 92d 即全部完工，体现了世构体系的优越性。施工中，板底支撑跨度为 2m，节约 70%的模板、钢管等周转材料，主体工程造价比现浇框架结构降低了 10%左右。

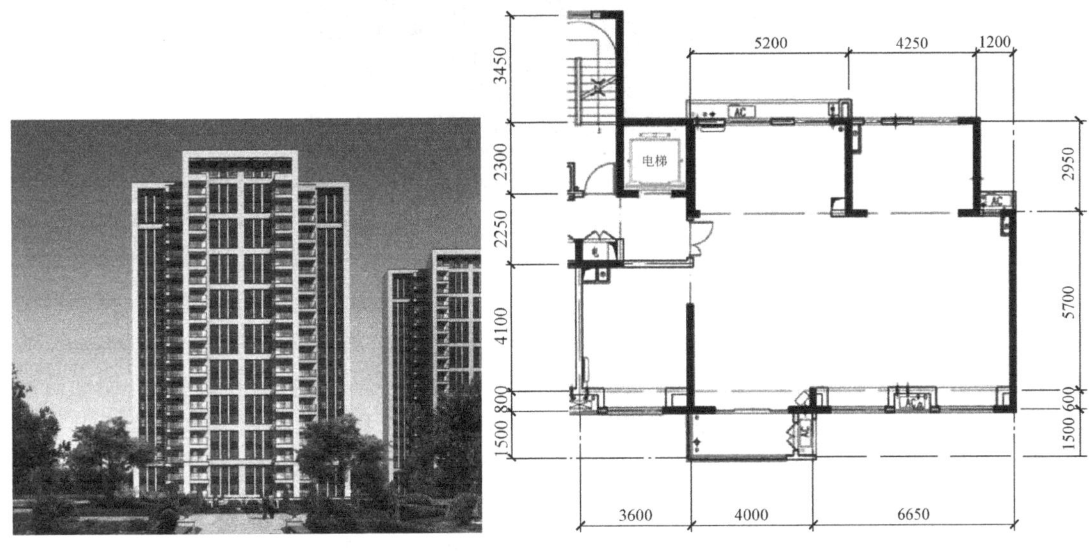

图 1-54　4 号楼效果图　　　　图 1-55　基于装配式建筑的可变房型

图 1-56　效果图

(5) 装配式螺栓连接剪力墙结构（干式连接装配式剪力墙结构体系）——佘北大型居住区 39A-02A 地块项目

上海市佘北大型居住区 39A-02A 地块项目位于上海市松江区佘山镇（图 1-57），南至三泾公路，西至通波塘，北至纬三路，东至顾泾公路，共分成 8 个地块，建筑面积 526879m^2，均采用剪力墙结构。其中，1、2 号楼采用 SPD 楼板-螺栓连接装配式混凝土剪力墙体系，均为地上 11 层、地下 2 层，总高度为 35.9m，主要预制构件有外墙、内墙、SP 楼板、楼梯、阳台及空调板等，预制率达 64.68%。

考虑到电梯间地震剪力及倾覆力矩较大，楼梯间外墙两侧无楼板支撑，受力不利，楼电梯间剪力墙采用现浇混凝土。为提高建筑工业化程度，部分墙肢端部的边缘构件采用预

图 1-57 效果图

制，纵横墙交接处边缘构件采用部分后浇部分预制。装配式剪力墙中部螺栓按抗拉承载力满足不小于被连接钢筋抗拉承载力的 1.1 倍原则进行设计，螺栓间距取 250~400mm，并对称布置在墙体中。另外，为实现外墙承重、保温、装饰一体预制，同时避免外墙面砖脱落问题，采用装配整体式彩色混凝土剪力墙，与采用面砖反打技术相比，经济效益明显。

由于剪力墙中部墙体在 SP 板高度范围内现浇混凝土厚度仅为 100mm（中间节点）或 150mm（边节点），为改善墙顶后浇混凝土约束效果，避免该区域提前发生破坏，在 SPD 楼板厚度范围内增设四根直径为 12mm 的水平补强钢筋，如图 1-58 所示。螺栓连接中连接钢筋直径为 20mm，剪力墙安装完成后，预留安装手孔采用细石混凝土填实。

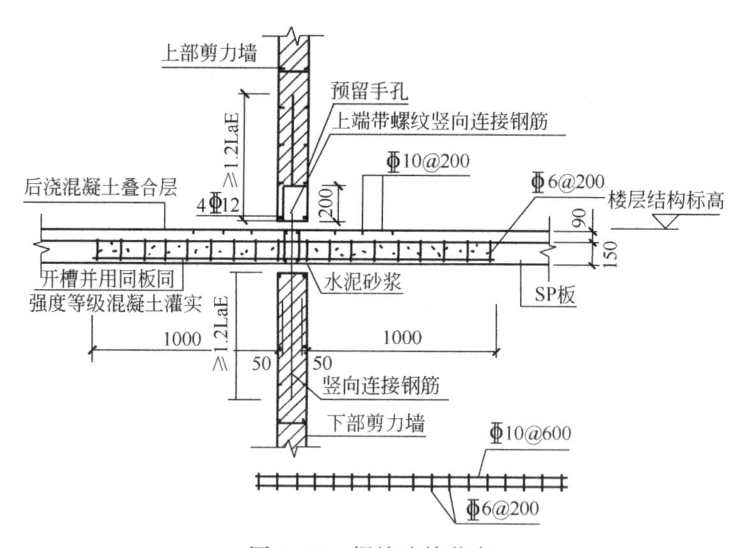

图 1-58 螺栓连接节点

（6）装配式整体叠合结构成套技术——保利紫山公馆 1 号、2 号塔楼项目

项目采用全预制双面叠合外墙，不铺贴任何饰面材料（图 1-59）。建筑结构体系采取成套 PI 体系，所需的墙、梁、楼板、楼梯，均从工厂预制，建筑工人只需将这些构件进行吊装和拼装。该建筑双面叠合墙 924 个、叠合梁 814 个、叠合飘窗 88 个、叠合板 814 个、预制楼梯 44 个，总构件数约 2700 个，绝大多数构件重量在 1.0t 以内，对塔吊载荷能力要求大幅降低，所以现场使用两台 TC6013 即满足需求。

图 1-59　效果图及现场施工

七、智慧建筑

智慧建筑是通过物联网、大数据、云计算、人工智能等方式，以加强能源管理，提升用户体验、整合管理系统为目标，建成的一种高效、舒适、灵活，可以自我学习，降低运营成本的建筑。

智慧建筑具有三个特点：绿色、健康、智慧。它呈现出集美观、舒适、实用、环保而又个性化的高科技现代化景象。智慧是未来建筑的主要特征，它融合发展智能建筑的概念和技术，并且强调以人为本、科技无处不在的理念。因此建筑的环境交互、人文感受、科技应用，三者相辅相成，构成了智慧建筑的三角生态体系（图 1-60）。环境特性体现了建筑物环保的绿色要求；人文特性体现了以人为本的健康生活理念；科技特性则体现了智慧化实现的方式和途径[36]。

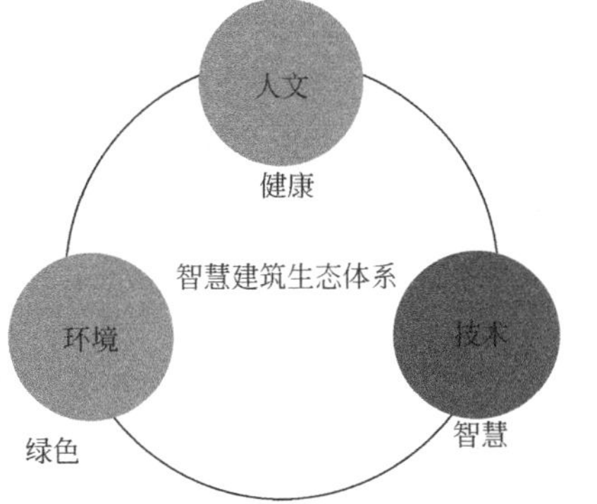

图 1-60　智慧建筑生态体系概念图

智慧建筑是以建筑物为平台，基于以人工智能为核心的各类智能化信息的综合应用，集结构、系统、服务、管理及优化组合为一体，具有感知、传输、存储、学习、推理、预测和决策的综合智慧能力，形成以人、建筑、环境互为协调，并根据用户的需求进行最优化组合的整合体，为人们提供绿色、健康、高效、舒适、便利及可持续发展的人性化建筑环境[36]。

智慧建筑是符合信息时代需要、舒适、安全、人性、方便、高效的现代化建筑，它的出现可以提升社会生产力、降低建筑物能耗。它将逐步涵盖不同领域，包括智慧办公建筑、智慧居住建筑、智慧用能、智慧酒店、智慧建筑经济性能、智慧建筑大脑等。经过智慧建筑的普及与发展，智慧建筑作为智慧城市建设的基本元素，未来还可以在更高的结构层次上高度互联，真正地实现国家对智慧城市建设的蓝图[37]。

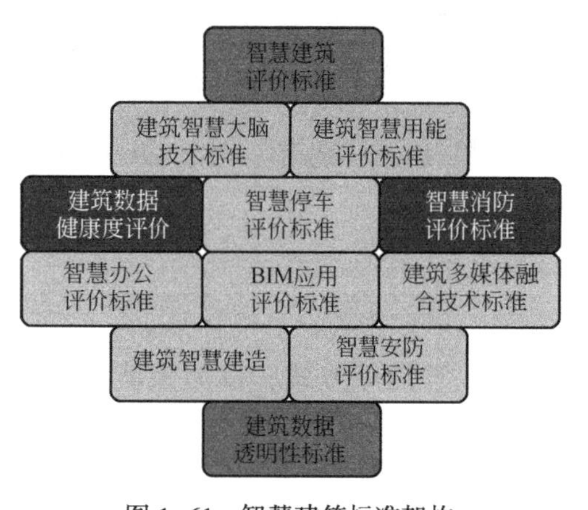

图 1-61　智慧建筑标准架构

1. 适用范围

智慧建筑的建设应充分考虑场地条件，要求基础建设较好、区域智慧化程度较高、无线及有线通信覆盖较广的区域。宜选择特点鲜明的核心建筑作为示范性工程。建筑范围包括商场、校园、办公场所、工业园区、住宅小区等人流密度较大、使用频繁、能耗复杂且多变的场所。

2. 智慧建筑标准架构

智慧建筑标准架构如图 1-61 所示。

3. 相关政策与标准

（1）《国家新型城镇化规划（2014 年~2020 年）》；

（2）《智能制造发展规划（2016~2020 年）》；

（3）《2016~2020 年建筑业信息化发展纲要》；

（4）《国务院关于印发新一代人工智能发展规划的通知（2017）》；

（5）《建筑节能与绿色建筑发展“十三五”规划（2017）》；

（6）《2018~2023 年建筑智能化工程行业深度分析及“十三五”发展规划指导报告》；

（7）《智能建筑设计标准》GB 50314-2015；

（8）《智能建筑工程质量验收规范》GB 50339-2013；

（9）《智能建筑工程施工规范》GB 50606-2010；

（10）《绿色建筑评价标准》GB/T 50378-2019；

（11）《健康建筑评价标准》TASC 02-2016。

4. 案例介绍

（1）腾讯滨海大厦[38]

坐落于广东省深圳市南山区的腾讯滨海大厦采用物联网和人工智能技术，集数字化、智能化于一体，让滨海大厦成为探索物联网解决方案和人工智能的“超级试验场”。

腾讯滨海大厦由一座高 248m、50 层楼的南塔楼，一座高 194m、41 层楼的北塔楼和三条连接两座塔楼的“连接层”组成，连接层内部设有共享配套设施，分别位于三~六层，二十一~二十六层和三十四~三十八层。两塔楼间相互连接，就如同因特网将全球连通那样，滨海大厦也以一种更富有效率的方式将腾讯公司员工连接在一起，三座“互连”廊桥则分别象征连接知识、文化和健康（图 1-62）。

建筑内所有设施设备均植入具有腾讯“DNA”的 QQ SDK 和微信 SDK，其数据在智慧化管理平台上进行交互，并发生化学反应。每位员工从进入大门开始，就能体验到最新的

图 1-62　腾讯滨海大厦示意图

互联网科技成果。

滨海大厦凭借其完善的楼宇自动控制系统、出色的办公、通信自动化系统、前沿的智能化创新系统等，成为国内智慧建筑的标志之一。与此同时，得益于美妙的景观和设计，良好的采光和通风，便利的交通和泊车，以及适用于办公的绿色生态和建筑节能技术，滨海大厦比传统办公塔楼减少了 40%的成本和碳排放量，荣获绿建二星级和 LEED 金级等认证。

（2）荷兰阿姆斯特丹 The Edge

The Edge 是一幢建筑面积为 40000m^2 的办公大楼（图 1-63），位于荷兰阿姆斯特丹的 Zuidas 商业区，由房地产开发商 EDGE Technologies 开发，其主要设计目标是为员工创造一个直观、舒适、健康和高效的环境，并为全世界的可持续建筑提供灵感[39]。

图 1-63　The Edge

该建筑装有 28000 个传感器，可以跟踪记录空气的温湿度，人或物的运动轨迹以及照明强度，通过这些实时数据，设备管理人员可以做出相应的整改方案，简化建筑运营，优化办公空间以及减少建筑物的碳排放。

设备管理人员使用的是Nuuka公司开发的智慧建筑平台，通过追踪能耗数据，调节能源消耗、水消耗、室内环境和设备占用率。而员工使用的APP是由飞利浦公司开发的，每个人都能随意地控制工作环境的亮度和温度，应用程序还可帮助他们找到车位、空置的办公桌和其他同事，还能检查员工当天的日程安排，甚至会记住他们喜欢喝什么样的咖啡。

The Edge的另一个特点是智慧数字照明系统的设计，他们安装6500个联网的LED，其中3000个集成传感器，只在需要时才会亮灯。据估算，The Edge里的LED每平方米只需要消耗3.9W的电力，而在别的建筑中通常需要$8W/m^2$。仅通过这一个系统，The Edge每年就能省下100000欧元的能耗成本（图1-64）。

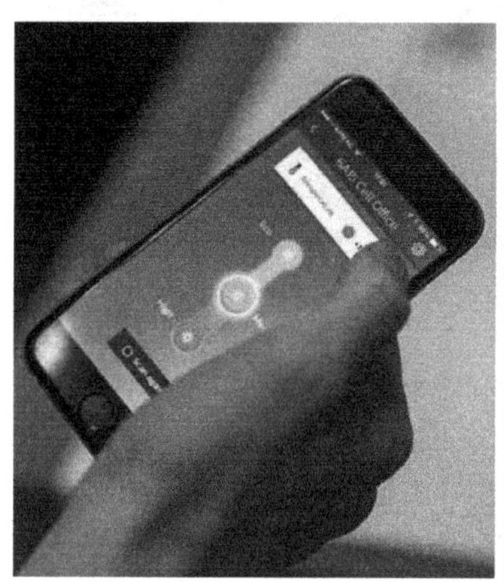

图1-64　智慧数字照明系统

The Edge的玻璃幕墙充分利用自然光（图1-65），建筑南侧安装了太阳能电池板，不仅可以将热量挡在外面，还能将太阳辐射转化成电能，用于建筑的供暖和制冷，也足够大楼里所有的笔记本电脑、智能手机以及所有电动汽车的充电。热泵的能源来自于地下130m处的水源，一个用于冷水，一个用于热水。办公室内排出的空气在中庭空间内再次进行调节，然后通过中庭的顶部通回办公室，并在这个过程中通过换热器利用余热。屋顶收集的雨水用于冲厕、灌溉中庭和建筑物周围其他花园区域的绿植。通过太阳能、地热能等可再生能源，The Edge自身的发电量超过了其自身消耗的电量，成功实现近零能耗。

建筑每天都能收集到千兆字节的数据，涵盖了从能源使用到工作模式的所有方面，The Edge作为一个示例，能充分说明智慧建筑设计如何改变人们的工作方式。

图1-65　The Edge的玻璃幕墙

第二章　技术与产品

绿色生态城区的建设属于长期复杂的系统工程，从规划、建造到管理的很多技术和要点都需要规范和指引。本章节重点介绍绿色生态城区各项技术的应用与适用的产品，主要围绕以下几方面：绿色交通、绿色建筑、生态建设与环境保护、低碳能源与资源、智慧管理与人文和绿色建筑运行检测。

第一节　绿色交通

绿色交通是一个理念，是以减少交通拥挤、降低能源消耗、促进环境友好、节省建设维护费用为目标的城市综合交通系统。绿色交通的狭义概念更加强调交通系统的环境友好性，主张在城市交通系统的规划建设和运营管理过程中注重环境保护和生活环境质量。绿色交通的广义概念包含推动公交优先发展、促进人们在短距离出行中选择自行车和步行的出行模式，节约能源、保护环境、建立公共交通为主导的城市综合交通系统等。本节内容为绿色生态城区建设中关于绿色交通方面的技术要点和技术产品。

一、接驳换乘设施

随着城市发展，地铁越来越普及，通过调整优化公交线路、开通公交接驳线、设置小汽车停车换乘场所等方式，实现不同交通工具间的“零距离”换乘。轨道交通的衔接方式主要包括步行、公交、自行车、出租车、小汽车等来实现轨道交通衔接方式一体化。在解析各方服务功能与范围的基础上，明确步行主要衔接距离，为轨道站点周边半径 500m 区域内；自行车主要衔接距离，为轨道站点周边半径 500～1500m 区域内，超过此范围则以公交、出租车、小汽车等机动化接驳方式为主。目前以骑行接驳、公交接驳和停车换乘接驳为三大主要接驳设施。

1. 骑行接驳

以厦门为例，厦门市岛内外的轨道线网密度、路网交通特征差异性较大。因此岛内、岛外的接驳方式也有区别。岛内以步行和自行车等慢行衔接为主，辅以一定的接驳公交、出租车接送换乘服务，拓展畅通、舒适的慢行交通衔接网络。还将调整沿线公交线路，设置短途接运公交串连周边客流，实现与地铁“无缝换乘”。

岛外则提供多种方式与地铁 2 号线衔接，构建便捷、舒适的慢行交通衔接网络，构筑区域公交干线、接运小巴等多层次公共交通衔接网络，建设小汽车停车换乘点，形成机动化交通与非机动化交通并重的交通衔接体系，扩大轨道交通的辐射面。

2. 公交接驳

轨道交通与公交车的换乘主要包括两个方面：一方面是在轨道站点周边布设换乘枢

纽，另一方面是通过调整公交线路和中途停靠站点，实现与地铁换乘。公交停靠站尽可能靠近地铁站点，实现“零距离”换乘。同时，新开公交接驳线路，与地铁站点衔接。

3. 停车换乘接驳

为鼓励市民使用公共交通工具出行，小汽车与轨道交通也设置换乘衔接，一般包括“P+R”和“K+R”两种方式。前者主要依靠地铁站点周边设置的公共停车场，车辆需要长时停靠；后者主要利用道路靠边临时上下客，小汽车即停即走。

【评价技术指标】

《绿色生态城区评价标准》GB/T 51255-2017 第 8. 2. 12 条：城区制定停车换乘的管理措施，评价分值为 5 分。

上海市工程建设规范《绿色生态城区评价标准》DG/TJ08-2253-2018 第 5. 2. 2 条：公共交通系统便捷、服务设施配套完善、车辆清洁低碳，评价总分值为 12 分，并按下列规则分别评分并累计：轨道交通站点周边设置公交站、非机动车停车场、出租车候客泊位等接驳换乘设施，各设施间换乘步行距离不大于 150m，得 2 分。设置 P+R 停车场，得 2 分。

二、超级班车

超级班车提供从家到公司“一站式”，便捷、舒适的优质班车出行体验，解决用户上下班交通不便以及高成本出行的问题。一般服务于各大型园区和优质企业，也适合用于绿色生态城区。超级班车是以定制通勤出行为核心的共享低碳出行模式，通过整合用户的出行需求以及新能源汽车资源，为用户提供个性化、多选择、高质量的出行服务，为节能减排、环境保护贡献一分力量。

以目前发展较快的携程超级班车为例，其采用大数据挖掘分析技术、借用互联网+服务的思路，围绕企业员工通勤，以及居民和游客出行交通需要，综合运用大数据、移动互联网、物联网等信息技术，构建集交通数据采集、企业服务、乘客服务、班车服务商管控于一体的超级班车综合服务平台，形成完善的班车后端管理和前端运营服务。

其中，班车后端管理系统包括订单管理、调度管理、车辆管理、费用管理、供应商管理、会员管理、运营监控管理等模块，前端运营平台面向乘客、企业、司机提供信息服务、预订服务、运营服务等各类服务应用功能，有效感知和分析乘客的日常通勤需求。灵活有效地开设、运营和通勤班车路线，安全高效管理班车运营，提升职员上下班通勤舒适度和满意度，降低班车服务商运营成本，大大减轻商务区交通压力，提升商务区营商环境。

【评价技术指标】

《绿色生态城区评价标准》GB/T 51255-2017 第 8. 2. 10 条：城区制定有效减少机动车交通量的管理措施，评价分值为 5 分。

上海市工程建设规范《绿色生态城区评价标准》DG/TJ 08-2253-2018 第 5. 2. 7 条：住宅组团用地、商业服务业用地、医疗卫生用地、基础教育设施用地等合理采取交通稳静化措施，评价分值为 3 分。

三、智慧斑马线

随着社会经济的发展，私家车的数量越来越多。虽然大多十字路口都装有信号灯，但当行人穿过马路时，潜在危险仍然存在。若天气昏暗且区域附近无减速指示牌，事故发生率则大大增加。

智慧斑马线可以提升行人的安全系数，当斑马线检测到该区域有人站立时，斑马线就会闪烁信号灯提示司机慢行。该系统应用热感成像、人体识别、物联感知等多项技术，能通过检索人的行为、动作、步伐、手势等要素，可以精确的定位行人站立区域并且可以通过视频核实和查看检测成果（图 2-1）。

图 2-1 智慧斑马线

目前在智慧斑马线中应用较多的传感器名为杆装式 C-Walk，它能够检测并识别进入该区域的行人，然后开启道路上的路灯和减速标志。C-Walk 是一款一体式传感器，它集成了探测器和摄像头，提供可靠的全天候行人检测。现阶段这种智慧斑马线已经在英国诺丁汉郡附近的格里特布鲁克镇（Gilt brook）进行部署使用并取得了积极的效果。

这种方式实用、成本低、易安装、易维护并且可持续，能够提高十字路口的安全性。安装过程快捷而简单，连接后就可以开始分析行人检测区域。目前，我国深圳、河南、广西等多个地区已开始投入使用。

【评价技术指标】

《绿色生态城区评价标准》GB/T 51255-2017 第 11.2.5 条：设置人性化过街设施，增强城区内各类设施和公共空间的可达性，评价总分值为 10 分。

上海市工程建设规范《绿色生态城区评价标准》DG/TJ 08-2253-2018 第 8.2.9 条：设置人性化、无障碍的过街设施，增强城区各类设施和公共空间的可达性，评价总分值为 6 分。

四、智慧公交站

智慧公交站是指充分利用物联网、云计算、移动互联网等新一代信息技术，整合各项政务及生活服务。乘客在公交站即可实现浏览新闻、借阅电子书、查询生活服务、设置导航地图、无人售货机购物、为手机充电等功能（图 2-2）。

图 2-2　智慧公交站示意

中新天津生态城建有国内首批智慧公交候车亭的项目。在生态城服务中心、国家动漫园、南开中学共设置3组6个智慧公交站。相较于传统公交站，生态城智慧公交站除外观设计更具科技感和未来感外，在功能方面，智慧公交站将提供城市WIFI热点，市民在距离公交站100m的位置上都可以连接。乘客可通过电子屏幕查看公交实时运行状态及站点、线路、换乘信息。同时，触摸屏幕还接入互联网，供市民查阅新闻、天气预报、电子图书、生活服务、地图导航等信息。

同时，在外观上生态城智慧公交站加装LED灯可显著提升站亭内的亮度，同时也给市民带来安全感，站亭顶部安装的光伏板可为公交站亭提供绿色能源。结合生态城绿色出行特点，独立设置自行车停车棚，方便骑行乘客换乘公交；考虑到寒冷冬天座椅难以久坐，站亭候车座椅还贴心设置座椅加热功能；公交站还将借助第三方平台，提供手机充电、无人售货机服务。智慧公交站将逐步完善站台功能，并逐步在生态城推广。

【评价技术指标】

上海市工程建设规范《绿色生态城区评价标准》DG/T J08-2253-2018 第8.2.1条：城区利用大数据、物联网、云计算等现代信息技术推进民生服务智慧化，评价总分值为10分。具备政务、交通、环境、医疗等信息服务功能中一项，得5分；两项，得7分；三项及以上，得10分。

五、绿道系统

绿道是一种线形绿色开敞空间，通常沿着河滨、溪谷、山脊、风景道路等自然和人工廊道建立，内设可供行人和骑车者进入景观游憩路线。现阶段国内外已有大量成功的绿道案例（图2-3）。绿道集合生态保育、康体运动、休闲娱乐、文化体验、科普教育、旅游度假等多种功能，实现生态、娱乐、文化、美学和其他可持续土地利用相适应的多重目标。

图 2-3 公园绿地示意图

城市绿道由绿廊和人工两大系统构成。其中绿廊系统主要由自然本地环境与人工恢复的自然环境组成，是城市绿道的绿色基底，具有生态维育、景观美化等功能；人工系统主要包括慢行系统、交通衔接系统、服务设施等系统组成，具有休闲游憩、慢行等功能。在绿道规划时应遵循生态性原则、特色化原则、多样性原则、安全性原则、人性化原则、共享性原则、便捷性原则、可操作性原则、经济性原则。城市绿道作为城市系统中的重要系统之一，并非封闭孤立，而是与其他城市系统一样开放且互相联系，尤其是与城市空间系统。应构建城市绿色空间网络、遵循区域空间管制要求、契合城市空间发展形态、优化城市土地利用方式衔接城市交通系统、强化特色环境特征地区、补充城市综合服务功能。

【评价技术指标】

《绿色生态城区评价标准》GB/T 51255-2017 第 12.2.6 条：城区设置绿道系统，总长度达到 5km，评价分值为 1 分。

上海市工程建设规范《绿色生态城区评价标准》DG/TJ 08-2253-2018 第 10.2.11 条：设置功能完善的绿道系统，且总长度达 1km，评价分值为 1 分。

六、开级配沥青磨耗层（OGFC）

开级配沥青磨耗层（OGFC）是一种具有互相连通孔隙的开级配沥青混合料，又被称为多孔隙低噪声透水（或排水）沥青路面（图 2-4）。它是在普通的沥青水泥混凝土路面或其他路面结构层上铺筑一层具有很高孔隙率的沥青混凝土，其孔隙率通常在 15%~25% 之间，有的甚至高达 30%，能够在混合料内部形成排水通道的新型沥青混凝土面层，其实质为单一粒径碎石形成骨架一空隙结构的升级配沥青混合料。在沥青路面上铺筑 OGFC 的主要目的是使道路使用者行车更为舒适和安全，以及保护其他结构层不受水和行车的破坏。

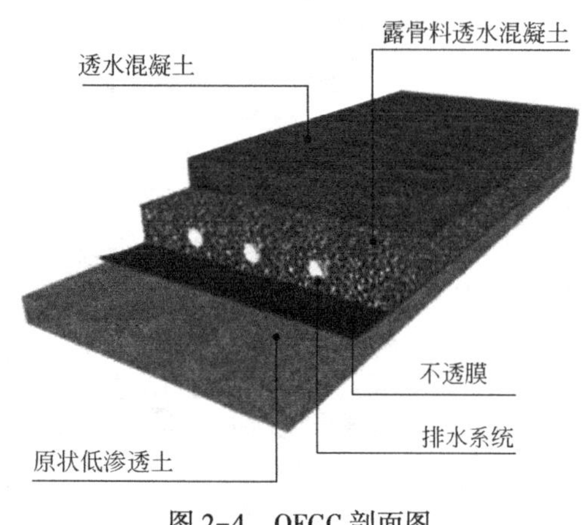

图 2-4　OFGC 剖面图

由于 OGFC 路面混合料孔隙率高，不但能降低噪声，还能提高排水性能，在雨天能提高行驶的安全性。采用这种路面是降低路面噪声、保护环境的一项重要措施。但 OGFC 排水降噪沥青路面耐久性较差。使用一段时间后，在环境、重载交通的影响下，降噪功能逐渐下降。由于沥青用量低，混合料的耐久性和强度会产生一定影响，由于我国高速公路重载、超载严重，按国外设计方法设计的 OGFC 混合料难以满足路用性能的要求，因此，OGFC 在我国高等级公路建设中一直没有得到推行。

但是我国采用排水路面的比例还是极少，因为这种路面一是容易进污堵塞，冬天易冻胀损坏；二是承载力有限；三是地方政府不愿“冒险”采用新路面结构，推广较困难。

【评价技术指标】

《绿色生态城区评价标准》GB/T 51255-2017 第 8.2.5 条：城区道路建设采取有效措施减少对自然环境的影响，评价总分值为 8 分，应按下列规则分别评分并累计：市政道路采用降低交通噪声的措施，得 3 分。

上海市工程建设规范《绿色生态城区评价标准》DG/TJ 08-2253-2018 第 6.2.9 条：采取合理措施降低城区噪声，评价总分值为 6 分，并按下列规则分别评分并累计：（1）采用声屏障、低噪声路面等技术，降低交通噪声，得 3 分。（2）制定噪声管理制度，无施工噪声、交通噪声扰民投诉，得 3 分。

七、交通智能化

城市交通智能化的主要目的在于保证实现城市交通工作的全程追踪和有效管理。通过互联网、物联网、云计算、大数据，人工智能，将信息资源自动整合以及智能进行共享，从而具有高度的分析与预测能力，实现交通运输的便捷、安全、经济、高效，为智慧城市运营及经济发展提供支撑。

1. 路网监测及应急协同管控

（1）路网运行监测管理

1）路网自动化监测

视频监控：通过路网监测点安装的视频监控设备采集各监控路段交通状态（实时路况、拥堵情况、交通事故），在路网电子地图点击视频点位的图标，能够实时调阅当前视频监控设备的实时监控图像。

交通流监测：路面设施通过车流量采集、地感线圈、收费站信息或 RFID 等监控设备采集各监控路段交通流量状态数据，对公路交通流量数据进行动态监控，并与其他数据检测手段实现联动报警，便于监控人员及时发现公路突发事件，各级人员管理可根据权限不同分别调阅管辖区域内的动态交通流量数据。

实时气象状况监测：系统通过和相关气象单位或者自身的气象监测设备建立数据交互接口，通过实时获取气象状况，在路网电子地图上采用天气预报常用的各种图标来分别代表断面的天气现象。

可变情报板发布信息监测：提供路网监测状况下公路网络相关交通信息的监测和查看，提供正常交通状况下公路网络运行状况信息监测、发布等。可变情报板发布的内容实行统一管理与审核，根据属地管理的原则，各路网分中心负责对所辖范围内发布信息的监测管理。遇有重大紧急事件等情况时，交通运输主管部门信息中心可以直接对外发布信息。

运输超限信息监测：超载、超限信息的实时监测对于公路治超、缓解拥堵起到很相当重要的辅助作用，系统可以通过路网上联网的超高、超限检测器，为路网电子地图作为展示的载体，通过点击设备相应的图标，可以准确查看检测器当前的检测数据，具体的监测数据包括：指定时间段内超高超限车辆数量、超限比例、超高超限车辆基本信息等内容。

2）路网事件监测

养护事件监测：对采集的养护事件信息进行处理和加工，可以使用户通过系统及时监测到路网上的养护病害信息、道路养护信息、公路路况及桥涵信息，并且实现监测信息在路网电子地图上进行标注，通过点击响应的图标，查看上报的养护病害信息的详细数据。

执法信息监测：对采集的路网案件信息进行分类处理和加工，可以使用户通过系统及时监测到路网上的各类路网案件信息，并且实现监测信息在路网电子地图上进行标注，通过点击响应的图标，查看路网案件信息的详细数据。

突发事件监测：对于日常公众、分中心上报的路网突发性事件进行接收分类，并通过路网运行监管与服务系统统进行智能研判，突发事件一般划分四类：自然灾害、事故灾难、公共卫生事件、社会安全事件。判别出的属于应急事件系统范畴的事件和应急系统处置进行数据交互，转交应急系统处置；判别出的属于养护、执法、施工等范畴事件，系统转交相应的分中心处置。

施工占道事件监测：对于上报的施工占道事件信息进行接收，系统对接收的信息进行初判和按级别分类，一般分为小修工程、中修工程、大修工程。

3）路网运行状态评估

实施路况监控：以获取公路网实时交通流量数据为基础，系统根据相应指标和技术进行数据智能分析处理，生成动态路况信息，分析处理后的动态路况信息可以直观地反映公路网拥堵、缓行、畅通等运行的实时状态，系统对于路网运行状态评估分析的结果可以与现有的城市路网实时路况数据进行互补，从而形成比较完整的网路况信息查询展示库。

4）公路路况分析与管理

动态路况分析：动态路况采用流量和速度进行综合判断，得出公路网交通运行情况，在地图上采用不同颜色、不同粗细的线条等方式实时显示，表示交通畅通、缓行、拥堵等状态。

交通事件管理：以移动巡查人员上报的交通事件信息为基础，形成交通事件列表，在地图上显示交通事件发生的位置，用鼠标点击可以查看事件概要。

公路事件定制：用户可以自定义路网动态事件，依据各类事件分类及等级过滤掉部分路网事件，系统只显示用户关心的路网事件。

5）路网运行预警响应

监测数据报警管理：用户通过系统对各类监测数据设定取值范围，实现系统对气象、交通量、超高、超限、雨量等检测数据超过阈值时自动报警。

设备状态报警管理：路网交通运行监管与评估系统对路网各类监测设备进行网络联通性检测，及时发现设备故障信息，并自动将故障设备代码及初步故障原因反馈给路网中心。

两客一危车辆路况报警：通过人工或自动化检测手段获取两客一危车辆的运行路线上发生临时性的突发事件导致道路阻断的信息，用户通过系统后台设定报警范围，实现车辆行驶提前报警，便于路网中心座席人员接收报警信息后及时通知司机及运管机构及时更换路线，可以大大减少严重事件的发生。

路网接警管理：路网监控座席负责处理有关路网相关联的事件，座席人员接收信息，通过系统平台记录报警信息并分配响应的路网事件处理单位，定期实时跟踪事件的处理结果。

预警备勤管理：当气象、政务、水务等部门把监测到的恶劣天气预警信息下发到路网中心后，路网中心可以通过系统直接完成对下属分中心预警指令的下达，同时分中心接收指令后对处理执行的结果定期上报备勤情况，最终由系统统一下发预警解除指令，完成预警全程的指令上传下达管理。

值班管理：主要对路网运行监测过程中路网中心与座席值班人员和值班排班、交接班的管理，通过与通信录建立相应的关联，实现日常路网监测排班人员的智能化选择和分配，并且需要通过日历的方式显示给每个值班的人员。

6）路网交通态势预测

通过调取历史路网交通流量数据并且结合当前事件信息进行综合分析比较，通过科学、先进的估算方案和预测模型，对未来一段时间的路网路况情况实时进行仿真推算和预测，预测结果可以辅助交通监管部门事先掌控路网交通态势，提早进行路网运行管理部署。

7）路网协调调度

车辆定时定位：可以实时监控道路的巡查、执法以及两客一危车辆位置信息。当有突发事件发生需要就近调度车辆进行救援处理时，可以实现高效、快速地调度车辆。

路线规划：可以通过系统设定起止点、绕行点等计算车辆调度的路线。

交通诱导：在公路交通事件条件下，疏散与救援的安全、畅通是交通事件应急处置的重要前提，快速、有效的交通秩序管理与诱导可以显著减少生命与财产损失，可以将交通事件的损失降低到最小。

信息发布：根据信息类别、信息级别通过可变情报板向分中心下发信息发布指令，信息指令的下发可实现按不同信息接收部门、接收人员进行分类派发，分中心接受指令后可通过系统及时上报信息反馈，总中心统一查阅分中心反馈信息，并通过系统进行分类保存，最终完成整个信息发布流程。

路政养护事件互转：不同路网监测分中心的巡视人员对于各自发现的非本中心范围内的路网事案可以通过系统实现联动互转，充分实现各中心路网事案处理和监测的相互协调性和联动性，从而提高了路网事案处理的效率。

8）路网交通情况预警

监测数据报警管理：通过对路网各类监测设备监测阀值的设定，实现当气象、交通量、超高、超限、雨量等路网设备检测数据超过阈值时系统自动进行预警。

呼叫中心接警管理：系统通过呼叫座席，处理关于路网相关的事件，座席人员接收呼叫中心转发过来的热线，记录报警信息并分配响应的路网事件处理单位，跟踪事件的处理结果。

预警备勤管理：中心接收气象、防汛等部门下发的恶劣天气预警信息，能够通过系统对下属分中心进行预警指令的下达，分中心接收指令后定期上报备勤情况，最终由系统统一下发预警接触指令，完成预警全程的指令上传下达管理。

应急资源管理：应急资源管理是指为紧急事件发生而准备的物资、专家、组织体系等资源管理。能够通过系统对各类资源进行维护，查询所需资源。

预案信息管理：对经审批后的应急预案进行录入，并根据权限的不同对预案进行查询、维护、调阅，组织专家制定，完善应急预案。

模拟演练管理：通过模拟演练模块的建设，实现对演练计划、演练方案、演练数据、演练场景、演练过程、演练评估报告的管理。

9）路网异常事件接警管理

异常事件信息汇集：异常事件信息汇集指通过不同的渠道和来源收集可能的异常事件信息，为警情的判断确认和发布做准备，异常事件的来源包括视频监控、路网路况监测、其他单位和部门发布的相关信息等。

综合监测信息查询：实现交通运行信息、突发事件信息、路网环境信息的整合，将所有监测信息集成展示，通过统一的 GIS 平台电子地图显示。实现监控、巡查养护的各种监测信息集成与查询。在 GIS 界面能分路段显示机电设备安装位置、当前道路交通运行状况、交通施工信息、绕行信息等综合监测信息，能够显示事件预警提示、预警摄像机实时画面。

警情判断：主要是利用电子地图、现场监控设备、现场执法人员等多渠道核实警情，对警情类型、级别做出初步判断，为后续的警情处理流程提供支持。

预警信息发布：报警模块提供在交通行业内发布预警信息的功能，向社会公众发布的预警信息通过交通诱导与信息服务子系统实现。

警情发送管理：按照初判的事件级别、类别，参照应急预案，对Ⅰ级事件上报交通运输部应急平台，Ⅱ级事件转到应急处置流程进行处理，Ⅲ、Ⅳ级事件向各厅属单位平台进行转发。对于Ⅰ、Ⅱ级事件需要报送省交通运输厅相关领导。

指挥调度管理：指挥调度主要实现各类应急指挥命令，以语音和文字消息等通信方式及时下达。指挥调度功能以应急通信系统提供的综合通信调度平台为底层支撑，既支持从联系人通讯录中批量选择通信对象开始调度，也支持从 GIS 地图中选中通讯录中某一单位部门所在地，从弹出窗口中选择对其进行调度。

调度信息管理：调度信息管理主要实现各类调度指令执行过程中各类反馈信息的记录和查询，并实现与事件信息的关联，以便为事后应急评估提供依据。

移动指挥平台接口：预留与交通移动应急指挥车之间的语音及视频前段设备接口，满足未来需要直接与移动应急指挥车进行语音、视频通信的要求。

（2）应急协同指挥管理

1）应急事件管理

精准应急救援服务：在实时监控的道路上，当用户手机拨打特定告警电话时，实时在电子地图上呈现该用户的位置（报警位置准确定位，误差约 20~50m），并能够显示该用户的主、被叫号码，便于第一时间对有突发状况的用户进行救援和联系。

2）风险源管理

主要围绕风险隐患点的日常管理、风险事件的识别、风险后果的评估，充分利用风险管理经验，提出降低风险事件发生可能性或降低事件损害的风险规避建议，实现对交通基础设施风险隐患源的基本信息、动态信息的采集、更新和存储。

3）应急预案管理

实现对突发状况的管理和更新，组织人事架构、救援方案、应急处置物资调配方案救援路线等的制定、更新和维护的功能。提高应急预案的信息化管理水平。

4）应急培训演练

主要用于辅助应急管理人员开展日常的培训、演练工作，提高应急队伍应对突发事件能力。应急培训与演练系统应能提供基于网络的突发事件应急处置仿真环境，通过演练发现问题、总结问题、解决问题，包括应急处置系统需要完善改进的地方。

5）指挥调度管理

对于重大活动等特殊时期、线路严重拥堵、突发客流、特殊气候条件、道路施工以及交通事故等突发事件或紧急情况下的运营车辆进行综合指挥和应急协调调度。

6）应急资源管理

主要包括应急队伍管理、应急储备库、应急专家、应急物资管理、应急装备管理、应急知识管理。其中应急物资管理、应急装备管理为实时动态管理，随着物资、装备的调拨或者入库、出库、报销、报废等进行明确的标明，以便应急决策能“看得见”“用得着”。

7）应急辅助决策管理

通过采集突发事件的信息，结合事件进展跟踪，对事件级别、影响范围、持续时间和危害程度等进行综合分析，根据历史应急预案、案例查询的匹配提示、领导及专家意见、应急资源和专业力量查找，辅助完成跨业务领域的资源调配与处置协调决策，并自动记录应急处置的全过程。

8）应急统计分析

主要用于辅助应急管理人员掌握所辖区域历年突发事件特征、时空分布规律、处置效果，以支撑应急管理宏观决策。

9）交通仿真

大数据环境下实时在线交通仿真平台，结合交通大数据和动态交通仿真技术，三维模拟“人—车—路—环境”之间的相互作用，再现交通流在道路上的实时运行状况和短时变化趋势，通过分布式计算机系统快速响应各种交通控制策略。

在大数据分析平台、道路运行系统和离线交通模型等的基础上，结合实时检测数据输入，建立实时在线动态仿真模型，获得路网实时和预测的车流量和车速等数据，面向交通管理控制，并发布个体出行信息，形成一个完整的闭环系统。

10）基于高精度北斗定位的公路应急救援

利用北斗地基增强系统提供的差分定位数据播发服务，实现公路“亚米级”车辆运行安全避让、紧急状态下安全监控预警和应急救援服务，构建基于北斗高精度定位的应急救援一体化管理系统，实现车辆、人员的迅速定位与救援力量的动态调度和区域协同。

（3）协同式路网控制

1）主线道路协同控制

通过感知设备识别各类交通事件，数据汇聚至 RSU 路侧控制设备进行融合计算，并根据既定规则对交通管控设备进行实时控制。包括可变车速控制与路网协同、危险识别与告警。

2）路口/匝道协同控制

通过感知设备识别主路车辆及交通流量，数据汇聚至 RSU 路侧控制设备进行融合计算，并根据既定规则对匝道口管控设备进行实时控制。包括匝道口出入控制、匝道并线辅助。

3）车辆/通道协同控制

将指定车道规划为指定时间段内的专用车道，并发送给路侧 RSU 控制设备和车道类型指示设备。RSU 路侧控制设备通过管理服务平台接收到车道类型变更信息后，可编辑车道类型、变化时间、持续时间等信息通过 RSU 通信设备周期性向周边广播。车载终端接收到车道类型变更信息后，可通过图像或声音向驾驶员提示。

（4）协同式辅助驾驶

1）I2V 车内标牌应用

可将路网地图、道路标志信息配置到 RSU 路侧设备中，该信息可通过本地或远程接入 RSU 路侧控制设备更新。RSU 路侧设备周期性向周边广播路网地图、道路标志信息，车载终端接收到地图、标志信息后，可在车内显示路网及道路标志，并结合自身行车轨迹进行预警。

2）I2V 危险位置警告应用

通过感知设备识别各类交通事件及本地影像数据，由路侧控制实现本地事件监测数据的汇聚与处理，并通过路侧通信设备周期性发送给周边车辆，车载终端接收到道路危险信息后，结合本车行驶路径，以图像或声音行驶向驾驶员提示。驾驶员也可通过手机 APP 接入 V2X 网络，获取道路危险预警与视频图像信息

3）I2V 告警应用

车载终端可以采集并播发实时位置、速度、加速度、制动、轨迹等车辆行驶数据，并可通过车间直接通信接收周边车辆行驶数据，并结合自身行车信息，辨识是否存在碰撞危险，并通过语音或图像向驾驶员提示。

2. 车路协同系统

采用先进的无线通信和新一代互联网等技术，全方位实施车车、车路动态实时信息交互，并在全时空动态交通信息采集与融合的基础上开展车辆主动安全控制和道路协同管理，充分实现人、车、路的有效协同，保证交通安全，提高通行效率，从而形成的安全、高效和环保的道路交通系统。

LTE-V2X（vehicle to everything）技术作为国际通用且我国具有自主知识产权的车路

协同技术，被越来越多的政府机构、品牌车企、跨国运营商、设备商、芯片供应商、汽车零配件提供商所认同，并积极投入大量的资金进行相关车路协同产品及解决方案的研发。

3. 公众信息服务

智能调动公交，高效准确进行排班，从而使公交车的利用率提高，提高车辆运行速度，减轻道路拥堵现状，主要是使用5G通信技术进行通信指挥、GIS技术以及GPS进行实时实地定位以更好保证交通正常秩序。公交智能化一般包括公交车辆智能调度系统、公交调度的车辆监控系统和公交电子站牌。实现对于公交车辆从出站、运行和乘客上下车都进行实时监控，优化车辆配置和投放，大大提高车辆运输效率和出行体验。

4. 出行信息服务

可通过出行服务网站、微信、小程序、APP、热线电话、交通广播、可变情报板信息发布系统等方式发布。

八、智慧停车

智慧停车是指将无线通信技术、移动终端技术、GPS定位技术、GIS技术等综合应用于城市停车位的采集、管理、查询、预订与导航服务，实现停车位资源的实时更新、查询、预订与导航服务一体化，实现停车位资源利用率的最大化、停车场利润的最大化和车主停车服务的最优化。智慧停车的智慧不仅包括智能找车位和自动缴停车费，还服务于车主的日常停车、错时停车、车位租赁、反向寻车、停车位导航。除此之外，智慧停车还包括智能停车机器人。停车机器人是一种用于搬运汽车的智能搬运机器人，采用梳齿停车技术，和立体停车库配套的调度系统、地图系统、收费管理系统、停车监控系统等联动大大提高停车场客户的效率（图2-5）。

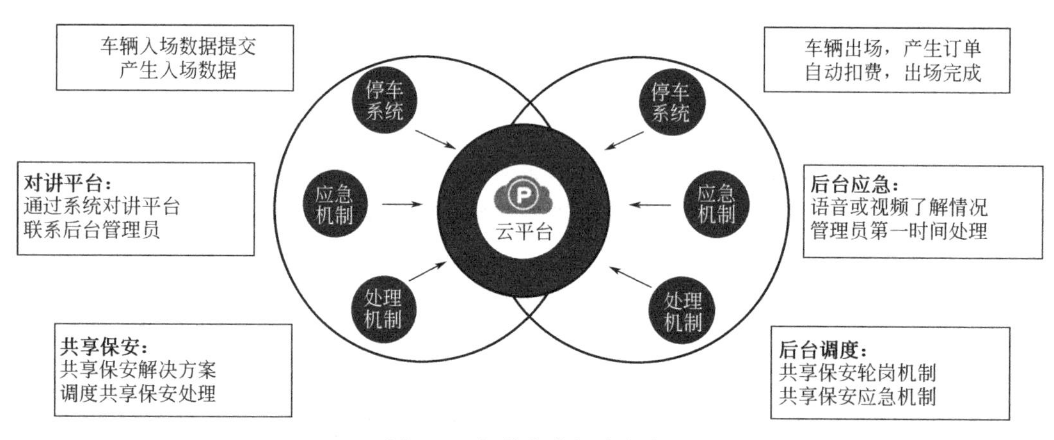

图2-5 智慧停车解决方案

停车设备数据通过物联网方式上传到城市平台，政府的城市级云平台与停车企业的云平台进行线上对接，获得停车场地数据，形成全城停车场“一张网”格局，提供线上公益性服务，便于大众查到停车位，还可以解决现阶段停车管理不严的问题。

智慧停车解决方案不但包括车辆入场数据录入停车系统，通过系统对讲平台联系后台管理员，对语音和视频了解情况，强化后台应急机制；同时对保安轮岗及应急机制进行处理。智慧停车可以使用城市智慧停车云平台，包括提升车主体验，增强政府监管，强化安全支付，满足业主需求，提升便民业务。

【评价技术指标】

《绿色生态城区评价标准》GB/T 51255-2017：城区实行停车信息化管理，并具备与城市停车信息化管理系统对接的功能，评价总分值为5分。

上海市工程建设规范《绿色生态城区评价标准》DG/TJ08-2253-2018第8.2.3条：实行交通智能化管理，评价总分值为6分。

九、云轨

云轨、又称云中轨道，科学名称为“单轨铁路系统”，是我国自主研发的新一代单轨系统（图2-6）。单轨系统中的轨道可以建设在道路中央分隔带或狭窄街道上，不单独占用路面，属于运能接近地铁系统的中运量城市轨道交通系统。从行驶速度上看，地铁时速为120km，云轨最高时速预计在80km左右，采用三节车厢设计，车票费用比地铁略高。从效率和便捷程度上看，现阶段仍为较普通的交通工具，在城市交通服务上尚处在实验阶段。

图2-6　云轨

1. 云轨的优点

（1）云轨占地面积小：轨道梁较为纤细，支柱结构面积小，可以建在道路中央分隔带和较狭窄的街道上，无需像标准铁路那样占用大量空间。

（2）云轨桥梁通透，景观性好：这体现在空间遮挡小，能提供更充足的光照，并且能更好地适应城市景观和生态环境。

（3）云轨建造周期较短：云轨采用预制轨道梁，能节省工期，整体建造周期为2年，是地铁用时的1/3。

（4）与地铁采用钢轨体系不同，云轨的转向架采用的是橡胶胎及空气弹簧，因此，云轨的车体震动较小，且运行噪声低于钢轨系统。这样，其噪声可控制在城市噪声标准内，轨道便可以架设在建筑丛中穿梭而过。另外，云轨对各种地形的适应性比地铁轻轨要强。

（5）云轨的造价低。其工程量适中、拆迁少并且以高架为主，总造价为地铁的1/4，且易改建或拆除。

2. 云轨的缺点

云轨系统是新款单轨系统，最大运能单向每小时 1 万~3 万人次，现在已经开通并测试的列车运营速度都只在 30km/h 左右，与地铁速度比落后甚远，在投入商用后预计最高速度 80km/h，可广泛应用于中、小城市的骨干线和大中城市的加密线、机场港口、商务区、游览区等线路。造价低廉、中小运量的云轨系统能与地铁、公共汽车等其他公共交通错位发展、互为补充，缓解道路交通拥堵，适用于二三线城市轨道交通的主体和一线城市郊区轨道交通的填充。

【评价技术指标】

《绿色生态城区评价标准》GB/T 51255-2017 第 8.2.1 条：城区建立优先绿色交通出行的交通体系，评价总分值为 15 分。

上海市工程建设规范《绿色生态城区评价标准》DG/TJ 08-2253-2018 第 5.1.1 条控制项，应制定绿色交通专项规划，促进绿色交通出行。

十、配送机器人

配送机器人是智慧物流体系生态链中的终端，面对的配送场景非常复杂，需要应对各类订单配送的现场环境、路面、行人、其他交通工具以及用户的各类场景，进行及时有效的决策并迅速执行，这需要配送机器人具备高度的智能化和自主学习的能力。针对不同场景，选择适配软硬件融入各场景适配系统中。机器人采用多传感器融合实现精准定位导航，自主完成建图、定位（多传感融合）、导航（车道线的走法）、避障，具备运动控制、PID、装配精度、视觉校准多种能力。更有强大的云端控制平台，可实现信息收集、远程诊断和中央控制（图 2-7、图 2-8）。

图 2-7　小型商品配送机器人

图 2-8　大型货物配送机器人

配送机器人一天的工作流程是：从原厂出发，穿梭在道路间，自主规避障碍和往来的车辆行人，安安稳稳地将货物送达目的地，并通过手机 APP、手机短信等方式通知客户货物送达的消息。客户输入提货码打开配送机器人的货仓，即可取走自己的包裹。

目前市面上的机器人大多拥有自主规划路径、行走控制、自主避障、自主充电、电梯控制等功能，针对客户不同需求开发不同版本。版本 A 采用激光雷达导航，能够自主规划路径、自主避障，可自主乘坐电梯、自主充电，灵活完成智能带位、运输等任务；版本 B 的置物柜空间更大，一次能够运输更多物品，无需铺设导轨，成熟的多机位循环功能，多台机器能够在复杂的商业场所内迅速移动，快速完成配送工作；版本 C 专用于室外配送的机器人主要为外卖公司承担 3km 以内的短距离即时配送，代替快递、外卖人员完成封闭区域内的配送和通知工作。

在 2020 年初爆发的新冠肺炎疫情中，配送机器人被紧急应征上岗和全国人民一起抗击疫情。实现医院间的相互送药，并且每个楼层都配备 1 台机器人，在病区中完成送餐及器械配送防止交叉感染，做到超视距、精确到人的配送（图 2-9、图 2-10）。

图 2-9　配送机器人

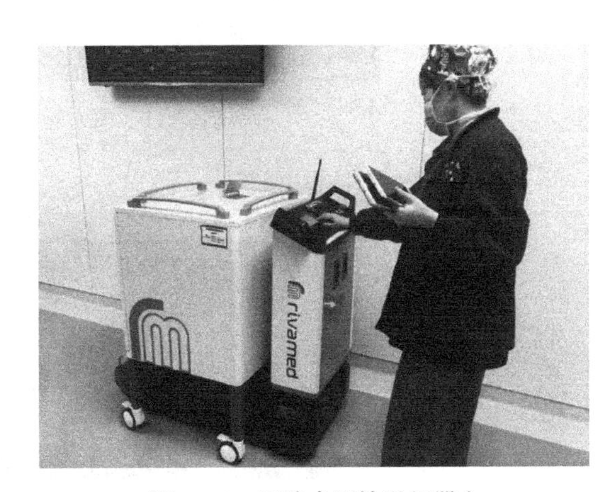

图 2-10　医院专用输送机器人

十一、无人驾驶汽车

无人驾驶汽车是智能汽车的一种，也称为轮式移动机器人，主要依靠车内以计算机系统为主的智能驾驶仪来实现无人驾驶的目的。无人驾驶汽车是通过车载传感系统感知道路环境，自动规划行车路线并控制车辆到达预定目标的智能汽车。集自动控制、体系结构、人工智能、视觉计算等众多技术于一体，是计算机科学、模式识别和智能控制技术高度发展的产物，也是衡量一个国家科研实力和工业水平的一个重要标志，在国防和国民经济领域具有广阔的应用前景。

2020 年 1 月 21 日，通用子公司 Cruise 发布首款无人驾驶小巴，并将其命名为 Origin（图 2-11、图 2-12）。Origin 车厢内有对着的两排座椅，每个座位一侧都有可供乘客充电的 USB 接口。两侧座位上方各有一台显示器，可以看到有关行程的详细信息。但没有方向盘、踏板、档杆。Origin 的车身四角都搭载传感器，这个被叫做“猫头鹰”的传感器硬件由摄像头和雷达组合而成，像猫头鹰的头一样能够旋转，目的是帮助车辆更好地对周围环境建模，躲避一些潜在的障碍物或风险，比如行人或骑自行车的人。

Cruise 公司强调开发 Origin 的主要目的是提升用户的出行安全，降低出行成本。因此 Origin 首先在制造费用上要足够低廉，以提供具有性价比的搭乘体验。相比自有车辆或使用传统共享出行服务，Origin 预计能为每位用户每年节省 5000 美元的支出。Origin 汽车的优势不止低成本，还有耐久性。Origin 设计的可用里程数可达 100 万英里（约 161 万 km），是 24×7 的不间断服务。Cruise 官方在发布会当天还在 PPT 中展示了一个用于货运的 Origin 车型版本，代替人的是堆放得整整齐齐的快递包裹，只不过这项业务何时落地目前暂未有定论[40]。

图 2-11　无人驾驶汽车 Origin

图 2-12　货运版 Origin 概念图

第二节　绿色建筑

一、垂直绿化

垂直绿化是与地面绿化相对应，在立体空间进行绿化的一种方式，是利用植物材料沿建筑物或构筑物立面攀附、固定、贴植、垂吊形成垂直面的绿化。作为改善城市生态环境的一种举措，垂直绿化是应对城市化加快、人口膨胀、土地供应紧张、城市热岛效应日益严重等一系列社会环境问题而发展起来的一项技术。与传统的平面绿化相比，垂直绿化拓展了空间，让“混凝土森林”变成真正的绿色天然森林，是人们在绿化概念上从二维空间向三维空间的一次飞跃，将会成为未来绿化的一种新趋势。

1. 垂直绿化的作用

植物的自然美与生态美，赋予了垂直绿化观赏性、生态性与经济性三方面的价值。观赏价值：植物的柔与建筑的刚相映，增加建筑物的艺术效果；丰富城市绿化层次，提高绿化面积，使城市环境更加整洁美观、自然生态。生态价值：可以缓解城市热岛现象，改善小气候，杀菌滞尘，净化空气，降低噪声，提高生物多样性。经济价值：对建筑物降温隔热，有利于降低建筑运营能耗，节能减排；同时保护建筑表面，延长建筑使用寿命。

2. 垂直绿化的形式

垂直绿化的发展依赖于技术水平的更新。从地面种植到墙面载体栽植，从利用藤本植物年复一年的攀爬完成立面绿化，到安装绿化模块即时实现绿化效果，垂直绿化技术在近十年内有了长足的发展。传统技术由植物和平面种植基盘构成，如地栽攀爬类植物，利用建筑种植槽栽植下垂植物，或通过摆放花盆实现立面绿化，其效果形成依赖植物攀爬特性；新型植物墙技术则是一套完整的绿化体系，由支撑系统、灌溉系统、栽培介质系统、植物材料等共同组成一个轻质栽培系统。技术的创新使植物的选择面更广，创造了丰富的绿化效果，扩宽了垂直绿化的应用范围。依据技术形式来分类，垂直绿化主要有六种：传统的攀爬式和摆盆式；新技术体系下的模块式、布毡水培式、布袋式和铺贴式（图 2–13、图 2–14）。

图 2–13 自然上爬式

图 2–14 巴黎凯布朗利博物馆（Patrick Blanc）

（1）攀爬/垂吊式。利用藤蔓植物的吸附、缠绕等特性使其在墙面上攀附，或在墙体前面设置网状物、拉索或栅栏，使植物缠绕其上。包括植物自下向上自然攀爬、植物自上向下垂吊、在墙面上设置种植基槽、在墙的前面设置牵引/攀附架四种施工方法。

（2）摆盆式。利用容器种植盆栽植物，直接摆放在阳台、窗台或悬挂在阳台、墙面、栅栏、围栏上。

（3）模块式，利用模块化构件种植植物，通过各种形状单体构件的合理搭接或绑缚，将其固定在不锈钢等骨架上，实现墙面绿化效果。其结构层次包括：钢结构支架、植物种植基盘、种植基质、植物、自动滴灌系统。模块式墙面绿化可以在模块中按植物和图案的要求，预先栽培养护数月后进行安装，形成各种形状和景观效果的绿化。模块式持久性较好，适用于高难度的大面积垂直绿化。

（4）布毡水培式。布毡系统由法国人 Patrick Blanc 专为垂直花园设计，该系统将植物栽植于袋状布毡中与墙体连接，采用滴灌技术维持布毡湿润状态，以供给植物生长。布毡系统开放式的结构利于植物根系生长，形成融为一体的景观效果。同时，布毡系统对墙面的总负荷低，所占用的空间也少，成功解决了垂直花园的墙面负荷、抗风防冻和养料供给等问题。

布毡系统由金属格架、PVC 板和布毡三部分组成。在结构墙面上架设不锈钢架，再铺上 PVC 板，形成一层防水层；在防水层上用钢钉固定两层布毡；割开表层布毡，将植物的根部置入开口处，以两层相叠的布毡为植物根部提供生长附着空间；绿墙上方布置自动控制的滴灌设备，定时从上方施以水分和营养液，让水分沿着布毡向下扩展，提供植物所需养分。

（5）布袋式。布袋式垂直绿化是在做好防水处理的墙面上直接铺设软性植物生长载体，比如毛毡、椰丝纤维、无纺布等，然后在这些载体上缝制布袋，在布袋内装填植物生长基材，种植植物，实现垂直绿化。供水可以采用渗灌方式，让水分沿载体往下渗流。

（6）铺贴式。铺贴式墙面绿化即在墙面上直接铺贴已培育好的绿化植物块。植物以毛毡、无纺布、椰丝纤维等为载体，直接附加在立面，无须另外做钢架，降低建造成本。通过灌溉系统浇灌；系统总厚度薄，只有 5~15cm。

【评价技术指标】

《绿色生态城区评价标准》GB/T 51255-2017 第 5.2.2 条：城区实施立体绿化，各类园林绿地养护管理良好，城区绿化覆盖率较高，评价总分值为 10 分，应按下列规则分别评分并累计：绿化覆盖率达到 37%，得 3 分；达到 42%，得 4 分；达到 45%，得 5 分；2、园林绿地优良率 85%，得 3 分；优良率 90%，得 4 分，优良率 95%，得 5 分。

上海市工程建设规范《绿色生态城区评价标准》DG/TJ 08-2253-2018 第 6.2.2 条：合理选择绿化形式，科学配置绿化植物，评价总分值为 12 分，并按下列规则分别评分并累计：建筑墙面（不含住宅）垂直绿化项目数量比例达到 5%，得 2 分。

二、智慧遮阳

智慧遮阳分为内遮阳和外遮阳设备。在外遮阳对建筑能耗影响的模拟中发现，当外窗综合遮阳系数降低时，该建筑的制冷能耗大幅度降低，从而降低空调负荷，节省空调的运行费用。同时，可调节外遮阳能根据室外气象状况和室内人员需求进行灵活调节，可有效避免太阳光引起的眩光等现象，对提高室内居住舒适性有显著的效果，避免过强的日光对办公人员视觉和心理上的影响。既起到采光、隔热节能，又营造“活动的立面”效果。

以迪拜 Al Bahar 塔为例，其最为出名的是自动外遮阳设施。从远看像有无数个伞包裹着大楼，这些“金色的伞”置于建筑物外部 2m 外的独立框架上，每个“伞”都涂有玻璃纤维，并经过编程均连接至线性制动器以响应太阳的运动。根据太阳的走向判断，若有太阳直射则撑开遮阳设备，若是感受不到阳光，则关闭（图 2-15、图 2-16）。

该设备能减少 50%以上的热量，并减少建筑物对空调的需求，智慧外遮阳再加上用于热水加热的太阳能光热板和屋顶上的光伏板，可最大限度地减少内部照明和冷却的需求，每年共减少 1750t CO_2 排放。

【评价技术指标】

《绿色生态城区评价标准》GB/T 51255-2017 第 6.2.2 条：新建建筑执行高星级绿色建筑要求，提高二星级及以上绿色建筑的比例要求，评价总分值为 15 分，应按下列规则评分：新建二星级及以上绿色建筑面积占总建筑面积的比例达到 35%，得 10 分。

上海市工程建设规范《绿色生态城区评价标准》DG/TJ08-2253-2018 第 5.2.8 条：新建建筑执行绿色建筑、健康建筑、超低能耗建筑等相关标准要求，评价总分值为 15 分，并按下列规则分别评分并累计：（1）二星级及以上绿色建筑面积占总建筑面积的比例达到

70%，得 5 分；达到 85%，得 8 分。（2）健康建筑或超低能耗建筑等的建筑面积占总建筑面积的比例达到 10%，得 4 分。

图 2-15　迪拜 Al Bahar 塔外遮阳

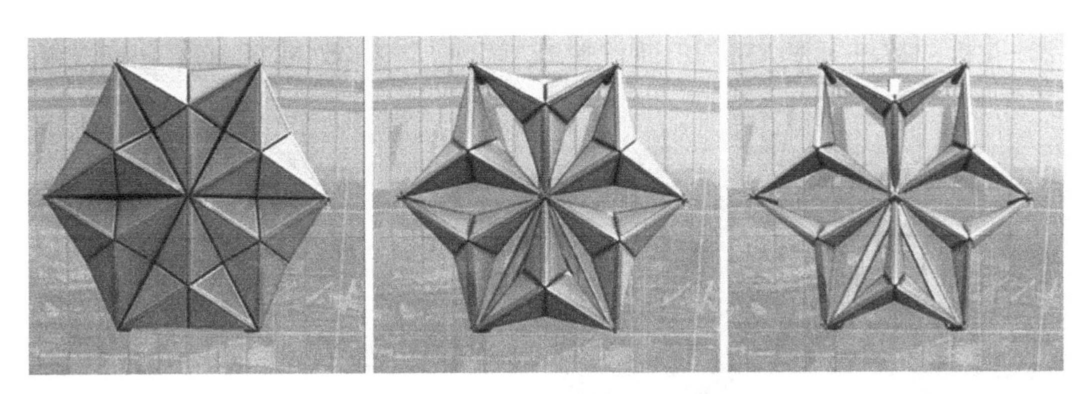

图 2-16　迪拜 Al Bahar 塔外遮阳设施状态示意图

三、雨水收集系统

雨水收集系统，指雨水收集的整个过程，可分五大环节即通过雨水收集管道收集雨水—弃流截污—PP 雨水收集池储存雨水—过滤消毒—净化回用，收集到的雨水用于浇灌农作物、补充地下水，还可用于景观环境、绿化、洗车场用水、道路冲洗冷却水补充、冲厕等非生活用水用途。可以节约水资源，大大缓解我国的缺水问题。

1. 系统简介

雨水收集系统，是将雨水根据需求进行收集后，并经过对收集的雨水进行处理后达到符合设计使用标准的系统。现今多数由弃流过滤系统、蓄水系统、净化系统组成。雨水收集系统根据雨水来源不同，可粗略分为两类：

屋顶雨水：屋顶雨水相对干净，杂质、泥沙及其他污染物少，可通过弃流和简单过滤后，直接排入蓄水系统，进行处理后使用。

地面雨水：地面的雨水杂质多，污染物源复杂。在弃流和粗略过滤后，还必须进行沉淀才能排入蓄水系统。

2. 系统分类

按照汇水区域区分方式如下：

（1）屋顶建筑顶部汇水；

（2）地面、道路、绿地；

（3）公园以及运动场所。

3. 系统特性

不同的雨水收集流程都具有针对性，可以有效处理不同汇水面的雨水。既可以有效收集雨水，又可以合理节约成本兼顾系统的雨水预处理、雨水蓄水、雨水深度净化、雨水供水、补水和系统控制，全面科学。采用大量新型专利、专业装置、材料，可以方便地解决雨水收集中的特殊问题，如弃流、蓄水、供水等。收集设计中尽可能避免电气设备的使用，更多利用雨水自流的特点完成污染物的自动排放，净化、收集，做到真正节能、环保、高使用寿命、低成本。整套系统都由雨水控制器进行控制，完成收集、净化、供水、补水，安全保护等功能。

4. 收集意义

雨水收集系统，是指雨水收集的整个全过程，雨水收集主要包括四个主要方面：初期弃流—过滤—储存—回用。完成了这四个阶段，就是一个雨水收集的全过程，也就是雨水收集系统（图 2-17）。

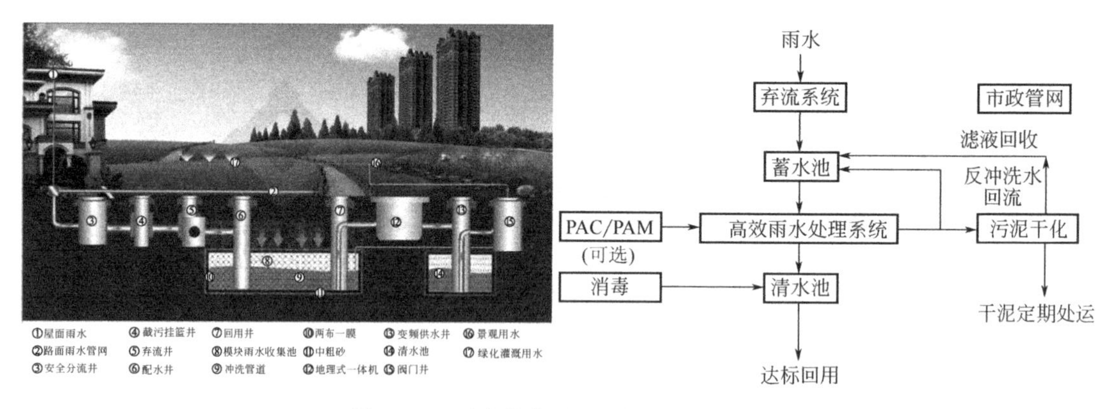

图 2-17　雨水收集回用工艺流程示意图

（1）回用工艺流程

雨水管道—截污管道—雨水弃流过滤装置—雨水自动过滤器—雨水蓄水模块—消毒处理—用水点。

（2）工艺流程图说明

初期雨水经过多道预处理环节，保证了所收集雨水的水质。采用蓄水模块进行蓄水，有效保证了蓄水水质，同时不占用空间，施工简单、方便，更加环保、安全。通过压力控制泵和雨水控制器可以很方便地将雨水送至用水点，同时雨水控制器可以实时反映雨水蓄水池的水位状况，从而到达用水点。

（3）雨水收集的意义

可以节能减排，绿色环保，减少雨水的排放量，使干旱，紧急情况（如火灾）能有水可取。另外，可以用于生活中的杂用水，节约自来水，减少水处理的成本。

【评价技术指标】

《绿色生态城区评价标准》GB/T 51255-2017 第 5.2.5 条：实施城区海绵城市建设，推行绿色雨水基础设施，评价分值为 10 分，应按下列规则分别评分：规划设计阶段，编制完成“城区海绵城市建设规划或海绵城市建设实施方案”，得 10 分。

上海市工程建设规范《绿色生态城区评价标准》DG/TJ 08-2253-2018 第 6.2.6 条：采用合理措施，控制雨水径流对受纳水体的污染，评价分值为 10 分，并按下列规则分别评分并累计：（1）雨水系统末端设置径流污染截流或处理设施，对径流污染实现控制，得 4 分。（2）降雨结束 24h 后，雨水排口附近水体水质不劣于降雨前，得 6 分。

四、智能新风系统

智能新风系统由进风口、排风口、风机、控制系统和防雨罩组成，其主要功能是进行通风换气。相较于普通新风系统，智能新风系统增加了一些自动或半自动的装置，用于自动化或半自动化的控制。如：检测温度、湿度、气压、空气洁净度、定时开关机、过滤网脏堵检测、信息查询、告警等。功能性区域（厨房、浴室、卫生间等）的排风口与风机相连，不断将室内污浊空气排出，利用负压由生活区域（客厅、餐厅、书房、健身房等）的进风口补充新风，并根据室内湿度变化自动调节新风量（图 2-18）。

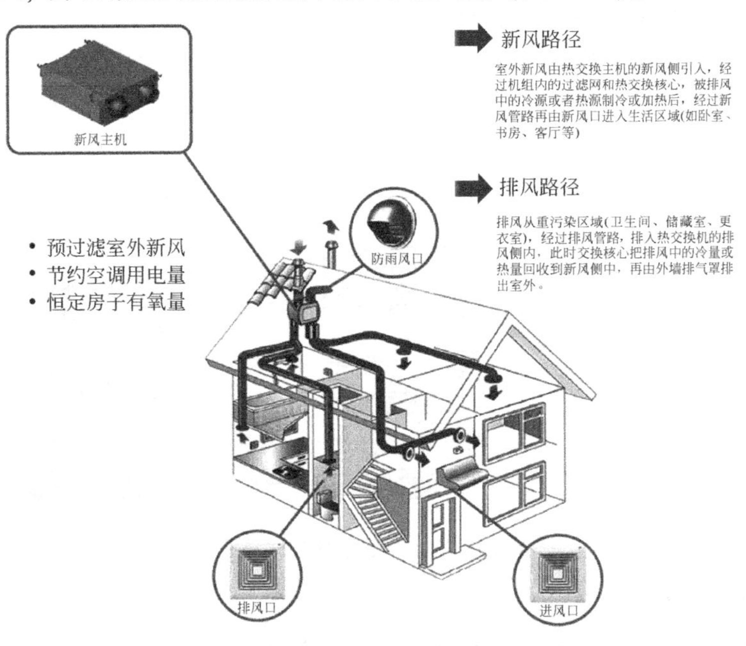

图 2-18 新风系统示意图

智能新风系统的主要优势：

（1）智能。可根据室内空气污染度、人员的活动和数量、湿度等自动调节通风量，不用人工操作。例如，白天，人到客厅活动时，客厅的进风量会增加。夜晚，卧室的新风量会增加。到洗手间时，排风口检测到人进入，会自动将风口开到最大，迅速排出异味。

（2）节能。可以在排除室内污染的同时减少由于通风而引起的热量及冷量的损失；还可根据人数自动调整通风量，避免不必要的浪费，系统运转全年大概需要电费 200 多元。

（3）无噪声。进气口最大隔音 42 分贝，风机裸机 33 分贝，把噪声降到最低，甚至可以达到无噪声。

【评价技术指标】

上海市工程建设规范《绿色生态城区评价标准》DG/TJ 08-2253-2018 第 5.2.8 条：新建建筑执行绿色建筑、健康建筑、超低能耗建筑等相关标准要求，评价总分值为 15 分，并按下列规则分别评分并累计：（1）二星级及以上绿色建筑面积占总建筑面积的比例达到 70%，得 5 分；达到 85%，得 8 分。（2）健康建筑或超低能耗建筑等的建筑面积占总建筑面积的比例达到 10%，得 4 分。

五、BIM 模型轻量化

BIM 模型轻量化技术是指可以对数据进行轻量化和优化处理，提供在 Web 浏览器上流畅显示多格式的三维大模型的技术，使基于 BIM+GIS 的生态城区运管平台具备跨平台、跨设备的能力，做到随时随地访问。该技术是 BIM 中一个重要且不易的技术要点，绿色生态园区运管平台一个最基本的要求是让参与者“无论何时何地”均可访问到系统中来，因此基于 BIM+GIS 的管理平台终端可能是手机、Pad 等移动设备或配置不高的 PC。然而 BIM 针对单体建筑模型，以地理信息系统为载体，需要承载城区级的大量级 BIM 数据，由此可见传统的系统要解决三维模型跨平台显示并非易事。

以 BIM 轻量化图形引擎 BIM Box 产品为例，BIM 模型轻量化引擎与传统的图形引擎不同，它是一款基于 B/S 架构的图形平台，其提供了一系列后台微服务和前端 JavaScript API，让二次开发者的业务系统快速地实现 BIM 模型、工程文档在网页上的显示与快速浏览，与业务应用进行无缝集成（图 2-19）。

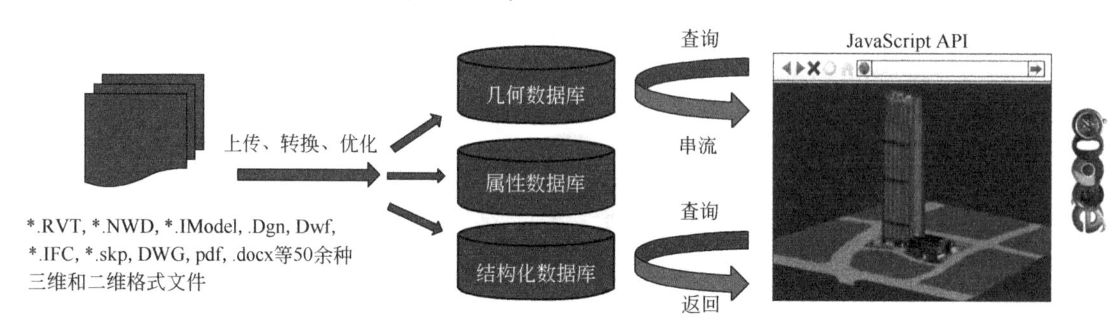

图 2-19　模型轻量化技术流程

【评价技术指标】

《绿色生态城区评价标准》GB/T 51255-2017 第 6.2.4 条：新建建筑采用工业化建造技术，推行装配式混凝土结构、钢结构或木结构建筑，装配式单体建筑的装配率达到

40%以上评价总分值为20分，应按下列规则评分：（1）装配式建筑面积占新建建筑面积比例达到3%，得10分；（2）装配式建筑面积占新建建筑面积比例达到5%，得15分；（3）装配式建筑面积占新建建筑面积比例达到8%，得20分。

上海市工程建设规范《绿色生态城区评价标准》DG/TJ 08-2253-2018第5.2.10条：合理采用建筑工业化建造技术，发展装配式建筑，评价总分值为9分，并按下列规则分别评分并累计：具有两项以上的创新技术应用的装配式建筑面积占新建建筑面积的比例达到10%，得3分；达到20%，得4分。

六、建筑全生命周期整体调适

1. 技术简介

建筑调适（Building Commissioning），又被称为BCx，20世纪70年代末发源于美国。目前已逐渐成为大部分发达国家建筑建造流程中的一个重要环节。国内也有调试一说，然而这个“调试”和BCx差别甚大，因此业内往往将BCx翻译为“调适”用以区分，并进一步强调“舒适”也是调适的主要目标之一。

调适标准的意义可以借鉴ASHRAE（美国采暖、制冷与空调工程师学会），即：通过设计、施工、验收和运行维护阶段的全过程监督和管理，保证建筑物能够按照设计和用户要求，实现舒适、安全、高效地运行和控制的流程管理与技术方法（图2-20）。

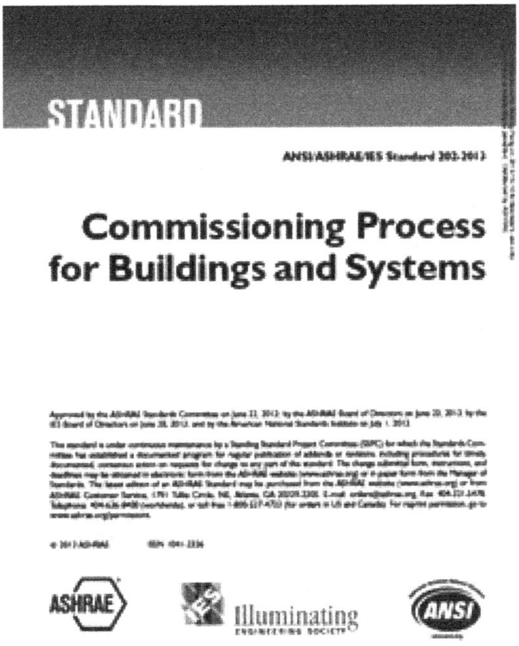

图2-20　ASHRAE标准

区别于传统节能改造，调适并非简单地换设备，而是通过精细化的管理与技术手段，将原有设备的性能发挥出来，并通过优化编程整合建筑系统耦合关系，用最小能耗满足用户舒适性，同时实现系统安全运行。

目前国内建筑，特别是一线城市的建筑中，在节能和舒适诉求上大额投资，配备精良。但大部分没有发挥出其应有的效果，特别是楼宇自控BA部分，超过60%的设备和系统的原有功能都没被展现。

2017~2018年结合《上海市既有公共建筑调适技术导则》所做的调研，样本中48家酒店中的绝大多数存在以下问题：

（1）主机运行策略、冷水温度设定值没有做到适时合理调整，存在“大流量小温差”现象；

（2）已做变频的水泵，由于空调系统运行策略问题，实际按照工频或定频运行；

（3）新风开启策略不合理，往往造成能耗浪费或室内舒适性下降；

（4）照明系统未能做到合理开启照明灯具、合理利用自然光，保持灯具清洁等；

（5）锅炉系统参数设置不合理，没有根据使用情况及时调整锅炉运行数量和参数，导致锅炉频繁启停和高温散热损失等。

通过数据分析，发现包括办公、商场等在内的96个样本中，适合调适的项目为87个，占比高达90.6%，静态投资回报期均在3年以内。美国劳伦斯伯克利国家实验室LBNL在2009年基于643个样本做分析，其中既有建筑节能量为8%~31%，静态投资回收期为1~4年。

由此可以看出调适无论在节能潜力，还是经效比上都是不错的。因此政府逐渐重视既有公共建筑调适项目。2017年2月，住房城乡建设部发布的《建筑节能与绿色建筑发展"十三五"规划》中强化公共建筑节能管理的部分专门提出：推动建立公共建筑运行调适制度。2017年6月，住房城乡建设部办公厅、银监会办公厅发布的《关于深化公共建筑能效提升重点城市建设有关工作的通知》（建办科函〔2017〕409号）中，提出：积极探索基于能耗限额的用能管理制度，实行公共建筑能源系统运行调适制度，推行专业化用能管理。

2. 适用范围

调适适用范围较广，适合不同气候带，不同建筑类型。但相对而言，更适用系统复杂且能耗密度较大（可定义为年能耗费用超过80元/m^2）的建筑，包括但不限于：

公共建筑：购物中心、酒店、办公、综合体、医院、交通枢纽等；

工业建筑：恒温恒湿的厂房、数据中心、物流中的冷链存贮中心等。

调适同时适用于新建和既有建筑。进一步，细化到建筑系统，从调适的效果及难度两个维度来看，首先是暖通空调、照明及其楼宇自控系统；其次是消防、给排水、电力、外围护结构等。

3. 技术要点

调适技术涵盖不同专业，又会因不同气候带、建筑功能、系统等而发生变化，因此不能在点上将技术论证到位，以下列出技术原则：

（1）调适必须以量化结果（节能、舒适、安全可靠性等维度）为导向。

（2）调适不应仅仅关注技术，也需要关注以技术为基础的管理和标准流程化。

（3）调适需要不同专业融合，如：暖通空调和楼宇自控。工程师之间需要密切配合，当然最好由同时具备这两方面知识的专业工程师担当项目技术负责人或团队。

（4）就时间线而言，调适并不是某个点上的工作，而是覆盖整个建筑的生命周期，可以概括为：新建建筑调适、既有建筑调适、再调适、改造调适、持续调适等。

（5）调适可以以量化价值结果为导向融合物联网、平台、人工智能等，真正凸显新科技的价值。

具体工作内容概括起来包括以下几点：单机调适以确保单台设备正常工作；联合调适以确保系统功能及性能实现；优化算法以帮助系统相关耦合，以需求定供给；编制操作维护手册和培训以帮助一线物业员工做好日常工作。

4. 实施要点

（1）介入节点

作为一项新技术，在实施过程中，需要把握好切入时间点。鉴于既有、新建建筑流程的不一样，现整理见图2-21。

（2）覆盖时间

对于新建建筑而言，调适必须覆盖建筑机电设施安装和竣工验收，以确保获得相关供应商的技术支持及明确相关方的责任。同时，调适也必须延伸到人员入驻2/3以上，以确保建筑满负荷状态下的正常运行。进一步，调适必须覆盖三个季节：夏季、冬季以及过渡季；

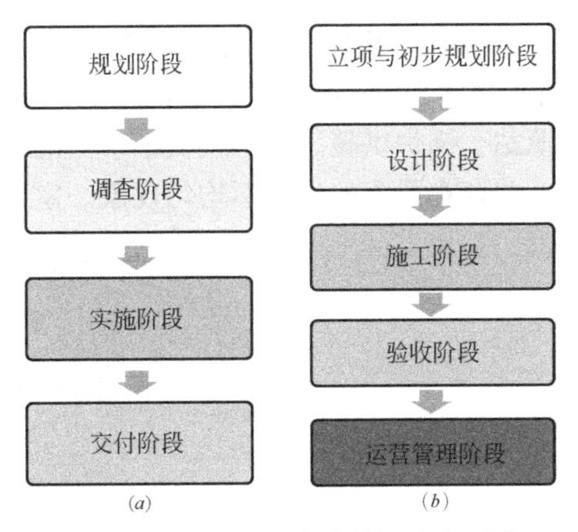

图2-21　既有/新建建筑调适流程图
（*a*）既有建筑；（*b*）新建建筑

（3）考核机制

建筑调适须以量化结果（节能、舒适、安全可靠运行）作为价值的衡量依据。然而，由于调适过程涉及整个系统，相较传统的设备节能，其节能量确认相对复杂。可以采用以下方法：

1）能源账单法（不适用新建建筑），即：将调适过系统的能耗通过归一法移除天气、人员占有率等相关因素对数据变动的影响后，确认其节能潜力；

2）能效法，即：针对新建建筑，调适后对相应设备或系统在特定的工况下进行测量，确保其能效或其他指标达到事先约定的量化标准；针对既有建筑，调适前后在相同的工况下进行测量，对比其前后差异，确认是否达到预先设定的目标值；需要注意的是，在计算调适产生的节能量时，不应计入主要用能设备更换后所产生的节能量。

（4）风险管控

1）技术风险（主要存在于既有建筑中）

既有建筑面临设备老化等问题，往往又没有得到符合要求的维护，一旦实施调适，很容易产生漏水、爆管等问题。如处理不当，造成的损失难以估量。需要调适团队有丰富的项目经验，且有良好的流程管控，做到提前发现、及时发现，并做好相应应对措施；

既有建筑的现场实际情况和图纸往往对不起来，需要提前做详细的现场查勘。

楼宇自控系统中，部分供应商不愿意提供技术支持，需要业主提前做充分沟通。

2）责任风险（既有、新建建筑中均存在）

调适过程会涉及物业公司、维保公司；如在保质期内，则涉及设备供应商。对于技术交界面的处理需要事先充分沟通，明确责权利。不然，一旦出现问题，互相推诿，很难解决；

3）无法调节风险（主要存在于既有建筑中）

由于装修装饰件阻挡、部分阀门等设备缺失、检修口太小等问题而造成相关节点无法调节，需要找到折中的方式进行解决。

4）节能量风险

由于以上原因，加之“实施要点”中提及的“调适可能涉及整个系统”，其节能量追踪较之设备升级节能量难，建议：

节能量10%以上，可采用：总能源账单法、分表电量测定和能效测定法；

节能量10%以下，可采用：以分表电量测定和能效测定法总能源账单不适合。

5. 案例介绍

（1）调适舒适性案例：某上海知名园区高端办公楼

该项目共两栋楼，其中一栋5层，面积约7200m²，二、三层办公采用散热器供暖（图2-22）。另一栋7层，面积约9300m²，三、五、六层办公采用散热器供暖。合用一个能源站，锅炉供暖。用户反映冬季工况下，热舒适性非常差，散热器采暖空间普遍温度偏低，并存在严重的冷热不均匀现象。室外零度时，部分空间温度仅为13℃。

图2-22 某上海知名园区高端办公楼

相关工作于2017年12月开始，用了5周左右时间实施了包括：现场诊断、方案论证、修复及升级部分设备和系统以及调适等工作。效果明显，总体温升达到了既定目标，即：6℃以上。在稍后的冬季极端天气情况下，实现平均室内温暖达到20℃以上。

调适涉及技术点如下：

1）根据室内热负荷变化情况，改变一次侧（锅炉）供水温度；

2）复核散热器系统板换效率；

3）完善锅炉房换热机组局部自动控制，为提高散热器系统二次侧供水温度提供有效支持，同时控制空调热水供水温度不至于过高而浪费能源；调节末端水力平衡，缓解温度不均匀现象（表2-1）；

4）365×24h冷水局部阀门控制；

5）末端控制器；

6）查勘租户办公家具的摆放位置和散热器的关系，并针对性提出整改方案，确保现有散热器散热效果。

3号楼内区（南）流量水力平衡 **表2-1**

序号	楼层	管径	设计参数		第1次测试			第2次测试			第3次测试			第4次测试		
			流量（m³/h）	流量百分比(%)	流量（m³/h）	流量百分比(%)	备注	流量（m³/h）	流量百分比(%)	备注	流量（m³/h）	流量百分比(%)	备注	流量（m³/h）	流量百分比(%)	备注
1	2F	*DN*40	0.5	29%	1.6	53%		0.5	22%		1.3	46%		0.7	30%	电梯机房闸阀：合计10圈，开3圈
2	3F	*DN*40	1.2	71%	1.4	47%		1.8	78%		1.5	54%		1.6	70%	电梯机房闸阀：全开
			1.7		3			2.3			2.8			2.3	合格	

（2）调适节能案例：某五星级酒店（上海）

该项目建筑面积为51094m²，近200间/套客房，另还配备有会议厅、宴会厅、多功能会议室、健身房、室内温水游泳池等设施（图2-23）。酒店于2012年开业。

图2-23　某五星级酒店

业主主要诉求为节能，相关调适工作于2017年3月开始，用了约5个月的时间实施了现场诊断、方案、修复及升级部分设备和系统，从2017年9月开始进入持续的调适阶段，到2018年8月实现节电950000kWh（占总用电量的12%），离最终目标15%尚有差距（图2-24）。

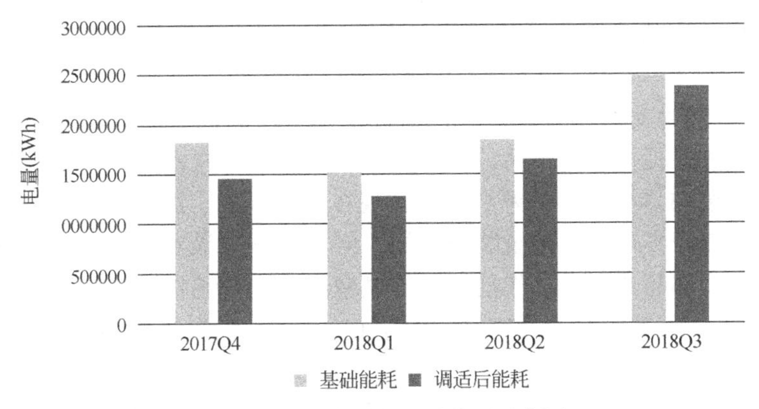

图2-24　电力节能调适前后示意图

项目总投资金额约为200万元，年节能费用约为80万元，静态投资回报期为2.5年。

调适工作主要集中在以下三大块：

楼宇自控系统：对现有楼控系统进行升级，将两套楼控系统统一为一个平台；将加装的水泵变频器连接到BA中，实现BA远程启动与变频控制；将现有没有连接到BA的新风机以及组合式空调机组的变频器连接到BA中，实现风机的BA远程启动与变频控制；加装1个室外空气湿球温度传感器，并连接到BA中；在酒店关键区域安装压差传感器并接入BA系统中；对所有关键传感器进行校正，对所有控制输出信号以及电动执行机构进行检测，确保自控系统所发出的控制命令能有效实施；对自控系统进行重新编程，实施调适优化控制策略，实现空调系统关键部件的全自动控制。

冷水机组及冷水输配系统：根据建筑动态冷量采用变冷水温度控制，从而提高冷水机组的能效；在冷水泵上安装变频器。将定水量系统改进为变水量系统，实施基于管网特性的水泵优化控制策略。该控制技术依据水泵变频器的功率测量与水泵效率曲线，计算出当前的水泵流量，从而得到实时的管网特性曲线，调节变频器来保持最优的管网特性；在冷却水泵上安装变频器，将定水量系统改进为变水量系统，根据冷却水供回水温差控制冷却水泵的运行；实施基于室外湿球温度的冷却塔风机控制策略，优化冷却塔与冷水机组的综合能效；实施基于电机功率曲线的循环水泵加载/卸载台数运行优化控制；对自然冷源换热器设备进行优化控制升级，根据酒店冷负荷以及室外气象条件确定自然冷源的启用，从而减少对机械制冷的需要。

组合式空调机组：在酒店大厅入口安装建筑内外压差传感器，确保建筑维持8Pa的正压，防止围护结构内表面在潮湿季节发霉；给常用的大于5kW的风机加装变频器，根据维持建筑正压要求对送风风机进行变频控制；实施新风与回风阀的经济运行优化控制，根据室内冷、热负荷以及室外气象条件决定新风与回风阀的开度。

七、SI装配式内装

大多地区住宅装修以毛坯交房为主，在住宅装修领域出现很多问题。由于建筑设计与内装设计为两个团队，缺乏沟通，导致用户往往需要进行二次水电改造与隔墙拆改。与此同时，由于缺少合同，装修过程中的问题频发却很难追溯。而砌筑抹灰的作业模式缺乏质量保障机制，管线二次布置可能会破坏主体结构，并给日后的维护和检修带来不便。SI装配式内装有效地解决了传统施工质量通病，并且缓解了人工成本上升带来的问题。

“SI”中文含义为支撑和填充，核心是将住宅中不同寿命的主题结构和内装及管线等填充体进行分离，提供室内灵活的大空间，用户可根据自己的需求进行室内空间的分离。SI装配式内装与传统内装的差异主要体现在工作模式、施工工序与施工界面、施工工法与验收标准三个方面。与传统装修不同，SI装配式内装在最初的建筑设计阶段就将后端的内装设计、部品选型等工作前置，提供精度的同时还使成本可控性更高、后期安装的精确性更高。同时，SI住宅内装的施工一般都由总包单位来完成，便于责任划分。

SI装配式内装主要包括SI住宅设计以及住宅部品设计。SI住宅设计要求土建和内装一体化设计，根据住宅平面布局，合理确定外门窗和阳台、空调室内外机和风帽的位置以及尺寸，做到建筑内外兼顾。同时可以做到对室内空间进行重新分隔，以确保住宅具有长期的适应性。除此之外还应满足结构、给水排水、供暖、通风、电气等要求。SI装配式内装住宅部品主要包括架空系统、管线系统、内隔墙系统、卫浴系统、厨房系统、储藏收纳系统、门窗系统、照明系统、消防系统、其他设备系统等（图2-25）。

图 2-25 SI 装配式内装部品分类

【评价技术指标】

《绿色生态城区评价标准》GB/T 51255-2017 第 6.2.4 条：新建建筑采用工业化建造技术，推行装配式混凝土结构、钢结构或木结构建筑，装配式单体建筑的装配率达到 40% 以上，评价总分值为 20 分。

上海市工程建设规范《绿色生态城区评价标准》DG/TJ08-2253-2018 第 5.2.10 条：合理采用建筑工业化建造技术，发展装配式建筑，评价总分值为 9 分。

八、智能家居系统

智能家居的目的是让家庭更舒适、更方便、更安全、更环保。随着人类消费需求和住宅智能化技术的不断发展，智能家居系统的内容也不断丰富。通过智能家居系统，构建高效的住宅设施与家庭日程事务的管理系统，提升家居的安全性、便利性。

智能家居系统是通过物联网、大数据、云计算、人工智能等方式，依照人体工程学原理，融合个性需求，将与家居生活有关的各个子系统如安防、灯光控制、窗帘控制、煤气阀控制、信息家电、场景联动、地板供暖、健康保健、卫生防疫、安防保安等有机地结合在一起，通过网络化综合智能控制和管理，实现"以人为本"的全新家居生活体验。

智能家居的内容包括智慧背景音乐、智慧卫生间、智慧客厅、智慧卧室、智慧书房等不同场景的智慧内容（图 2-26）。智慧背景音乐可以在不同的场景，如客厅、卧室、吧台、厨房或卫生间等地播放不同的背景音乐。在智慧卫生间中，包括智慧水龙头、智慧魔镜、智慧卫浴等产品。智慧客厅中包括智慧吊顶、智慧情景模式、智慧门锁与门磁等。智慧卧室中包括智慧试衣镜、智慧窗帘、智慧宠物等智慧产品。智慧书房中包括智慧书桌、智慧书架等产品。在选择智能家居系统的过程中，应注意选择系统稳定、功能集成、系统简洁适用、拓展性好，自我保护性强的智能家居产品。

【评价技术指标】

《绿色生态城区评价标准》GB/T 51255-2017 第 12.2.3 条（创新项）：结合本土条件因地制宜地采取节约资源、保护生态环境、保障安全健康的其他创新，并有明显效益，采取一项得 1 分，最多 2 分。

上海市工程建设规范《绿色生态城区评价标准》DG/TJ08-2253-2018 第 12.2.13 条：因地制宜采取节约资源、保护生态环境、保障安全健康的其他创新，并具有明显效益，采取一项得 1 分，最多 2 分。

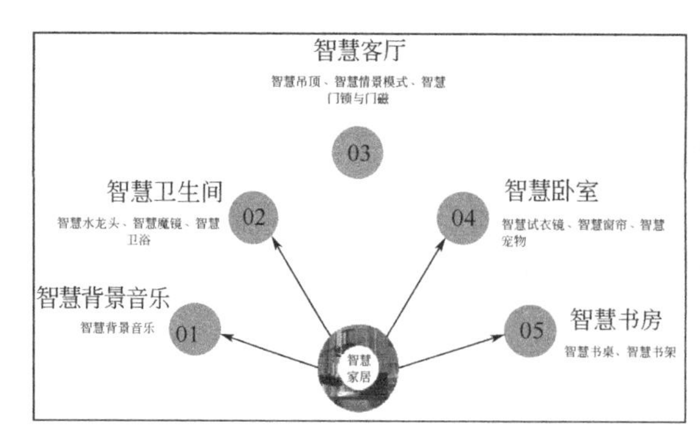

图 2-26　智慧家居示意图

九、Xero Flor 绿色屋面

Xero Flor 系统利用基于德国先进技术的预先种植的垫子，该技术可用于平面屋顶也同样适用于坡面屋顶（0°~45°），该技术经过 40 多年的持续研发，已被证实是可持续的。Xero Flor 绿色屋顶是全球唯一拥有 C2C 认证的种植屋面系统，采用生态种植砖和节能隔热草双重隔热保温技术，平均可为室内降低 5~8℃。不仅性能优良、成本低廉、安装简便，在减少能源需求和雨洪径流、提高空气质量和生物多样性、减缓城市热岛和增加绿色舒适空间、增加屋顶防水材料寿命方面的效果显著。

Xero Flor 系统共分为五层，分别为植被垫子、生长基质、蓄水层、过滤层和阻根层（图 2-27、图 2-28）。

图 2-27　绿色屋顶构造图

图 2-28　加拿大温哥华奥林匹克

植被垫子：也是纺织布基层，便于运输，耐久性好，适用倾斜屋面，具有优异的防风性能。

生长基质：采用优质泥炭、椰糠以及枯枝落叶等原料，根据景天属植物生长特性配置专用基质，有良好的保肥性、持水性、透气性。

蓄水层：极好的蓄水重量比，保水性能强，营养不流失，合成材料，不腐蚀，经久耐用，重量轻，灵活韧性好，易于切割各种形状，少土化，利于废水再利用。

过滤层：三维的缠绕聚合物为主要材料，重量轻、低姿态、高流量，不同的厚度及压缩力可选择，不同的保水性能选择。

阻根层：FLL/FBB 国际认证抗根性，超强耐油性、抗腐性，轻量，柔韧，高度防水、保肥性。

【评价技术指标】

《绿色生态城区评价标准》GB/T 51255-2017 第 5.2.2 条：城区实施立体绿化，各类园林绿地养护管理良好，城区绿化覆盖率较高，评价总分值为 10 分，应按下列规则分别评分并累计：（1）绿化覆盖率达到 37%，得 3 分；达到 42%，得 4 分；达到 45%，得 5 分；（2）园林绿地优良率 85%，得 3 分；优良率 90%，得 4 分，优良率 95%，得 5 分。

上海市工程建设规范《绿色生态城区评价标准》DG/TJ 08-2253-2018 第 6.2.2 条：合理选择绿化形式，科学配置绿化植物，评价总分值为 12 分，并按下列规则分别评分并累计：建筑墙面（不含住宅）垂直绿化项目数量比例达到 5%，得 2 分。

十、McTwo 建筑人工智能工程师

McTwo 是全球首个建筑全生命周期人工智能解决方案。McTwo 在建筑生命周期中，充当人类的角色，是深度学习与机器学习、聊天机器人与语音助理于一体的人工智能解决方案。McTwo 专注于数据分析与提升安全质量，可以协助完成日常工作，深入了解项目数据，提供智能分析和识别建设管理知识，实现前所未有的生产率，还能大大降低建造风险。

用户能够随时随地通过建筑人工智能 McTwo 创建和访问企业数据库，同时能够让各方相关人员贡献专业知识和经验见解等，企业过往及现有的建筑项目数据同时还能够自己收集和记录复杂或细微之处，如历史项目中不同场景的管道形状、节能指标、钢筋和线缆属性等数据。McTwo 还可以根据信息得出分析报告，以及价格对比和质量条件等。

McTwo 在 BIM 应用过程中极具潜力，大数据经过智能分析，在实际施工之前对项目进行 5D 模拟建造，有助于及早识别和处理变更，从而优化施工过程，持续对项目建造及后期运营等全生命周期发挥作用（图 2-29）。

图 2-29　McTwo 建筑人工智能工程师

【评价技术指标】

《绿色生态城区评价标准》GB/T 51255-2017 第 6.2.6 条：按照绿色施工的要求进行绿色建筑项目的建设，评价总分值为 10 分。

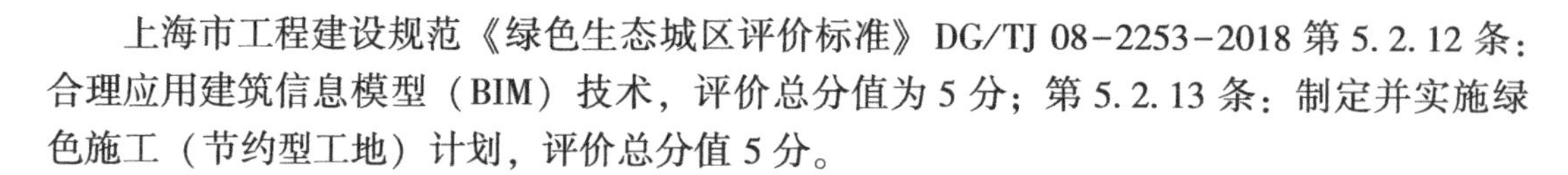

上海市工程建设规范《绿色生态城区评价标准》DG/TJ 08-2253-2018 第 5.2.12 条：合理应用建筑信息模型（BIM）技术，评价总分值为 5 分；第 5.2.13 条：制定并实施绿色施工（节约型工地）计划，评价总分值 5 分。

十一、二氧化硅气凝胶绝热毡

气凝胶通常是指由胶体粒子或高聚物分子相互聚集形成了纳米多孔网络结构、在空隙中充满气态分散介质的一种高分散固态材料，其固体相与内部空隙均为纳米尺寸，是湿凝胶在干燥过程中将内部液体替换为气体介质的同时保持其内部三维多孔网络结构不变的纳米材料。

气凝胶有很多种类：单相气凝胶（如 SiO_2、Al_2O_3、TiO_2 等）、多相气凝胶（如 SiO_2/Al_2O_3、SiO_2/TiO_2 等）和有机气凝胶（如 RF 等）。其中 SiO_2 气凝胶是应用最多的材料，因其具有极低的密度与半透明的颜色，又被称为“固态烟”。但是气凝胶强度低，力学性能较差，因此通常与增强纤维进行复合制备 SiO_2 气凝胶绝热复合材料。二氧化硅气凝胶绝热毡是将 SiO_2 气凝胶为主体的纳米材料与玻璃纤维毡复合，以超临界技术制备得到具有极低导热系数、耐高低温、A 级不燃以及环保无烟毒等优异性能的保温材料（图 2-30）。

图 2-30　二氧化硅气凝胶绝热毡

从性能方面，二氧化硅气凝胶绝热毡的密度低于 190kg/m^3，可以有效降低建筑整体重量，减少墙体承受压力；其导热系数低于 0.017W/（m·K），有效隔断建筑物与外界的热量交换，可以在达到建筑保温要求的同时减少保温材料厚度 70%以上，空调节能率高达 50 %，有效降低能耗；其长期使用温度可以达到 650 ℃，燃烧等级为 A 级不燃材料，在建筑保温材料的阻燃防火性能方面具有明显优势；其憎水率高于 99%，整体结构稳定，可以有效增加建筑抗渗透性能，减少湿气对楼面的侵蚀，在高湿热条件下，具有其他保温材料难以企及的优势；二氧化硅气凝胶绝热毡本身是无机均质材料，在长期使用或振动条件下，材料内部不会出现沉降等现象，使用寿命长，材料本身无毒无害，绿色环保。

价格方面，目前二氧化硅气凝胶绝热毡市场价格在 2 万元/m^3 左右，以某地区房间外墙内保温项目为例，在使用传统保温材料后，室内为 3m×4m×2.7m，在同等保温条件下，使用二氧化硅气凝胶绝热毡作为保温材料，其室内为 3.1m×4.1m×2.7m，墙体厚度减少 5cm，室内面积增加了 0.35m^2，以二氧化硅气凝胶绝热毡的厚度为 1cm，则使用总二氧化硅气凝胶绝热毡为 1cm×14m×2.7 m，总价格为 7560 元；室内面积增加 0.35m^2，以房价为

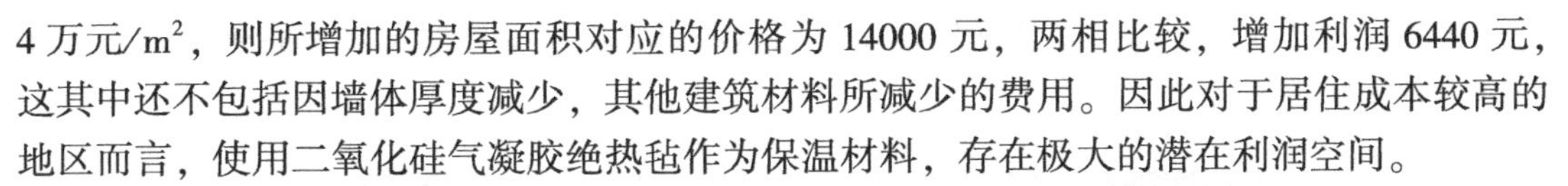

4 万元/m^2，则所增加的房屋面积对应的价格为 14000 元，两相比较，增加利润 6440 元，这其中还不包括因墙体厚度减少，其他建筑材料所减少的费用。因此对于居住成本较高的地区而言，使用二氧化硅气凝胶绝热毡作为保温材料，存在极大的潜在利润空间。

【评价技术指标】

《绿色生态城区评价标准》GB/T 51255－2017 第 6. 2. 3 条：城区内既有建筑实施绿色改造，提升既有建筑的性能，评价总分值为 10 分。

上海市工程建设规范《绿色生态城区评价标准》DG/TJ 08－2253－2018 第 5. 2. 9 条：城区内既有建筑实施绿色改造，提升既有建筑性能，评价总分值为 5 分。

十二、ALSAN Trafik 防水系统

随着我国城市化进程的不断发展，对城市空间利用率的要求也越来越高。传统地面停车场建设因占地空间大、投入成本高等特点，将逐渐减少。为了充分挖掘土地潜能，提升空间利用效率，越来越多的公共或商业建筑屋面设计成停车场。停车场屋面是一种特殊的屋面结构，其动荷载、冲击荷载及震动远高于普通屋面，其防水、防腐及耐磨设计也远比普通屋面严格。采用何种材料实现有效地保护暴露式停车场混凝土结构，是广大建筑工程人员的难题。单组份聚氨酯系统在不同质地的路面均有很好的粘结力，如混凝土、沥青、钢板等，固化良好的 ALSAN Trafik 系统为停车场地面提供优异的防水防腐及耐磨保护，阻止了水汽、盐雾、卤化物、化学油类、酸碱化合物对混凝土及钢结构的侵蚀，是停车场屋面的理想保护材料。

传统形式的屋面防水一般由屋面楼板+找平找坡层+保温层+防水卷材+细石混凝土保护层所构成，但这种形式的屋面防水体系已难以适应现今停车楼对屋面的要求，这一防水体系在实际应用中存在如下技术问题：

（1）普通的防水卷材使用寿命较短，一般 5 年左右居多。

（2）细石混凝土保护层强度一般，受车辆的长期碾压、冲击及震动，不可避免地出现严重磨损、开裂、钢筋锈蚀、伸缩缝位置破损等，从而导致卷材老化、破损、失效，而且一旦发生漏水，其漏水位置将难以判断，修复较困难。

（3）一旦发生漏水，修复时需铲除保护层，工程量巨大且花费很高，严重影响建筑物的正常使用。

对于液体涂料防水而言，环氧等涂料刚性较大，不适用于防水应用，而聚脲等防水材料的耐候性较差，单组份聚氨酯体系相对于双组份聚氨酯体系，施工更简便，是现阶段最适当的兼顾屋面防水与停车场地坪的综合解决方案。

对于传统构造的停车屋面，很多项目经过多年使用，屋面已发生不同程度的渗漏现象，有的案例先后采用环氧地坪涂料、聚氨酯或聚脲等涂料做防水修缮，但效果较差。而 ALSAN Trafik 系统兼具防水、耐磨、耐腐蚀、耐候多种功能，是屋面停车场修缮的理想选择。上海延锋江森办公楼屋面原设计为传统正置式防水设计，由于渗漏严重，且维修时考虑不影响楼下办公室使用，采用了单组份聚氨酯防水+地坪方案，如今距施工结束已经 6 年多时间，效果良好。

柔性停车场地坪的应用在欧美已很常见，但目前在国内的应用仍较少。ALSAN Trafik 停车场系统不仅能解决屋顶渗漏，更能提供坚硬耐磨的停车场地面，ALSAN Trafik 高弹聚

氨酯系统较传统的刚性地坪系统性能优越，是目前以及未来室外停车场集防水与地坪一体化解决方案的理想选择（图 2-31）。

图 2-31 ALSAN Trafik 案例

【评价技术指标】

《绿色生态城区评价标准》GB/T 51255-2017 第 6.2.3 条：城区内既有建筑实施绿色改造，提升既有建筑的性能，评价总分值为 10 分。

上海市工程建设规范《绿色生态城区评价标准》DG/TJ 08-2253-2018 第 5.2.9 条：城区内既有建筑实施绿色改造，提升既有建筑性能，评价总分值为 5 分。

十三、城市美学搭配技术

建筑外立面色彩设计对于不同的建筑表达尤为重要，色彩作为最有效的工具，能够快速提升建筑品质、强化建筑功能、美化城市环境。城市建筑色彩本身可以很好的整合元素、营造特色、凸显地域建筑色彩文化、滋养环境，并助力我国城市提质建设，形象升级。

1. 七大原则

（1）城市色彩整体性原则

建筑作为城市的组成部分，需遵循城市现有基调色，结合所在城市宏观色彩基调，确定建筑的外立面用色。

（2）自然原则

建筑用色需遵循建筑景观映衬自然景观的层级关系，科学合理地选择建筑基调色，使之与周边的自然环境色彩协调融治。

（3）对比性原则

人工环境色彩要有秩序化，需遵循色彩的诱目性层级。大面积静态的颜色，如建筑外立面基调色宜采用内敛含蓄的低彩度、中高明度的色彩，突出自然景观色彩。

（4）视觉可识别度原则

建筑色彩的对比度决定其视觉效果。天空是建筑物最大面积的背景色，天空的颜色直

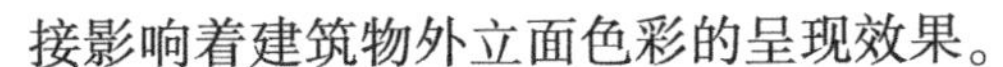

接影响着建筑物外立面色彩的呈现效果。

（5）地域与人文原则

建筑外立面色彩设计应该在尊重地方自然资源与人文资源的基础上进行色彩设计，传递不同地域的人文色彩，体现地域特色和文化。

（6）色彩美学原则

色彩是一个重要的美学元素，可以为城市锦上添花，也是提升城市整体品质最有效且最节约成本的举措。

（7）建筑功能原则

依据建筑项目所处的区域以及建筑自身的功能，选取既符合地域特色，又与其功能特点相协调的建筑色彩。通过适宜的色彩搭配，建筑物可以呈现不同程度的视觉对比度，色彩对比度越高，建筑物的可识别度越高。通过在不同天空背景下的建筑外立面色彩显现研究发现，中对比和强对比的色彩搭配，更适合应用在建筑外立面，不仅让建筑物可以清晰地呈现，有识别度，同时，让建筑的结构、形态、色彩、风格等元素更好的融合。

其中，在根据自然原则进行建筑外立面选色时，需要尤为重视该地域的自然植被色彩，不适宜的建筑色彩应用，严重的会给当地造成噪色、不协调等色彩现象。在自然植被色彩随四季变化较为明显的地域，建筑外立面的色彩选择应考虑与自然植被色彩之间的和谐关系，建议建筑外立面的基调色多选用中低彩度的色彩。

根据建筑不同的功能特征，选取与建筑功能特点相协调的建筑色彩。比如，别墅应营造高品质、大气雅致、温馨舒适的色彩景观，多层住宅类建筑倾向于沉稳气派、高档精致的建筑色彩形象，教育类的幼儿园建筑更多体现生动活泼、温和亲切、富有艺术情怀的健康色彩环境，综合性商业建筑色彩彰显华丽、时尚、新奇的商业氛围，简洁干练、现代高效，是办公环境的色彩印象。据此，针对不同建筑提出：单体非教育建筑外立面不建议采用大面积高彩度的原色和低明度的灰色，如红、黑、紫、绿等；除城市特殊需要警戒和标致的建筑之外，建议不使用高彩度搭配的外观色彩。

2. 色彩搭配方法及示例

根据颜色在建筑上的使用面积比例的差异化，建筑色彩分为了基调色、辅助色、点缀色，其中：建筑基调色在建筑外墙面中占主导地位，决定了建筑的整体印象；辅助色在建筑外墙面中占次要地位，主要起到烘托建筑外观和结构的功能；点缀色用于建筑外观，强调建筑的细节，用于营造建筑个性（图 2-32）。

根据颜色的基本属性与规律，提出四种基本建筑色彩搭配规律，设计师可以根据建筑的功能需求，选择适合的搭配解决方案，高效实现优化环境、不拘一“色”、更有魅力的建筑色彩。

色相趋同搭配规律：色相趋同可以理解为颜色之间的某一色相的含量相同或者趋同，其他的色彩属性不同。

黑度趋同搭配规律：黑度趋同规律指颜色的含黑量相同或者趋同的颜色在一起搭配。

彩度趋同搭配规律：彩度趋同规律指将彩度相同或者趋同的颜色放在一起搭配。

色域相同搭配规律：色域相同指色彩的区域相近的颜色组合，这里是指无论色相如何变化，相同区域的颜色互相搭配，总是呈现和谐的视觉效果。

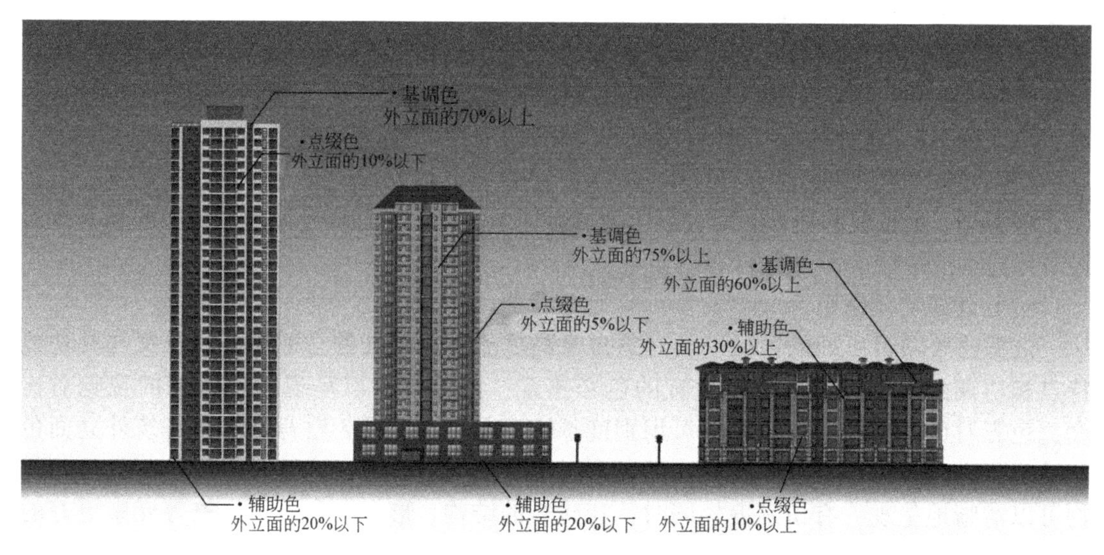

图 2-32　建筑外立面用色比例关系

色彩，蕴含着一个城市的“精神、文脉、温度、魅力”，也承载了人们生活质量、居住环境、人文环境的高质量需求。建筑色彩设计与实施，应在遵循地域特色、尊重地方自然生态与人文历史的基础上进行色彩设计，城市色彩搭配可以帮我们更好地“用色彩点亮城市”，共同打造创美城市，焕新更美好的生活。

第三节　生态建设与环境保护

一、垃圾密闭化运输

密闭化运输就是改变原来敞开式收集运输方式，对现有生活垃圾收运设施实施升级改造，建设密闭式、压缩式垃圾转运站，设置密闭式收集桶，采购小型垃圾压缩车、电动垃圾密闭收集车，加快推进生活垃圾收运模式转变，解决了垃圾收集、中转和运输过程中的脏、臭、噪声及遗撒等问题，避免“二次污染”，实现垃圾收运密闭化、环保化和高效化。

以济南市为例，该市生活垃圾收集率达到100%、无害化处理率100%，在生活垃圾的资源化利用和无害化处理方面在全国处于领先水平。济南市高新区大型压缩式垃圾中转站内，能够实现垃圾自动化处理。当垃圾收集车驶入进料口地感线时，封闭门帘自动升起，收集车将垃圾倒入料口，这时周边的6个喷淋头自动进行喷淋降尘，喷液中还配有杀虫剂。同时，上方的负压除臭通风口将料斗房的异味排出，进入负压除臭间，经负压除臭处理后将气体排出。

垃圾在压缩式垃圾箱里压缩后，体积可压缩到原先的40%左右。压缩过程中出现的污水通过排污系统进行无害化处理后排出。中转站占地面积1.1万 m^2，每天可压缩400t垃圾。目前济南市共有垃圾运输车辆259辆、城区密闭式中转站28座，基本满足了生活垃圾收集运输的需要，密闭化运输率达95%以上。

【评价技术指标】

《绿色生态城区评价标准》GB/T 51255－2017 第 5.1.4 条：垃圾无害化处理率应达到 100%。

上海市工程建设规范《绿色生态城区评价标准》DG/TJ 08－2253－2018 第 6.2.8 条：实行垃圾分类收集、密闭运输，评价总分值为 12 分，并按下列规则分别评分并累计：（1）生活垃圾分类收集设施覆盖率 100%，得 3 分。（2）生活垃圾全面实行密闭化运输，得 6 分；（3）生活垃圾有效分类收运率达到 100%，得 3 分。

二、植物修复土壤污染

土壤是环境系统的核心介质，是沟通大气和水体的枢纽，是各种地球化学循环的关键环节，是大气、水体及固体污染物在环境中迁移、滞留和沉积的目的地，承担着环境中大约 90%来自各方面的污染物。污染土壤修复的目的在于降低土壤中污染物的浓度、固定土壤污染物、将土壤污染物转化成毒性较低或无毒的物质、阻断土壤污染物在生态系统中的转移途径。

植物修复法的核心是利用超富集植物（hyperaccumulator）吸收、富集、降解或固定土壤中重金属，以实现降低或消除污染的生物技术，包含植物提取、植物降解、植物挥发、植物稳定几种类型（图 2－33）。植物修复的优点为成本低、可操作性强、对环境扰动少，可以将污染物从土壤中去除，稳固土壤及其中的污染物，防止土壤及其中的污染物流失，可对破坏环境进行生态修复，提高土壤的肥力，可以在大面积污染土壤上使用，一些植物体内的重金属还可回收利用。但植物修复耗时长、易受环境条件变化的影响，生长缓慢且周期长，修复效率较低，不易于机械化作业；一般一种植物只能忍耐或吸收一种或两种在一定浓度范围内的重金属元素；重金属可能重返土壤，积累大量重金属的超富集植物的后续处理目前还较为棘手。

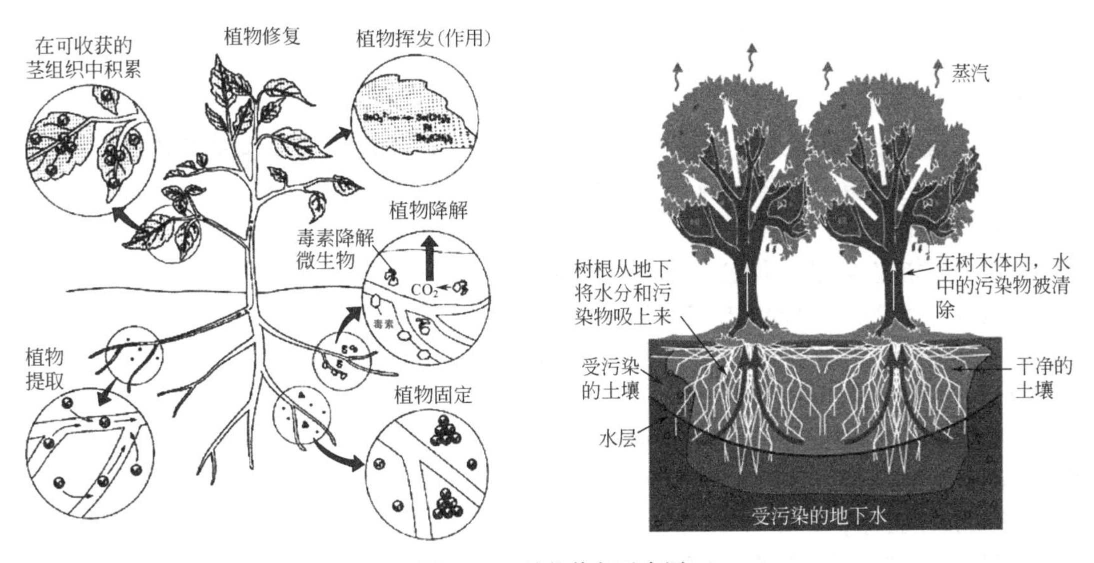

图 2－33　植物修复示意图

在植物修复的基础上，还能联合与植物共生或非共生微生物，形成联合修复体，通过以下2种主要途径强化植物修复作用：一是促进植物营养吸收，增强植物抗逆性，借助增加生物量的手段提高修复能力；二是增加植物根部重金属浓度，促进重金属的吸收或固定。微生物不仅通过自身成分如菌根外菌丝、几丁质、色素类物质和EPS等吸附重金属，而且通过其分泌的各种有机酸或特殊物质来活化重金属，增加其在植物根部浓度。

【评价技术指标】

《绿色生态城区评价标准》GB/T 51255-2017第5.1.2条：应制定城区大气、水、噪声、土壤等环境质量控制措施和指标。

上海市工程建设规范《绿色生态城区评价标准》DG/TJ08-2253-2018第6.2.7条：建立场地环境风险管控制度，对污染场地实施有效的修复治理。评价分值为12分，并按下列规则分别评分并累计：（1）建立污染场地环境风险管控制度，得4分。（2）污染场地得到有效治理，得8分。

三、低影响开发措施

低影响开发技术按主要功能一般分为渗透、储存、调节、传输截污、净化等几类。实际设计时，应组合不同区域的水文地质、水资源等特点，按照因地制宜和经济高效的原则选择开发技术。目前，主要的低影响开发设施主要包括透水铺装、下沉式绿地、生物滞留设施、渗透井/渗透式池、湿塘、雨水湿地、植草沟、水库调蓄等。低影响开发技术在保护生态环境、实现新型城镇化发展、落实城市水安全战略、建设宜居家园等方面，具有良好的社会效益、生态效益以及环境效益。

1. 生物滞留设施

生物滞留设施指在地势较低的区域，通过植物、土壤和微生物系统蓄渗、净化径流雨水的设施（图2-34）。生物滞留设施按应用位置不同可以分为雨水花园、生物滞留带、生态树池等不同种类。

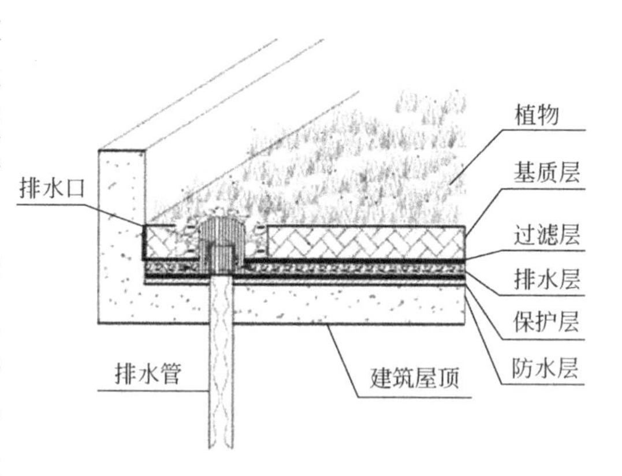

图2-34　生物滞留设施示意图

生物滞留设施设计时应注意，当汇水区污染严重时，应选用植草沟等径流雨水预处理。当生物滞留设施应用于道路绿化带时，若道路纵坡过大，应指定措施减缓流速并增加雨水渗透量。同时，生物滞留设施内应设置溢流设施，如溢流竖管、雨水井等。而且，生物滞留设施应当分散，规模不应过大。除此之外，复杂型生物滞留设施结构层外侧及底部应设置透水土工布，防止周围原土侵入。对于生物滞留设施的蓄水池深度，应根据植物的耐淹性和土壤渗透性能来决定。

【评价技术指标】

《绿色生态城区评价标准》GB/T 51255-2017第5.2.5条：实施海绵城市建设，推行绿色雨水基础设施，评价分值为10分。

上海市工程建设规范《绿色生态城区评价标准》DG/TJ08-2253-2018第6.2.4条：

合理采用低影响开发模式，设置绿色雨水基础设施，并构建包括源头减排、排水管渠、排涝除险和应急管理的城镇内涝防治系统，建设海绵城市。评价总分值为15分；6.2.6采用合理措施，控制雨水径流对受纳水体的污染，评价分值为10分。

2. **下沉式绿地**

下沉式绿地指低于周边铺砌地面或道路在200mm以内的绿地，也指具有一定调蓄容积，且可用于调蓄和净化径流雨水的绿地（图2-35）。下沉式绿地地下凹下的部分以及其下储水基层对存水的影响非常大，通常是数倍乃至数十倍的影响。

下沉式绿地的下凹程度与土壤渗透性能、植物耐淹性有关。下沉式绿地内一般应设置溢流口，保证暴雨时径流溢流的排放。下沉式绿地可广泛应用于城市建筑与道路、绿地和广场内。对于径流污染严重、设施底部渗透面距季节性最高地下水位或岩石层小于1m及距离建筑物基础小于3m应采取必要的措施防止次生灾害的发生。

图2-35　下沉式绿地

【评价技术指标】

《绿色生态城区评价标准》GB/T 51255-2017第5.2.5条：实施海绵城市建设，推行绿色雨水基础设施，评价分值为10分。

上海市工程建设规范《绿色生态城区评价标准》DG/TJ08-2253-2018第6.2.4条：合理采用低影响开发模式，设置绿色雨水基础设施，并构建包括源头减排、排水管渠、排涝除险和应急管理的城镇内涝防治系统，建设海绵城市。评价总分值为15分；第6.2.6条：采用合理措施，控制雨水径流对受纳水体的污染，评价分值为10分。

四、城市风廊

城市通风廊道的划定是通过对城区热岛效应等相关要素的研究，划定城市通风廊道，改善城市风流通环境，促进生态宜居城区建设。通风廊道研究目的主要为以下两个方面：降低城区热岛——通过风廊引入新风，有助于降低城区热岛；优化城市布局——通过长期的气象观测和模拟分析，引导城市空间布局优化。城市通风廊道的研究分为三个尺度，宏观、微观尺度分别侧重气象与建筑设计专业，中观尺度偏重于城市规划（表2-2）。

城市通风廊道的研究尺度　　表 2-2

研究尺度	主要解决问题	承担研究部门	分析尺度	廊道宽度	城市案例
宏观尺度	主要为城市群和市域层次适合山区、川区等地形复杂地区	主要气象部门组织研究	范围:1 万 km^2 以上 分析栅格:5~50km	1~3km	中国的北京、武汉、香港,德国的斯图加特,英国的曼彻斯特
中观尺度	主要为城区层次改善热岛效应、城区风环境等	属于较新领域,主要有规划、气象、环保部门以及高校等组织机构	范围:300~1000km^2 分析栅格:100m~5km	50~500m	中国的北京、西安,德国的斯图加特,葡萄牙的里斯本
微尺度	主要为街区及建筑群层次解决建筑群风环境及节能问题	主要为建设单位组织机构	范围:10~50hm^2 分析栅格:10~100m	10~100m	中国香港,日本东京都

在规划通风廊道范围时应注意以下原则:

(1) 通风廊道两侧的建筑高度及宽度建议加以控制,建议离风道越近,建筑高度越低。另外,建筑的组合方式对于城市通风效果的影响也十分明显,通风廊道两侧的建筑应尽量减少地面覆盖率,加大建筑物的空隙及间隔。

(2) 结合城市通风廊道初步划定方案,对于风道断点的位置,建议结合城市绿地、水系系统规划,将风道联系起来。空气经过绿地和水域,会降温、增湿,在通风廊道上建立连续的绿色生态系统有利于新风的延续,对于降低城市热岛、提升舒适度具有积极的作用。

(3) 通风廊道上风向应避免大型污染型工业的出现,而小型污染较轻的企业适于放在风道下风向,以加快污染扩散速度,避免污染物长时间聚集。

(4) 构成通风廊道的载体应减少对风的阻碍作用,建议选取各类生态廊道、斑块、节点及低矮建筑群。

(5) 通风道除了要与周边主要入风口直接相连外,还应具有能将新风送入城市中心区的能力,因此要求通风廊道应具有一定的长度。

【评价技术指标】

《绿色生态城区评价标准》GB/T 51255-2017 第 5. 2. 10 条:合理控制城区的城市热岛效应强度,评价总分值为 5 分。城市热岛效应强度不大于 3. 0℃,得 3 分;不大于 2. 5℃,得 5 分。

上海市工程建设规范《绿色生态城区评价标准》DG/TJ08-2253-2018 第 6. 1. 1 条:应制定空气、水、土壤、噪声等环境质量控制指标和措施。

五、绿化用水净化处理装置

绿化用水净化处理装置一般用于城区雨水资源化利用。城区雨水资源处理包括中水回用、雨水回用、雨洪处理等多种技术。该装置是为打造节水型绿色商区应运而生,拟采用非传统水源来替代自来水,解决绿化浇灌用水问题,从而达到节约水资源的目的。非传统水源的原水可以是商区内的优质杂排水、生活污水、小区内收集的雨水、附近的外河道水,不同的水源可采用不同的净化处理方式。从系统的占地面积、运行成本、初投资等各方面综合考虑,采用外河道水为水源,净化处理后作为绿化用水,替代自来水的方案是较为经济可行的（图 2-36）。

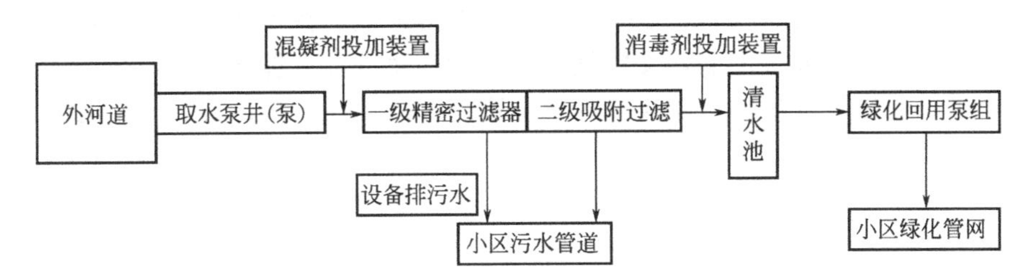

图 2-36　绿化用水净化处理工艺流程示意图

【评价技术指标】

《绿色生态城区评价标准》GB/T 51255-2017 第 5.1.3 条：应实行雨污分流排水体制，城区生活污水收集处理率达到 100%。

上海市工程建设规范《绿色生态城区评价标准》DG/TJ08-2253-2018 第 7.2.13 条：通沟污泥、污水处理厂污泥科学处理，无害化处理率 100%，评价分值为 3 分。通沟污泥资源化利用率达到 30%，或污水处理厂污泥资源化利用率达到 20%，得 3 分。

六、ARES 生态能污水处理系统

微生态滤床是一个非常复杂的生态单元。污水原水在流经该系统时，各种污染物在微生物转化、细菌分解、氧化、还原、吸收、挥发、蒸腾和沉淀等多重作用下发生分离或转化，系统中发生的各种转化过程很少在整个滤床范围内均匀发生，不同的处理过程总是次序发生。

微生态滤床作为一个精心设计的结构空间，在充分利用湿生植物和生态基质构成的合理净化空间内，培植和驯化本土微生物，构建微生物生化反应的最佳空间。作为天然可持续的生态降解过程，微生态滤床技术高效率、低投资、低运转费用、低维护技术、用地少和无能耗（微能耗）的特点，成为水处理领域的新兴选择（图 2-37）。

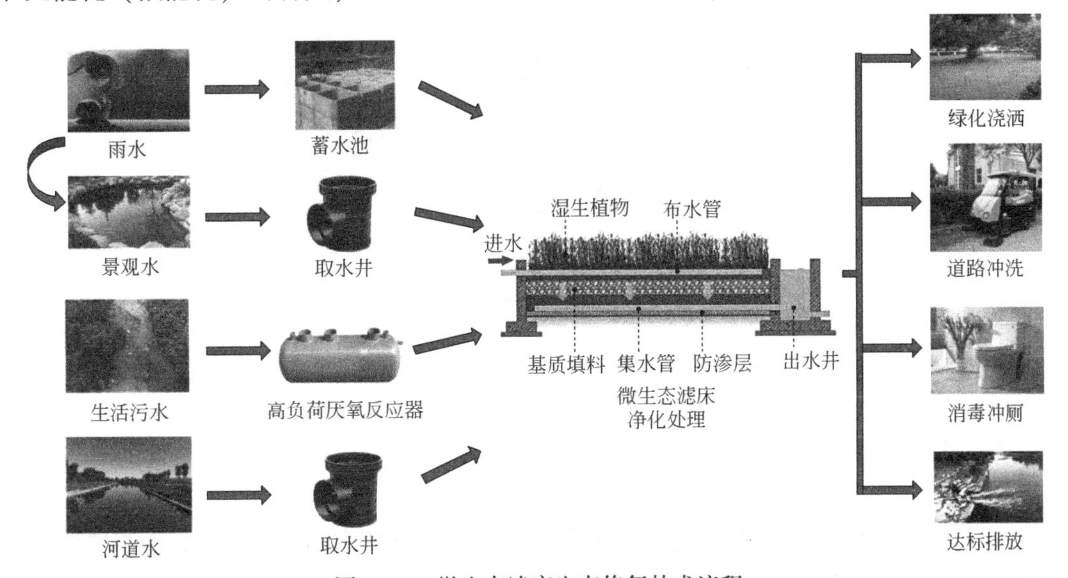

图 2-37　微生态滤床生态修复技术流程

常规污水处理方法以解决BOD等碳源为主，但对引起环境恶化的N、P等营养元素处理能力有限。而微生态滤床技术，以水系生态修复为原则，控制水体N、P污染物的有效分解和转移，并结合不同区域的水文特征，针对性构建符合水资源可持续发展策略的小型区域性绿色湿地走廊，在保持生物多样性、经济可行性和社会环境效益方面作出平衡，并不断进步。

【评价技术指标】

《绿色生态城区评价标准》GB/T 51255-2017 第5.1.2条：应制定城区大气、水、噪声、土壤等环境质量控制措施和指标。

上海市工程建设规范《绿色生态城区评价标准》DG/TJ08-2253-2018 第6.2.7条：建立场地环境风险管控制度，对污染场地实施有效的修复治理。评价分值为12分，并按下列规则分别评分并累计：污染场地得到有效治理，得8分。

七、智能棕榈树

在迪拜的城区内遍布着形状如同一棵树的设备，其“叶片”犹如展开的棕榈树叶而被游客亲切的称为“智能棕榈”树。这些“智能棕榈”树多位于海滩和公共广场上，是一个为游客提供充电、WIFI、休息等服务的设备点（图2-38）。随着迪拜准备迎接2020年世博会的到来，并计划实现可持续发展和物联网“智能城市”，公共服务设施将成为迪拜的街头特色。

图2-38 智能棕榈树

智能棕榈树有七个主要功能：

WIFI热点：当访客在装置附近时，可以免费使用互联网。

紧急呼救功能：每个设备都配备有360°红外线CCTV摄像头，当遇到危险时可以触发紧急按钮。

太阳能电池板：每个“智能棕榈”树均具有专门设计的太阳能电池板，不需要衔接任何充电设施，完全做到自给自足。

触摸屏和智能信息应用程序：可链接网络，浏览城市信息和移动应用程序。

户外数字屏幕：每个屏幕会播放公共信息，政府公告和商业广告。

充电站和休息站：提供座位供游客休息，棕榈叶的设计就是为了让游客在气候炎热的迪拜可以找到阴凉处休息。充电站能够提供充电点，速度比常规充电站快 2.5 倍。

路灯："棕榈树" 的太阳能电池板在白天接受了足够的电力，在夜间还能为绿色发光二极管（位于设备顶部）提供电力，充当路灯（图 2-39）。

图 2-39　自带发光二极管照明

【评价技术指标】

上海市工程建设规范《绿色生态城区评价标准》DG/TJ08-2253-2018 第 8.2.1 条：城区利用大数据、物联网、云计算等现代信息技术推进民生服务智慧化，评价总分值为 10 分。具备政务、交通、环境、医疗等信息服务功能中一项，得 5 分；两项，得 7 分；三项及以上，得 10 分。

八、城市树

城市树（City Tree）是一种结合了生物力量和物联网（IOT）技术的城市家具，占地 3.5m^2。城市树是一个可循环使用的单个设备，带有由不同植物混合组成的空气过滤器（图 2-40）。

城市树有五大功能，分别为：

空气净化：集合不同类型的苔藓植物吸收颗粒物和氮氧化物并释放氧气，相当于 275 棵树的功效；

物联网：集成的物联网技术可提供有关城市树周围环境的性能和状态以及环境数据的全面信息；

自动灌溉：雨水被收集、储存，系统自动监测供水情况，自动补水，自动浇水；

自动供电：设备自带的太阳能电池板储备电能并实时提供电力；

降温效果：苔藓植物内储存着大量的水分，叶片蒸发会带来一定的降温效果。

图 2-40　城市树

城市树已在挪威奥斯陆、法国巴黎、比利时布鲁塞尔和我国香港安装大约 20 个，并计划扩展到印度和意大利。虽然从实用的角度看，它可能不如树木那么真实并富有活力，但它是一种创新的想法，占用更少的空间，同时将生物和太阳能的力量与新技术的互联性相结合，以净化空气。

【评价技术指标】

上海市工程建设规范《绿色生态城区评价标准》DG/TJ08-2253-2018 第 6.2.2 条：合理选择绿化形式，科学配置绿化植物，评价总分值 12 分，并按下列规则分别评分并累计：具有可绿化条件的市政公用设施立面垂直绿化项目数量比例达到 60%，得 2 分。

九、Big Belly 智能垃圾桶

这个名为 Big Belly 的垃圾桶集太阳能、物联网、高效压缩机为一体，通过垃圾桶顶部为垃圾桶提供电源，垃圾快倒满时，压缩机会在 40s 内将垃圾的体积压缩至原来的 1/5，等到垃圾箱再度快满时又会自动联网发送垃圾桶已满及地理位置等信息至垃圾处理中心（图 2-41）。处理中心的系统会根据各个垃圾桶发回的数据进行分析，然后规划出最佳的回收路线和时间，再派出车辆将垃圾清理走。垃圾桶上的太阳能电池板，在室内可以插上直流电源进行供电，在室外则可以用太阳能电池提供电源，最大输出功率达到 30W。

图 2-41　Big Belly 智能垃圾桶

这样一个智能垃圾桶的价格在8000美元左右。但使用这种智能垃圾桶之后大量降低垃圾回收频率，从而可以减少大量的垃圾回收车和工作人员及维护成本，可以让整体成本降低85%左右，并且一个垃圾桶还将由此减少52t二氧化碳的排放。Big Belly是封闭式垃圾桶，可以杜绝蚊虫乱飞的情况，提高环境质量。Big Belly公司在2015年在垃圾桶上新增WIFI功能。垃圾桶作为大街上必不可少的服务设施，将它与WiFi热点结合起来，足以保证全面的无线网络覆盖。Big Belly公司正在考虑在垃圾桶上为流浪动物新增投喂功能。将废弃的饮料瓶放进回收塑料垃圾箱，就会从箱子下面投喂食物。将没有喝完的水倒进特定的入口，就会转化成可以喝的饮用水，供无家可归的流浪动物食用。

Big Belly已在纽约曼哈顿中心商业区放置170个太阳能智能垃圾桶。这种垃圾桶所提供的WIFI信号也相当可观，带宽达到50~75MB，绝对能满足不少用户的需求。这种垃圾桶内置芯片，可探测已满或气味很差的垃圾桶，并通知垃圾处理员进行清理。

【评价技术指标】

上海市工程建设规范《绿色生态城区评价标准》DG/TJ08-2253-2018第6.2.8条：实行垃圾分类收集、密闭运输，评价总分值为12分，并按下列规则分别评分并累计：生活垃圾分类收集设施覆盖率100%，得3分。

第四节　低碳能源与资源

本节介绍关于能源与资源的相关技术与产品，其中包括非化石能源利用、区域能源系统、天然气热电冷联供系统、城市雨水资源化利用、生活/建筑垃圾资源化利用和绿色建材等引申出的最新技术和产品应用。

一、薄膜太阳能光伏电池

薄膜太阳能光伏电池是薄膜太阳能电池中发展较快的一种光伏器件，它转换效率高，可以应用于平面和非平面构造（图2-42），可以和建筑物很好地结合甚至是成为建筑体的一部分，在太阳能光伏和建筑一体化应用中具有广阔的应用前景。薄膜太阳能玻璃组件产品种类繁多，基于建筑应用场景，有中空透光组件、仿石材组件、彩色组件、LED发光组件等。柔性薄膜太阳能卷材可以与异形建筑更好的结合，其轻薄柔的特性，非常适合应用于轻钢结构屋面和顶棚，满足城市现代建筑及构筑物需求。为此，薄膜太阳能发电系统与建筑设计必须统一规划、同步设计、同步施工，与建筑工程同时投入使用。

除却产品设计，用薄膜太阳能发电芯片作为核心技术，具有诸多优势：

（1）太阳能薄膜电池光谱吸收范围广，可涵盖波长300~1200nm之间的红外光区域。

（2）技术提升空间大，目前组件转换率已达18.7%，未来转换效率提升及成本下降都具有很大空间。

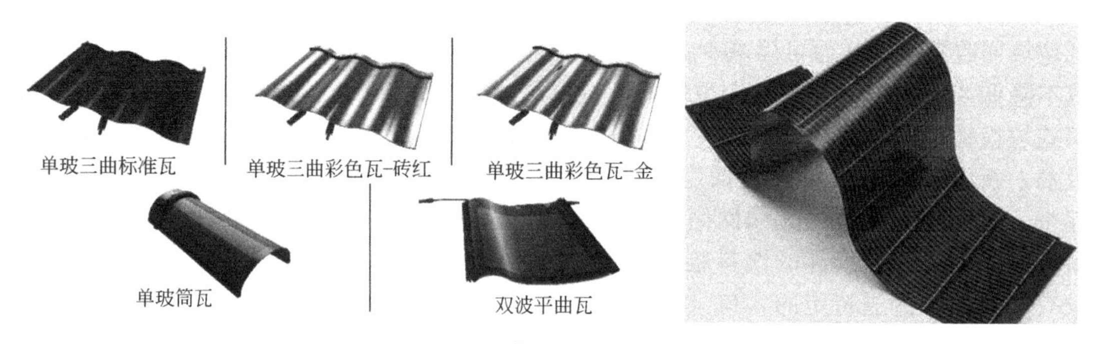

图 2-42　薄膜太阳能曲面瓦

（3）发电稳定性高，20 年衰减小于 15%。CIGS 太阳能电池则没有光致衰减特性，同时由于 CIGS 电池采用特殊的内部连接结构，故阴影遮挡影响小，有效避免热斑效应，减少维护费用。

（4）无污染，低能耗。薄膜太阳能电池生产过程清洁无污染，能量回收期仅为 0.7 年。

（5）发电曲线与用能曲线相吻合，实现即发即用，大大减少运输损耗。

（6）光伏要与建筑结合，这是建筑的未来，也是光伏的未来。但在近些年的工程应用中，发现许多仍需解决的问题，例如成本居高不下，散热问题解决难，安全问题也有待解决。

【评价技术指标】

《绿色生态城区评价标准》GB/T 51255-2017 第 7.2.2 条：勘查和评估城区内可再生能源的分布及可利用量，合理利用可再生能源，评价总分值为 10 分。可再生能源利用总量占城区一次能源消耗总量的比例达到 2.5%，得 5 分；达到 5.0%，得 8 分；达到 7.5%，得 10 分。

上海市工程建设规范《绿色生态城区评价标准》DG/TJ08-2253-2018 第 7.2.2 条：勘查和评估城区内可再生能源的分布及可利用量，合理规模化利用可再生能源，评价总分值为 8 分，并按下列规则评分：（1）新开发城区可再生能源利用率达到 2.0%，得 3 分；达到 5.0%，得 5 分；达到 7.5%，得 8 分。（2）更新城区合理规模化利用可再生能源，得 5 分，可再生能源利用率达到 0.5%，得 8 分。

二、能源监测管理系统

近年来，随着先进传感设备的不断成熟、新能源与储能技术的不断发展，传统能源监测管理平台也逐步向智慧型转变。与传统的节能能耗监测平台相比，智慧能源管理系统强调将物联网技术、云技术等新一代信息技术与能源的生产、存储、输送和使用流程相结合，通过信息化平台实现能源消耗的可视化管理，最终提高能源的利用效率（图 2-43）。

上海市黄浦区和长宁区在 2018 年完成国家机关办公建筑和大型公共建筑能耗监测管理系统建设，将网格化管理理念融入城区能耗监测系统建设与运维考核工作，结合信息化手段，建成全国首个具有网格化管理理念的公共建筑能耗监测平台。目前，黄浦区和长宁区能耗监测平台已经完成多栋建筑的建筑基础信息档案电子化，接收并上传上海市级平台建筑的能耗数据，数据正常率在 2018 年 12 月达到 85.4%。

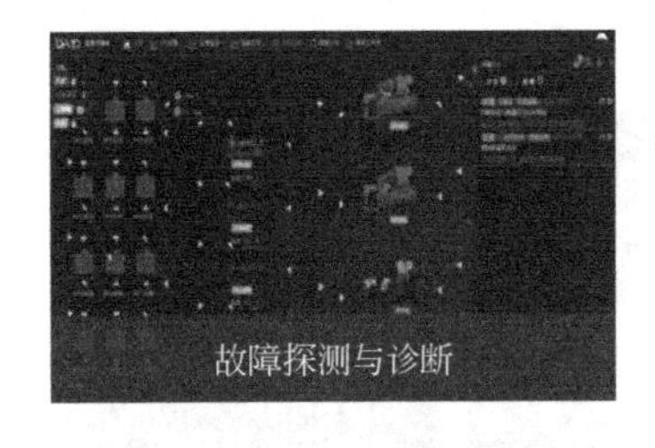

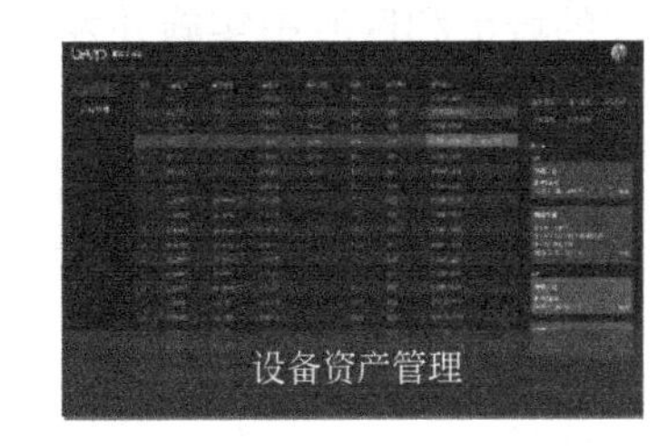

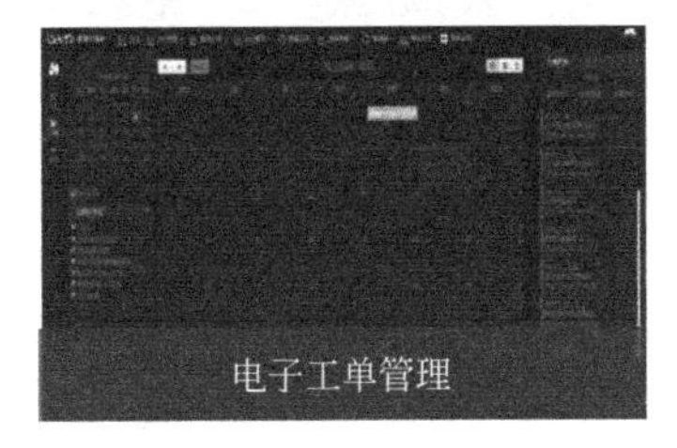

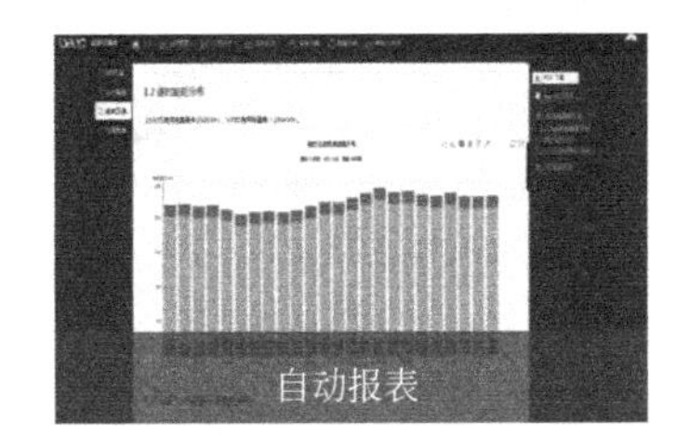

图 2-43 能源监测管理系统

平台功能满足上海市黄浦区和长宁区公共建筑的数据采集、监测、分析、整合、交换、上报和共享等功能，实现对黄浦区和长宁区国家机关办公建筑和大型公共建筑的能耗统计、能耗分析、上报、管理等功能，负责向区级建筑节能主管部门和相关主管部门提供静安区建筑用能的监测和分析数据；具备建筑用能情况查询、分析等功能；支持对楼宇维保单位的工作评价考核需求，用信息化手段支撑楼宇末端数据质量管理。

【评价技术指标】

《绿色生态城区评价标准》GB/T 51255-2017 第 7.2.1 条：城区内实行用能分类分项计量，评价总分值为 8 分，应按下列规则分别评分并累计：(1) 实行用能分类分项计量，且纳入城市（区）能源管理平台，得 4 分；(2) 采用区域能源系统时，对集中供冷或供热实行计量收费，得 4 分。

上海市工程建设规范《绿色生态城区评价标准》DG/TJ08-2253-2018 第 8.2.6 条：设置绿色建筑建设信息管理系统，评价分值为 6 分。

三、区域能源系统

城市是人类社会经济活动最为密集、能耗强度最大的区域，随着我国城市化进程的推进，对能源的需求与日俱增，能源供需矛盾突出，节能减排压力随之加大，区域能源是应对城市能源需求的一种有效解决手段，区域能源系统是在特定区域内经过科学合理的需求侧负荷分析，因地制宜的供给侧能源组合及优化，实现供需匹配，并靠近负荷中心设立区域能源站，经由能源输配系统向用户侧提供空调冷（热）水、蒸汽、电力、生活热水的综合能源系统。在区域能源系统中，能量可根据用户侧需求在电能、化学能、热能等多种形式间转换，电力系统通常作为各类能量转换的核心（图 2-44）。

区域能源是一种经众多工程实践验证的高效能源解决方案，区域能源系统改变传统能源供给中各专业分别设计的做法，将供冷、供热、供电、供气等能源子项统筹规划，并结合城市规划、人口增长、建筑交通及工商业用能等因素进行分析评估，区域能源综合多种技术，可充分发挥冷、热、电及生活热水等高低品位能源的协同生产和供应，已在越来越多的城市和区域中实施并发挥作用。

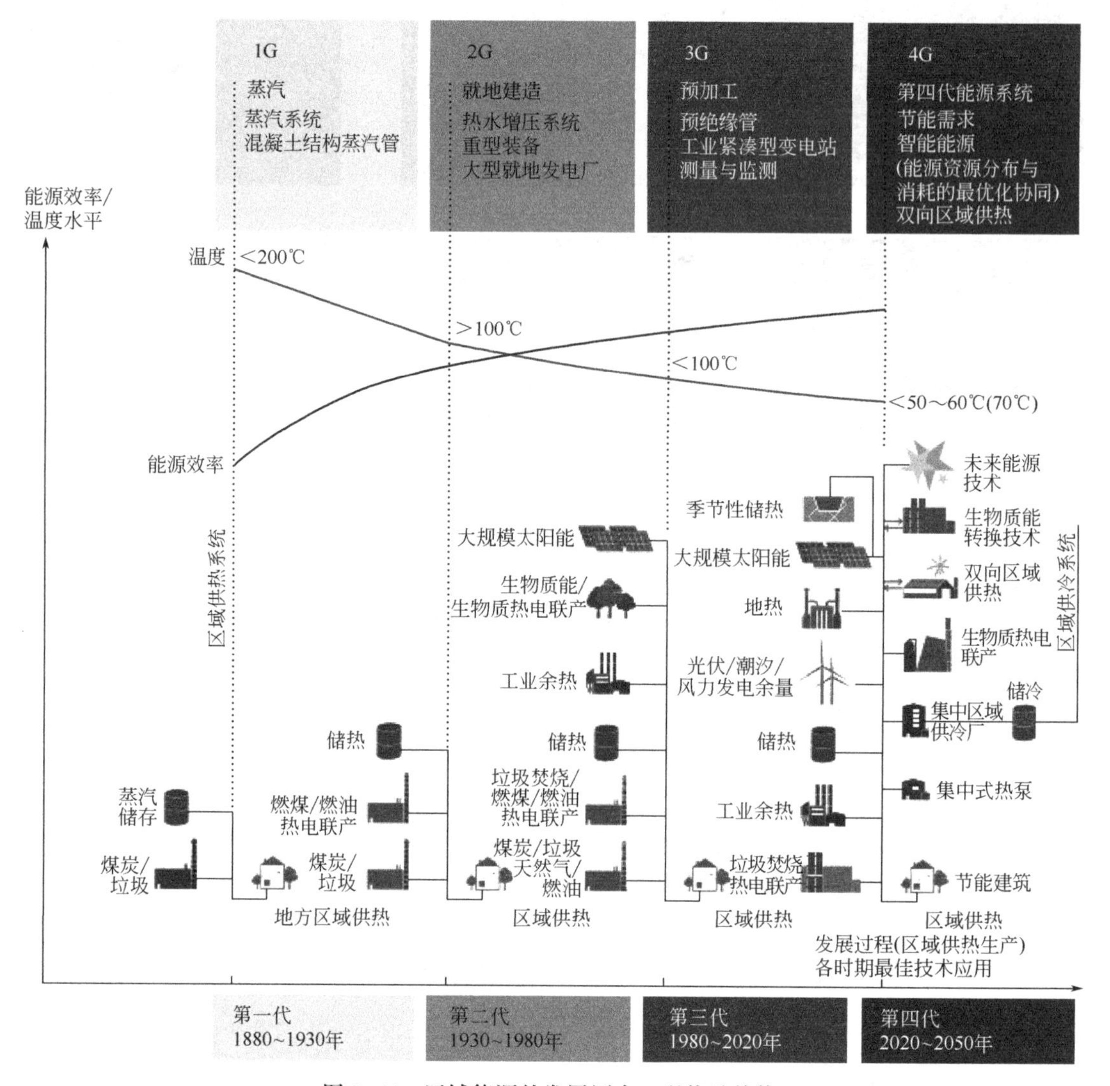

图 2-44　区域能源的发展历史、现状及趋势

1. 技术优点

区域能源系统将一定范围内的资源条件、生产流程、能耗需求等，进行综合考虑分析，从技术、经济、环保、供能安全等不同维度对方案进行比选和评估，寻求最佳的供能方案和运行策略，可将常规能源与新能源组合，供能方式可包括常规电制冷系统、锅炉热力系统、热泵系统、冷热电联供系统、太阳能光电（热）系统、风力发电系统、蓄冷（热）系统、储电系统、燃料电池、P2G 技术等（图 2-45）。根据不同项目的资源和能耗特点，因地制宜地设计多能互补区域能源系统，对区域内各种资源综合利用，确定区域内多种能源综合利用方案。多能互补区域能源系统的优点包括：

（1）在区域内实现多种能源的互补平衡，可大大提升能源供应的安全性和有效性，供能弹性提高；

（2）靠近用户布置，减少能源传输损失；

（3）降低化石燃料比重，增加可再生能源占比；

（4）降低能源生产环节的排放，改善空气质量，降低热岛效应强度，提高区域内生活品质；

（5）减少能源基础设施投资，节省土地，美化城市环境；

（6）采用市场化、专业化的综合能源服务方式，减少能源供应系统的日常维护成本等。

对于不同城市或区域，区域能源系统的意义或商业模式各不相同，上述每项优势均可能被政府、园区和企业所关注，成为项目落地的关键因素。

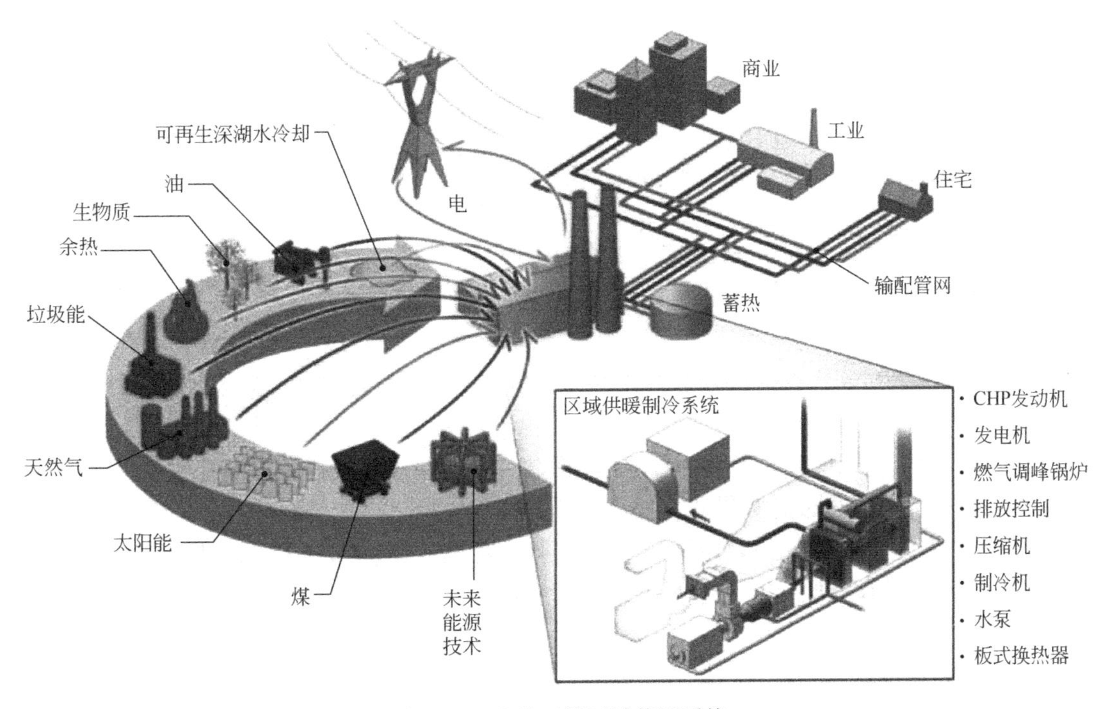

图 2-45　多能互补区域能源系统

2. 实施要点

（1）规划要点

区域能源规划可帮助生态城区明确能源战略及发展目标，规划阶段必须采取全面综合的发展方式，需调研、评估、协调实施能源规划所涉及的相关利益群体，将政策制定、财政激励、能源公用事业单位、土地管理、开发商、投资方、交通及基础设施建设单位、终端客户、运维管理部门等相关利益方尽早纳入到项目中来，统筹协调，以提高能源规划的前瞻性、集约性、合理性、经济性和可操作性，在区域能源项目全生命周期中最大限度地实现利益相关方的协同合作。

（2）设计要点

区域能源包含能源供给侧和能源需求侧，通过能源供给侧的有效配置，满足用户对冷、热、电、蒸汽等多种终端能源的需求，在生态城市建设中有巨大的发展潜力。区域能源涉及规划、管理、能源生产、存储、输配、消费和终端用户等多个环节，区域能源系统的实施需要一定的资源禀赋和稳定的用能负荷条件，设计可遵循以下原则：

1）负荷多样化：有稳定的冷、热（空调供暖、生活热水或蒸汽）、电等负荷，且负荷具有增长趋势；

2）需求密度高：供能半径宜在1km范围内，超过一定范围后，输送能耗及管网热损会增加，经济性下降；

3）资源丰富：可资利用的能源资源多样化，如风、光、水、地热、工业余热和废热丰富，同时有便利的电、气、热等集中管网资源条件；

4）能源价格适宜：如实施天然气分布式能源，则需有稳定的天然气供应，天然气价不高于项目所适用平均电价的4倍；

5）供需能量平衡：宜优先考虑风、光、地热等分布式可再生能源的利用，提高可再生能源占比，并考虑分布式可再生能源的随机性、波动性和间歇性等特点，宜留有适当容量的储能系统或可控负荷等；

6）设备选型应在容量规模、运行安全性和稳定性、安装及运行经济性、协调性、使用寿命、环境适应性和环境友好性上达到综合最优；

7）场地条件可满足区域能源中心及输配管网的布置规划，应结合区域环境特点，综合评估占地面积、管廊走向、管网敷设、环境影响等因素。

（3）运营要点

1）在项目之初制定合理的商业模式和能源收费制度，确保能源费用的及时收取和清缴，保证正常的燃料费用和运维开支。

2）加强对供需双方用能情况的监控与预测，在确保供能安全的前提下，以最经济的方式及时调整系统运行策略和供能方式。

3）加强重点设备管理，制定详细的设备运维管理计划，加强人员培训和管理，提前制定应急预案，确保必要的备品备件，缩短设备故障停机维修时间，保证正常的能源生产供应。

3. 区域能源技术

城市能源系统正面临供能服务品质要求不断提高、能源需求总量持续增长、优质能源供应不足、节能减排潜力大、资源约束、城市发展与低碳环保矛盾日益突出、能源系统智能化管理薄弱等诸多挑战。构建“源—网—荷—储”友好互动的城市区域能源系统，是我国生态城区建设的发展方向（图2-46）。未来区域能源系统发展将有如下特征：

（1）横向多能互补，由传统的单一能源向综合能源转变。通过源侧供应侧多能互补系统和需求侧一体化供能系统，实现多能协同供应和梯级利用，打破传统能源系统供需各自平衡的情况。

（2）纵向“源—网—荷—储”协调，形成“供—需—储”自平衡体。能源主体由单一能源的生产、传输、存储和消费者，向集多种能源生产、传输、存储和消费为一身的自平衡体转变。能源生产和消费界限不再清晰，功能角色间可相互替代兼容。

（3）集中与分布式相协调。区域能源系统将逐渐由传统能源系统自上而下集中式决策的资源配置模式向集中与分布式相协调的模式转变。

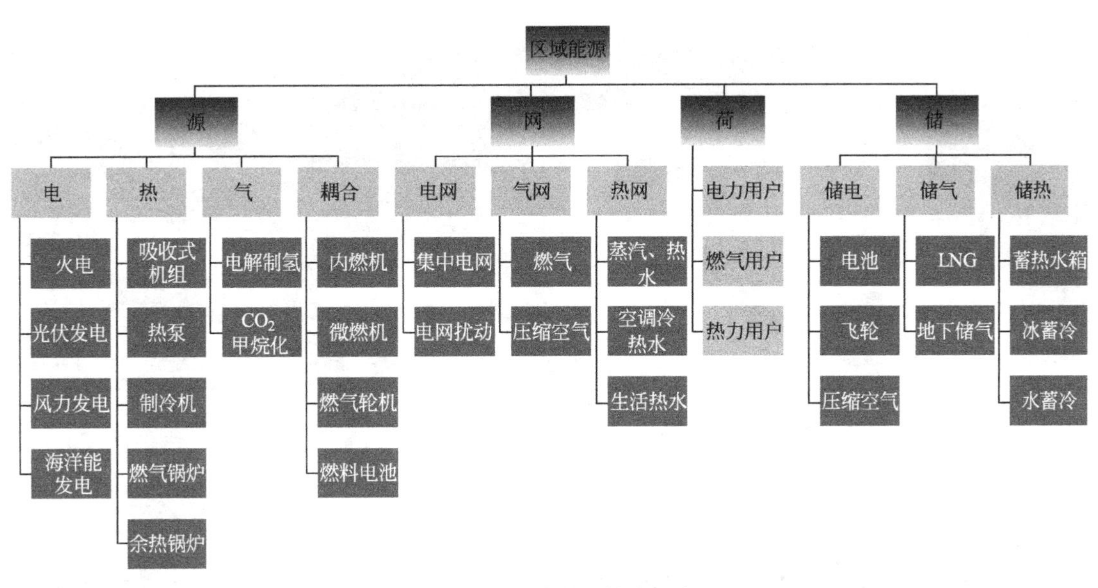

图 2-46 区域能源技术示意

区域能源供给可包括传统能源（水、电、油）、清洁能源（天然气、氢能）、可再生能源（太阳能、风能、地热能等）、储能（蓄冷、蓄热、电储能）等，利用区域内用能负荷的集聚效应，采用多种能源资源，利用高效供能设备，通过适当的运行策略达成高效的部分负荷运行效果，加之对系统的构成、配置及运行进行集成优化，区域能源系统能够突破传统单体节能方案的能效瓶颈，使系统能效发挥至最佳。

4. 案例介绍

上海飞奥燃气设备有限公司位于浦东新区龙东大道 4493 号，上海飞奥分布式能源站始建于 2006 年，是上海市分布式能源首批示范工程之一，项目曾获节能减排优秀成果奖。为优化用能结构、降低能源使用成本，在原系统基础上进行改造升级为多能互补区域能源站，包含 MNY120 多能能源站、219kW 分布式光伏发电系统、2×300W 分布式风力发电系统、微型气象站、微网能量管理平台、智慧能源充电桩等系统模块（图 2-47）。

该项目由上海航天智慧能源技术有限公司设计、投资、建设、运维及供能，该公司隶属于上海航天工业（集团）有限公司，是一家集太阳能光伏、天然气分布式能源、动力储能、微网系统于一体的多能互补综合能源研究、开发、建设和运行的机构，是中国航天科技集团公司唯一一个多能互补综合能源利用的研发及产业化平台。

【评价技术指标】

1.《绿色生态城区评价标准》GB/T 51255-2017

第 7.1.1 条：应制定能源综合利用规划，统筹利用各种能源。

第 7.2.2 条：勘察和评估城区内可再生能源的分布及可利用量，可再生能源利用总量占城区一次能源消耗总量的比例达到 2.5%，得 5 分；达到 5.0%，得 8 分；达到 7.5%，得 10 分。

第 7.2.3 条：合理利用余热废热资源，利用余热、废热，组成能源梯级利用系统，得 6 分。采用以供冷、供热为主的天然气热电冷联供系统时，系统的一次能源效率不低于 150%，得 6 分。

图 2-47　飞奥智慧能源示范项目示意

第 12.2.4 条：可再生能源及清洁能源利用总量占城区一次能源消耗量的比例达到 10%，得 1 分。

第 12.2.5 条：城区内合理推行智能微电网工程建设，评价分值为 1 分。

第 12.2.12 条：运用大数据技术对城区的环境、生态、能源、建筑等运行数据进行分析，以提高城区的运营质量，评价分值为 1 分。

2. 上海市工程建设规范《绿色生态城区评价标准》DG/TJ 08-2253-2018

第 6.2.5 条：锅炉、炉窑等工业废气的排放分别符合现行上海市地方标准《锅炉大气污染物排放标准》DB31/387、《工业炉窑大气污染物排放标准》DB31/860 的规定，得 3 分。

第 7.1.1 条：应制定能源综合利用规划和水资源综合利用规划，统筹利用各种能源和水资源。

第 7.2.2 条：新开发城区可再生能源利用率达到 2.0%，得 3 分；达到 5.0%，得 5 分；达到 7.5%，得 8 分。更新城区合理规模化可再生能源，得 5 分，可再生能源利用率达到 0.5%，得 8 分。

第 7.2.3 条：设置集成应用可再生能源的区域能源系统，得 5 分。利用余热、废热，组成能源梯级利用系统，或采用以供冷、供热为主的天然气热电冷联供系统，一次能源效率不低于 150%，得 5 分。

第 10.2.1 条：选址与土地利用、绿色交通与建筑、生态建设与环境保护、低碳能源与资源、智慧管理与人文、产业与绿色经济 6 类指标中一类指标的评分项得分 Q_i 达到 90 分，得 3 分，Q_i 达到 95 分，得 5 分。

第 10.2.3 条：新开发城区可再生能源利用率达到 10%，更新城区可再生能源利用率达到 2%，评价分值为 1 分。城区至少一项终端能源消费可再生能源利用率达到 100%，得

1 分。

第 10.2.6 条：合理建设地下综合管廊，评价分值为 1 分。

第 10.2.7 条：合理推行智能微电网工程建设，评价分值为 1 分。

四、区域能源收费系统

1. 区域能源收费方式

目前区域能源项目的收费模式较多，主要由初装费、基本费以及使用量计量费三种具体的收费类型组合而成（可包含其中一类、两类或三类，表 2–3），具体收费类型阐述如下：

（1）初装费

一般按照供冷（热）服务面积（多以建筑面积计算）收取，收费对象主要为开发商，开发商可视情况将该笔费用转嫁给终端用户或业主，用于弥补集中供能项目建设投资，在开发商物业建成后一次性收取或根据物业工程进度分期收取。

（2）基本费

一般按照合同约定的用能负荷，参照一定的基本费率收取，也可以按照供冷（热）服务面积（多以建筑面积计算）收取，收费对象大多为物业管理公司，再由物业管理公司向终端用户收取。主要用于弥补集中供能项目建设投资，按月收取。

（3）使用量计量费

一般按照用户实际使用能量计算，以一定的使用量计量费率标准收取，收费对象大多为物业管理公司，再由物业管理公司向终端用户收取。主要用于覆盖运营成本，按月收取。

区域能源收费模式比较　　**表 2–3**

序号	收费模式	特点	优劣势
1	初装费+使用量计量费	在开发商物业建成后一次性收取初装费，弥补集中供能项目建设投资； 运营期间按使用量收取使用费，覆盖运营成本	收取初装费，能在一定程度上尽早收回集中供能项目的建设投资，缓解建设资金压力，通过收取初装费，可以改善项目现金流，使得项目获得较好的经济效益；初装费的收取有一定难度
2	初装费+基本费+使用计量费	收取初装费，弥补集中供能项目建设投资； 运营期间收取基本费和使用量计费，弥补运营成本	同上，此外，基本费收取容易导致与实际使用情况脱节，收取有一定难度
3	基本费+使用量计量费	运营期间收取基本费和使用量计量费，弥补集中供能项目建设投资和运营成本	基本费收取容易导致与实际使用情况脱节，收取有一定难度；通过在运营期间收取基本费和使用量计量费逐渐收回建设投资并覆盖运营成本，项目期初资金压力较大
4	使用量计量费	仅通过运营期间收取使用量计量费来弥补建设运营成本	仅通过在运营期间收取使用量计量费逐渐收回建设投资，并覆盖运营成本，项目初期资金压力较大； 此收费模式较为简单，容易操作，但是在此模式下，使用量计量费定价往往容易偏高，用户接受度可能较低

2. 区域能源收费计量系统

根据《中华人民共和国计量法》，通过计量仪表进行计量和收费的贸易结算行为，有关仪表必须具有国家质量技术监督局颁发的制造计量器具生产许可证，其贸易结算行为才会受法律保护。

区域能源管理系统的收费系统可由系统管理软件、能量计量表、信号采集器等设备组成（图 2-48、图 2-49）。对于电能、水和燃气均可直接计量，空调能耗计量则可分为能量型、时间型和能量时间混合型三种。

（1）时间型计费原理

通过联网计费型温控器对风机盘管和阀门的状态进行检测，在检测电动二通阀进水阀开启信号的同时，检测风机盘管“高、中、低”的工作状态，并自动累计各挡位的有效运行时间，依据所运行时间进行费用结算。时间型联网温控器将信号传至数据采集网关与中央工作站进行数据交换。时间型计费系统适用于隔断出租的写字楼、独立商铺、高级公寓、高级生活小区、酒店等。

（2）能量型计费原理

“能量型”计费系统是依据热力学“热交换”原理，通过能量“积算仪”对用户使用中央空调过程中交换的“热量”进行累加，实现对中央空调的分户计量，进而按使用的“热量”比例对总费用进行科学合理分摊的计费形式。该系统可以有效减少空调使用能耗，使中央空调的运行管理更加科学、合理、规范。“能量型”计费方式，主要用于商场、会所、工厂等需要进行分区域（计量区域的管径为 *DN*50 或 *DN*50 以上）、分层计量等大区域计量场合。

在用户的进、回水管道上各安装一只温度传感器，并在进水管道上安装一台流量计。用流量计计量流经的水量大小，结合供回水温差来计算能量，同时将温度信号和流量信号接入热量计算器，上位机监控系统根据热量计算器进行计费。这种方案能保障计量的准确性，无论客户使用多少台空调机，只要有水量流动和温差，均能准确计量，不会出现误收费现象。

（3）混合型计费系统

混合型计费系统是指既有时间型计费系统，也有能量型计费系统。如以楼层为单位的计费系统适宜采用能量型计费系统（楼层的冷水管径通常在 DN50 以上）；小面积的单位（面积在 200m^2 以下，比如商铺、快餐、便利店等）建议采用时间型计费系统。当然具体选择哪一种空调计量方式，也可以根据实际使用情况来设计。

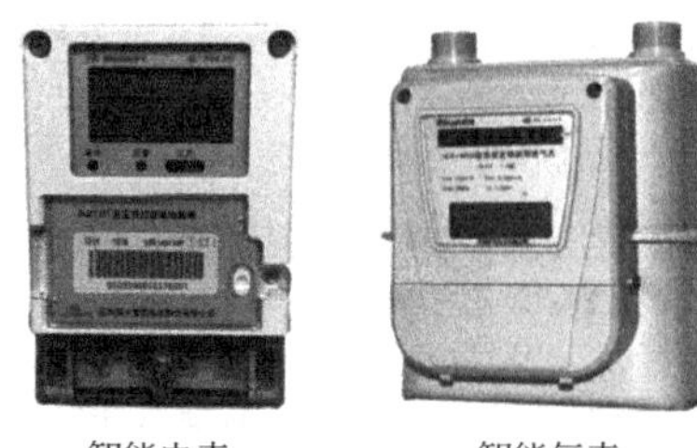

智能电表

智能气表

智能热量表

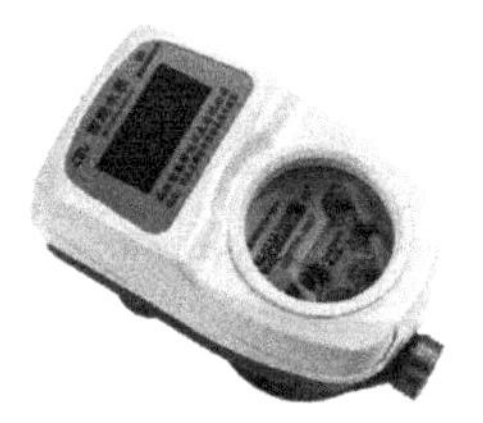

智能水表

图 2-48　智能计量仪表

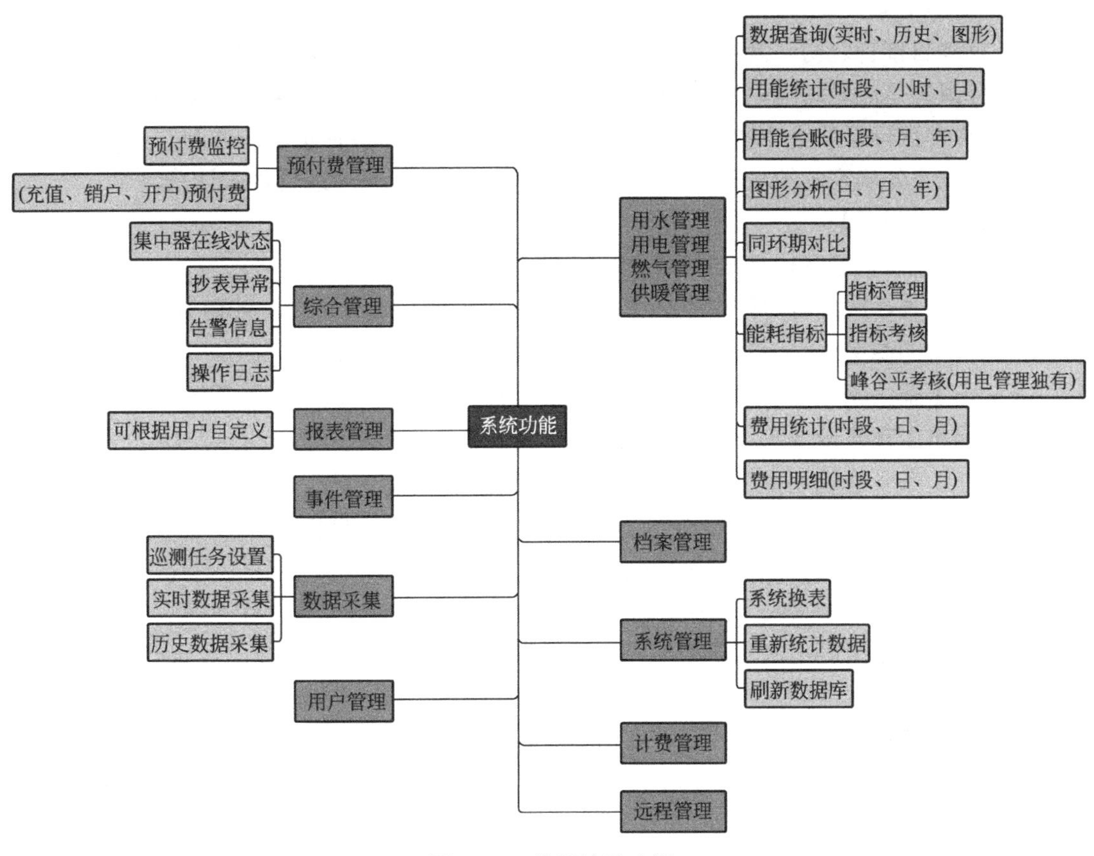

图 2-49　能耗计量功能

3. 实施要点

（1）规划要点

1）需要强化对冷热源侧资源的有效合理利用，从而实现按需供能和节能减排。供能系统需要依据室外环境参数和历史运行数据，提供负荷预测，在不增加冷热源规模的情况下扩大供能面积。此外，还需通过多热源联网优化运行，实现源侧互补，并充分利用蓄冷蓄热能力。

2）规划阶段应明确计量间的产权所属，方便后续系统设计及运营管理。

3）纳入政府能耗监测平台的，应同时满足地方相关标准、规范的规定。应按上级数据中心要求自动、定时发送能耗数据信息。

（2）设计要点

1）计量间应单独设计以方便后期运行管理。计量间内应预留区域供能计量、控制、维修等使用的配电箱（用于计量、控制的配电箱应采用双电源供电）。计量间应便于设备运输及人员进出。

2）区域能源收费系统应基于实用性、先进性、安全性、网络化、集成化的原则，应适应不同用户的不同计量和统计要求，既可独立工作就地采集数据，也可实时远传，数据采集后的各传输环节应具有缓存功能及在总线断电情况下的后备电源和数据存储功能。

（3）运营要点

1）在项目接管之初，现场核对所装设备与能量表是否与图纸资料相符。

2）计量间是能源站与用户的交接点，用户及能源站运营方均需要为调节、计量、维护而进行日常运行管理。计量间产权归属方应为相关方提供方便进出的便利。

3）根据事先确定的抄表日期对用能周期内所涉及的能量表进行抄表计费。

【评价技术指标】

1.《绿色生态城区评价标准》GB/T 51255-2017

第7.2.1条：城区内实行用能分类分项计量，且纳入城市（区）能源管理平台，得4分。采用区域能源系统时，对集中供冷或供热实行计量收费，得4分。

第9.1.1条：应建立城市或城区能源与碳排放信息管理系统，并正常运行。

2.上海市工程建设规范《绿色生态城区评价标准》DG/TJ 08-2253-2018

第7.2.1条：建筑用能实行分类分项计量，且纳入区（市）级能耗监测平台，得3分。市政公用设施用能实行分类分项计量，得1分。采用区域能源系统时，对集中供冷（热）实行终端用户计量收费，得2分。

第7.2.6条：按付费或管理单元，分别设置用水计量装置，统计用水量，得2分。市政绿化、景观、道路等用水，全面实行用水计量，统计用水量，得2分。实行分级计量，得2分。

第8.1.2条：应设置能源监测管理系统。

五、建筑垃圾处理移动式破碎站

移动式破碎站用于建筑垃圾资源化利用（图2-50）。移动式破碎站具有较强的可移动性，所以能够直接开至现场，实现对建筑垃圾的就地转化处理，减少垃圾搬运过程中粉尘污染的产生，为企业用户解决生产环境善后的问题。移动破碎站的最大亮点则是一体化机身设计，将破碎设备、筛分设备、输送设备完美集合，整机结构紧凑、行动自如，工作效率稳步提高；移动式破碎站实现了现场作业、就地处理，将物料直接在第一现场进行破碎筛分，节省物料运输耗用；移动式破碎站设备可独立使用，也可根据客户对成品大小、类型的要求，提供多种配置方案。根据实际需要，移动式破碎站可组成粗碎、中碎、细碎三段破碎筛分系统联合作业，也可单独作业。此外，设备配有风选装置、除铁装置和除尘装置，可将建筑垃圾中的杂物快速、有效地分离出去。

图2-50　移动式破碎站

该设备可根据加工原料的种类、规模和成品物料要求等，各环节的设备可以灵活搭配，常搭配的几款破碎设备有颚式破碎机、圆锥破碎机、反击式破碎机、重锤式破碎机等，也可根据实际情况多级组合，可完成不同的生产工艺需求。相比较于传统破碎站，移动式破碎站的历史并不久。小型破碎站，其处理能力多在400t/h以下，法国自主研发的移动破碎站，破碎量达到600t/h，已在多个矿山得到推广应用，自动化程度较高。美国研究移动式破碎机组有其独特方法和思路，例如利用计算机系统，实现移动式破碎机破碎系统的各个组成部分的连锁控制，大大提高矿石的处理能力。

【评价技术指标】

《绿色生态城区评价标准》GB/T 51255-2017第7.2.12条：城区实施生活垃圾和建筑废弃物资源化利用，评价总分值为6分，应按下列规则分别评分并累计：（1）生活垃圾资源化率达到35%，得3分；（2）建筑废弃物管理规范化，综合利用率达到30%，得3分。

上海市工程建设规范《绿色生态城区评价标准》DG/TJ 08-2253-2018第7.2.10条：对固体废物进行资源化利用，评价总分值为10分，并按下列规则分别评分并累计：建筑垃圾资源化利用率达到50%，且建筑废弃混凝土再生建材的替代使用率达到10%，得5分。

六、生活垃圾焚烧发电

垃圾焚烧发电厂用于生活垃圾资源化处理，是作为“减量化、无害化、资源化”处置生活垃圾的最佳方式。垃圾焚烧发电可以做到节省用地、快速处理、减量效果好、能源利用高和减少污染，是一条可持续发展道路。我国生活垃圾处理的方式主要有三种：卫生填埋、垃圾堆肥和垃圾焚烧等。由于焚烧技术可以最大限度地减少填埋量，分解有机物，避免甲烷，余热发电。因此，焚烧将在未来成为我国垃圾处理的主流方式，根据《“十三五”全国城镇生活垃圾无害化处理设施建设规划》，垃圾无害化处理占垃圾总量的54%。商业模式上垃圾焚烧已从传统BOT（建设-经营-转让）向DBO、O&M（运营维修）、EPC（工程总承包）等延伸，未来将逐步向PPP模式发展，并转战综合环境服务。

以中科循环经济产业园为例，该产业园是绵阳市首个开展“政府与社会资本合作（PPP）”模式的项目。园区总占地面积535亩，总处理规模为1500t/d，其中一期1000t/d、二期规模为500t/d，配套总装机容量为3.2万kWh，年发电量1.4亿度。不仅对城区每天产生的上千吨生活垃圾进行科学处置，同时辐射到周边县城和较大场镇，30年内绵阳城区将少建2~3个500万m^3的垃圾填埋场。采用焚烧发电方式处理后，垃圾减量达到85%左右，可有效缓解垃圾填埋产生的占地问题，更好地推动生活垃圾处置“无害化、减量化、资源化”，尤其是资源化效果显著。

此外，可利用垃圾焚烧发电的余热建设市政污泥处理、餐厨垃圾处理、医疗废弃物处置等项目，集中无害化处理固废，实现固废的物流、能流有序循环，最终达到固废无害化、减量化、资源化利用的目的。为有效防止二次污染，垃圾焚烧发电厂还在烟道末端装有烟气在线监测系统，随时接受环保部门和市民的监督。

【评价技术指标】

《绿色生态城区评价标准》GB/T 51255-2017第7.2.12条：城区实施生活垃圾和建筑废弃物资源化利用，评价总分值为6分，应按下列规则分别评分并累计：（1）生活垃圾资源化率达到35%，得3分；（2）建筑废弃物管理规范化，综合利用率达到30%，得3分。

上海市工程建设规范《绿色生态城区评价标准》DG/TJ08-2253-2018第7.2.10条：对固体废物进行资源化利用，评价总分值为10分，并按下列规则分别评分并累计：生活垃圾资源化利用率达到60%，且废塑料回收利用率达到75%，得5分。

七、地源热泵系统

热泵是一种将低位热源的热能转移到高位热源的装置，泵的工作原理就是以逆循环方式迫使热量从低温物体流向高温物体的机械装置，它仅消耗少量的逆循环净功，就可以得到较大的供热量，可以有效地把难以应用的低品位热能利用起来，达到节能目的。地源热泵是以岩土体、地下水或地表水为低温热源，由水源热泵机组、地热能交换系统、建筑物内系统组成的空调系统。地源热泵系统使用大地作为热源或散热器。地源热泵不采用载冷剂来传递热量，而是将热泵机组的换热器埋入地下土壤中，制冷剂通过这种换热器直接换热（图2-51）。

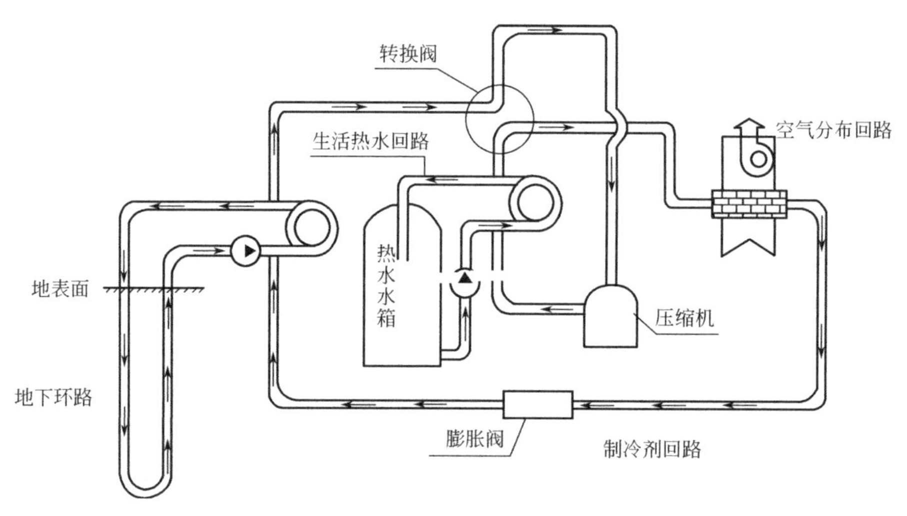

图2-51　地源热泵示意图

地源热泵系统主要分为三个部分：室外地源换热系统、地源热泵主机系统和室内末端系统。地源热泵作为一种可再生能源利用技术，是利用地球表面浅层的地热资源作为冷热源进行能量转换的供暖空调系统。这种储存于地表浅层近乎无限的可再生能源，使地能成为清洁的可再生能源。地源热泵的*COP*达到4以上，因此，地源热泵被认为使经济有效的节能技术。地源热泵装置的运行没有任何污染，可以建造在居民区内，没有燃烧、废弃物等污染物排放。因此，地源热泵具有显著的环境效益。

【评价技术指标】

《绿色生态城区评价标准》GB/T 51255-2017第7.2.2条：勘察和评估城区内可再生能源的分布及可利用量，合理利用可再生能源，评价总分值为10分。

上海市工程建设规范《绿色生态城区评价标准》DG/TJ08-2253-2018第7.2.2条：勘察和评估城区内可再生能源的分布及可利用量，合理利用可再生能源，评价总分值为10分。

八、玉米芯材料非结构用绿色轻质混凝土

玉米芯材料非结构用绿色轻质混凝土是一种以玉米芯为原材料，通过加工而成的绿色建材（图 2-52）。目前在葡萄牙、墨西哥的传统建筑中广泛使用。所谓绿色建材是在全寿命期内可减少对资源的消耗、减轻对生态环境的影响，具有节能、减排、安全、健康、便利和可循环特征的建材产品。在显微镜下，玉米芯第一层的微观结构，是一个肺泡状的多孔结构，其结构类似于隔热材料，其性能与挤塑聚苯乙烯（XPS）或发泡聚苯乙烯（EPS）相似。其耐火性、吸水性（327%）和高密度（212.11kg/m^3）远远高于 XPS 和 EPS。

图 2-52　轻质混凝土示意图

目前基于玉米芯研究并提出一种非结构用轻质混凝土。其采用 6∶1∶1 的重量比［即粒玉米芯∶波特兰水泥∶轻骨料（LWA）］，是葡萄牙建筑中用于膨胀黏土混凝土正则化层的比率。针对该新型混凝土和基于膨胀黏土骨料样品的轻质混凝土做了相关隔热性能实验，并将其结果互相对比。测试共计 5 天。48h 后，测试室的温度稳定在 20℃左右。通过比对穿过玉米芯和膨胀黏土的热流温度，可以确认玉米芯有着较强的隔热能力，其导热系数为 1.99W/（m^2・℃）。

图 2-53 是位于墨西哥的一座古老建筑，从小学变成杂物室，又演变成律师事务所。再到如今被建筑师重新修缮，其红色的墙砖一直未变。墙砖里运用的玉米芯也一直保存至今。

图 2-53　墨西哥传统建筑

【评价技术指标】

《绿色生态城区评价标准》GB/T 51255-2017 第 7.2.10 条：合理采用绿色建材和本地建材，评价总分值为 6 分，应按下列规则分别评分并累计：（1）获得评价标识的绿色建材的使用比例达到 5%，得 3 分；达到 10%，得 4 分；（2）使用本地生产的建筑材料达到 60%，得 2 分。

上海市工程建设规范《绿色生态城区评价标准》DG/TJ08-2253-2018 第 7.2.11 条：合理使用绿色建材，绿色建材应用比例达到 50%，评价分值为 10 分。获得评价标识的绿色建材的应用比例达到 5%，得 5 分；达到 10%，得 10 分。

第五节　智慧管理与人文

一、绿色生态展示与体验平台

绿色生态展示平台的构建是向大众和专业人员展示绿色生态城区规划设计和建设背景、理念、技术和策略，了解绿色生态城区如何能够引导其践行绿色生活等方面的重要途径。平台的建设可通过多种渠道实现，如：网站平台建设、宣传短片和实体展览等。

城区绿色生态展示与体验平台是对城区各类基础信息、数字内容的汇总展示、宣传，通过弧幕、环幕、多媒体投影、沙盘、城市虚拟漫游等多样化的展现方式和新一代声光电、重力感应、动作识别技术等展示手段，将绿色生态城区各类规划成果，运营动态以直观、生动形象、互动体验的表现方式展现出来，满足参观体验者动手筛选、处理、体验需求的平台，该平台使绿色生态城区的规划建设更加深入人心（图 2-54）。

图 2-54　绿色生态规划展示馆

绿色生态展示与体验平台可以对城区已规划建设的智慧系统的信息、数据进行集中收集与展示，可以是绿色建筑、能源碳排放、环境监测、道路交通、停车管理、智慧社区等其中一项或多项的信息数据展示中心，收集的信息可通过 LED 多媒体显示屏、数字沙盘、多组触控演示系统、组合投影演示系统、非触摸式互动体验系统等终端设备或系统进行信息数据的展示与体验。

绿色生态展示与体验平台可通过综合地图对绿色生态城区项目概况、城区全貌（含重要技术节点）、多个子系统等形式进行集中与分散展示，且通过一张总地图了解绿色生态

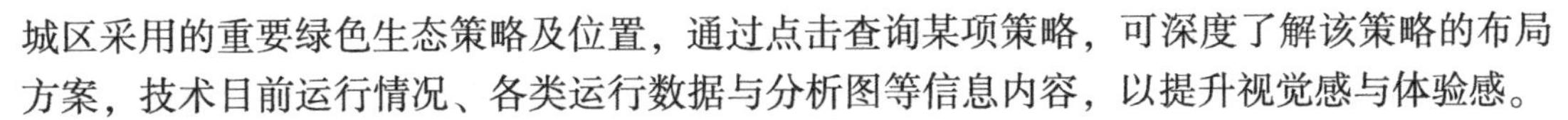

城区采用的重要绿色生态策略及位置，通过点击查询某项策略，可深度了解该策略的布局方案，技术目前运行情况、各类运行数据与分析图等信息内容，以提升视觉感与体验感。

【评价技术指标】

《绿色生态城区评价标准》GB/T 51255-2017 第 11.2.12 条：构建绿色生态城区展示与体验平台，评价总分值为 6 分。

上海市工程建设规范《绿色生态城区评价标准》DG/TJ08-2253-2018 第 8.2.6 条：建立绿色生态展示与体验平台，评价分值为 5 分。

二、智慧水务

结合当今“互联网+”和智慧城市建设的背景下，智慧水务以水务信息化带动水务现代化；以水务信息化促进水务行政职能的转变；推动行政管理的规范化、制度化和程序化；推进水务管理精细化的指导思想，注重系统性、前瞻性和实效性，促进水务管理和社会服务效能，为全面提升水务系统运行管理水平和科学决策奠定基础。

城市供水管网作为水务企业的核心资产，从原水水厂到管网、用户的所有设施和设备都被管网连接。管网是一种空间拓扑结构，水务企业与运营相关的大多数分析都与之关联，都需要管网的空间拓扑结构。构建数字管网就是水务企业对所有的管线及与其连接的设施、设备的属性、数据进行空间化定位描述，并将生产调度、工程、维修管理、客户营销管理、远程抄表、产销差分析管理、水力模型等各种数据和分析信息进行应用集成，将管网的运维管理、管网事件管理、管网资产管理等通过数据管网进行可视化的管理、统计和分析。

智慧管网运维管理平台总体思路和架构：以建设高标准的管网地理信息 GIS 为基础、移动 GPS 为支撑，以“数据整合、应用融合、业务联动、智能管理”为内涵，以 GDM “地图+数据+业务”为理念，构建 GIS-Data-Manage。整个供水系统“电子沙盘”一张图，充分发挥地理信息系统与调度实时监测、供水业务处理等在空间与时间维度上的结合与联动，最大限度支持水司全方位、多维度、一站式的水务地理信息应用需求。

【评价技术指标】

《绿色生态城区评价标准》GB/T 51255-2017 第 9.2.3 条：城区实行水务信息管理，并具备与城市水务信息管理系统对接的功能，评价分值为 14 分。

上海市工程建设规范《绿色生态城区评价标准》DG/TJ08-2253-2018 第 8.2.1 条：城区利用大数据、物联网、云计算等现代信息技术推进民生服务智慧化，评价总分值为 10 分。具备政务、交通、环境、医疗等信息服务功能中一项，得 5 分；两项，得 7 分；三项及以上，得 10 分。

三、全龄复合型社区

全龄复合型社区的居民包括从幼儿、中青年、老年人在内的各个年龄段人群；社区不仅配置各个年龄层居民生活所需的商业和文体娱乐设施，更有完善的养老设施及适老化设计；住宅建筑多样，包含普通住宅、适老化住宅、养老公寓等，且鼓励老年人和中青年人群混合居住。“全龄”有两层含义：一方面指社区可以为幼儿、儿童、青年人、中年人、老年人各年龄段人群提供居住、教育、养老等需求；另一方面可以指一个人的一生，即社区居民一生，从幼年到老年都可以在社区内居住。

以国内已建成的“全龄复合型”社区万科随园嘉树为例，可以从其社区的选址、总体布局、社区规模、配套设施、交通组织、室外空间六大层面来梳理全龄复合型社区的规划要求。

选址：交通便利，临近主要道路、轨道交通或公交直达。临近区域公共服务设施，比如医院、商场、超市和学校等。良好的自然和人文环境，应考虑与生活密切相关的日照、地势、景观等条件。

总体布局：“全龄化”养老社区因包含不同服务人群，从空间上自然形成不同的组团。从各组团之间的联系看，其组合方式可分为中心式、带状式和自由式三种类型（表2-4）。

组团布局模式对比　表2-4

组团类型	布局特点	优势	劣势	养老社区适用性
中心式组团	在社区中心布置设施,其他住宅环绕	最大化中心配套的辐射能力	配套设施对外经营难度大	布置配套和养老组团,所有住宅组团最大化利用社区配套设施
带状式组团	各组团呈带状布局,利用道路连接	对景观的均好性有利	节点间距离较大,过于依靠车行	增加步行距离和设施配套的成本,人员和设施管理难度较大
自由式组团	没有固定布局模式,根据地形和景观进行布局	布局灵活,兼顾景观和功能	功能区间距离难以保证	难以保证各区域的老年人能在可接受步行范围内享受配套服务设施

社区规模：一般而言，养老组团的规模应比普通居住组团的规模要小。普通居住型、自理型养老组团宜为1000~3000人；半护理型养老组团因需要配备专业的配套设施和服务人员，宜为150~500人；全护理型养老组团宜控制在100~500人。

配套设施：在配套设施比例控制在15%以上和布局半径在120~300m的基础上，设施的配置和布局应遵循紧凑化、灵活化和人性化这三大原则。

交通组织：遵循人车分行的组织方式，提供安全舒适的步行空间。

室外空间：对各年龄段人群喜爱的活动空间进行区分，使具有相同兴趣的不同年龄段的人群可以充分交流。同时可通过设置老人和儿童共同的活动场地，增强老年人活动的积极性。

【评价技术指标】

上海市工程建设规范《绿色生态城区评价标准》DG/TJ08-2253-2018第8.2.5条：设置智慧社区系统，提供优质公共服务，评价总分值为9分，并按下列规则分别评分并累计：设置社区养老管理系统，得3分。构建社区交流平台，得3分。

四、智慧社区系统

智慧城市云基础架构中搭建了智慧社区，因而智慧社区系统是智慧城市的一个子系统。智慧城市建设内容包括有智慧社区建设内容。

智慧城区（社区）是指社区管理的一种新理念，是新形势下社会管理创新的一种新模式。充分借助互联网、物联网，涉及智能楼宇、智能家居、路网监控、个人健康与数字生活等诸多领域，充分发挥信息通信（ICT）产业发达、电信业务及信息化基础设施优良等优势。通过建设 ICT 基础设施、认证、安全等平台和示范工程，加快产业关键技术攻关，构建城区（社区）发展的智慧环境，形成基于海量信息和智能过滤处理的新的生活、产业发展、社会管理等模式，面向未来构建全新的城区（社区）形态。

（1）智慧社区大平台

社区大平台是展示社区综合情况的一个大屏，通过大屏可以实时动态掌握社区当前的综合情况。主要是以统计数字、视频、图表和地理信息的方式，集成展现本社区中各类统计数据。可视化集成显示社区路网数据统计、消防设施统计、停车统计等，显示方式包括视频显示、数字显示和统计图表显示。

（2）智能安防

创建平安社区，通过在社区内布置视频监控（云监控）、智慧门禁、智慧巡更、智慧消防、智慧设备间等进行平安社区的基础设施建设。通过多种途径（如：家庭安全监控、社区内外监控、紧急安全事故与 110 等）联动、社区安全宣传呼叫、短彩信服务等提高社区安防。

（3）智慧物业

包括智慧停车场、智能充电桩、智慧电梯、智慧医疗。

智慧停车（云停车）：智慧停车场包括智能车牌自动识别、车位引导、智能立体车库等。

智能车牌自动识别是使用车牌号作为停车场管理系统的信息媒介，在停车场的出入口各设置一个摄像头作为识别单元，使停车场形成一个相对封闭的场所，进出车只需将车辆的车牌移动到在视频的触发圈内，系统就会自动抓拍一张车牌质片并实时识别车牌号码，系统就能瞬时亮成记录、核算等工作，缴费完成后，车道闸自动启闭，同时在显示屏上显示相应的车牌号码、停车时长、应缴金额等信息；同步播报语音。

车位引导能够引导车辆顺利进入目的车位。一般情况是指在停车场引导车辆停入空车位的智能泊车引导，由智能电脑系统对车位进行检测，通过显示屏显示空车位信息，司机通过该信息实现轻松停车。目前包括视频车位引导与反向找车系统和超声波车位引导系统。

智能充电桩：通过 APP+运营云平台+智能充电桩设备的模式，提供电动汽车用户的最佳使用体验。

智慧电梯：门禁卡电梯：刷卡到达指定楼层。在卡片发行时，授权此持卡用户所能到达楼层的权限。二维码电梯：在二维码梯控系统使用中，用户只需在手机端安装 APP，通过 APP 生成二维码扫码即可实现对电梯的联动控制，临时用户则利用手机接收“临时二维码通行证”实现扫码联动电梯（或关注楼宇公众号，进行楼层申请），帮助用户解决携带门禁卡不方便、易丢失、易损坏的困扰，同时也帮助物业解决了发卡、制卡、收卡等一系列繁琐流程及成本费用高昂的难题。

智慧医疗：利用最先进的物联网技术，实现患者与医务人员、医疗机构、医疗设备之间的互动，逐步达到信息化。智慧医疗的三个根本点：全程健康管理、远程视讯医疗、移动医疗大数据分析。智慧医疗由三部分组成，分别为智慧医院系统、区域卫生系统及家庭健康系统。

（4）智慧垃圾分类

智慧垃圾分类相关的平台系统目前主要利用物联网、人脸识别、互联网等融合技术实现小区和企事业单位精准垃圾分类。相关配套的硬件有智能发袋机、智能人脸垃圾分类箱、二维码垃圾站。

（5）智慧照明

智慧照明是指将传统功能单一的路灯灯杆升级为集供电、网络和控制于一体的智慧灯杆，实现多杆合一，打造智慧社区新载体与“互联网+”新亮点，为无线社区、绿色减排、公共安全、公众服务等诸多领域提供新型设施和便利条件，实现社区决策、管理、服务智慧化升级。包括智慧灯杆、智慧照明等。

（6）智能生态社区

智能绿化灌溉：通过对与植被生长密切相关的土壤、水气、光照、热量等气象环境因子进行连续监测，实现无人值守和节约水资源。智能灌溉自动感测出灌溉时间；自动开启关闭；根据气候湿度调节灌溉量。

智能能耗监测：对家庭、企事业单位的各类能耗（水、电、天然气等）实时监测，采集能耗数据，进行能耗统计分析，得出具体的能耗消费指标报告，采取相关节能措施，从而实现降低能耗，绿色环保。

智能环境监测：借助物联网技术，把传感器模块、MCU、无线传输模块、存储模块、告警模块，供电模块、外部设备模块等嵌入到各种环境监控对象（物体）中，通过超级计算机和云计算将环保领域物联网整合起来，可以实现人类社会与自然环境的整合，以更加精细和动态的方式实现环境管理和监测。

（7）智慧网络

包括光纤入户、5G全覆盖、免费WIFI覆盖。由社区牵头统管，各方履行职责，社区进行落地解决，实现网格无缝覆盖，信息联通共享；加快基础光纤网络建设及升级改造；通过5G智能网络为社区大众带来智慧化的操作和享受。

（8）智慧和谐

成立智能社区活动中心、老人一键呼叫、志愿者与家庭结对匹配服务、社区活动宣传呼叫、短彩信服务等服务。建立互帮互助平台，进行社区捐赠、照顾老人等公益活动；送水热线等便民服务；社区矫正纠纷调解、社区卫生物业评价等。各类业务受理、人口（外来人员）信息采集、特殊人群服务、重点人员布控、综合评价等。

五、智慧环境监测

城市级别环境监测与预警系统以城市、城区、园区为对象，对空气、噪声、风热、光照等室外环境情况进行实时监测、结合城市现状（地块功能、排水系统负荷等）对数据进行汇总分析，并对污染物扩散、灾害情况进行预测警告，集监测、数据管理、分析、展示、预警等功能为一体。

噪声环境管理：城区级别的噪声环境监测和预警系统能够做到动态监测、展示城区整体室外环境噪声情况及影响，实时监测分析重点噪声源（交通噪声、施工噪声、重大设备噪声等）的噪声污染，提示城区整体及局部噪声水平、噪声超标情况、对当前健康的影响、建议采取的措施等。

空气质量监测与管理：空气质量是居民日常生活中密切关注的环境指标，也是对居民出行方式、身心健康影响最大的环境因素之一，常见代表性指标有 PM2.5 浓度、PM10 浓度、SO_2 浓度等。通过环境监测与预警系统即可实时掌握空气污染情况，并通过风环境预测扩散路径，对可能受到影响的区域发出预警，以做好提前应对工作，针对民众出行与室外活动做出提醒。

城区风热环境监测与管理：城市热环境是影响人体感官和健康的环境，也是影响城市生态环境的重要因素之一。加之城市热岛现象日益凸显，城区运营对风热环境的管理需求日益增加。在城区风热环境监测与管理系统的指导下，通过模拟分析整个城区的风热环境分布，了解可能存在的风热死角，并采取增加绿化面积、设置调整防风带等措施，对城区环境进行改善（图 2-55）。

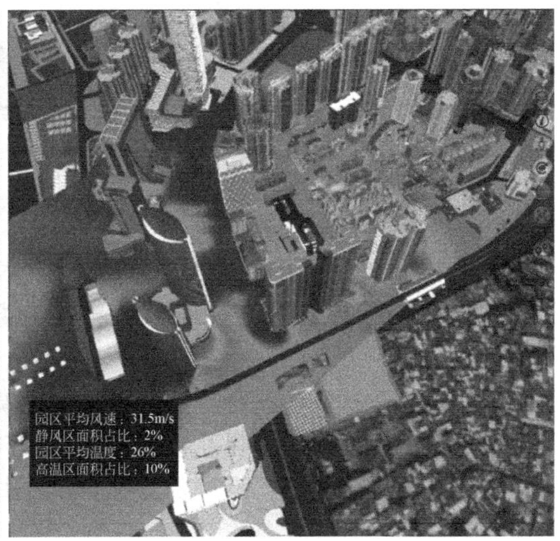

图 2-55　城区运维系统（环境管理界面）

城区极端天气防灾预警：城市气象防灾减灾体系的建设是为及时发布突发性、灾害性天气信息，为政府部门提供决策依据，确保公众在第一时间得到灾害信息及防灾指南，以保障人民群众安全、降低灾害造成损失。采用 CFD 仿真技术对城区 BIM+GIS 模型进行模拟分析，通过分析结果提前预测、模拟台风入境情况，提高台风预案的准确性，将台风、海啸等自然灾害对城区的影响降到最小，降低经济损失，提高人员安全保障。灾后利用环境监测及预警技术，及时掌握城市各个区甚至街道的灾情，评估灾害现状，从而合理地调配抗灾人员，组织抗灾工作。

【评价技术指标】

上海市工程建设规范《绿色生态城区评价标准》DG/TJ08-2253-2018 第 8.2.1 条：城区利用大数据、物联网、云计算等现代信息技术推进民生服务智慧化，评价总分值为 10 分。具备政务、交通、环境、医疗等信息服务功能中一项，得 5 分；两项，得 7 分；三项及以上，得 10 分。

六、数字城市仿真系统

数字城市仿真系统采用全实景扫描建模，将工程数据、BIM 模型和实景三维模型完美结合在一起，从而可视化三维城市模型，并在基础设施生命周期的所有阶段执行三维空间分析。实现智慧城市可视化规划、分析和评估城市空间项目，广泛应用于城市规划、交通、消防、救护、大型赛事规划等三维实景仿真（图 2-56）。

图 2-56　三维数字城市模拟示意图

1. 实景建模，虚实结合

该系统采用领先的航空采集和测绘技术，集成工程数据、测量数据、点云和数字图像，创建高精度的真实三维城市模型和数据库，720° VR 自由浏览，真实城市完整再现。

高精度实景模型：基于现实环境的三维模型，完美融合虚拟场景，为设计、展示、规划和城市运营仿真决策提供精确真实的空间环境。

三维场景 VR 游览：使用简易的手势操作方式即可灵活游走于三维场景中，直观呈现城市环境。

落地环绕实景：地面全景 720°浏览，虚拟方案实时融合，无限制场景漫游，避开现实中观测盲区，达到多角度观测实景细节。

2. 海量数据，精准测量

系统提供多种空间量算功能，可在三维场景中进行精确的距离量算、面积量算和平面角度量算等。强大的分布式场景加载机制，场景跟随游览视角智能静默延伸。自动优化三维数据，复杂场景内亦可顺畅浏览，从而实现海量数据处理分析。

测距/落差：测算起始点与目标点之间的垂直方向高低落差。

经纬度/高程查询：基于国标地理坐标系统，可查询目标点精确经纬度及高程信息。

3. 辅助规划，直观展示

系统提供规划项目三维一体化实时切换、对比、批注、相关数据文档。可实现多个方案的比选，方案视点快速定位、方案内落地环绕视角，保证方案模型的实际浏览效果。

草图建模：对现状地块建筑平整开挖，通过体积块建模工具在地块内模拟建筑体积及密度。

高度分析：系统可实时调节规控高度，与地块中现状建筑进行可视化比对。

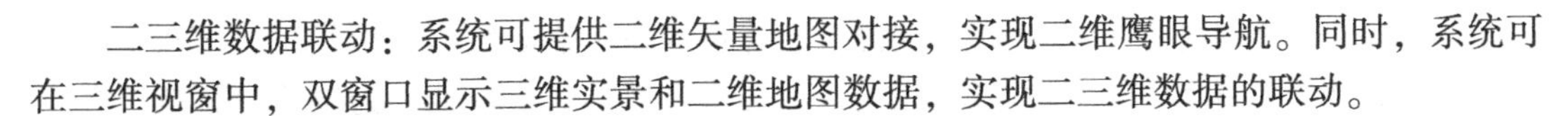

二三维数据联动：系统可提供二维矢量地图对接，实现二维鹰眼导航。同时，系统可在三维视窗中，双窗口显示三维实景和二维地图数据，实现二三维数据的联动。

4. 轻量便携，功能丰富

支持移动终端平板电脑，针对移动终端设备硬件进行场景优化，实现三维场景高效适配平板电脑。

【评价技术指标】

上海市工程建设规范《绿色生态城区评价标准》DG/TJ08-2253-2018 第 8.2.1 条：城区利用大数据、物联网、云计算等现代信息技术推进民生服务智慧化，评价总分值为 10 分。具备政务、交通、环境、医疗等信息服务功能中一项，得 5 分；两项，得 7 分；三项及以上，得 10 分。

七、智慧消防

1. 城市物联网消防远程监控系统

基于互联网的城市物联网消防远程监控系统，是利用并对已有的建筑消防设施远程联网监测系统进行升级改造或新建，将为社会单位提供消防服务的中介维保和检测机构纳入管理范围，从而确保单位主体责任落实和各类消防设施完好有效，并为真实采集实时数据服务，最终形成的一套面向社会单位“物”的监督和管理的传输媒介及应用系统。

消防人工智能 AI：消防人工智能算法是一种流程性的高强度自学习的算法，会针对不同的建筑有不同的场景，数据智能分析模块、联动模型进行配合，达到多元化、模块化数据的目标，使整个框架及架构能够灵活智能。物联网智能终端设备需将数据及时上报至系统，消防人工智能通过智能学习模型算法，与物联网智能终端设备进行交互，由瑞眼云对反馈结果进行通知与反馈。算法深度挖掘消防数据并智能研判，助力消防安全升级。

消防智能体检大师：每天对建筑物进行智能体检，按照相关的消防法律法规、标准规范快速体检出不合格、违规项。体检结果直接推送给相关工作人员，以便及时改进。

可移动的监控预警中心：城市物联网消防远程监控系统通过火警设施实时监测，有效提示用户处理可能存在的火警，并做到自动报警及火警处置的一整套流程。客服中心会为客户提供 7×24h 全年无休火警电话预警服务，做到无错报、无漏报、及时有效。

2. 智慧消防监管云平台

智慧消防监管云平台创新了消防安全管理模式，强化了消防部门对各消防责任方的业务指导职能，充分发挥了各责任方的主观能动性；明确了消防物联网、网格化等系统的操作者、使用者、受益者的职责边界；平台在 GS 地图的基础上以建筑物为管理单位显示消防设施运行、社会面监管信息、项目管理信息、消防监管信息等，同时与物联网终端用户、消防监管部门打通信息共享，实现根据建筑物消防设施完好情况自动研判，火灾隐患信息推送至执法终端，形成自动研判、有的放矢的消防监管新模式。平台助力智慧城市建设，协助消防部门实现消防信息化建设与智慧城市建设的完美融合，推动了消防相关数据资源的共享，成为智慧城市建设的重要组成部分及典型示范应用，为智慧城市建设保驾护航；整体统筹规划，全方位服务消防各部门，全面提升消防科技信息化建设。

大数据分析技术为我们看待世界提供一种全新的方法。未来消防事业的发展正依赖于这种精确的管理体系。因此，数据才是管理的根本。消防大数据分析研判是消防信息化向智能化的提升。利用数据仓库、数据挖掘、云计算等技术建立数据分析模型，实现对业务信息的综合查询和统计分析，为消防相关人员提供高效的分析数据，为决策分析提供信息支持。

【评价技术指标】

上海市工程建设规范《绿色生态城区评价标准》DG/TJ08-2253-2018 第 8.2.1 条：城区利用大数据、物联网、云计算等现代信息技术推进民生服务智慧化，评价总分值为 10 分。具备政务、交通、环境、医疗等信息服务功能中一项，得 5 分；两项，得 7 分；三项及以上，得 10 分。

八、智慧医疗

智慧医疗英文简称为 MIT120，通过打造健康档案区域医疗信息平台，利用先进的物联网技术，实现患者与医务人员、医疗机构、医疗设备之间的互动，逐步达到信息化。智慧医疗由三部分组成，分别为智慧医护场所系统、区域卫生系统以及家庭健康。

在不久的将来医疗行业将融入更多人工智慧、传感技术等高科技，使医疗服务走向实在意义的智能化，推动医疗事业的繁荣发展。在我国新医改的大背景下，智慧医疗正在走进寻常百姓的生活（图 2-57）。

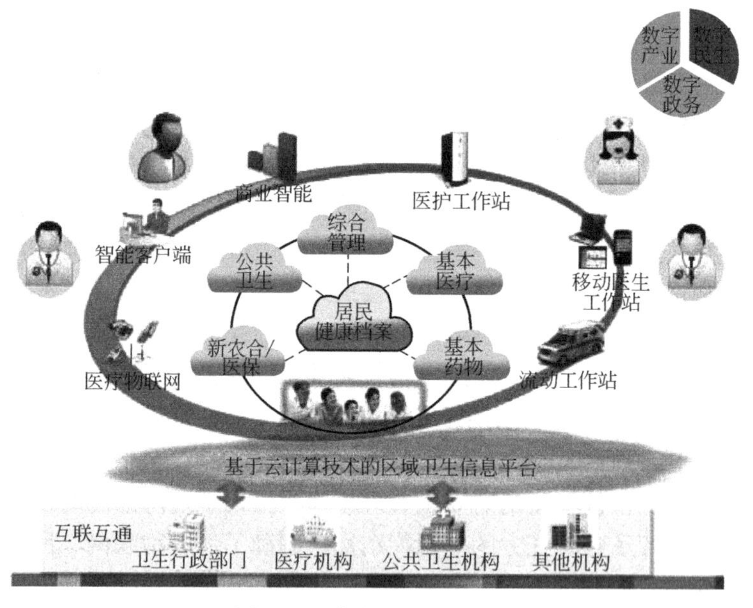

图 2-57　智慧医疗概念图

智慧医疗系统：由数字医护场所和提升应用两部分组成。

医生工作站的核心工作是采集、存储、传输、处理和利用病人健康状况和医疗信息。医生工作站包括门诊和住院诊疗的接诊、检查、诊断、治疗、处方，病程记录、会诊、转科、手术、出院、病案生成等全部医疗过程的工作平台。

区域卫生系统：由区域卫生平台和公共卫生系统两部分组成。

家庭健康系统：家庭健康系统是贴近市民的健康保障，包括针对行动不便无法送往医护场所进行救治病患的视讯医疗，对慢性病以及老幼病患远程的照护，对智障、残疾、传

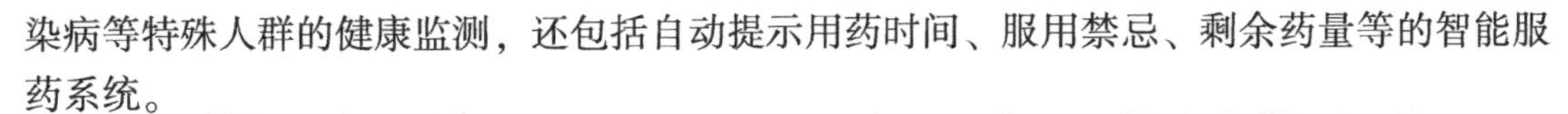

染病等特殊人群的健康监测，还包括自动提示用药时间、服用禁忌、剩余药量等的智能服药系统。

智慧医疗具有以下特点：

互联的：经授权的医生能够随时查阅病人的病历、病史、治疗措施和保险细则，患者也可以自主选择更换医生或医护场所。

协作的：把信息仓库变成可分享的记录，整合并共享医疗信息和记录，构建一个综合的专业的医疗网络。实时感知、处理和分析重大的医疗事件，从而快速、有效地做出响应。

普及的：支持多镇医护场所和社区医护场所连接到医护场所，以便可以实时获取专家建议、安排转诊和接受培训。

创新的：提升知识和过程处理能力，进一步推动临床创新和研究可靠的使从业医生能够搜索、分析和引用大量科学证据来支持他们的诊断。

【评价技术指标】

上海市工程建设规范《绿色生态城区评价标准》DG/TJ08-2253-2018 第 8.2.1 条：城区利用大数据、物联网、云计算等现代信息技术推进民生服务智慧化，评价总分值为 10 分。具备政务、交通、环境、医疗等信息服务功能中一项，得 5 分；两项，得 7 分；三项及以上，得 10 分。

九、智慧体育场

随着人们对健康舒适、竞技性的激情增加，体育产业的飞速发展，体育馆供给端明显不足。互联网+体育的结合，可以缓解这个问题，提高场馆资源的信息化，改善场馆资源的利用率。智慧体育场包括智慧灯光控制系统、智慧能耗管理系统、智慧监控系统、智慧背景音乐及广播系统、智慧预定系统、智慧场馆管理系统等。

在智慧体育场设计的过程中，数据化是基础，网络化是条件，智慧化是核心。通过这三个基础对场馆进行能耗监控，数据采集，并提供场馆增值服务。

除了以上系统外，各种新兴技术也可以在智慧体育场中应用并取得良好的体验。在马尼拉，耐克建造一个体育场，包括一个 200m 的跑道，一个 LED 屏幕墙，将产品和体验服务结合（图 2-58、图 2-59）。通过穿戴场馆提供的跑鞋，利用鞋上的传感器，再利用精确的射频识别技术（RFID）追踪每个人的运动。当使用者进行第一圈跑步时，速度信息会自动记录，当使用者跑第二圈时，LED 屏幕上会展现图像并且以第一圈的速度奔跑。由于只有最快的速度被记录下来，使用者可以不断提高自己的成绩。同时，在屏幕的虚拟库中，还能提供不同的陪练人物，使用者可以选择适合自己的虚拟人物进行比赛或单纯的陪跑。

【评价技术指标】

《绿色生态城区评价标准》GB/T 51255-2017 第 12.2.3 条（创新项）：结合本土条件因地制宜地采取节约资源、保护生态环境、保障安全健康的其他创新，并有明显效益，采取一项得 1 分，最多 2 分。

上海市工程建设规范《绿色生态城区评价标准》DG/TJ08-2253-2018 第 12.2.13 条：因地制宜采取节约资源、保护生态环境、保障安全健康的其他创新，并具有明显效益，采取一项得 1 分，最多 2 分。

图 2-58　LED 屏幕墙

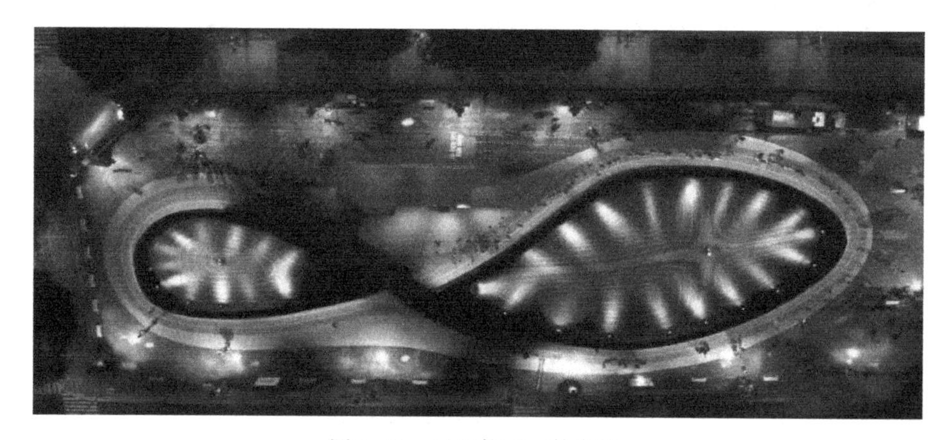

图 2-59　马尼拉耐克体育场

十、智慧工地

绿色施工是指工程建设中，在保证质量、安全等基本要求的前提下，以人为本，通过科学管理和技术进步，最大限度地节约资源，减少对环境负面影响的工程施工活动。而采取绿色施工措施的工地被称为绿色工地。

智慧工地是指运用信息化手段，通过三维设计平台对工程项目进行精确设计和施工模拟，围绕施工过程管理，建立互联协同、智能生产、科学管理的施工项目信息化生态圈，并将此数据在虚拟现实环境下与物联网采集到的工程信息进行数据挖掘分析，提供过程趋势预测及专家预案，实现工程施工可视化智能管理，以提高工程管理信息化水平，从而逐步实现绿色建造和生态建造。

绿色施工不仅针对绿色施工技术，也涉及对绿色施工的管理，以期实现可持续施工，如在施工管理中保障现场的协调、人员的安全和健康等。绿色施工评价框架体系由评价阶段、评价要素、评价指标、评价等级构成（图 2-60）。绿色施工评价阶段有地基与基础工程、结构工程、装饰装修与机电工程；评价要素有施工管理、人力资源与职业健康、环境保护、节材与材料资源利用、节水与水资源利用、节能与能源利用、节地与土地资源保护、创新技术，每个评价要素都包含数量不等的评价指标，分控制项、一般项和优选项，针对不同评价指标，确定工地的评价等级，分不合格、合格、良好和优秀。

智慧工地通过物联网、智能监控、生物识别、自动化监测等信息化手段的智慧监管，建立工程现场安全风险的全套监控监管系统，实现建筑工地安全监控自动化、风险辨识智能化、多级管控协同化、应急决策一体化。主要监管内容包括劳务实名制、智能安全帽、视频监控、塔吊监测、升降机监测和环境监测等。

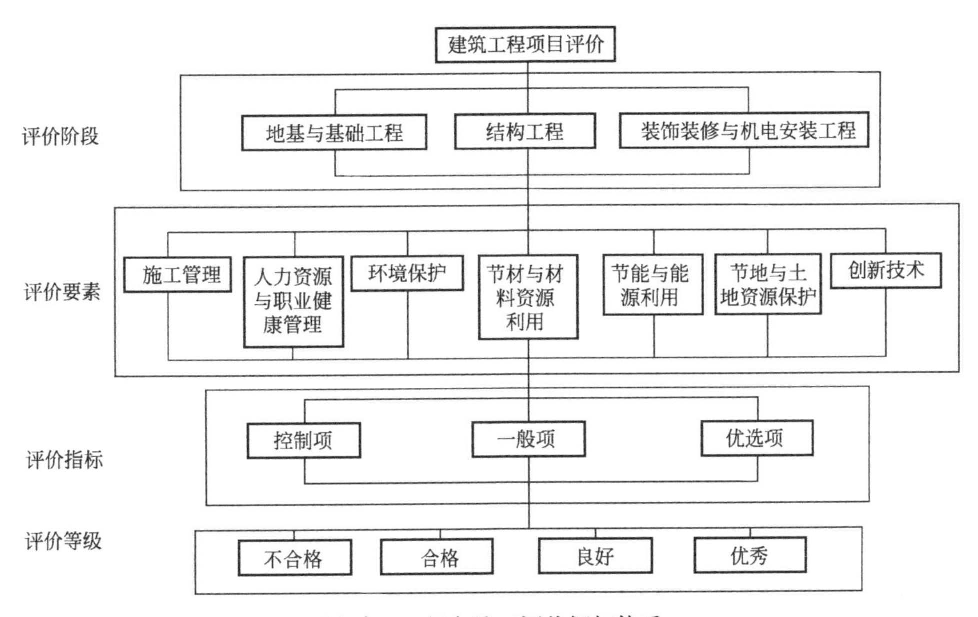

图 2-60 绿色施工评价框架体系

【评价技术指标】

《绿色生态城区评价标准》GB/T 51255-2017 第 6.2.6 条：按照绿色施工的要求进行绿色建筑项目的建设，评价总分值为 10 分。

上海市工程建设规范《绿色生态城区评价标准》DG/TJ08-2253-2018 第 5.2.13 条：制定并实施绿色施工（节约型工地）计划，评价总分值 5 分。

第六节 绿色建筑运行检测技术

一、绿色建筑检测发展现状

为对绿色建筑运行实际效果进行评价，需要对一些关键性能参数做必要的检测，以实际的检测数据来反映绿色建筑的运行性能和效果。为此，2011 年 8 月，中国绿色建筑与节能专业委员会专门成立绿色建筑检测学组，以此推动绿色建筑检测技术标准工作的发展。国家建筑工程质量监督检验中心作为检测学组挂靠单位，联合上海国研工程检测有限公司、广东省建筑科学研究院、中国城市科学研究会绿色建筑研究中心、中国建筑科学研究院认证中心、江苏省建筑工程质量检测中心有限公司、福建省建筑科学研究院、浙江省建筑科学研究院、辽宁省建筑科学研究院、陕西省建筑科学研究院、重庆大学、武汉建工科研设计有限公司、广西建筑科学研究院、中国建筑业协会工程建设管理质量分会共计14家单位，涵盖我国各个气候区，来共同编制我国第一个绿色建筑检测方面的标准。2014年6月5日，《绿色建筑检测技术标准》CSUS/ GBC 05-2014颁布实施，从此绿色建筑检测有依据可依。后续，各地方也开始绿色建筑检测标准的编制工作，具体汇总如表2-5所示。

绿色建筑检测标准的编制和发展，对推动绿色建筑验收，绿色建筑运行标识评价起到了保驾护航的作用。

绿色建筑技术标准编制和发布情况汇总 **表2-5**

序号	标准名称	标准性质
1	中国城市科学研究会《绿色建筑检测技术标准》CSUS/GBC 05-2014	协会标准
2	安徽省《绿色建筑检测技术标准》DB34/T 5009-2014	地方标准
3	吉林省《绿色建筑检测技术标准》DB22/JT 151-2016	地方标准
4	上海市《绿色建筑检测技术标准》DG/TJ 08-2199-2016	地方标准
5	江苏省《绿色建筑工程施工质量验收规范》DGJ32/J 19-2015	地方标准
6	北京市《绿色建筑工程验收规范》DB11/T 1315-2015	地方标准
7	重庆市《绿色建筑检测标准》DBJ50/T 211-2014	地方标准
8	深圳市《绿色建筑运营测评技术规范》(征求意见稿)	地方标准
9	广州市《绿色建筑工程施工质量验收检查要点》	地方文件
10	珠海市《绿色建筑工程验收导则》	地方标准
11	中国工程建设协会《绿色建筑工程竣工验收标准》T/CESC 494-2017	协会标准
12	湖北省《绿色建筑设计与工程验收标准》DB42/T 1319-2017	地方标准
13	广西壮族自治区《绿色建筑质量验收规范》DBJ/T 45-068-2018	地方标准

二、绿色建筑检测的意义

据统计，建筑在运行中的能耗占到其总能耗的80%左右，因此加强绿色建筑运行阶段的实效检测，实现运行过程中的质量监督，才能真正发挥绿色建筑的功效，最大限度地节约资源和保护环境。对运行中绿色建筑进行检测，具有以下重要意义：

1. 是评价绿色建筑是否真正“绿色”的唯一途径

我国目前的绿色建筑评价标识分为设计标识和运行标识，设计标识的出台，从设计源头将绿色建筑要求落实到施工图纸上，对于鼓励我国绿色建筑发展起到了很好的推动作用。但是从现在调研的部分绿色建筑来看，很多获得绿色建筑设计标识的绿色建筑在实际建成和运行后并不“绿色”，在落实当时的施工图纸方面大打折扣，很多节能措施或者节水措施在设计图纸里有，但是实际施工的时候由于其他原因而没有真正实施，或者有些系统上线之后，并没有实际的运行，因此产生了很多图纸上的绿色建筑或者不运行的绿色建筑，这显然与当初的设计理念是相违背的。因此要避免此类现象的继续发生，必须对绿色建筑进行运行检测，通过实际的检测数据对其效果进行评价，以判断其是否满足当初的设计要求。另外，绿色建筑中各种绿色生态技术的适用性和实际效果如何，也需要检测数据来进行评判，因此绿色建筑运行好坏的唯一评判标准，必须是实际的检测数据。

2. 是当前各种绿色建筑补贴政策得以落实的重要依据

发展绿色建筑顺应当前社会可持续发展的需求，因此从国家层面各种支撑绿色建筑发展的法规政策相继出台。财政部和住房城乡建设部于 2012 年 4 月 27 日共同推出《关于加快推动我国绿色建筑发展的实施意见》，明确规定 2012 年高星级绿色建筑给予的财政奖励补贴政策。如何有效实施这些补贴，以真正推动绿色建筑的发展，现在也没有统一的依据和标准。唯一可行的办法就是对绿色建筑质量进行验收检测，对绿色建筑实际性能效果进行验收和评价，以实际检测数据作为评价绿色建筑质量的重要依据，使两部委推行的补贴政策做到有据可依，并能切实推进绿色建筑朝着高质量方向发展。

3. 为量化绿色建筑评价指标提供数据来源

我国现有的《绿色建筑评价标准》中规定的技术指标大部分只有定性描述，并没有进行量化，究其原因主要是我国的绿色建筑处于发展阶段，可供参考的关于绿色建筑中涉及的各种技术性能指标以及整体效果性能指标数据较少，也就无法建立起相应的数据库来指导具体指标的量化工作。同时，单项绿色建筑技术在实际运行的效果如何，与设计有多大偏差，该如何改进，没有实际检测数据也就无从知晓。对绿色建筑进行实际检测，可积累大量有关绿色建筑实际运行效果的数据，为评价指标量化和绿色建筑技术改进提供数据来源和支持。

三、绿色建筑检测应关注的问题

1. 抽样数量的确定

抽样数量决定检测的精确度和检测成本，如何在满足检测精确度要求的基础上减少抽样数量，这是在绿色建筑检测中需要关注的问题。对于绿色建筑检测中常见的几项检测参数的抽样，应考虑要点如表 2-6 所示。

常见检测指标抽样数量考虑要点汇总表　　**表 2-6**

检测指标	抽样时应考虑的要点
照度和照明功率密度	至少应涵盖检测对象建筑的主要功能房间，如办公建筑中的办公区，会议室，多功能厅，走道，电梯厅，楼梯间，地下车库等； 住宅建筑主要考虑公共区域，如走道、门厅、电梯厅、地下车库等； 考虑不同层数的相同功能房间； 考虑现场检测条件的难易程度； 考虑对小业主影响的大小
室内背景噪声的检测	应考虑最不利工况典型房间的室内背景噪声，如靠近机房，靠近电梯井，靠近马路，室内空调末端可开启； 在满足典型房间的情况下，再考虑总体抽样数量，可根据总体检测费用酌情增加或减少

续表

检测指标	抽样时应考虑的要点
外墙隔声和楼板撞击声性能检测	应考虑不同外墙构造形式的隔声效果，对于有两种以上外墙构造形式的，应对每种构造至少选择一面墙体进行测试； 对于楼板撞击声隔声性能检测，面层装修材料不同的构造形式，如常见的木地板和地砖，应分别进行测试和评价
室内污染物浓度检测	抽样数量是不少于总体房间的5% 在竣工验收阶段，已按照《民用建筑工程室内环境污染控制规范》GB 50325-2010进行一房一验的，在运行阶段，可根据现场实际情况，对每栋楼按照不少于3间的最少抽样数量进行抽样检测

2. 检测工况的要求

检测工况是对检测结果进行评判的基础，选择合适的检测工况，对于检测参数的评价具有重要意义。这里针对几项常见的检测参数的工况进行总结叙述，如表2-7所示。

常见检测参数检测工况要求汇总表 **表2-7**

<table>
<tr><th>参数名称</th><th colspan="3">检测工况要求</th></tr>
<tr><td>冷水机组 COP</td><td colspan="3">单台冷机负载率达到60%以上；
最好选择夏季制冷季高峰负荷或者冬季供暖季高峰负荷</td></tr>
<tr><td>太阳能热水系统</td><td colspan="3">太阳辐照量短期测试不应少于4d，每一太阳辐照量区间测试天数不应少于1d，太阳能辐照量区间应满足下列要求：
太阳辐照量小于8MJ/(m^2·d)；
太阳辐照量大于等于8MJ/(m^2·d)且小于12MJ/(m^2·d)；
太阳辐照量大于等于12MJ/(m^2·d)且小于16MJ/(m^2·d)；
太阳辐照量大于等于16MJ/(m^2·d)</td></tr>
<tr><td rowspan="3">室内污染物浓度</td><td rowspan="2">按照《民用建筑工程室内环境污染控制规范》GB 50325-2010的要求检测</td><td>甲醛、苯、氨、总挥发性有机化合物(TVOC)</td><td>对于集中空调的民用建筑，应在空调正常运转的条件下进行；
对采用自然通风的民用建筑，应在对外门窗关闭1h后进行。
装饰装修工程中完成的固定式家具，应保持正常使用状态</td></tr>
<tr><td>氡</td><td>对于集中空调的民用建筑，应在空调正常运转的条件下进行；
对采用自然通风的民用建筑，应在房间的对外门窗关闭24h以后进行</td></tr>
<tr><td colspan="2">按照《室内空气质量》GB/T 18883-2002的要求检测</td><td>采样前关闭门窗12h；
至少采样45min</td></tr>
<tr><td rowspan="2">室内背景噪声</td><td colspan="2">住宅</td><td>昼间工况：6:00~22:00；
夜间工况：22:00~6:00</td></tr>
<tr><td colspan="2">公建</td><td>昼间工况：6:00~22:00</td></tr>
</table>

3. 检测有效时间段的确定

检测结果是具有时效性的，因为建筑和设备系统以及整个室内环境是不断变化的。用不同检测指标在不同时间段的检测结果来评判建筑整体或者系统可能已失去同一环境条件下的比较基础，如水质检测在 2007 年，照度检测在 2008 年，暖通空调检测在 2009 年，如此三个检测报告作为评绿色建筑运行标识的证明文件是否有效，这也是实际检测中要注意的问题。每种检测指标参数随时间的变化，其性能稳定性和有效性如何，检测人员只有牢牢把握住这一点，才能确定合理的检测时间段，做到既能达到评价的目的而又降低检测的成本。这里列举一些常见检测参数的时效性，如表 2–8 所示。

常见检测参数检测时间有效性汇总表 **表 2–8**

参数名称	对应时效	绿建检测要求
雨水或中水水质	反映当时工况下处理后的水质情况	要求物业每月或者每季度自检一次，或者委托有资质的第三方机构检测
给水水质	反映当时工况下的供水水质情况	对于每次清洗水箱后，委托有资质的第三方机构检测
环境噪声	反映当时噪声源下的环境噪声水平情况	运行阶段应重新由第三方检测机构进行检测
照度	反映当时工况下的照度水平	运行阶段应重新由第三方检测机构进行检测
室内污染物浓度	反映当时工况下的污染物浓度水平	运行阶段应重新由第三方检测机构进行检测

四、绿色建筑检测的特点

1. 检测内容广

绿色建筑检测涉及室外环境、室内环境、暖通空调系统、给水排水系统、建筑围护结构、建筑室内照明、可再生能源、楼宇自控等内容，对应的专业要求涉及环境工程、电气、暖通空调、给水排水、材料、化工等、整个检测过程是由多学科和多专业共同配合完成的。

2. 检测工况复杂

绿色建筑运行阶段的检测是在建筑运行之后进行的，整个建筑系统和环境都处于运行变化之中，检测工况复杂多变。如暖通空调系统，其制冷负荷是随着建筑物整体负荷的变化而处于动态调节中；室内环境质量，由于有人的活动和室内各种软装家具的加入也处于变化之中。建筑围护结构传热系数检测，在实际检测中经常碰到建筑中石膏板吊顶已封好，此时进行屋顶传热系数检测已不具备条件；还有建筑中实际功能房间功能的变化，如会议室改成办公室；另外，场地环境噪声检测，建筑建造前已进行环评阶段的检测，但建成之后，由于周围环境的变化，如建筑周围又新建一栋建筑或者商场，对于此种检测工况条件变化的情况，应根据现场实际条件考虑重新检测，以反映真实的绿色建筑运行情况。

3. 检测周期跨度时间长

绿色建筑运行阶段的检测由于内容多，并且每项检测内容都有各自的检测条件要求，如建筑围护结构传热系数要求在最冷月进行，建筑年供暖空调能耗要求进行一个完整的供冷供暖周期的连续测量，水质检测要求每隔一段时间（一个月或一个季度）进行抽检，如此计算下来，整个绿色建筑运行阶段的检测周期跨度时间长，因此针对这些检测内容如何合理安排绿色建筑全年的检测工作也显得很重要。

五、绿色建筑检测应把握的原则

结合绿色建筑发展理念和实际的项目经验，绿色建筑检测需要把握好以下几个原则：

1. 经济性

绿色建筑运行检测应切实根据实际项目技术特点，有针对性地选择检测内容，不应该千篇一律，检测过程中应注意各项检测内容的相关性，重点把握整体的检测费用，不应出现较高的检测成本增量，一般根据项目体量，总检测成本控制在 15 万元以下。检测前要与业主进行充分沟通，了解项目运行的技术细节，有针对性地制定检测方案，避免重复性检测和不必要的检测，达到真正评估绿色建筑运行质量的效果。

2. 可操作性

对于绿色建筑检测，应考虑现场检测方法的可操作性，对于检测过程复杂和检测成本投入较大的检测方法，应该尽量避免，尽量选择一些快速便捷，又能满足检测进度要求的标准方法。对于绿色建筑中无标准检测方法的技术设施的验收，业主方应委托有技术实力的检测单位，由受委托的检测方给出该项检测内容的非标检测方法的检验细则，并进行相关的确认来完成检测工作。

3. 与其他建筑工程验收的有效结合

绿色建筑检测并不是一项单独的建筑工程验收活动，它是基于常规建筑节能验收以及其他一些政策法规的基础上进行的，因此对于之前已有的检测验收证明文件，应根据实际情况，可以采纳作为绿色建筑实效运行结果的证明文件的部分或者全部，达到降低抽样数量或者完全无需再进行额外检测的目的，实现降低检测成本。对于不必检或者可以采信其他证明文件的检测项，如竣工验收或者进场验收的相关资料，包括材料产品的型式检验报告、报建阶段的检测报告、竣工验收的检测报告、调试验收报告、能效测评报告、节能竣工验收检测报告等。

根据笔者对实际项目的总结，绿色建筑真正需要检测的内容不多，只需比普通的建筑验收多大约 30%的检测工作量，70%左右的检测内容可通过核查其他工程验收资料的方式进行。

4. 检测工作的合理安排

由于绿色建筑涉及的检测内容多，各个检测项有不同的检测工况要求，因此对于绿色建筑检测工作，应编制全年检测工作安排表，把握最佳检测时间来完成检测工作。如室内背景噪声和室内污染物浓度检测，应选择建筑物所有装修工作完成并投入使用后检测；冷水机组 *COP* 应选择夏季最热和冬季最冷时间段分别进行检测；采光系数则应选择阴天较多的 11 月份进行检测。

六、绿色建筑检测内容要点

依据《绿色建筑评价标准》GB/T 50378-2019 并结合今后绿色建筑发展方向，对绿色建筑涉及的检测内容归纳如下：

1. 室外环境检测

室外环境检测参数如表 2-9 所示。

室外环境检测参数表　　**表 2-9**

序号	检测参数
1	场地土壤氡浓度
2	建筑周围电磁辐射
3	施工场地污废水
4	施工场地废气
5	光污染
6	环境噪声
7	住区热岛强度
8	室外空气质量

2. 室内环境检测

室内环境检测参数如表 2-10 所示。

室内环境检测参数表　　**表 2-10**

序号	检测参数
1	室内新风量
2	室内空气污染物浓度
3	室内背景噪声
4	楼板和分户墙空气声隔声性能
5	楼板撞击声隔声性能
6	拔风井自然通风效果
7	拔风井自然通风效果
8	室内采光系数
9	导光筒自然采光效果
10	室内温湿度

3. 围护结构热工性能检测

围护结构热工性能检测参数如表 2-11 所示。

围护结构热工性能检测参数表　　**表 2-11**

序号	检测参数
1	传热系数
2	热桥部位内表面温度

续表

序号	检测参数
3	隔热性能
4	热工缺陷
5	遮阳系数
6	可见光透射比
7	外窗气密性能

4. 暖通空调系统检测

暖通空调系统检测参数如表 2-12 所示。

暖通空调系统检测参数表 **表 2-12**

序号	检测参数
1	冷水(热泵)机组实际性能系数
2	冷源系统能效系数
3	水系统供回水温差
4	水泵效率
5	风系统总风量
6	支路风量
7	风量系统平衡度
8	风机单位风量耗功率
9	锅炉热效率
10	循环水泵耗电输热比
11	空调热回收装置热交换效率
12	热电冷联供系统年平均综合利用率

5. 给水排水系统检测

给水排水系统检测参数如表 2-13 所示。

给水排水系统检测参数表 **表 2-13**

序号	检测参数
1	非传统水源水质
2	污水排放水质
3	生活热水水质
4	建筑管道漏损量
5	生活给水系统入户管表前供水压力

6. 照明和供配电系统检测

照明和供配电系统检测参数如表 2-14 所示。

照明和供配电系统检测参数表　　表 2-14

序号	检测参数
1	照度
2	照明功率密度
3	灯具效率
4	灯具一般显色指数
5	分项计量电能回路用电量校核

7. 可再生能源系统性能检测

可再生能源系统检测参数如表 2-15 所示。

可再生能源系统检测参数表　　表 2-15

序号	检测参数
1	太阳能热利用系统性能
2	太阳能光伏系统性能
3	地源热泵系统性能

8. 监测和控制系统性能检测

监测和控制系统检测参数如表 2-16 所示。

监测和控制系统检测参数表　　表 2-16

序号	检测参数
1	活动外遮阳监控系统
2	送(回)风温及湿度监控系统
3	空调冷源水系统压差监控系统
4	照明及动力设备监控系统
5	室内空气质量监控系统
6	安全防范系统
7	信息网络系统

9. 建筑年供暖空调能耗和总能耗检测

建筑年供暖空调能耗和总能耗检测参数如表 2-17 所示。

建筑年供暖空调能耗和总能耗检测参数表　　表 2-17

序号	检测参数
1	建筑年供暖空调能耗
2	建筑年总能耗

10. 绿色建筑检测常用设备工具

对于绿色建筑现场检测常用的设备如表 2-18 所示。

绿色建筑检测常用检测设备 表 2-18

序号	设备名称	用途
1	照度计	建筑室内照度检测,采光系数检测
2	室内环境多功能测量仪	室内舒适度检测
3	电能质量分析仪	用电功率、电压、电流以及谐波等检测
4	单钳式功率表	用电功率、电压、电流检测
5	超声波流量计	流体流量检测
6	压力记录仪	管道压力及水泵供回水压差检测
7	精密小叶轮风速仪	管道风速检测
8	大叶轮风速仪	风口风速检测
9	热球式风速仪	室内或者管道风速检测
10	手持式压差计	管道动压、静压检测
11	温度热流巡回检测仪	墙体传热系数检测,热桥温度检测
12	高精度温度检测仪	冷水机组供回水温度检测
13	红外高精度测温仪	高温表面检测
14	表面温度计	空调管道表面检测
15	刺入式温度计	空调保温管道表面温度检测
16	温湿度计(数显)	室内温湿度检测
17	手持式声级计	环境噪声
18	多通道建筑声学成套检测设备	墙体隔声、楼板撞击声检测
19	太阳总辐射表	太阳能热利用系统检测
20	空盒气压表	环境压力检测
21	便携式红外线 CO_2 分析仪	示踪气体法检测室内换气系数
22	场强仪	电磁辐射检测
23	土壤氡浓度检测仪	土壤氡浓度检测
24	可见光分光光度计	室内空气中甲醛、氨等污染物检测
25	气相摄谱仪	室内空气中苯、TVOC 等污染物检测

七、典型检测案例

1. 苏州物流中心绿色建筑运行检测

(1) 项目概况

苏州物流中心大厦位于苏州工业园综合保税区，总建筑面积为 74000m^2，其中地上 57000m^2，地下 17000m^2，容积率为 2.59，大楼高度为 99m，地上 26 层，地下 1 层，裙房为 3 层（图 2-61）。

图 2-61　苏州物流中心

该项目应用的绿色生态技术如下：

1）点釉玻璃幕墙；

2）屋顶绿化；

3）活动外遮阳；

4）太阳能热水；

5）雨水收集；

6）VAV 变风量；

7）地板送风；

8）冰蓄冷；

9）水蓄热；

10）排风余热回收；

11）自然导光技术；

12）IBMS 系统。

（2）检测内容

依据该项目的技术特点，收集项目运行过程中的运行证明文件，最后确定该项目需现场检测的内容如表 2-19 所示。

检测内容列表　　**表 2-19**

序号	检测内容
1	场地环境噪声
2	室内背景噪声
3	室外空气质量
4	室内污染物浓度
5	照度、照明功率密度
6	雨水处理后的水质
7	污水排放水质

（3）具体应用过程

针对已整理的检测内容，对抽样数量、检测指标、检测工况要求进行确定，具体如下：

1）抽样数量优化和确定

建筑室内照度以及室内背景噪声检测的抽样数量如何确定，在现有绿色建筑检测中也是没有明确标准的。对此依据该项目的特点，考虑检测的经济性和抽样的代表性，基于建筑功能房间的不同以及方位楼层的不同，各选取一间房间进行照度值检测。室内背景噪声则是根据建筑功能房间的不同、建筑方位不同、离各种敏感噪声源的不同，如靠近马路、靠近电梯井、靠近新风机房等各选择一间房间进行检测。

2）检测指标优化

绿色建筑检测需要从整个绿色建筑发展理念出发，尽量降低增量成本和达到检测评估目的。基于以上考虑，对于本次检测中的室外空气质量检测指标以及雨水系统检测进行认真分析，目前现有的《环境空气质量标准》GB 3095-2012 中关于空气质量的指标有 10 项，考虑到该项目周边空气污染源主要是餐饮厨房排放的油烟，而厨房油烟废气经油烟净化器处理后达标排放，因此对周边环境影响不大，分析建筑周边空气中的主要污染物成分，最后确定环境空气质量检测指标为：SO_2、CO、CO_2、PM_{10}、NO_2、TSP 共 6 个指标。另外，关于雨水水质指标检测的问题，通过认真分析该项目雨水系统特点，所有回用雨水均通过屋顶收集，且建筑周边环境较好，无其他可造成水质恶化的污染源，收集的雨水水质本身就比较好，标准中涉及的如重金属含量以及油脂等指标可不用检测，通过综合分析，最后确定雨水系统检测的水质指标为：pH 值、五日生化需氧量（BOD_5）、化学需氧量（COD_{Cr}）、浊度、氨氮、阴离子表面活性剂、色度、悬浮物（SS）共 8 个指标。

3）检测工况改进

检测工况是决定检测结果是否有效的重要条件，不满足要求的检测工况，检测结果一般不具有可比性，也就不能作为判定的依据。因此，针对该项目的检测内容，对其检测工况要求作详细的分析，具体如下：

① 室内空气质量检测：在废气排放源比较活跃的阶段进行采样，如厨房工作时间段，上下班高峰时间段。

② 废水，雨水指标检测：废水的抽样应该在一天中整个大楼中用水量最大的时候，最好是在白天，工作时间段进行取样。雨水应该在雨水系统正常工作的时间段进行取样检测。

③ 室内背景噪声检测，最好在噪声源发声的时间段进行采样测量。

④ 室内污染物浓度检测：需新风机组开启，外窗关闭的情况下进行采样。

⑤ 室内照度检测：最好是在夜晚无其他光源干扰的情况下进行，白天则采用难透光的窗帘遮挡后再进行检测。

（4）现场检测照片

现场检测照片如图 2-62~图 2-65 所示。

图 2-62　污水排放指标检测

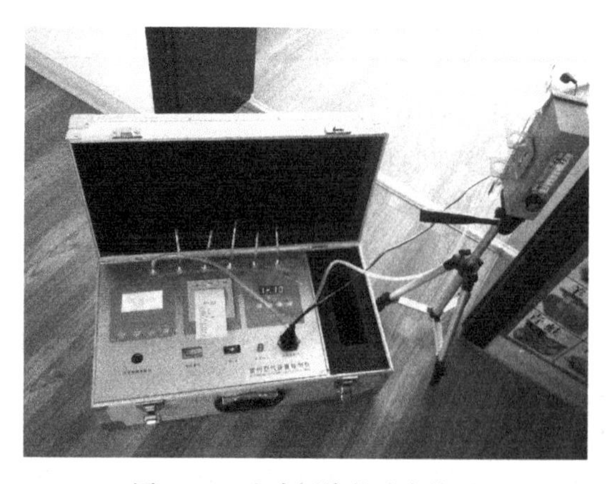

图 2-63　室内污染物浓度检测

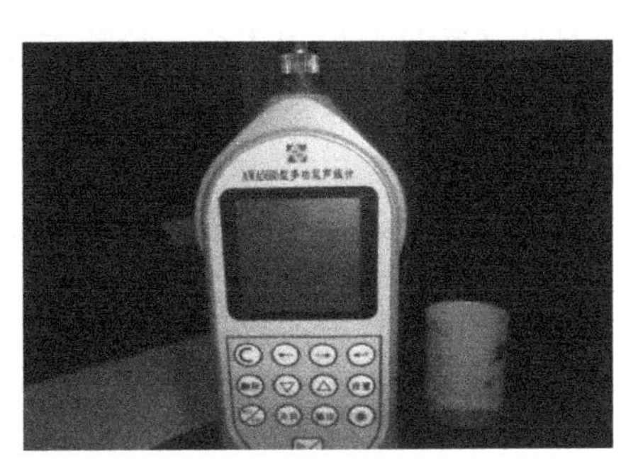

图 2-64 室内背景噪声检测

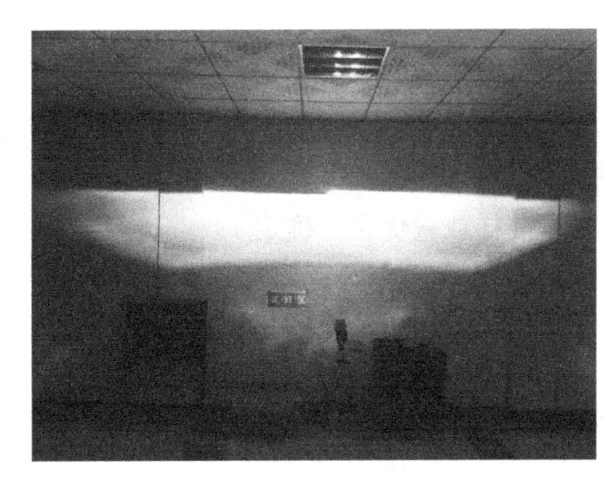

图 2-65 室内光照度检测

2. 博世（中国）研发总部大楼

（1）项目概况

博世（中国）研发总部大楼位于上海虹桥经济园区，占地 28631m²，建成后将成为博世集团在中国的业务枢纽。博世（中国）研发总部大楼投资总额达 1.2 亿欧元，预计于 2011 年竣工。根据设计说明，新大楼的总建筑面积为 78043m²，地面部分为 9 层，面积 50848m²；地下面积为 27195m²。竣工后，博世将在新大楼里配置办公区域、研发设施和培训中心。主要建筑结构形式为钢筋混凝土框架抗震墙结构，设计使用年限为 50 年，抗震设防类别为丙类，抗震设防烈度为 7 度；屋面为钢筋混凝土现浇混凝土屋面。

该项目应用的绿色生态技术如下：

1）太阳能热水；

2）太阳能光伏；

3）地源热泵 ；

4）活动外遮阳；

5）雨水收集；

6）屋顶绿化；

7）转轮热回收；

8）智能照明系统。

（2）检测内容

依据该项目的技术特点，收集项目运行过程中的运行证明文件，最后确定该项目需现场检测的内容如表 2-20 所示。

检测内容列表 **表 2-20**

序号	检测内容
1	场地环境噪声
2	室内背景噪声
3	室外空气质量
4	室内污染物浓度
5	照度、照明功率密度
6	雨水处理后的水质
7	污水排放水质

（3）具体检测过程

针对已整理的检测内容，通过已有的研究成果，对抽样数量、检测指标、检测工况要求进行确认，具体如下：

1）抽样数量优化和确定

建筑室内照度以及室内背景噪声检测抽样数量的确定：基于建筑功能房间的不同以及方位楼层的不同，各选取一间房间进行照度值检测。室内背景噪声则是根据建筑功能房间的不同、建筑方位不同、离各种敏感噪声源的不同，靠近马路、靠近电梯井、靠近新风机房等各选择一间房间进行检测。

2）检测指标优化

对于本次检测中的室外空气质量检测指标以及雨水系统检测进行认真分析。该项目周边空气污染源主要是汽车尾气和食堂厨房油烟，因此确定环境空气质量检测指标为：SO_2、CO、CO_2、PM_{10}、NO_2、TSP 共 6 个指标。该项目中所用雨水均通过屋顶收集，且建筑周边环境较好，无其他可造成水质恶化的污染源，收集的雨水水质本身就比较好，标准中涉及的如重金属含量以及油脂等指标可不用检测，通过综合分析，最后确定雨水系统检测的水质指标为：PH 值、五日生化需氧量（BOD_5）、化学需氧量（COD_{Cr}）、浊度、氨氮、阴离子表面活性剂、色度、悬浮物（SS）共 8 个指标。

3）检测工况改进

针对该项目的检测内容，对其检测工况要求作详细的分析，具体如下：

① 室外空气质量检测：在废气排放源比较活跃的上下班高峰时间段进行采样。

② 废水、雨水指标检测：废水的抽样应该在一天中整个大楼中用水量最大的时候，最好是在白天工作时间段进行取样。雨水应该在雨水系统正常工作的时间段进行取样检测。

③ 室内照度检测：最好是在夜晚无其他光源干扰的情况下进行，白天则采用难透光的窗帘遮挡后再进行检测。

（4）现场检测照片

现场检测照片如图 2-66~图 2-71 所示。

图 2-66　场地环境噪声检测

图 2-67　室内照度检测

图 2-68　雨水取样

图 2-69　废水取样

图 2-70　室内污染物检测

图 2-71　室外空气质量检测

第三章　绿色生态城区碳排放计量

第一节　碳排放计量的背景

绿色生态城区建设是我国城镇化进程中，推动生态文明建设与应对气候变化的重要实施平台之一。自《京都议定书》签订以来，各缔约成员国相继对减排目标做出承诺。2009年的哥本哈根气候会议上，我国做出温室气体减排承诺：到2020年我国单位GDP温室气体排放比2005年减少40%~45%，并以此作为强制性指标纳入国家发展规划。2015年的巴黎气候会议上，我国再次向世界做出节能减排的具体承诺：我国将在2030年左右二氧化碳排放达到峰值，并争取尽早实现，届时森林蓄积量比2005年增加45亿m^3。根据大会所签订的协议，力争将21世纪地球的平均温升控制在2℃以内，并将全球温升控制在机器革命时期水平之上的1.5℃以内。

面对具体的节能减排承诺，我国出台相应的节能减排工作方案。《“十三五”控制温室气体排放工作方案》(国发〔2016〕61号文）中提出，到2020年，单位GDP温室气体排放比2015年下降18%，对温室气体排放总量进行有效控制。支持优化开发区域碳排放率先达到峰值，力争部分重化工业2020年左右实现率先达峰，能源体系、产业体系和消费领域低碳转型取得积极成效。全国碳排放权交易市场启动运行，应对气候变化法律法规和标准体系初步建立，统计核算、评价考核和责任追究制度得到健全，低碳试点示范不断深化，减污减碳协同作用进一步加强，公众低碳意识明显提升。

在建筑领域节能减排方面，我国于2006年发布第一版《绿色建筑评价标准》GB/T 50378-2006，目前已发展到第三版（《绿色建筑评价标准》GB/T 50378-2019)，以此推动建筑单体的节能减排。在此基础上，为进一步推动建筑领域的节能减排，国家发展改革委于2007年出台《关于开展低碳省区和低碳城市试点工作的通知》，要求在广东、辽宁、湖北、陕西、云南五省和天津、重庆、深圳、厦门、杭州、南昌、贵阳、保定八市开展首批低碳试点工作。2012年，财政部、住房城乡建设部发布《关于加快推动我国绿色建筑发展的实施意见》，提出积极发展绿色生态城区的要求，并要求新区规划建设按照绿色、生态、低碳理念编制完成总体规划、控制性详细规划，以及建筑、市政、能源等专项规划，并建立相应的指标体系。在这一政策的推动下，地方政府与建设单位积极展开绿色生态城区的规划和建设工作。住房城乡建设部2013年公布的《“十二五”绿色建筑和生态城区发展规划》提出：到“十二五”期末，新建绿色建筑10亿m^2，建设一批绿色生态城区、绿色农房，引导农村建筑按绿色建筑的原则进行设计和建造。选择100个城市新建区域（规划新区、经济技术开发区、高新技术产业开发区、生态工业示范园区等）按照绿色生态城区标准规划、建设和运行。并指出要“确定100个左右不小于1.5km^{2}的城市新区按照绿色生态城区的指标因地制宜进行规划局建设”。绿色生态城区的建设，把单体建筑节能减排推广到中微观尺度的“城区”空间的节能减排。

在绿色生态城区建设过程中，规划主管部门以及建筑主管部门都面临一个问题：生态城区建成后究竟排出多少温室气体。这个排放数据为后续制定生态城区碳排基准线以及制定对应的节能减排措施，具有重要的支撑作用。因此，必须要制定一个统一的针对生态城区的碳排放计量方法和清单，以推动后续生态城区碳盘查和核证工作的开展。

第二节　碳排放统计范围

《京都议定书》中规定的温室气体主要有6种：二氧化碳（CO_2）、甲烷（CH_4）、氧化亚氮（N_2O）、氢氟碳化合物（HFCs）、全氟碳化合物（PFCs）、六氟化硫（SF_6）。这六种气体的来源概述如下：

1. 二氧化碳（CO_2）

大气中的二氧化碳是植物光合作用合成碳水化合物的原料，它的增加可以增加光合产物，无疑对农业生产有利。同时，它又是具有温室效应的气体，对地球热量平衡有重要影响，因此它的增加又通过影响气候变化而影响农业。此外，大气中具有温室效应的微量气体还有甲烷、氯氟烃、一氧化碳、臭氧等，总的温室效应中二氧化碳的作用约占一半，其余为以上各种微量气体的作用。

二氧化碳浓度有逐年增加的趋势，20世纪50年代其质量分数年平均值约315ppm，20世纪70年代初已增加至325ppm，已超过345ppm，平均每年增加1.0~1.2ppm，或每年约以0.3%的速度增长。综合多数测定结果，在工业革命以前的二氧化碳质量分数为275ppm。

大气中二氧化碳浓度增加的主要原因是工业化以后大量开采使用矿物燃料。1860年以来，由燃烧矿物质燃料排放的二氧化碳，平均每年增长率为4.22%，而近30年各种燃料的总排放量每年达到50亿t左右。

大气中二氧化碳增加的另一个主要原因是采伐树木作燃料。森林原是大气碳循环中一个主要的“库”，每平方米的森林可以同化1~2kg的二氧化碳。砍伐森林则把原本是二氧化碳的“库”变成又一个向大气排放二氧化碳的“源”。据世界粮农组织（FAO）估计，20世纪70年代末期每年约采伐木材24亿m^3，其中约有一半作为燃柴烧掉，由此造成的二氧化碳质量分数增加量每年可达0.4ppm左右。

根据以上综合分析，如果按现二氧化碳等温室气体浓度的增加幅度，到21世纪30年代，二氧化碳和其他温室气体增加的总效应将相当于工业化前二氧化碳浓度加倍的水平，可引起全球气温上升1.5~4.5℃，超过人类历史上发生过的升温幅度。由于气温升高，两极冰盖可能缩小，融化的雪水可使海平面上升20~140cm，对海岸城市会有严重的直接影响。

2. 甲烷（CH_4）

甲烷是天然气的主要成分，是一种洁净的能源气体，同时它是大气中一种重要的温室气体，其吸收红外线的能力是二氧化碳的 26 倍左右，其温室效应要比二氧化碳高 22 倍，占整个温室气体贡献量的 15%，其中空气中的含量约为 2ppm。

甲烷是在缺氧环境中由产甲烷细菌或生物体腐败产生的，沼泽地每年会产生 150Tg（1T=1012）、消耗 50Tg，稻田产生 100Tg、消耗 50Tg，牛羊等牲畜消化系统的发酵过程产生 100~150Tg，生物体腐败产生 10~100Tg，合计每年大气层中的甲烷含量会净增 350Tg 左右。它在大气中存在的平均寿命在 8 年左右。

3. 氧化亚氮（N_2O）

氧化亚氮在大气层中的存在寿命是 150 年左右，尽管在对流层中是化学惰性的，但是可以利用太阳辐射的光解作用在同温层中将其中的 90%分解，剩下的 10%可以和活跃的原子氧 O（1D）反应而消耗掉。即使如此，大气层中的 N_2O 仍以每年 0. 5~3Tg 的速度净增。

氢氟碳化物（HFCs）、六氟化硫（SF6）、全氟碳化物（PFCs）多用于替代蒙特尔议定书列为管制破坏臭氧层物质（ODS）：氟氯碳化物（CFCs）。HFCs、PFCs 相关用途包括冰箱空调冷媒、灭火剂、气胶、清洗溶剂、发泡剂等；而 SF_6 则有用于绝缘气体、灭火剂等。这三类管制温室气体在制造及使用阶段均可能造成排放。

因此，绿色生态城区中涉及以上 6 种温室气体排放的活动均应统计其温室气体排放量。我国已于 2017 年 7 月 31 日颁布《绿色生态城区评价标准》GB/T 51255-2017，该评价标准包括的主要内容有：土地利用；生态环境；绿色建筑；资源与碳排放；绿色交通；信息化管理；产业与经济；人文；技术创新。

基于以上评价评价内容，绿色生态城区的温室气体排放和移除统计范围如表 3-1 所示。

绿色生态城区温室气体排放和移除汇总表 **表 3-1**

类型		温室气体排放活动
建筑	新建建筑	建材生产和运输所带来的温室气体排放； 施工建造消耗能源带来的温室气体排放； 运营期间消耗的能源带来的温室气体排放
	既有建筑	运营期间消耗的能源带来的温室气体排放； 建筑维护修缮消耗的能源带来的温室气体排放
	工业建筑	工业建筑本身消耗的能源带来的碳排放； 工业生产消耗的能源带来的碳排放
交通		公交车消耗能源带来的温室气体排放； 私家车消耗能源带来的温室气体排放； 轨道交通消耗能源带来的温室气体排放； 共享电动车消耗能源带来的温室气体排放
水资源	自来水	自来水处理和运输消耗能源带来的温室气体排放
	中水	中水处理和运输消耗能源带来的温室气体排放
	污废水	生活污废水处理所带来的温室气体排放； 工业污废水处理所带来的温室气体排放

续表

类型	温室气体排放活动
废弃物	生活垃圾不同处理方式带来的温室气体排放
道路设施	路灯等道路公用设施,在使用过程中会消耗电能,由此带来温室气体排放
绿色空间	绿植光合作用所带来的固碳作用,具有减少温室气体排放的效果
可再生能源	太阳能热水系统降低其他供热设备用电或者燃料的用量,具有减少温室气体排放的效果; 太阳能光伏发电系统减少总体用电需求,具有减少温室气体排放的效果; 风光互补发电减少化石能源使用,具有减少温室气体排放的效果

按照最新颁布的《温室气体第一部分：组织层次上量化和报告温室气体排放和移除的指南说明》ISO 14064-1：2018，温室气体排放主要分为两类：一是直接温室气体排放；二是间接温室气体。其中直接温室气体排放包括 CO_2、CH_4、N_2O、NF_3、SF_6，需要单独列出其排放量。其他适当的温室气体类别（HFCs、PFCs），以 CO_2 当量表示。

间接温室气体排放包括如下几类：

（1）外购能源间接产生的温室气体排放：如外购电力、蒸汽、区域供冷量和供热量等。

（2）运输产生的间接温室气体排放：如制冷循环中的制冷剂泄漏、燃料产生和燃料运输/分配产生的上游排放；运输设备的建造（车辆和基础设施）。

（3）组织使用的产品产生的间接温室气体排放：上游货物运输和配送的排放，即货运排放由购买方付费的服务。

（4）与使用产品相关的间接温室气体排放。

（5）其他来源的间接温室气体排放。

基于以上分类，绿色生态城区的温室气体统计也可以按照直接排放、间接排放、碳汇以及碳中和进行分类，具体如表 3-2 所示。

温室气体排放类型分类汇总表　　**表 3-2**

排放类型	具体内容
直接排放	各种化石能源的直接利用,如餐饮厨房用天然气,供暖供热燃油等; 工艺生产所用有机溶剂带来的温室气体排放
间接排放	外购电力(建筑用电、工艺生产用电、共用道路设施用电等)所带来的温室气体排放; 区域供冷和供热(如生态城区自建的区域能源站,可考虑其上一级能源消耗如电力,蒸汽等)所带来的温室气体排放; 废水处理所带来的温室气体排放; 生活垃圾处理所带来的温室气体排放; 员工上下班交通通勤所带来的温室气体排放
碳汇	种植绿植带来的固碳效果
碳中和	采用太阳能热水系统带来的减排效果; 采用太阳能光伏系统带来的减排效果; 采用风光互补系统带来的减排效果

第三节 碳排放计量方法

碳排放计量方法是获得数据和确定某个碳排放源排放量的过程，计量方法应考虑技术的可行性以及经济性。温室气体碳排放量可以通过测量或者模型的方式获得。一般来说，温室气体排放量可以通过如下公式进行计算：

$$碳排放量(E)=生态城区活动数据(AD)\times排放量系数(EF)$$

式中 E——温室气体排放量；

AD——活动数据（包括能源使用量、废弃物使用量、交通工具数量等）；

EF——排放量系数（每一个单位活动量排放的温室气体数量）。

除了采用测量方法获取温室气体排放量外，还可以通过选择或建立模型的方式来进行排放量的量化。模型表征了排放源数据转化为排放量数据的过程。模型是在一系列假设和限制条件下的物理过程的简化。在选择模型时，应考虑模型的以下方面：

（1）模型的准确性；

（2）模型应用的限制条件；

（3）模型的不确定度和精度；

（4）模型结果的可复现性；

（5）模型的可接受性；

（6）模型的起源和识别水平；

（7）与预期用途的一致性。

下面针对绿色生态城区中常见的几种碳排放源和汇的碳排放和移除计算进行介绍。

一、生活废水处理碳排放

绿色生态城中有大量生活废水需排至污水处理厂进行处理。建筑中的生活废水若经无氧处理或处置，便会造成甲烷（CH_4）排放，还会造成氧化亚氮（N_2O）排放。废水的二氧化碳（CO_2）排放在《IPCC 2006 指南》中未予考虑，因为这些排放是生物成因，不应纳入建筑排放总量。建筑中的废水主要是生活废水，主要源自家庭用水的废水或者建筑中人的活动所产生的废水。

依据《IPCC 2006 指南》中关于生活废水推荐的计算方法，计算公式如下：

$$T_{CO_2}=P\cdot D\cdot SBF\cdot EF\cdot FTA\cdot GWP/1000$$

式中 T_{CO_2}——生活废水所产生的总的 CO_2 当量值，kg；

P——建筑中总人数，规划设计阶段采用设计数据，运行阶段采用物业统计数据；

D——人均生化需氧量中有机物含量，gBOD/(人·d)，默认值=60gBOD/(人·d)；

SBF——易于沉积的 BOD 比例，默认值=0.5；

EF——排放因子（$gCH_4/gBOD$），默认值=0.6；

FTA——在废水中无氧降解的 BOD 比例，默认值=0.8；

GWP——CH_4 的全球暖化潜值，取值应为 298。

二、生活垃圾处理碳排放

绿色生态城区固体废弃物包括生活垃圾、花园和公园垃圾、商业和公共机构垃圾。

生活垃圾物的处理和处置，产生大量的甲烷（CH_4）。除了甲烷之外，固体废弃物处置场所（SWDS）还产生生物源二氧化碳（CO_2）、非甲烷挥发性有机化合物（NMVOC）以及较少量的氧化亚氮（N_2O）、氮氧化合物（NO_x）和一氧化碳（CO）。建筑中，生活垃圾（MSW）是主要的废弃物，国内外学者研究垃圾填埋、焚烧等不同处理方式下的碳排放规律，依据联合国政府间气候变化专门委员会（IPCC）的推荐方法，对生活垃圾处理技术以及整个处理系统进行碳排放分析。

计算公式如下：

$$T_{CO_2e}=W\cdot(EF_{CO_2}\cdot GWP_{CO_2}+EF_{CH_4}\cdot GWP_{CH_4})$$

式中 T_{CO_2e}——垃圾处理所产生的总的 CO_2 当量值，kg；

W——总垃圾质量，kg；

EF_{CH_4},EF_{CO_2}——在具体垃圾处理条件下,单位质量垃圾排放的 CH_4、CO_2 量,其取值见表 3-9kg；

GWP_{CO_2},GWP_{CH_4}——分别为 CO_2 和 CH_4 的全球暖化潜值,依据表 3-5,取值分别为 1 和 25。

三、绿植固碳

目前，在绿色生态城中，主要的固碳方式为绿化，包括公共绿地，垂直绿化以及屋顶绿化等。

计算公式如下：

$$T_{CO_2e}=S\cdot EF_{CO_2}$$

式中 T_{CO_2e}——绿化所减少的 CO_2 当量值，kg；

S——绿化面积，m^2；

EF_{CO_2}——植物单位面积固碳能力，依据植物类型按表 3-8 进行取值，kg/m^2。

四、碳中和

绿色生态城区中涉及的碳中和类型包括太阳能光伏发电系统、太阳能热水系统。

1. 太阳能光伏发电系统碳中和量

计算公式如下：

$$T_{CO_2e}=Q\cdot EF_{grid,BM,y}\cdot GWP/1000$$

式中 T_{CO_2e}——太阳能光伏发电中和的 CO_2 当量值，kg；

Q——太阳能光伏系统发电量，kWh；

$EF_{grid,BM,y}$——电力排放因子，按照表 3-6 进行取值，tCO_2/MWh；

GWP——CO_2 全球暖化潜值，按照表 3-5 取值为 1。

2. 太阳能热水系统碳中和量

计算公式如下：

$$T_{CO_2e}=m\cdot c\cdot(t_r-t_l)\cdot EF_{grid,BM,y}\cdot GWP/1000$$

式中 T_{CO_2e}——太阳能热水系统中和的 CO_2 当量值，kg；

m——水的质量，kg；

c——水的定压比热容，取4.187，kJ/（kg·℃）；

t_r——供应热水温度，根据《建筑给排水设计规范》（GB50015-2003）热水供应系统中储热水箱的出口温度为60℃；

t_l——水的初始温度，参照《建筑给水排水设计规范》GB 50015-2003，取15℃；

r——太阳能热水系统保证率；

$EF_{grid,BM,y}$——电力排放因子，按照表3-6进行取值，tCO_2/MWh。

五、交通通勤碳排放

计算公式如下：

$$T_{CO_2e} = \sum_{i=1} n_i \cdot l_i \cdot EF_{i,tra} \cdot GWP_i$$

式中 n_i——某种交通工具的平均数量；

l_i——某种交通工具的年平均行驶里程数，km；

$EF_{i,tra}$——某种交通工具的单位里程碳排放系数，按表3-7进行取值，$kgco_2/km$。

六、其他排放源的碳排放

新建建筑建材生产和运输，施工建造碳排放计算按照《建筑碳排放计算标准》GB/T 51366-2019的要求进行。

第四节　碳排放活动数据来源

活动数据是计算碳排放量的重要数据之一，活动数据收集的质量决定碳排放计量结果的准确性。绿色生态城区建设，有其自身特点，如有完善的能源监管平台，各种电耗、水耗数据收集相对容易，可直接利用计量表具的数据，其他活动数据也可以从以下方面进行收集。

一、活动数据收集的途径

对于绿色生态城区中各种碳排放源碳排放活动数据的收集，可从以下几方面进行获取：

（1）各种能源账单：如用电、燃气收费账单、用水收费账单等。

（2）各种监测仪表数据：如电表、燃气表、水表读数等。

（3）燃料使用统计数据：如锅炉房使用燃煤燃油单据数据等。

（4）物业管理统计数据：如环卫部门针对某栋建筑每日每月垃圾输运数据。

（5）标准文献推荐数据：如制冷剂泄露量比例数据等。

（6）主管部门收费的规定数据：如废水排放量按照给水用量的90%计算。

表3-3是针对建筑中各种碳排放源活动数据收集的各种途径方式和优先推荐的数据来源。

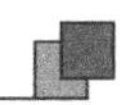

活动数据收集途径汇总表　　表 3-3

排放类型	数据类型	获取途径	优先推荐
直接排放	燃料用数据（燃气，燃油，燃煤等）	能源采购账单	√
		能源使用记录	
间接排放	电耗数据	分项计量数据	√
		电费账单	
	水耗数据	分项计量数据	√
		水费账单	
	废水排放量	分项计量数据	√
		水费账单	
	垃圾处理量	物业统计数据	
		环卫收费账单数据	√
碳汇	绿地面积	直接测量	√
		查阅竣工图纸	
碳中和	光伏发电量	计量表具数据	√
		依据太阳能光伏设备参数计算的数据	
	太阳能热水用量	计量表具数据	√
		依据太阳能设备参数计算的数据	
	非传统水源用量数据	计量表具数据	√
		依据用水系统参数计算的数据	

二、活动数据的评估

活动数据的可信度直接影响碳排放统计计量结果的精确性。对于同一种活动数据，可能有多种获取途径，对于采信何种数据需要对其可信度做出评估，应选择可信度最大的数据进行计算。数据可信度水平宜分为三档：优、中、低（表 3-4）。对所采信的活动数据可信度应进行评价并在报告中标注。例如对于外购电力的每月电费单、水费单、燃油、燃气采购清单以及使用计量仪表进行记录的燃油、燃气使用数据具有较高的可信度。对于未使用计量仪表进行记录的燃油、燃气使用数据具有中等可信度。对于制冷剂和灭火器泄漏量采信标准推荐的数值具有较低可信度。

活动数据可信度评估表　　表 3-4

数据类型	等级	备注
表具直接计量数据	优	如电耗、水耗等
账单数据	中	如电耗、水耗、垃圾处理等
设备参数计算数据	低	光伏发电量等
物业运行记录数据	中	燃料消耗等
文献资料推荐数据	低	制冷剂泄漏量等

第五节　碳排放因子的选择

排放因子是影响碳排放计量结果准确性的重要参数。同时，随着各种研究的深入和各种影响因素综合考虑的不断完善，各种碳排放的排放因子是不断变化的，具有一定的时效性，因此应采用最新公布的数值。

1. 优先采用地区、城市以及国家公布的数据或者国际公布的数据

对于国家权威部门（如国家发展改革委），其公布的排放因子数据是基于大量数据统计和监测基础上得出的，因此具有较高的可信度。

2. 采用文献研究公布的数据

文献研究公布的数据虽然不具备广泛性，但其研究成果还是有借鉴意义的，在无其他途径获取所需数据的情况下，是可以采信文献研究公布的排放因子数据的。

3. 采用最新公布的数据

随着各种研究的深入和各种影响因素综合考虑的不断完善，各种碳排放的排放因子是不断变化的，具有一定的时效性，因此应采用最新公布的数值。

表 3-5～表 3-10 是绿色生态城区温室气体排放计量中常用的排放因子。

温室气体 *GWP* 值　　　　**表 3-5**

气体名称	化学分子式	全球变暖潜值(*GWP*)
二氧化碳	CO_2	1
甲烷	CH_4	25
氧化亚氮	N_2O	298
氢氟碳化物(HFCs)		
HFC-23	CHF3	14800
HFC-32	CH2F3	675
HFC-41	CH3F	97
HFC-43-10mee	C5H2F10	1640
HFC-125	C2HF5	3500
HFC-134	C2H2F4(CHF2CHF2)	1100
HFC-134a	C2H2F4(CH2FCF3)	1430
HFC-143	C2H3F3(CHF2CH2F)	330
HFC-143a	C2H3F3(CF3CH3)	4470
HFC-152a	C2H4F2(CH3CHF2)	124
HFC-227ea	C3HF7	3220
Hfc-236fa	C3H2F6	9810
HFC-245ca	C3H3F5	640

续表

气体名称	化学分子式	全球变暖潜值(*GWP*)
氢氟醚类化合物(HFEs)		
HFE-7100	C4F9OCH3	500
HFE-7200	C4F9OC2H5	100
全氟碳化物(PFCs)		
四氟化碳	CF4	7390
六氟乙烷	C2F6	12200
八氟丙烷	C3F8	8830
十氟丁烷	C4F10	8860
八氟环丁烷	c-C4F8	10300
十二氟戊烷	C5F12	9160
全氟正乙烷	C6F14	9300
六氟化硫	SF6	22800

注:以上为 IPCC 2007 年公布的数据值。

2017 年各电网碳排放系数　　　　**表 3-6**

电网名称	$EF_{grid,OM,y}$(tCO_2/MWh)	$EF_{grid,BM,y}$(tCO_2/MWh)
华北区域电网	0.9680	0.4578
东北区域电网	1.1082	0.3310
华东区域电网	0.8046	0.4923
华中区域电网	0.9014	0.3112
西北区域电网	0.9155	0.3232
南方区域电网	0.8367	0.2476

注:以上为国家发展改革委 2018 年公布的数据值。

各种交通工具的碳排放系数　　　　**表 3-7**

类型		碳排放系数 *EF*($kgCO_2e$/km)
汽油车	>2.0L	0.29794
	1.4~2.0L	0.20765
	≤1.4L	0.16522
柴油车	>2.0L	0.23563
	1.7~2.0L	0.17755
	≤1.7L	0.14297
代用燃料汽车	中型混合动力汽车	0.11654
	大型混合动力汽车	0.20667
	中型石油液化气汽车	0.13474
	大型液化石油气汽车	0.27234
	中型压缩天然气汽车	0.17024
	大型压缩天然气汽车	0.24364

注:上表来自于:http://www.tanpaifang.com/tanpancha/2013/0917/24250.html。

各种植物单位面积 CO_2 固定量（kg/m^2）　　表 3-8

植物类型	单位面积[$g/(m^2 \cdot d)$]	整株固碳量(g/d)
乔木	8.06	429.18
灌木	12.89	169.25
常绿植物	9.83	298.76
落叶植物	9.19	403.64

注:上表来自于史红文等,《武汉市 10 种优势园林植物固碳释氧能力研究》。

垃圾处理碳排放因子　　表 3-9

处理过程	EF_{CH_4}(kg/kg)	EF_{CO_2}(kg/kg)
填埋+沼气发电	0.009	0.234
燃烧发电		0.561
好氧堆肥	0.334	0.334
填埋+沼气燃烧	0.009	0.234
准好氧填埋	0.009	0.234
好氧预处理+填埋	0.009	0.291
厌氧处理	0.047	0.128

注:上表来自于李欢等,《生活垃圾处理的碳排放和减排策略》。

生活用水及污废水碳排放系数　　表 3-10

类型	碳排放系数(kg/m^3)
生活用水	0.168
市政中水	0.35
生活废水	0.44
工业废水	0.16

注:以上来自于《建筑碳排放计算标准》GB/T 51366-2019 附录 D 表 D.0.1;王曦溪等,《1998-2008 年我国废水污水处理的碳排放量估算》。

第六节　案例介绍[①]

一、项目概况

项目规划用地面积约 $5km^2$，按照规划常住人口规模约 3 万人。目标定位总部商务、科技研发、生态绿地为核心功能，居住、服务、休闲等配套功能的综合型城区。

① 本案例为示例，不作为标准，仅供参考。

二、碳排放目标

项目近期和远期人均碳排放目标分别为6.0 tCO_2/a 和6.5tCO_2/a。

三、碳排放计算

1. 建筑碳排放

建筑全寿命周期内的碳排放包括建设阶段的碳排放、运营阶段的碳排放和拆除阶段的碳排放。根据《中国城市住区 CO_2排放量计算方法》得知建筑全寿命周期内，建筑运营阶段的碳排放量最大约86%左右，其次是建材生产和运输阶段约为12%，建筑施工阶段占1%，建筑拆除阶段排放量占1%。该项目建筑碳排放仅计算运营阶段的碳排放量。

建筑类型有居住建筑，公共建筑包括学校建筑、商业建筑、商业综合体等。由于项目处于规划设计阶段，因此建筑的碳排放主要考虑其运营阶段消耗的能源所带来的碳排放。

（1）居住建筑碳排放

根据项目控规普适图则进行统计，近期住宅户数为2033套，根据《项目能源专项规划方案》，近期的地块要求能耗降低率不低于10%，要求节能的户数为547户，远期总户数为10707户，其中能耗降低不低于10%的为4697户，能耗降低不低于20%的为343户。

参考《民用建筑能耗标准》GB/T 51161-2016，夏热冬冷地区居住建筑非供暖能耗指标：综合电耗指标约束值为3100kWh/（a·户），燃气消耗指标约束值为240m^3/（a·户），常规节能住宅的能耗按照约束值取值，节能降低率不低于10%的建筑能耗指标取综合电耗指标为2790kWh/（a·户），节能降低率不低于20%的住宅建筑能耗指标取综合电耗指标为2480kWh/（a·户）。根据《2017年度减排项目中国区域电网基准线排放因子》，华东区域电网为0.8046t CO_2/MWh，根据碳排放交易网数据，天然气的二氧化碳排放系数为2.1622kg CO_2/ m^3。居住建筑近期碳排放为5989.38 tCO_2/a（0.60万t CO_2/a），远期碳排放为31005.1t CO_2/a（3.1万t CO_2/a），如表3-11所示。

居住建筑碳排放计算统计表　　表3-11

分期	总户数	节能户数	综合电耗指标约束值[kWh/(a·户)]	燃气消耗指标约束值[m^3/(a·户)]	电耗(kWh/a)	燃气耗量(m^3/a)	二氧化碳排放量(tCO_2/a)
近期	2033	547	3100	240	6132730	487920	5989.38
远期	10707	4769	3100	240	31629300	2569680	31005.10

（2）公共建筑碳排放

1）学校建筑碳排放

根据《控制性详细规划修编》，规划区内基础教育设施用地面积为9.18hm^2，其中完中规划新增1所36班，用地面积为4.89hm^2，参考《普通中小学建设标准》DG/TJ08-12-2004规定：中心城内36班完中，平均用地面积指标为20.08m^2/人，则完中学生人数为2435人；小学规划新增1所35班，用地面积为2.28公顷，参考《普通中小学建设标准》DG/TJ08-12-2004规定：生均用地面积指标为19.36m^2/人，则小学人数为1178人；幼托规划新增3所，其中近期1所，远期2所，用地面积分别为0.65hm^2、0.69hm^2、0.67hm^2，规模均为15班，参考《托儿所、幼儿园建筑设计规范》JGJ 39-2016规定，每班幼儿园28人，合计1260人，其中近期420人。参照《上海市中小学建筑能耗与节能潜力分析》，学校建筑的能耗取值为110kWh/（人·a），则学校类建筑碳排放计算见表3-12，近期碳排放量为356.94（tCO_2/a），远期碳排放量431.29（tCO_2/a）。

学校建筑碳排放计算 **表3-12**

建筑类型	人数(人)		能耗指标[kWh/(人·a)]	能耗(kWh/a)		碳排放系数 tCO_2/MWh	碳排放量(tCO_2/a)	
	近期	远期		近期	远期		近期	远期
完全中学	2435	2435	110	267850	267850	0.8046	215.51	215.51
小学	1178	1178	110	129580	129580	0.8046	104.26	104.26
幼儿园	420	1260	110	46200	138600	0.8046	37.17	111.52
合计							356.94	431.29

2）其他公共建筑碳排放

根据上海市地方标准《大型商业建筑合理用能指南》DB31/T552-2017，百货店及购物中心单位建筑面积年综合能耗合理值为82kgce/（m^2·a），先进值为63kgcg/（m^2·a），电力换算成标准煤的换算系数为0.288kgce/kWh，则该项目常规节能建筑单位建筑面积年综合能耗取合理值284.72kWh/（m^2·a），能耗降低10%的商业建筑能耗指标取值为256.25kWh/（m^2·a），能耗降低20%的商业建筑能耗指标取值为227.78kWh/（m^2·a）；根据上海市地方标准《综合建筑合理用能指南》DB31/T795-2014，办公区域集中式空调系统建筑单位建筑综合能耗47kgce/（m^2·a），先进值为33kgce/（m^2·a），则办公区域建筑单位建筑综合能耗157kWh/（m^2·a），能耗降低10%取值为141kWh/（m^2·a），能耗降低20%取值为125kWh/（m^2·a）。体育馆能耗参考《大中型体育馆建筑合理用能指南》DB31/T989-2016，体育馆单位建筑面积年综合能耗等效电指标取值为70kWh/（m^2·a）；医院能耗参考上海市地方标准《市级医疗机构建筑合理用能指南》，单位面积综合电耗限额210kWh/（m^2·a），根据建筑节能规划，该项目能耗降低10%，则取值为189kWh/（m^2·a）；文化设施类建筑参考《大型公共文化设施建筑合理用能指南》DB31/T554-2015，社区文化中心单位建筑面积能耗取52kWh/（m^2·a），其他文化建筑单位建筑面积能耗取105kWh/（m^2·a）。

除学校外其他类公共建筑碳排放近期碳排放量为11.33万tCO_2/a，远期碳排放量26.13万tCO_2/a（表3-13）。

其他类公共建筑碳排放统计计算 **表3-13**

建筑类型	建筑面积(m^2)			单位面积能耗[kWh/(m^2·a)]	碳排放量(万tCO_2/a)		备注
	总面积	近期	远期新增		近期	远期	
科研办公	317290.5	123678	193612.5	141.3	1.4061	3.6073	能耗降低10%
科研办公(C65)	172318.6	154850.6	17468	157	1.9561	2.1768	
商务办公	239912.16	239912.2	0	141.3	2.7276	2.7276	能耗降低10%
商务办公(C8C2Rr3)	45325.5	0	45325.5	110	0	0.4012	能耗降低20%
商务办公	126781.23	79246.98	47534.25	110	0.7014	1.1221	
商业	139154.52	102027.32	37127.2	256.25	2.1036	2.8691	能耗降低10%

 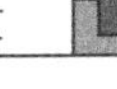

续表

建筑类型	建筑面积(m^2)			单位面积能耗[$kWh/(m^2 \cdot a)$]	碳排放量(万 tCO_2/a)		备注
	总面积	近期	远期新增		近期	远期	
商业(C8C2Rr3)	12361.5	0	12361.5	227.78	0	0.2266	能耗降低20%
商业	159928.22	100857.02	59071.2	284.72	2.3105	3.6637	
商业综合体项目(C8C2m)	399083	0	399083	227.776	0	7.3139	能耗降低20%
社区服务中心(Rc9)	3258	0	3258	90	0	0.0236	
社区商业(Rc2)	7597	5778	1819	90	0	0.0550	
社区文化中心(Rc)	19230	19230	0	52	0.080	0.080	
体育馆(C4)	5443.2	0	5443.2	70	0.000	0.031	
文化(C3)	55062.45	0	55062.45	105	0.000	0.465	
医院(C5)	78202	0	78202	189	0.000	1.189	能耗降低10%
住宅配套商业(C8Rr3)	24352.65	0	24352.65	90	0	0.1763	
合计					11.33	26.13	

综上所述，各类型建筑碳排放统计见表3-14，则建筑近期碳排放合计为11.96万tCO_2/a，远期碳排放合计为29.27万tCO_2/a。

不同类型建筑碳排放统计 **表3-14**

建筑类型	二氧化碳排放量(tCO_2/a)	
	近期	远期
居住建筑	5989.38	31005.1
学校建筑	356.94	431.29
其他类型公共建筑	113275.20	261286.00
合计	119621.52	292722.39

2. 交通碳排放计算

据《上海绿色交通发展年度报告（2017版）》，上海轨道交通能耗随线网规模和运力增长同步上升，2017年达到60.5万tce。截至2017年12月底，全市共投放各类节能和新能源等环保型公交车7766辆，约占全市公交车总量的50%。另据《2017年上海市综合交通运行年报》，上海轨道交通2017年日均客运量969万乘次，则平均碳排放为0.1711kgce/乘次。

根据《上海第五次综合交通调查报告》，上海人均出行次数为2.16次，平均出行距离为6.9km/次（表3-15）。

上海交通出行相关数据信息表 **表3-15**

交通出行指标	指标值
常住人口人均出行次数	2.16次/d
出行距离	6.9km/次

注：信息来源于网站信息"《上海第五次综合交通调查报告》"。

据《综合交通专项规划》对各地块交通方式结构的预测，总交通结构为轨道交通19.9%，公交25.4%，个体小汽车20.5%，慢行交通34.2%，公共交通分担率合计达到44.3%，具体见图3-1。

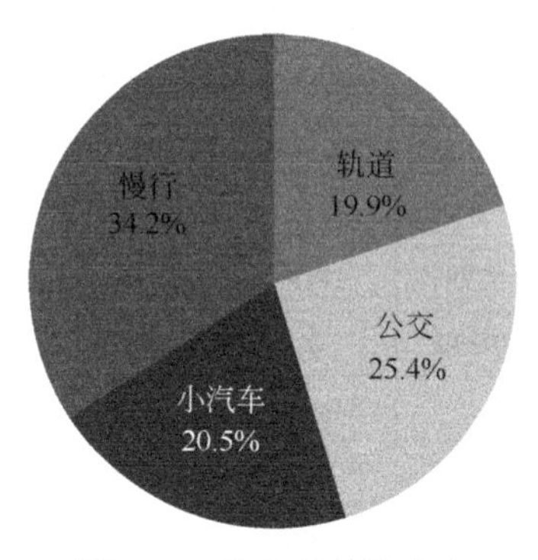

图3-1　总交通结构分布

根据本书第三节关于交通通勤碳排放公式，生态城交通碳排放计算如表3-16所示。

碳排放计算表　　　　**表3-16**

阶段	出行结构	出行比例（%）	平均每天出行距离		单位出行距离能耗		碳排放因子		平均每天碳排放量		年碳排放量
近期	公交	25.40	113568.48	km	140	kWh/百公里	0.8367	t/MWh	66.52	t	5.54万 tCO_2/a
			—	—	45	L/百公里	2604.8	g/L	66.56	t	
	小汽车	20.50	91659.6	km	8	L/百公里	2263	g/L	16.59	t	
	轨道	19.90	12895.2	乘次	—	—	0.1711	kg/乘次	2.21	t	
远期	公交	25.40	245686.48	km	140	KWh/百公里	0.8367	t/MWh	143.90	t	11.99万 tCO_2/a
			—	—	45	L/百公里	2604.8	g/L	143.99	t	
	小汽车	20.50	198290.27	km	8	L/百公里	2263	g/L	35.90	t	
	轨道	19.90	27896.62	乘次	—	—	0.1711	kg/乘次	4.77	t	

从上表可以看出，近期总碳排放约5.54万tCO_2/a，远期碳排放约11.99万tCO_2/a。

3. 水资源碳排放

水资源碳排放包括生活用水、生活废水、非传统水源（包括河道水和雨水），这里分近期和远期分别进行计算。

（1）近期

1）总需水量

居民生活用水标准参照《城市居民生活用水量标准》GB/T 50331-2002进行取值，标准规定上海市日用水量标准为120~180L/（人·d）。其他用地用水量标准（除绿地用水外）参照《城市给水工程规划规范》GB/T 50282-2016。考虑基地位于中心城内，居住生活用水量标准规划采用160L/（人·d），日变化系数为1.3，规划区人口为0.6万人，考虑一定管网漏损水量（10%），则规划区居民生活最高日需水量为1372.80m^3/d，其他用地用水量计算见表3-17。

规划区其他用地用水量预测表 **表 3-17**

用地性质		用地面积 (hm^2)	最高日用水量指标 [$m^3/(hm^2 \cdot d)$]	最高日需水量 (m^3/d)	备注
居住用地(R)					Rr 外的其他居住用地
中	社区级公共服务设施用地(Rc)	1.67	80	133.60	
	基础教育设施用地(Rs)	7.82	120	938.40	
公共设施用地(C)					
中	商业服务业用地(C2)	7.75	100	775.00	
	教育科研设计用地	21.00	100	2100.00	
	商务办公用地(C8)	23.49	100	2349.00	
道路广场用地(S)					
中	广场用地(S5)	0.73	30	21.90	
	其他交通设施用地(S9)	0.35	20	7.00	
市政公用设施用地(U)		0.42	40	16.80	
其中	公共绿地	61.10	10	611.00	
	生产防护绿地	5.13	10	51.30	
水域		2.05			
合计				7004.00	

根据以上计算，居住用地最高日需水量0.14万m^3/d，其他用地最高日需水量0.70万m^3/d，未预见水量按8%考虑，则规划区总的最高日需水量为0.90万m^3/d，日变化系数为1.3，平均日用水量为0.70万m^3/d，年城区用水总量为254.01万m^3/a。

2）生活污水量

根据居民生活用水量标准和规划人口规模，地区日均居民生活污水量约为990m^3/d。详见表3-18。

基地居民生活污水量预测表 **表 3-18**

地块名称	人口 (万人)	排水标准 [L/(人·d)]	旱流污水量 (m^3/d)	地下水渗入量 (m^3/d)	日均污水量 (m^3/d)
项目地块	0.6	150	900	90	990

根据控详规划，除居住用地外其他用地污水量约为4051.05m^3/d，具体如表3-19所示。

核心区其他用地污水量预测表 **表 3-19**

用地性质		用地面积(hm^2)	污水标准[$m^3/(hm^2 \cdot d)$]	平均日污水(m^3/d)
居住用地(R)				
其中	社区级公共服务设施用地(Rc)	1.67	55	91.85
	基础教育设施用地(Rs)	7.82	83	649.06
公共设施用地(C)				

续表

用地性质		用地面积(hm^2)	污水标准[m^3/(hm^2·d)]	平均日污水(m^3/d)
其中	商业服务业用地(C2)	7.75	69	534.75
	教育科研设计用地(C6)	21.00	69	1449
	商务办公用地(C8)	23.49	55	1291.95
道路广场用地(S)		1.08	21	22.68
市政公用设施用地(U)		0.42	28	11.76
合计				4051.05

日均污水总量为0.50万m^3/d，年污水总量为184.00万m^3/d。

3）非传统水源用水量

该项目公共绿地和防护绿地拟全部采用河道水进行绿化浇灌，沿河地块内的绿地浇灌采用河道水回用和市政用地的80%道路浇洒采用雨水回用水，则该项目非传统水源利用量为2.5万m^3/a，各项用水的统计见表3-20。

非传统水源各项用水统计 **表3-20**

用地性质		最高日需水量(m^3/d)	非传统水源利用率目标	非传统水源利用需水量(万m^3·a)
居住和公共设施用地	住宅组团用地(Rr)	94.33	4%	0.14
	社区级公共服务设施用地(Rc)	133.38	8%	0.40
	基础教育设施用地(Rs)	77.95	8%	0.23
	商业服务业用地(C2)	132.37	2.50%	0.12
	商务办公用地(C8)	305.59	8%	0.28
道路广场用地	广场用地(S5)	21.9	80%	0.64
	其他交通设施用地(S9)	7	80%	0.20
市政公用设施	供应设施用地(U)	16.8	80%	0.49
合计				2.5

另外，公共绿地和生产防护绿地拟采用河道水进行浇灌，绿化浇洒用水的用水量指标为10m^3/（hm^2·d），则年绿化浇灌用水量为24.17万m^3/a（表3-21）。

近期公共绿地汇总 **表3-21**

用地性质	近期绿化面积(万m^2)
公共绿地	61.10
生产防护绿地	5.13
合计	66.23

因此，非传统水源年需求量为26.67万m^3/a。

4）自来水量

自来水则根据总需水量254.01万m^3/a，去掉非传统水源量26.27万m^3/a，近期自来

水日需求量为 227.74 万 m^3/a。

5）近期水资源碳排放计算

结合碳排放系数，近期水资源碳排放计算汇总如表 3-22 所示。

近期水资源碳排放汇总　　**表 3-22**

水资源类别	水资源总量(m^3/a)	碳排放系数($kgCO_2/t$)	碳排放量($kgCO_2/a$)
自来水	277400	0.35	97090
非传统水源	262700	0.35	91945
生活污水	1840000	0.44	809600
合计			998635

近期水资源碳排放量为 0.10 万 tCO_2/a。

（2）远期

1）总需水量

居民生活用水标准参照《城市居民生活用水量标准》GB/T 50331-2002 进行取值，标准规定上海市日用水量标准为 120～180L/（人·d）。其他用地用水量标准（除绿地用水外）参照《城市给水工程规划规范》GB/T 50282-2016。考虑基地位于中心城内，居住生活用水量标准规划采用 160L/（人·d），规划区人口为 2.9 万人，日变化系数取 1.3，考虑一定管网漏损水量（10%），则规划区居民生活最高日需水量为 6635.20m^3/d，其他用地用水量计算见表 3-23。

规划区其他用地用水量预测表　　**表 3-23**

用地性质			用地面积(hm^2)	最高日用水量指标[$m^3/(hm^2·d)$]	最高日需水量(m^3/d)	备注
居住用地(R)			57.7			
其中	住宅组团用地(Rr)					按人口测算
	其中	二类住宅组团用地(Rr2)	2.43			
		三类住宅组团用地(Rr3)	43.91			按人口测算
	社区级公共服务设施用地(Rc)		2.17	80	173.6	
	基础教育设施用地(Rs)		9.18	120	1101.6	
公共设施用地(C)			110.15			
其中	行政办公用地(C1)		2.4	80	192	
	商业服务业用地(C2)		18.79	100	1879	
	文化用地(C3)		4.93	100	493	
	体育用地(C4)		0.34	100	34	
	医疗卫生用地(C5)		3.91	120	469.2	
	教育科研设计用地		42.37	100	4237	
	商务办公用地(C8)		36.53	100	3653	
	其他公共设施用地(C9)		0.88	80	70.4	
对外交通用地(T)			1.99			
其中	铁路用地		1.99	30	59.7	

续表

用地性质		用地面积 (hm^2)	最高日用水量指标 [$m^3/(hm^2 \cdot d)$]	最高日需水量 (m^3/d)	备注
道路广场用地(S)		117.4			
其中	道路用地(S1)	113.75	20	2275	
	广场用地(S5)	2.77	30	83.1	
	其他交通设施用地(S9)	0.88	20	17.6	
市政公用设施用地(U)		4.25			
其中	供应设施用地(U1)	3.25	40	130	
	邮电设施用地(U2)	0.33	40	13.2	
	施工与维修设施	0.18	40	7.2	
	消防设施用地(U6)	0.49	40	19.6	
绿地		120.48			
	公共绿地	88.03	10	880.30	
	生产防护绿地	32.45	10	324.50	
建设用地合计		411.96			
水域		7.86			
合计		419.82		16113.00	

根据以上计算，居住用地最高日需水量0.66万m^3/d，其他用地最高日需水量1.61万m^3/d，未预见水量按8%考虑，则规划区总的最高日需水量为2.45万m^3/d，日变化系数为1.3，平均日用水量为1.85万m^3/d，年城区用水总量为675.25万m^3/a。

2）生活污水量

根据居民生活用水量标准和规划人口规模，城区日均居民生活污水量约为4790.06m^3/d。详见表3-24。

基地居民生活污水量预测表 **表3-24**

地块名称	人口	排水标准	旱流污水量	地下水渗入量	日均污水量
	(万人)	(L/人·d)	(m^3/d)	(m^3/d)	(m^3/d)
	2.90	150	4350	435	4785

根据控详规划，除居住用地外其他用地污水量约为9739.94m^3/d，具体如表3-25所示。

核心区其他用地污水量预测表 **表3-25**

用地性质		用地面积 (hm^2)	最高日用水量指标 [$m^3/(hm^2 \cdot d)$]	污水标准 [$m^3/(hm^2 \cdot d)$]	平均日污水 (m^3/d)
居住用地(R)					
其中	社区级公共服务设施用地(Rc)	2.17	80	55	141.79
	基础教育设施用地(Rs)	9.31	120	83	918
公共设施用地(C)					

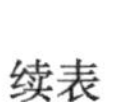

续表

用地性质		用地面积(hm^2)	最高日用水量指标[$m^3/(hm^2 \cdot d)$]	污水标准[$m^3/(hm^2 \cdot d)$]	平均日污水(m^3/d)
其中	行政办公用地(C1)	2.40	80	55	156.82
	商业服务业用地(C2)	18.79	100	69	1540.25
	文化用地	4.97	100	69	407.4
	体育用地	0.34	100	69	27.87
	医疗卫生用地(C5)	3.91	120	83	385.54
	教育科研设计用地(C6)	42.53	100	69	3486.27
	商务办公用地(C8)	36.52	80	55	2386.22
	其他公共设施用地(C9)	0.88	100	69	72.14
对外交通用地(T)					
	铁路用地(T1)	2.01	30	21	50.15
道路广场用地(S)					
	其他交通设施用地(S9)	0.90	30	21	22.45
市政公用设施用地(U)					
其中	供应设施用地(U1)	3.36	40	28	111.77
	邮电设施用地(U2)	0.33	40	28	10.98
	消防设施用地(U6)	0.49	40	28	16.3
	施工与维修设施	0.18	40	28	5.99
合计		129.09			9739.94

日均污水总量为1.45万m^3/d，年污水总量为529.25万m^3/d。

3）非传统水源

该项目公共绿地和防护绿地拟全部采用河道水进行绿化浇灌，沿河地块内的绿地浇灌采用河道水和市政用地的80%道路浇洒采用雨水回用水，则该项目非传统水源利用量为13.17万m^3/a，各项用水的统计见表3-26。

非传统水源各项用水统计 **表3-26**

用地性质		最高日需水量(m^3/d)	非传统水源利用率目标	非传统水源利用需水量(万m^3/a)
居住和公共设施用地	住宅组团用地(Rr)	1011.3	4%	1.47
	社区级公共服务设施用地(Rc)	133.38	8%	0.39
	基础教育设施用地(Rs)	157.93	8%	0.46
	商业服务业用地(C2)	226.88	2.50%	0.21
	体育用地(C4)	34	2.5%	0.03
	教育科研设计用地(C65)	400	8%	1.17
	商务办公用地(C8)	423.33	8%	0.39
铁路用地	铁路用地(T1)	59.7	80%	1.74

续表

用地性质		最高日需水量(m^3/d)	非传统水源利用率目标	非传统水源利用用需水量(万 m^3/a)
道路广场用地	广场用地(S5)	83.1	80%	2.43
	其他交通设施用地(S9)	17.6	80%	0.51
市政公用设施	供应设施用地(U1)	130	80%	3.80
	邮电设施用地(U2)	13.2	80%	0.39
	施工与维修设施(U4)	7.2	80%	0.21
	消防设施用地(U6)	19.6	80%	0.57
合计				13.77

另外，公共绿地和生产防护绿地拟采用河道水进行浇灌，绿化浇洒用水的用水量指标为 10m^3/（hm^2·d），则年绿化浇灌用水量为 43.98 万 m^3/a（表 3-27）。

远期公共绿地汇总 **表 3-27**

用地性质	远期绿化面积(万 m^2)
公共绿地	88.03
生产防护绿地	32.45
合计	120.48

因此，非传统水源年需求量为 57.75 万 m^3/a。

4）自来水量

自来水则根据总需水量 675.25 万 m^3/a，去掉非传统水源量 57.75 万 m^3/a，远期自来水日需求量为 569.5 万 m^3/a。

5）远期水资源碳排放计算

结合碳排放系数，远期水资源碳排放计算汇总表如表 3-28 所示。

远期水资源碳排放汇总 **表 3-28**

水资源类别	水资源总量(m^3/a)	碳排放系数($kgCO_2e$/t)	碳排放量($kgCO_2$/a)
自来水	5695000	0.35	1993250
非传统水源	577500	0.35	202125
生活污水	5292500	0.44	2328700
合计			4524075

远期水资源碳排放量为 0.45 万 tCO_2/a。

4. 垃圾碳排放

（1）近期

近期人口为 0.6 万人，根据控规，居民人均生活垃圾量按 0.9kg/d 计，商办建筑按人均 0.15kg/d 计，科研办公按人均 0.38kg/d 计。近期居住生活垃圾处理汇总见表 3-29。

近期居住生活垃圾汇总 **表 3-29**

类型	数值
人口(人)	6000
居民生活垃圾产生量[kg/(人·d)]	0.9
年垃圾产生量(kg)	1971000
可回收垃圾(kg)	689850
填埋垃圾(kg)	1281150

而商办和科研建筑面积统计如表 3-30 所示。

近期建筑面积汇总 **表 3-30**

建筑类型	建筑面积(m^2)
商业	192555.94
商务办公	338436.66
科研办公	278528.60

根据上海统计，人均商业用地面积为 $4m^2$，人均商务办公和科研办公用地面积为 $8m^2$。由上可知，商业、商务和科研的人口，并预测出城区近期商办和科研用地的年垃圾产生总量，如表 3-31 所示。

商办、科研垃圾产生总量 **表 3-31**

建筑类型	商业	商务办公	科研办公
建筑面积(m^2)	192555.94	338436.66	278528.60
人均建筑面积(m^2/人)	4.00	8.00	8.00
预测人口(人)	48139	42305	34816
预测垃圾产生量(kg/d)	7220.85	6345.69	13230.11
年垃圾产生总量(kg)	2635609.43	2316175.89	4828989.60
可回收垃圾(kg)	922463.30	810661.56	1690146.36
填埋垃圾(kg)	1713146.13	1505514.33	3138843.24

根据上表和垃圾碳排放计算公式，可知近期垃圾碳排放量为 7089.85tCO_2/a（表 3-32）。

近期垃圾碳排放计算 **表 3-32**

垃圾类型	总量(kg)	碳排放系数(kgCO_2/kg)	碳排放量(tCO_2/a)
可回收垃圾	4113121.22	-0.33	-1373.78
填埋垃圾	7638653.70	1.11	8463.63
合计			7089.85

（2）远期

远期人口为 2.9 万人，根据控规，居民人均生活垃圾量按 0.9kg/d 计，商办建筑按人均 0.155kg/d 计，科研办公按人均 0.38kg/d 计。远期垃圾处理汇总见表 3-33。

远期垃圾汇总 表 3-33

类型	数值
人口(人)	29000
居民生活垃圾产生量[kg/(人·d)]	0.9
年垃圾产生量(kg)	9526500
可回收垃圾(kg)	3334275
填埋垃圾(kg)	6192225

而商办和科研建筑面积统计如表 3-34 所示。

远期建筑面积汇总 表 3-34

建筑类型	建筑面积(m^2)
商业	208662.34
商务办公	303819.66
科研办公	37581.6

根据上海统计，人均商业用地面积为 $4m^2$，人均商务办公和科研办公用地面积为 $8m^2$。由上可知，商业、商务和科研的人口，并预测出城区近期商办和科研用地的年垃圾产生总量（表 3-35）。

商业、商务、科研垃圾产生总量 表 3-35

建筑类型	商业	商务办公	科研办公
建筑面积(m^2)	742476.89	435258.21	489609.10
人均建筑面积(m^2/人)	4.00	8.00	8.00
预测人口(人)	185619	54407	61201
预测垃圾产生量(kg/d)	27842.88	8161.09	23256.43
年垃圾产生总量(kg)	10162652.43	2978798.37	8488597.77
可回收垃圾(kg)	3556928.35	1042579.43	2971009.22
填埋垃圾(kg)	6605724.08	1936218.94	5517588.55

根据上表和垃圾碳排放计算公式，可知远期垃圾碳排放量为 1.89 万 tCO_2/a（表 3-36）。

远期垃圾碳排放计算 表 3-36

垃圾类型	总量(kg)	碳排放系数($kgCO_2/kg$)	碳排放量(tCO_2/a)
可回收垃圾	10904792.00	-0.33	-3598.58
填埋垃圾	20251756.58	1.11	22479.45
合计			18880.87

5. 景观碳汇计算

（1）近期

根据地块控制指标表的规划动态，对近期开展规划的地块进行汇总，近期公共绿地

61.10hm²，生产防护绿地5.13hm²。附属绿地根据《上海市绿化行政许可审核若干规定》，结合项目区位，居住用地、新建学校、医院、疗休养院所、公共文化设施绿地率不得低于35%，机关团体、部队、体育类建设项目绿地率不得低于30%，交通设施、邮电设施、环卫设施、消防、防汛等市政类建设项目、宾馆类建设项目绿地率不得低于25%，商业、商办类建设项目绿地率不得低于20%，新建地面主干道路红线内的绿地面积不得低于道路用地总面积的20%。根据以上要求，可计算得到近期附属绿地为19.87hm²（表3-37）。

近期附属绿地面积统计　　**表3-37**

用地性质		用地面积(hm²)	绿地率(%)	绿地面积(hm²)
居住用地(R)		17.00	35	5.95
公共设施用地(C)				
其中	商业服务业用地(C2)	7.75	20	1.55
	教育科研设计用地(C6)	21.00	35	7.35
	商务办公用地(C8)	23.49	20	4.70
道路广场用地(S)		1.08	20	0.22
市政公用设施用地(U)		0.42	25	0.11
绿地面积合计				19.87

规划区绿地主要分为三类，根据地块控制指标表，可知近远期不同绿地建设周期，近期建设绿地如表3-38所示。

近期各类绿化面积统计　　**表3-38**

用地性质	近期绿化面积(万m²)	CO_2 固定量[kg/(m²·a)]	碳排放量(tCO_2/a)
公共绿地	61.10	20.2	12342.20
生产防护绿地	5.13	13.4	687.42
附属绿地	19.87	1.2	238.44
合计	86.10	——	13268.06

由上可知，近期景观碳汇总量为13268.06tCO_2/a。

（2）远期

同理，公共绿地和生产防护绿地面积根据控规中规划用地表，分别为88.03hm²和32.45hm²。根据相关规定，远期城区附属绿地面积为75.12hm²，具体计算见表3-39。

附属绿地计算表　　**表3-39**

用地性质		用地面积(hm²)	绿地率(%)	绿地面积(hm²)
居住用地(R)		57.7	35	20.20
公共设施用地(C)		110.15		29.99
其中	行政办公用地(Cl)	2.4	30	0.72
	商业服务业用地(C2)	18.79	20	3.76
	文化用地(C3)	4.93	35	1.73

续表

用地性质		用地面积(hm^2)	绿地率(%)	绿地面积(hm^2)
其中	体育用地(C4)	0.34	30	0.10
	医疗卫生用地(C5)	3.91	35	1.37
	教育科研设计用地(C6)	42.37	35	14.83
	商务办公用地(C8)	36.53	20	7.31
	其他公共设施用地(C9)	0.88	20	0.18
对外交通用地(T)		1.99		0.40
其中	铁路用地(T1)	1.99	20	0.40
道路广场用地(S)		117.4		23.48
其中	道路用地(S1)	113.75	20	22.75
	广场用地(S5)	2.77	20	0.55
	其他交通设施用地(S9)	0.88	20	0.18
市政公用设施用地(U)		4.25		1.06
其中	供应设施用地(U1)	3.25	25	0.81
	邮电设施用地(U2)	0.33	25	0.08
	施工与维修设施(U4)	0.18	25	0.05
	消防设施用地(U6)	0.49	25	0.12
绿地面积合计				75.12

远期绿地统计如表 3-40 所示。

远期各类绿化面积统计　　表 3-40

用地性质	远期绿化面积(hm^2)	CO_2 固定量[$kg/(m^2 \cdot a)$]	碳排放量(tCO_2/a)
公园绿地	88.03	20.2	17782.06
防护绿地	32.45	13.4	4348.30
附属绿地	75.12	1.2	901.44
合计	195.60	——	23031.80

由上可知，远期景观碳汇总量为 23031.80tCO_2/a。

6. 可再生能源利用碳减排量计算

可再生能源利用规划布局见《能源专项规划方案》，可再生能源利用量总计为 1079258.18kgce，其中近期可再生能源利用量为 524603.86kgce，则近期可再生能源利用减少的碳排放为 1465.61tCO_2/a，远期减少的碳排放为 3015.18tCO_2/a（表 3-41）。

可再生能源利用量统计　　表 3-41

分类		可再生能源利用量(kgce)	
		近期	远期
太阳能生活热水	居住建筑	59452.40	391836.45
	医院	0.00	6891.79

续表

分类	可再生能源利用量(kgce)	
	近期	远期
太阳能光伏屋顶	318900.16	534278.64
步行光伏连廊	146251.30	146251.30
合计	524603.86	1079258.18

四、碳排放汇总

碳排放来源包括建筑、交通、水资源和固体废物，而景观可形成一定的碳汇量，近期和远期碳排放计算情况分别见表3-42和表3-43。近期：总排放量为16.83万tCO_2/a，单位地域面积碳排放86.53$kgCO_2/(m^2 \cdot a)$，单位人均碳排放量为5.61$tCO_2/$（人·a），单位GDP碳排放为0.090$tCO_2/$万元。远期：总排放量为41.00tCO_2/a，单位地域面积碳排放97.62$kgCO_2/(m^2 \cdot a)$，单位人均碳排放量为6.32$tCO_2/$（人·a），单位GDP碳排放为0.174$tCO_2/$万元。

碳排放量核算　　**表3-42**

碳排放类型	碳排放量(万tCO_2/a)	
	近期	远期
建筑	11.96	29.27
交通	5.54	11.99
水处理	0.10	0.45
垃圾	0.71	1.89
小计	18.31	43.60
景观碳汇	1.33	2.3
可再生能源碳汇	0.15	0.30
小计	1.48	2.60
合计	16.83	41.00

碳排放指标计算　　**表3-43**

分期	碳排放(万tCO_2/a)	划面积(hm^2)	人口(人)	生产总值(亿元)	单位地域面积碳排放[$kgCO_2/(m^2.a)$]	单位人口碳排放[$tCO_2/$(人·a)]	单位GDP碳排放($tCO_2/$万元)
近期	16.83	194.5	3	188	86.53	5.61	0.090
远期	41.00	420	6.49	235	97.62	6.32	0.174

第四章 绿色金融和绿色生态城区

绿色生态城区是新型城镇化的重要体现形式，其建设与运营蕴含大量的金融需求，与近年来快速发展的绿色金融紧密相关。绿色金融追求金融活动与环境保护、生态平衡的协调发展，最终实现经济社会的可持续发展。在绿色金融融入绿色生态城区的整个生命周期中，绿色金融成为绿色生态城区投融资机制创新的试验平台，也使得绿色生态城区获得可持续运营和发展。

第一节 绿色金融简介

绿色金融具体是指为支持环境改善、应对气候变化和资源节约高效利用的经济活动，即对环保、节能、清洁能源、绿色交通、绿色建筑等领域的项目融资、项目运营、风险管理等所提供的金融服务。除业务外，环境和社会风险防范以及自身环境和社会表现也是绿色金融的重要内容。

与传统金融相比，绿色金融最突出的特点就是更强调人类社会的生存环境利益，将对环境保护和对资源的有效利用程度作为计量其活动成效的标准之一，通过自身活动引导各经济主体注重自然生态平衡。绿色金融追求金融活动与环境保护、生态平衡的协调发展，最终实现经济社会的可持续发展。发展绿色金融在国际银行业已成为一种共识和潮流，而其履行标准集中体现为著名的“赤道原则”。该原则要求金融机构在向额度超过 1000 万美元项目贷款时，需综合评估对环境和社会的影响，并利用金融杠杆手段促进项目与社会和谐发展。

近年来，国家和社会日益注重加强环境保护，加快绿色产业发展。2015 年 9 月，在中共中央、国务院印发的《生态文明体制改革总体方案》中，首次明确建立中国绿色金融体系的顶层设计。2016 年 3 月，《“十三五”规划纲要》明确提出“生态环境质量总体改善，生产方式和生活方式绿色、低碳水平上升”的绿色发展目标，要“建立绿色金融体系，发展绿色信贷、绿色债券，设立绿色发展基金”。2016 年 9 月，中国人民银行、财政部等七部委联合印发《关于构建绿色金融体系的指导意见》，构建绿色金融体系上升为国家战略。目前在浙江、江西、广东、贵州、新疆五省（区）的试验区推动绿色金融创新改革试点，已陆续推出近 200 项创新型绿色金融产品和工具。

一、绿色金融和生态城区

随着我国新型城镇化的推进，提升城市的可持续发展能力，建设和谐宜居、绿色低碳、富有特色、充满活力的现代城市是重要方向，绿色生态城区是新型城镇化的重要体现形式，其建设与运营蕴含大量的金融需求，与近年来快速发展的绿色金融紧密相关，两者互相促进。

绿色生态城区涉及生态环境、绿色建筑、绿色交通等基础设施建设，绿色项目资金需求大。

绿色生态城区需布局战略性新兴产业引领、先进制造业支撑、生产性服务业协同发展的现代产业体系，区内节能环保产业、新能源、新能源汽车等产业落地需要绿色金融支持孵化。

绿色生态城也是培育和引进新产业、新业态、新技术、新模式“四新”经济的重要平台，需要创新包括绿色金融在内的专业化金融服务。

绿色生态城区需要结合改善生态环境、可持续发展的目标创新运营管理模式，需要金融机构参与模式构建，以更好实现运营以及生态目标的达成。

绿色金融始于工业文明时代的能效提升与抑制污染排放，在国家生态文明建设的背景下，其内涵和价值需要绿色生态城区得以提升。

二、绿色金融工具

绿色金融工具主要包括绿色信贷、绿色证券、绿色保险三大类，分别由政策性银行、商业银行、证券公司、基金管理公司、保险公司等金融机构主体实施（图 4-1）。

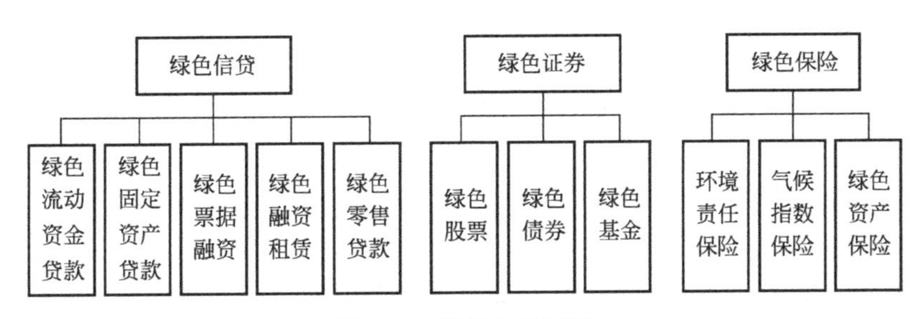

图 4-1 绿色金融工具

1. 绿色信贷

绿色信贷是指银行业金融机构（包括政策性银行、商业性银行以及其他银行业金融机构）为支持绿色产业而投放的信贷业务。绿色信贷是目前绿色金融最主要的金融工具。广义的绿色信贷还包括融资项目的环境和社会风险管理，银行业金融机构自身环境和社会表现。通过绿色信贷的资源配置，有效引导全社会资源节约和保护环境。

2. 绿色证券

绿色证券是指以股权或债权等直接融资方式募集资金，支持绿色项目、绿色产业的金融产品，包括绿色股票、绿色债务融资工具、绿色金融债券、绿色公司债券、绿色企业债券、绿色资产支持证券、绿色基金等，其中绿色债券因受到金融监管机构联合政策支持而得到迅速发展。

3. 绿色保险

绿色保险最常见的是企业的环境责任险，是指企业就可能发生的环境风险向保险公司投保，通过分担环境污染损害赔偿责任，确保环境污染事故的受害群体得到及时赔偿。通过费率杠杆促使企业加强环境风险管理，提升企业环境管理水平。

三、绿色金融生态系统

绿色金融领域参与主体众多，涵盖政府主管部门、金融机构、企业、专业平台以及中介机构等，构成绿色金融生态系统（图 4-2）。

1. 政府主管部门

包括政府产业部门（国家发展改革委、工业和信息化部、住房和城乡建设部、交通运输部、自然资源部等）、环境管理部门（生态环保部）、金融监管部门（人民银行、银保监会、证监会），负责为绿色产业及绿色金融提供政策保障。

2. 金融机构

包括银行业机构、证券公司、信托公司、租赁公司、基金公司等，其中部分机构已经建立专业的绿色金融部门和团队，负责提供绿色金融产品及服务，对绿色项目及企业进行投融资。

3. 企业

包括绿色行业企业和绿色项目实施企业。绿色行业企业为所属行业、绿色产业，且绿色业务为主营业务的企业；绿色项目实施企业为实施绿色项目融资的其他行业企业。负责提供绿色产业相关产品和服务，是绿色项目的实施主体。

4. 专业平台

国家及各地方环境权益交易所（如碳排放权交易所、排污权交易所、水权交易中心等）、行业协会（如中国金融学会绿色金融委员会、中国银行业协会绿色信贷专业委员会、中国节能产业协会节能服务产业委员会、全国工商联环境商会、中国环境科学协会绿色金融委员会等），负责绿色产业领域的产融结合以及企业绿色金融的对接。

5. 中介机构

包括在建筑、能源、环境、碳交易、绿色金融产品等领域从事核证、认证服务的资产评估机构、会计师事务所、律师事务所、信用评级机构、咨询公司等，负责为绿色金融活动提供专业服务。

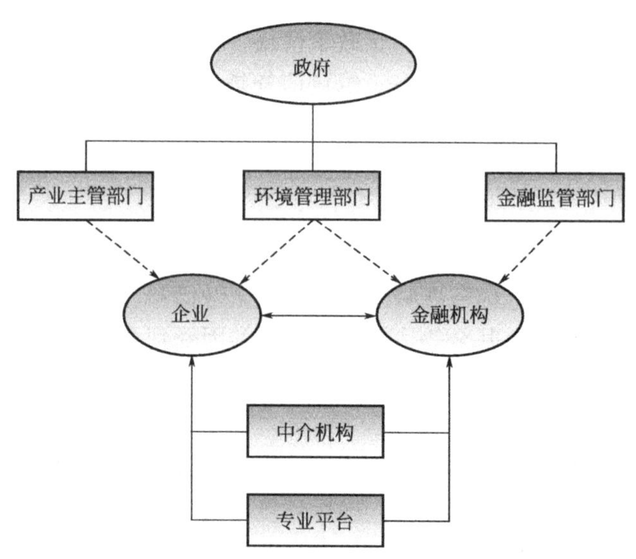

图 4-2　绿色金融生态系统概念图

第二节　生态城和绿色金融的融合

一、绿色金融标的

绿色金融项目统计标准目前有两类：一类是人民银行《绿色债券指导目录》；一类是银保监会《节能环保服务贷款统计报表》。2019 年国家发展改革委出台《绿色产业目录》，后续有望实现产业与金融标准的统一。《绿色产业目录》包括六大领域，30 个大类，211 个小类，六大领域包括节能环保产业、清洁生产产业、清洁能源产业、生态环境产业、基础设施绿色升级、绿色服务。

与绿色生态城区相结合，可涉及如下绿色项目标的：

1. 基础设施

交通设施（不停车收费系统、充电、换电、加氢和加气设施、城市慢行系统、城乡公共交通系统、共享交通设施、智慧交通设施）建设和运营。

［举例］共享停车系统

目前市场上的商业模式不尽完全相同，如通过预先投入资金收购、租用，或管理特定区域内更多的停车库，并通过线上+线下管理方法实现统一管理，从而形成规模效应，降低成本，提升使用效率，解决“停车难”问题等。之前的投入也可以从事后运营中实现的溢价得到回报；

环境基础设施（污水处理、再生利用及污泥处理处置设施、生活垃圾处理设施、环境监测系统、城镇污水收集系统排查改造、城镇供水管网分区计量漏损控制、入河排污口排查整治及规范化）建设运营。

［举例］污水处理

这类基础设施采用 PPP 形式的较为常见，一般是相关企业投资建造污水处理厂，并运营，以当地政府的财政支付作为收入。同时，政府对其运营质量进行监督和管理。

城镇能源基础设施（城镇集中供热系统清洁化、城镇电力设施智能化、城镇一体化集成供能设施）建设运营和改造。

［举例］能源中心

企业投资建设能源中心，其能源可以来自风、光、地热等，也可以来自传统电网，输出能源形式为电或高品位能源，如：冷水、热水等，并以事先商定的费率向使用者收取能源费用，从而实现盈利。同时，规模化后能源利用效率的提升，能够帮助节能减排，降低对环境的负面影响。

海绵城市（海绵型建筑与小区、道路与广场、公园与绿地、城市排水设施达标建设运营、城市水体自然生态修复）建设和运营。

［举例］国外案例

日本一些水岸处理，关键在于将商业和环境有机结合，在确保不触碰环境底线的情况下，通过有限制的商业活动实现市场主体介入后的可持续发展。

园林绿化（公园及区域绿地、绿道、立体绿化等）建设、养护和运营。

2. 建筑

超低能耗建筑、绿色建筑及装配式建筑建设和运营、建筑可再生能源应用、既有建筑节能及绿色化改造。

〔举例〕既有建筑节能改造

可以采用合同能源管理，以其中最典型的节能效益分享型举例，即：节能服务商从银行等金融机构中获得资金，用于建筑节能改造。而后用改造后项目节省的能源费用支付银行资金成本，并获得效益。

3. 产业

节能环保产业、清洁能源产业、生态环境产业、绿色服务产业。生态城的建设离不开以上产业直接或间接的支持。同时，生态城又将成为一个平台，助力以上产业发展，这个过程中绿色金融如同“触发器”或“催化剂”。

〔举例〕上海市长宁区既有公共建筑低碳节能改造

上海市长宁区不但通过建筑节能改造降低整体区域碳排放，还专门成立低碳项目管理和发展中心，通过第三方评定，建立质量、流程管控等手段有效支持世界银行专项建筑节能改造贷款落地，促进建筑节能行业在长宁区的健康发展，培育不少优质企业。

二、商业模式构建

绿色金融相比于传统金融，更加关注项目的环境和社会效益，环境效益无法货币化导致部分项目缺乏经济性而难以得到金融支持，因此创新商业模式成为必然选择，在政府、金融机构、企业、平台、中介机构之间进行利益分配、业务模式的设计，从而实现可持续商业模式的构建。

在上述绿色项目中，绿色生态城区可实施的特色商业模式如下：

1. 政府和社会资本合作模式（PPP）

随着我国财政预算体制机制改革深入推进，融资平台公司政府融资只能被剥离，地方政府投融资机制发生重大变化，PPP 成为政府投资项目的重要融资模式，是公共服务供给机制的重大创新。即政府采取竞争性方式择优选择具有投资、运营管理能力的社会资本，双方按照平等协商原则订立合同，明确责权利关系，由社会资本提供公共服务，政府依据服务绩效评价结果向社会资本支付相应对价，保证社会资本获得合理收益。主要适用于能源、交通运输、水利、环境保护、农业、林业、科技、保障性安居工程、医疗、卫生、养老、教育、文化等基础设施和公共服务类领域。

2. 合同能源管理模式

合同能源管理模式兴起于 20 世纪 70 年代中期，尤其是在美国、加拿大和欧洲，合同能源管理（Energy Management Contracting，EMC）已发展成为一种新兴的节能产业。该模式最早由世界银行于 1998 年引入我国，系世界银行/GEF 中国节能促进项目的组成部分。

合同能源管理是指节能服务公司与用能单位以合同的形式约定项目的节能目标，节能服务公司为实现节能目标向用能单位提供必要的服务，包括能源审计、项目设计、项目融资、设备采购、工程施工、设备安装调试、人员培训、节能量确认和保证等，并最终从用能单位进行节能改造后获得的节能效益中收回投资和取得利润。按照节能服务公司和用能单位在项目建设、运营方面的不同，合同能源管理运营模式又包括分享型、保证型、托管型等。

3. 区域碳交易模式

我国早在2009年就主动提出到2020年单位国内生产总值二氧化碳排放比2005年下降40%~45%的目标，并积极推动国内碳市场的建设。2011年10月，国家发展改革委印发《关于开展碳排放权交易试点工作的通知》，批准北京、上海、天津、重庆、湖北、广东等开展碳交易试点工作。交易产品主要包括碳配额和国家核证自愿减排量（CCER），控排企业针对自身碳配额使用情况进行买入或者卖出碳排放权。

三、特色绿色金融创新

1. **PPP 融资**

在PPP模式下，项目总投资大，资本金普遍缺乏，同时项目周期长达20~30a。金融机构针对PPP项目特点，通过引入基金实现社会资本方股权融资，以项目应收账款和特许经营权的收益权质押通过商业银行固定资产贷款或银团贷款进行融资，综合考虑使用者付费、可行性缺口补助等收益设置合理的融资期限，确保足够的偿债能力。

2. **合同能源管理融资**

在合同能源管理模式下，节能项目建设资金由节能服务公司提供，以节能效益分享的形式回收投资，一般需要3~5a甚至更长的时间，而节能服务公司自有资金有限，无法滚动承接项目。商业银行通过把节能项目未来收益权质押作为主要担保，辅以现金流管控监管等措施，在有效满足节能服务公司资金需求的同时，有效把握实质风险。业务品种为项目贷款（或流贷）；项目贷款，按项目进度提取贷款；可以设定宽限期，原则上不超过一年；宽限期结束后，采用分期还款方式偿还贷款本息。

3. **碳金融创新**

该业务主要针对国内碳市场中控排企业以及自愿减排项目业主，商业银行通过以其自身拥有的碳配额或CCER等碳资产作为抵质押物，为企业提供的短期授信。碳配额或CCER作为一种全新的抵押资产被银行所接受后，企业可将碳资产未来变现的现金流作为还款来源向银行申请贷款。

第三节　绿色生态城区金融平台与服务体制

一、平台机制

对生态城建设而言，绿色金融是新生事物，落地过程中会面临极大的挑战。为切实、高效推进融合，应以生态城行政区域建立绿色金融平台（以下简称“平台”），用以指导、协调、推进、监督、总结、推广绿色金融和生态城的融合，具体可包括以下功能：

1. **制定生态城和绿色金融相结合的战略**

通过和相关机构召开研讨会，在预算允许的情况可聘用专业机构，形成针对本生态城融合绿色金融的战略发展报告，用以明确方向和执行路径，执行过程中可基于实际情况进行微调。

2. 制定绿色金融运行规则

参照生态城创建规范及本书，形成适合本区域的绿色金融相关政策、认定流程等。运行规则制定涉及各方利益，在制定过程中，应听取绿色金融生态系统中各个单位的声音，做到统筹兼顾。

3. 协调各方及长短期利益

对于绿色产业的资金扶持政策包括资金补贴、税收减免以及基金等市场化手段，政府和企业需要考虑如何运用和争取，对于金融机构而言，绿色项目环境和社会效益显著，但经济性不一定显著，需要衡量长短期利益。在平衡过程中，无疑会涉及价值链中各单位的切身利益，通过充分的沟通、协调、重组以达到新的动态平衡。

4. 建立各方沟通机制

生态城融合绿色金融过程中，不但涉及国家金融宏观政策，而且具体衔接到生态城产业以及具体项目，这个同时涵盖宏观到微观的多向沟通需求需要平台整合众力支持。因此，一方面，平台需要和管理生态城的政府机构理顺关系，辅助、支持生态城管理机构和地方及上级政府进行沟通。另一方面，需要平台建立生态城内部及外部相关单位之间的定向、定时沟通机制，这个沟通机制可以通过线上和线下同时进行，从而以生态系统打造的方式，促成融合绿色金融的创新商业模式的产生、试验及发展。

以上措施可以助力绿色金融真正落地生态城全生命周期，在全局及时间两个维度上促进绿色生态城区健康可持续发展。考虑到平台今后执行有效性和力度，结合之前发展绿色金融的经验，平台发起单位建议为政府相关部门，如：当地金融办公室，并指定常设机构。平台的核心成员应包括政府、和当地经济相关性较高的银行、基金、保险公司、绿色产业代表、基础设施开发及运营方、开发商、资产管理公司、专业公司，特别是和绿色、低碳、环保行业有关的科技型创新企业。具体工作内容可包括课题研究、试点项目推动、融资对接、宣传推广等（图 4-3）。

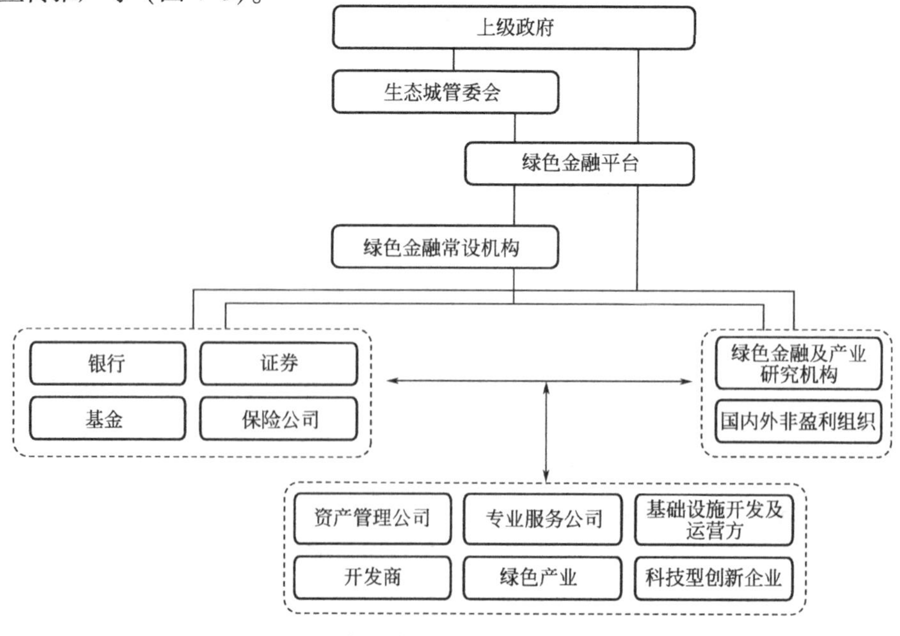

图 4-3　绿色生态城区金融平台系统架构图

二、合作机构

在推进绿色金融落地的实际工作中，需要从建立合作机构机制和制度开始，积聚专业合作机构开展各项工作，从而实现“高起点”起步，保证平台的持续高效运作。具体合作机构可分类如下：

1. 外部合作机构

（1）国内外非营利组织

世界资源保护委员会、美国能源基金会等，这些组织已经在中国深耕多年，资助很多研究项目，包括绿色金融相关项目，了解中国社会、环境和经济问题。他们也有国外成功和失败的案例可以和我们共享，并能帮助绿色生态城获取相关资源。

（2）专业行业研究机构

建筑科学研究院、能源互联网研究中心等，和这些专业机构保持合作有利于获得创新的动力和技术基础，借助平台建立的生态系统及落地场景，有利于孵化绿色低碳相关技术，并在市场化后对接绿色金融。

（3）专业金融机构

世界银行所属国际金融公司（IFC）、亚洲开发银行（ADB）、浦发银行等金融机构，都有专业从事绿色金融的部门，且在绿色金融领域实操多年。通过和他们建立战略及项目上的合作，有利于绿色生态城在融合绿色金融方面实现高起点，并在过程中获得更多的资源，包括专业技术和资金。

2. 内部合作机构

（1）政府

生态城管委会或其上级政府，其支持对绿色金融落地至关重要。因为绿色金融的标的往往和环境、公共基础设施等相关，这些原本都在政府的管辖范围内，如何实现责权利的拆分和整合，在提升资源利用效率的同时对接绿色金融都需要和政府相关部门保持密切合作。

（2）银行

银行是推动绿色金融的主力军，不应该停留在绿色标的自然形成后的资金支持，而应该在绿色生态城规划阶段即介入，借助专业机构的技术支持，基于专业金融游戏规则，形成或计划相应的绿色金融产品，并将形成这些产品所需要的要素提前整合到规划方案，尤其是产业规划等专项规划中，提升后期绿色金融落地的效率和效果。

（3）基金公司

基金公司也是绿色金融落地不可或缺的力量，同银行一样，也需要通过机制设计让其提前介入。基金公司所特有的“逐利”本性，将帮助平台听到市场的声音，从而“接地气”，实现绿色金融基于市场化之上的可持续发展。基金公司因投资标的不一样、投资阶段不一样、接受风险程度不一样等，差别很大，需要基于特定生态城在广度、时间轴上的具体需求，做到有计划、有针对性的提前介入、逐步合作。

三、风险管控

常规金融风险包括：信用风险、市场风险、流动性风险和操作风险。绿色金融从属于金融，其风险也可以归纳为这四类。然而，绿色生态城和绿色金融融合过程中，这个风险有一定特殊性，以下对这些特殊性加以说明，并提出相关解决方案供参考。

1. 创新风险

因为是新生事物，以上提及的四个风险无疑都有。特别因为创新，运作项目的企业征信往往达不到相关金融机构的要求；新生市场也存在诸多不确定性；没有充分发展起来的市场，加之新生事物，不被大众所了解，该标的流动性也很难立刻形成，需要更多的时间来培养。

2. 技术风险

绿色金融的目的在于通过金融杠杆撬动或推广于社会和环境效益有利的商业模式，其关键在于社会和环境效益是否实现。这个结果需要被量化证明。然而由于涉及新技术、新商业模式，其技术门槛或利益重新分配后所形成的不透明往往成为市场“劣币驱逐良币”的绝佳温床。

3. 责任认定风险

这个风险中包括技术风险，由于绿色生态城绿色金融标的执行过程中很可能涉及一些超出执行方能力的挑战，如来自原有体制的阻力，以此造成事先约定的目标没有实现，这个责任如何认定，产生的负面影响程度的量化如何评估，这个风险在 2012 年 PPP（公私合营）推广过程中表现得尤为突出。

预判和控制以上风险，平台可以引入以下原则：

（1）专业评判

引入专业人士，包括技术专业和流程管控专业，对绿色金融创新，包括进行流程和结果进行甄别。这需要建立专家招募和甄别体系，设立专家库，并建立全流程介入的机制。

（2）量化贡献

必须对社会或环境产生的效益进行量化衡量。做到这一点并不容易，特别是社会效益，但通过和专业人士的合作，无论如何抽象的效益，都可以通过一些正相关或负相关的表征量进行量化评定。

（3）连带利益

绿色金融涉及标的的操作者的长短期利益和绿色金融资本利益一定程度上捆绑，从而降低沟通成本，提升资本效率。

（4）责任清晰

各相关方责任明确，避免底层技术界面不清或流程混乱所引起的相关问题。

但风险只能降低而不能消除，因此还需要建立相应机制，确保风险控制在一定范围内，建议做法：

（1）政府补贴转劣后基金

与市场化的基金进行配资，避免“寻租现象”，并借此撬动市场上数十倍的资金，大大加强绿色金融的能力和活力。

（2）引入公益基金概念

这个基金并非用于绿色金融，而是作为专项基金，支持技术评估、优化等。这个基金的资金来源可以是公益基金、相关单位的捐助等。公益基金最近几年在一些发达国家和地区（如美国加州）发展很快，是在社会效益和环境效益提升过程中对市场化基金的有益补充。

（3）保险介入

构建绿色金融风险的防火墙。保险公司是金融体系中不可或缺的一部分，但就绿色金融而言，由于是新标的、新模式，其积累的数据可能还不足以帮助保险公司完成精算模型，需要在相关政府机构及平台的协调下，通过转换信用主体或标的外延等方式来实现突破。人保公司目前已经完成的两单绿色建筑性能保险的案子，可以生动阐释这个过程。保险公司一旦介入，与其规模集聚效应一并而来的专业性也可以在很大程度上帮助绿色金融相关资金方降低风险。

用担保公司给绿色金融相关创新公司增信。这个过程不但能帮助初创公司获得资金，更为重要的是通过担保机构对这些初创公司的尽职调查，能够使金融机构更容易找到适合自己的绿色金融标的和执行者，完成更为高效的资源互配，辅助政府推进绿色金融市场化落地。

进一步，在流程管控上，平台可以联合相关合作伙伴有以下作为：

（1）全程介入：在绿色金融相关项目对接生态城起即建立档案，实施全程管理。

（2）关键节点监督：构建专家团队库，在关键节点上，如：项目启动前、竣工验收、运营一年后等进行量化评估，总结得失，优化推进。

（3）引入行业竞争者监督机制：通过建立机制，实现同行监督及良性竞争。同行间的竞争所引起的利益不一致可以成为监督的最好的原动力，但需要建立机制进行引导，避免恶性竞争，并倡导同行间互相学习、借鉴的正能量氛围。

最后，在组织架构上，基金本身有基金管理公司，母基金可以设立合伙人联席会、投资决策委员会、专家咨询团等帮助其控制风险，这个资源需要和平台进行互动，实现资源优化配置。

四、奖励方法

基于奖励对象可以分为两类：

1. 绿色金融标的本身

绿色金融本身所具备的特性：低利率、快流程、高曝光率等，就是对标的及其执行者最好的奖励。但在某些情况下，不足以支持到新的商业模式。这种情况下，可以考虑相关奖励，并设立专款专用的机制，在赋予其荣誉的同时，补足当前商业模式经济上的短板，从而孵化这些商业模式，实现长远的环境和社会效益。

2. 推动实施绿色金融标的的单位或个人

绿色金融和生态城的结合作为一个新的课题，需要执行者付出极大的努力、克服多个维度的困难才能得以实施。为此，对于支持、推动绿色金融实施的单位和个人应实施一定程度的奖励，以表达政府、平台及整个生态城对其贡献的肯定。奖励的发放应该在绿色金融相关标的落地并得到量化评定后，具体评定标准、额度设定可由平台参照其他区域来制定。

五、其他

1. 建立项目库

配合流程管控，应建立线上项目管理平台。结合生态城的绿色金融项目一旦启动，相关信息需要录入到该线上系统，全程跟踪。无论项目成功或失败，这些信息都将是非常有借鉴意义的。项目结束后，应设置专项环节对项目信息的完整度进行评估。以上相关环节可以和相关行政审批程序做联动，确保实施。

2. 宣传推广

平台应做好典型绿色金融项目的宣传、示范和推广工作。应明确生态城可以运用的相关宣传渠道及资源。可以考虑推行年会，对于成败案例进行小结，鼓励同行间、不同行业之间，乃至各个生态城之间的互相交流和学习，也能在一定程度上提升整个生态城的知名度。

第四节　全过程融入路径和方法

通过在定位、建设规划与设计、施工、竣工验收、运营各个阶段的绿色相关产业、项目标准及投融资机制设计及实施，使得绿色金融融入绿色生态城区的整个生命周期中（表4-1），绿色金融成为绿色生态城区投融资机制创新的试验平台，也使得绿色生态城区获得可持续的运营和发展。

绿色金融融入生命周期　　表4-1

阶段	具体内容	实施方法	产品与服务
战略定位阶段	结合区域整体定位确定绿色产业方向、定位及和生态城的结合点、结合方式。确定绿色金融支持力度、方向及前提条件等	成立生态城绿色金融平台（绿色金融专项委员会）及其常设机构	《生态城区绿色金融战略规划》
规划与设计阶段	制定绿色生态城区绿色投融资机制规划，引入绿色发展基金； 在建设规划中清晰确定各项绿色标的，优先选择技术相对成熟的方案。在可行性研究报告中准确估算项目总投资金额、投资回收期等经济性指标以及环境效益指标，优选经济效益与环境效益显著的项目实施，引入合理商业模式，更好地平衡经济性和环境目标的实现	绿色金融专项委员会接洽地方政府、国际开发性金融机构、可持续发展组织以及国内绿色金融业务领先的金融机构与项目规划单位共同实施	《绿色生态城区绿色金融专项规划》 《绿色发展基金设立方案》
基础设施建设阶段（一级开发）	启动地下管廊、绿色交通设施、环境基础设施、能源基础设施、海绵城市、绿色建筑等绿色基础设施及建筑建设，并启动投融资合作与绿色保险项目合作	绿色金融专项委员会、城市建设投资公司、公共交通公司、轨道交通公司、新能源电力运营公司、房地产开发公司、水务公司、园林绿化公司等向金融机构提交融资申请； 具体施工过程应严格落实规划要求，并遵照绿色项目材料采购和设施建设相关技术规范和标准，如绿色建筑评价标准、污染物控制标准、垃圾焚烧控制标准、城市道路设计规范、能源效率等级等，采购和施工过程中规范开展社区意见征询	地方管廊、分布式能源站、海绵城市PPP金融服务方案； 绿色项目贷款、绿色债券、绿色市政债券、绿色基金等； 环境责任险、绿色资产险等绿色保险

续表

阶段	具体内容	实施方法	产品与服务
招商阶段	出台专项政策，吸引节能环保产业、清洁能源产业、生态环境产业、绿色服务产业等绿色产业入驻	绿色金融专项委员会联合财政、发展改革、税务及相关产业政府部门出台支持政策，接待相关产业实体咨询，并安排与社会资本、金融机构对接	政府绿色引导基金；绿色产业基金
土地招拍挂阶段、建设阶段（二级开发）	将相关要求纳入招标要求中，并在建设过程中实现有效监督	绿色金融专项委员会联合规划、建设、税务等相关政府部门出台相关政策，并安排与社会资本、金融机构对接	与绿色建筑挂钩的相关绿色金融产品，如绿色贷款（分别针对开发商和小业主）、绿色保险等
竣工验收阶段	绿色建筑达到绿色建筑评价星级标准，各项节能环保产品使用达到《绿色产业目录》有关能源效率等级要求，其他项目建设验收符合《绿色产业目录》有关污染物控制标准、垃圾焚烧控制标准、城市道路设计规范等	由相关实施机构收集绿色建筑标识、绿色产品证书等相关资质认证证书或文件向金融机构提交备案，纳入金融机构后续管理档案	环境责任险、绿色资产险等绿色保险
运营维护阶段	绿色生态城区开展区内能效提升、可再生能源利用、建筑节能改造、生态保护及环境治理等项目实施所需资金筹措与管理，配套支持政策及相关绿色产业融资对接服务	绿色金融专项委员会支持生态城区管委会设立常设平台机构开展绿色金融运营。利用绿色发展基金支持日常运营、持续开展机制及政策研究，开展融资对接活动、建立绿色金融标的实际运营情况的数据库并进行监督、典型绿色金融产品及项目的对外宣传与推广	国际合作能效贷款、合同能源管理收益权质押贷款、碳资产抵质押贷款、绿色按揭贷款等
城市更新	建筑和基础设施改造达到相关绿色或低碳标准； 引入的产业符合社会、环境保护要求	绿色金融专项委员会联合发展改革、规划、建设、税务等相关政府部门出台相关政策，并安排与社会资本、金融机构对接	与绿色基础设施和绿色建筑挂钩的相关绿色金融产品，如绿色贷款（分别针对开发商和小业主）、绿色保险等

第五节　案例介绍

一、上海建筑节能和低碳城区建设示范项目

为加快转变经济发展方式，增强城市可持续发展后劲，上海市政府以建筑节能为重点，强化市场机制有效运行，着力推进低碳示范区建设。2013 年，长宁区代表上海申请世界银行低碳实践示范项目，重点探索在建城区进行“旧城改造”的模式与经验，通过新理念、新技术、新能源的应用，重点实施对既有公共建筑的节能改造。目标是建成具有示范意义、建筑能效较高、能源结构优化、绿色交通顺畅、体制机制和政策体系较完善、运作

模式创新的低碳发展实践区。

区内成立长宁区低碳项目管理和发展中心，负责世行项目管理，推进全区既有建筑低碳节能改造及组织实施低碳发展实践区各项工作。区内建立与长宁区政府合作开展绿色金融的联动机制，由上海浦东发展银行与上海银行共同作为转贷银行，接受世界银行 1 亿美元，同时 1∶1 配套等值人民币贷款对既有建筑节能改造进行融资，改造楼宇涉及机关事业单位办公楼、商业写字楼、酒店等，切实降低建筑节能改造的融资成本。同时，利用世行赠款资金优化区内建筑能效在线监测系统，为区内建筑能耗统计、能源审计、能效公示等提供技术平台，完成近零示范建筑、新建高标建筑、绿色慢行交通体系建设等多个项目，带动长宁区楼宇品质的提升和低碳环境的改善（图 4-4）。

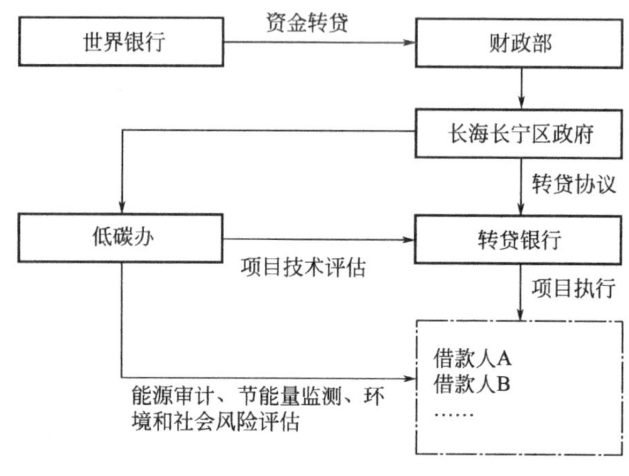

图 4-4　低碳项目流程

该项目实施完成节能 76000tce，减排 165000t 二氧化碳，碳排放强度比 2010 年下降 23%的目标，其采用的建筑节能融资模式对于其他地区低碳发展具有借鉴意义。

二、中国首单超低能耗建筑性能保险落地中德生态园

青岛市引入超低能耗建筑性能保险为全国首例。项目是中德生态园内一处超低能耗住宅产品，建筑面积近 7 万 m^2，包括 6 栋高层住宅和 2 栋多层住宅。按照设计要求，项目投用后，每平方米每年用于取暖、制冷和照明的耗能仅相当于 25 度电，为普通住宅的 40%。

购买超低能耗建筑性能保险后，项目运行时，如未能达到超低能耗建筑的相关指标要求，保险公司将负责赔偿项目节能整改费用，或对能耗超标进行经济补偿，最高赔偿限额达到保费的 10 倍，充分保障房屋使用者的权益。

为确保项目最终达到设计要求，项目初始就进行周密的准备，从规划、设计、施工到交付，对项目进行全程监督，并对供暖年耗热量、供冷年耗冷量、气密性等指标进行检测，确保项目最终符合青岛市超低能耗建筑指标要求。

超低能耗建筑是未来建筑的发展方向。为更好地推广超低能耗建筑，青岛市六部门联合出台《青岛市推进超低能耗建筑发展的实施意见》，提出开展绿色金融保险试点，鼓励在超低能耗建筑建设过程中引入全过程工程咨询和第三方认定等措施形成超低能耗建筑市场推广机制（图 4-5）。

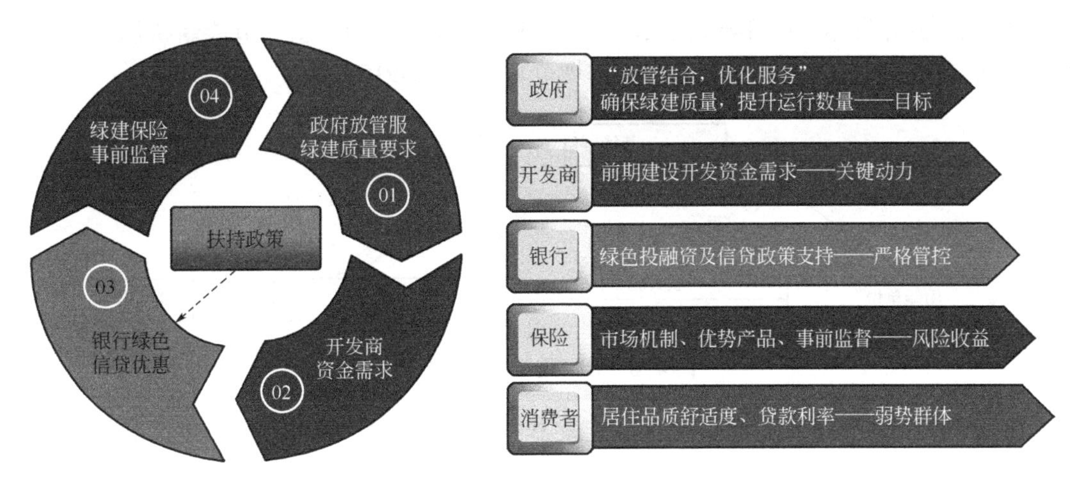

图 4-5　青岛扶持政策示意图

三、中国首单绿色建筑性能责任保险

2019 年 4 月，全国首单绿色建筑性能责任保险落地北京市朝阳区。朝阳区以崔各庄奶东村企业升级改造项目为试点，引入绿色保险机制，以市场化手段保证绿色建筑实现预期的运行评价星级标准，大力推进绿色建筑由绿色设计向绿色运行转化。

试点项目未来将打造崔各庄国际艺术金融园区，该项目以绿色建筑为设计理念，致力于建设成为绿色智能生态园区。此次人保财险北京分公司与朝阳区住建委联合推动绿色建筑性能责任保险落地，是绿色保险助力绿色建筑发展的一次重大创新。在该项目取得重要进展后，双方进一步确定全面战略合作意向，共同助力朝阳区推动北京市工程建设行业高质量发展转型。

人保财险北京市分公司表示，人保财险北京分公司高度重视绿色建筑领域相关产品和服务的研究、创新，绿色建筑性能责任保险是 2019 年创新研发的国内首个绿色建筑性能领域的责任保险产品，着力破解绿色建筑从绿色设计向绿色运行转化的难题，在首个项目的试点落地过程中，创新引入"绿色保险+绿色服务"新模式，将在项目的启动阶段、设计阶段、施工阶段、运行阶段，聘请第三方绿色建筑服务机构对重要环节和节点进行风险防控，确保标的建筑满足绿色建筑运行评价星级要求。在被保险建筑最终未取得合同约定的绿色运行星级标准的情况下，保险公司将采取实物修复和货币补偿的方式，保障项目方的权益[41]。

四、既有公共建筑合同能源管理规模化实践

合同能源管理是指节能服务公司与用能单位以契约形式约定节能项目的节能目标，节能服务公司为实现节能目标向用能单位提供必要的服务，用能单位以节能效益支付节能服务公司的投入及其合理利润的节能服务机制。其实质就是以减少的能源费用来支付节能项目全部成本的节能业务方式（图 4-6）。这种节能投资方式允许客户用未来的节能收益为设备升级或提升设施设备管理水平，以降低运行成本；或者节能服务公司以承诺节能项目的节能效益，或承包整体能源费用的方式为客户提供节能服务。这种市场化机制是 20 世

纪70年代在西方发达国家开始发展起来一种基于市场运作的全新的节能新机制。合同能源管理的国家标准是《合同能源管理技术规范》GB/T 24915-2010。

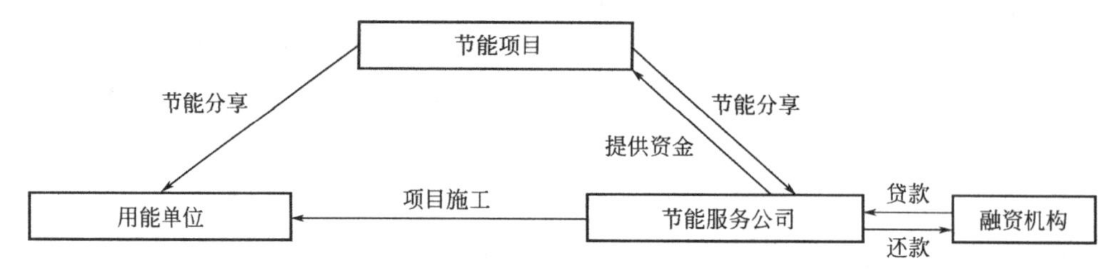

图4-6 合同能源管理概念图

重庆市政府将全市商业建筑项目节能改造的目标设定为400万m^2，建筑能耗强度至少降低20%。为此，2011年，重庆市政府聘请具有建筑节能改造专业知识和高信用评级的上市公司同方股份有限公司，从重庆银行获得2.72亿欧元贷款。市财政局还为节能强度降低20%~25%的建筑物提供每平方米2.04欧元，对能耗至少降低25%的建筑物提供每平方米2.72欧元补贴（图4-7）。此外，中央政府对改造后能耗减少20%以上的商业建筑的补贴为每平方米2.72欧元。该项目的一个创新是，同方的子公司Technovator国际有限公司将改造项目分包给30家当地初创公司。Technovator将其技术和专业知识转让给当地的初创公司，希望在项目完成后收购这些公司，以拓展重庆的业务。此外，Technovator与业主分享了20%的利润，以激发他们参与改造的兴趣。截至2015年年底，重庆市已顺利完成400万m^2的改造目标，改造了107栋公共建筑。在第一轮改造项目取得成功的鼓舞下，重庆市政府决定采用同一模式再改造350万m^2的商业建筑。

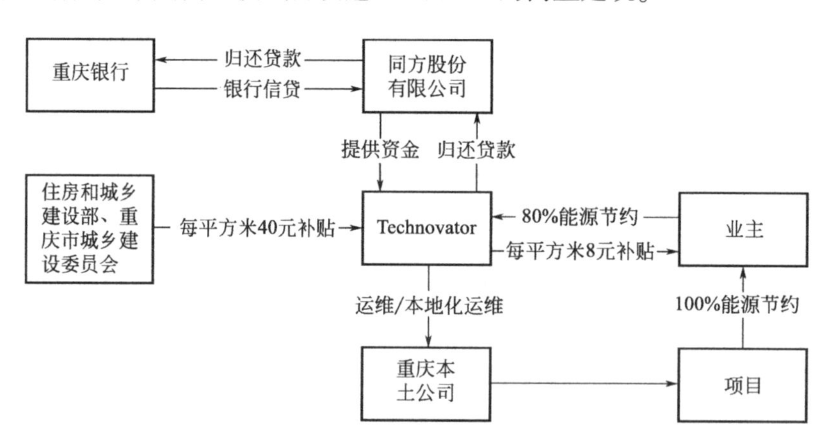

图4-7 重庆商业项目投资收益分析图

合同能源管理分为以下5种类型：

1. 节能效益分享型

在项目期内用户和节能服务公司双方分享节能效益的合同类型。节能改造工程的投入按照节能服务公司与用户的约定共同承担或由节能服务公司单独承担。项目建设施工完成后，经双方共同确认节能量后，双方按合同约定比例分享节能效益。项目合同结束后，节能设备所有权无偿移交给用户，以后所产生的节能收益全归用户。

2. 能源费用托管型

用户委托节能服务公司出资进行能源系统的节能改造和运行管理，并按照双方约定将该能源系统的能源费用交节能服务公司管理，系统节约的能源费用归节能服务公司的合同类型。项目合同结束后，节能公司改造的节能设备无偿移交给用户使用，以后所产生的节能收益全归用户。

3. 节能量保证型

用户投资，节能服务公司向用户提供节能服务并承诺保证项目节能效益的合同类型。项目实施完毕，经双方确认达到承诺的节能效益，用户一次性或分次向节能服务公司支付服务费，如达不到承诺的节能效益，差额部分由节能服务公司承担。

4. 融资租赁型

融资公司投资购买节能服务公司的节能设备和服务，并租赁给用户使用，根据协议定期向用户收取租赁费用。节能服务公司负责对用户的能源系统进行改造，并在合同期内对节能量进行测量验证，担保节能效果。项目合同结束后，节能设备由融资公司无偿移交给用户使用，以后所产生的节能收益全归用户。

5. 混合型

由以上 4 种基本类型的任意组合形成的合同类型。

五、可再生能源建筑应用

麦岛金岸位于青岛市崂山区石老人国家级旅游度假区内，总占地 72. 99hm^2，是青岛中心城区最后一个大规模海景资源项目。项目总建筑面积 82. 2 万 m^2，其中住宅 69. 25 万 m^2，商业及公共服务设施 10. 47 万 m^2，酒店公高 2. 5 万 m^2。容积率为 2. 0。

该项目利用污水作为冷热源，采用水蓄能与成熟的水源热泵技术，集中供冷、供热，满足麦岛金岸住宅小区供暖、供冷的需求。项目总投资 37609 万元，包括站房设备及安转费、水处理费、自动控制费用、能源中心土建费用、取回水管网费用、一二次管网费用、空调末端费用。其中土建一次性到位，设备分期安装。

该项目采用合同能源管理模式进行融资，具体运作过程为（图 4-8）：

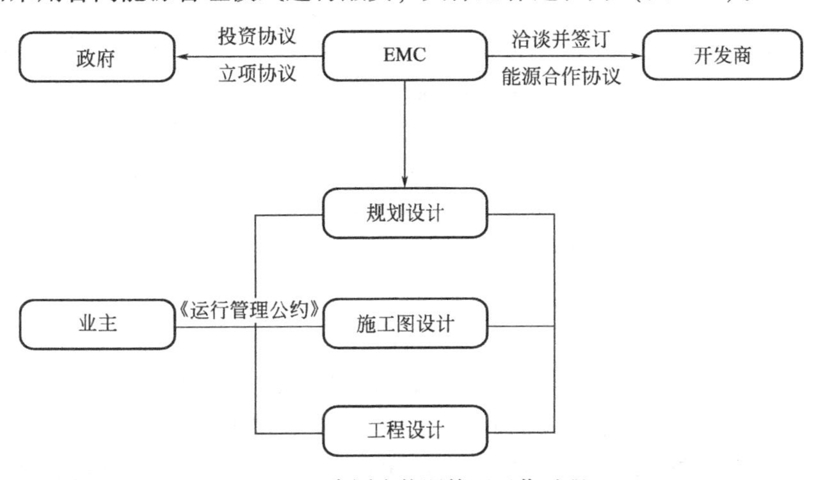

图 4-8　合同内能源管理运作过程

(1) 签订投资协议并项目立项;
(2) 项目洽商并签订能源合作协议;
(3) 项目规划设计;
(4) 施工图设计;
(5) 工程实施;
(6) 与业主签订《运行管理公约》。

项目的实施，对取得该类工程建设的实施经验，对该技术大规模应用的技术可靠性和经济可行性将起到良好的示范作用。

该项目于2010年7月投入运行后，运行情况良好。夏季空调耗电量为24.9kWh/m^2，折标准煤9.14kg/m^2，综合系统能效比为5.0。冬季供暖能耗为22.5kWh/m^2，折标准煤8.26kg/m^2，冬季综合系统能效比为4.8。项目年节电量为1.87×10^{8}kWh/a，节约标准煤30663t/a，减排二氧化碳98183t/a，减排二氧化碳337.5t/a，减排氮氧化物125.8t/a。经测算，污水源热泵项目投资回收期为9.2年。

六、可持续发展贷款

1. 概念和背景

据中国人民银行2015年的估计，“十三五”期间我国每年需要投资至少2万亿元才能完成这五年的国家环保目标。其中，政府投资占比预计为10%~15%，余下的85%~90%来自民间资本（即至少每年1.7万亿元）。由此可见，未来私人领域在有关提升环保和有能源效益的绿色产业中将引来巨大的投融资潜力，需要大量的绿债发行。

绿色债券在绿色金融产品当中，已然成为全球债市的增长新动力。根据气候债券倡议组织和中央国债登记结算公司于2019年2月联合发布的《中国绿色债券市场》，2018年符合国际绿色债券定义的中国发行额达到2103亿元（312亿美元），其中包括中国发行人在境内和境外市场共发行的2089亿元，以及14亿元的绿色熊猫债，整体占全球发行量的18%，使中国连续第二年成为继美国之后全球第二大绿债发行国。

尽管增长势头强劲，目前绿色金融发展仍在起步阶段。下一步，必须为生态城投资者挖掘更多财务上的诱因，并探讨增加绿色和可持续特征能否为增值型物业投资的成功增加可能性——因为只有看到实质性的回报，才能带来可持续的发展，为生态城打开融资新思路。

绿色债券相对较新且在海外成熟市场发展迅速，是可持续性挂钩贷款（Sustainability-linked Loan）。该产品的一个关键特征是将应用于利率的折扣或溢价与借款人的ESG（环境、社会和治理）评级或其他可持续性指标相关联的机制。这些贷款以各种标签发行，包括ESG挂钩贷款和正面激励贷款。将生态城的ESG表现与利率优惠挂钩，促进绿色资产和项目贷款的持续跟踪和风险管控，同时正面激励贷款。

2. 可持续发展贷款的好处

(1) 对借款人的好处

鼓励和致力于提高可持续性：可持续性联系贷款（或与ESG相关的贷款）提供了激励借款人提高其可持续发展绩效并向利益相关方表明承诺的最直接方式之一。通常情况下，贷款利润率与可靠的第三方（如Sustainalytics）的借款人ESG评级相关，但也可以与公司内部可持续发展绩效指标或目标挂钩。

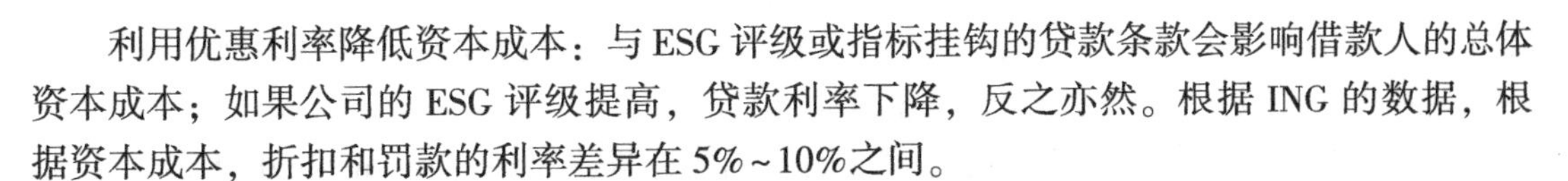

利用优惠利率降低资本成本：与ESG评级或指标挂钩的贷款条款会影响借款人的总体资本成本；如果公司的ESG评级提高，贷款利率下降，反之亦然。根据ING的数据，根据资本成本，折扣和罚款的利率差异在5%~10%之间。

（2）对贷方的好处

增强价值主张：可持续性挂钩贷款（或ESG挂钩贷款）帮助贷方加强其作为可持续财务领导者在其客户群中的定位，并为他们提供竞争差异化。

降低风险：确保可持续性相关贷款（或ESG挂钩贷款）需要对可持续性改进做出有意义的长期承诺。具有前瞻性的贷方认识到，专注于提高ESG评级的公司可以更好地管理其重大的可持续发展风险和机遇。

3. 首批绿色债券

近期著名地产商/基金发行的首批绿色债券如表4-2所示。

近期著名地产商/基金发行的首批绿色债券　　　　**表4-2**

发行商	发行日期	发行规模/年期	票面利率	国际信贷评级	交易所属地
领展房地产投资信托基金	2016年7月	5亿美元/10年期	2.875%	穆迪A2 标普A	中国
当代置业	2016年10月	3.5亿美元/3年期	6.875%	穆迪B2	新加坡
龙湖地产	2017年	16亿元/5年期	4.400%	无国际评级	中国
		14.4亿元/7年期	4.670%		
		10亿元/7年期	4.750%		
太古地产	2018年1月	5亿美元/10年期	3.500%	穆迪A2 惠誉A	中国
朗诗绿色集团	2018年4月	1.5亿美元/3年期	9.625%	穆迪B2 惠誉B	新加坡
新世界中国	2018年12月	3.1亿美/5年期	4.750%	无评级发行	中国
领展房地产投资信托基金①	2019年3月	40亿港元/5年期	1.600%	惠誉A 穆迪A2 标普A	中国

①这是领展首次发行绿色可转换债券，亦是全球房地产行业及中国香港上市企业的首次发行。其固定年息率为1.6%，是五年来亚洲房托债券之中最低。债券可于条款细则所载的情况下以初步转换价转换为领展新基金单位。

4. 案例介绍

（1）太古地产首笔与可持续发展表现挂钩贷款

作为获纳入道琼斯可持续发展世界指数的发展商，太古地产于2019年7月宣布该公司首笔与可持续发展表现挂钩贷款，与东方汇理银行达成协议，将一笔于2017年订立的5亿港币五年期循环贷款转为与可持续发展表现挂钩贷款，其利率将因公司的环境、社会及管治表现调整。

道琼斯可持续发展指数是全球首个可持续发展评估指数，从经济、环境及社会三方面追踪全球领先企业的股票表现，只有可持续发展表现最顶尖的企业才可获纳入道琼斯可持续发展世界指数。由 2017 年起，太古地产获纳入道琼斯可持续发展世界指数的发展商，巩固其在可持续发展方面领先全球同业的地位。

此笔贷款参照国际认可的与可持续发展表现挂钩贷款原则（Sustainability Linked Loan Principles，SLLP）框架所订立。贷款所得资金将投资于支持实践太古地产 2030 可持续发展策略订立的目标，如采用先进的节能技术，以及支持发展中的绿色建筑。包括公司太古坊重建计划的重要元素——甲级办公楼项目太古坊二座。太古坊二座预计于 2022 年落成，已获得能源与环境设计先锋评级（LEED）v2009（核心与外壳）铂金级预认证、绿建环评（BEAM Plus）新建建筑 1.2 版暂定铂金级，以及 WELL 健康建筑标准 v1（核心体）铂金级预认证。

（2）凯德置地（CapitaLand）与可持续发展相关贷款

2018 年 10 月 4 日，新加坡的凯德集团则与星展银行（DBS）合作，于 2018 年 10 月首推亚洲房地产第一单也是规模最大的贷款（3 亿新币的五年期循环贷款）。这个为期五年的多货币融资是新加坡最大的可持续发展相关双边贷款。

这种与可持续发展相关的贷款超越了传统的“绿色”概念或获得绿色评级。该贷款明确与 CapitaLand 在道琼斯可持续发展世界指数（DJSI World）上市有关，该指数追踪世界领先公司在环境、社会和治理（ESG）方面的表现。CapitaLand 是新加坡排名最高的公司，也是 2018 年 DJSI World 上市的两家新加坡公司之一。通过这种与可持续发展相关的贷款，嘉德置地可以灵活地将贷款用于一般企业用途，而不像绿色贷款那样将收益用于特定项目的融资。

此外，可持续发展相关贷款的利率将在分层的基础上进一步降低，这取决于 CapitaLand 根据 RobecoSAM 的企业可持续发展评估（CSA）和一系列强有力的 ESG 指标衡量的持续表现，以及保留的上市在 DJSI 世界。

七、贵安新区绿色金融试验区

贵安新区作为唯一肩负建设生态文明示范区战略使命的国家级新区，2017 年 6 月获批建设国家绿色金融改革创新试验区。获批建设以来，贵安新区坚持高起点统筹、高标准规划、高效率建设，对标《贵安新区建设绿色金融改革创新试验区任务清单》的 57 项改革任务，稳步推进国家级绿色金融改革创新试验区建设，走出了一条独具贵安特色的绿色金融发展新路（图 4-9）。

在 2018 年 7 月 6 日举行的生态文明贵阳国际论坛 2018 年年会绿色金融（贵安新区）论坛上，贵安新区党工委副书记、管委会主任孙登峰介绍，一年来，贵安绿色金融改革创新取得一系列丰硕成果。

一是组建贵安新区绿色金融港管委会，编制了《贵安新区绿色金融创新发展的总体规划》《贵安新区绿色金融发展研究报告》，构建了贵安新区绿色金融发展的制度、体制与技术创新体系，在体制机制改革上取得了新的突破。

二是围绕绿色制造、绿色能源、绿色建筑、绿色交通、绿色消费五大领域，贵安新区探索构建了绿色金融“1+5”产业发展体系，建立绿色金融项目库，入库项目 76 个，成功培育了分布式光伏扶贫绿色信贷、分布式能源中心绿色资产证券化、新能源汽车绿色消费金融等一大批绿色金融典型案例，在产业融合上走出了新的路径。

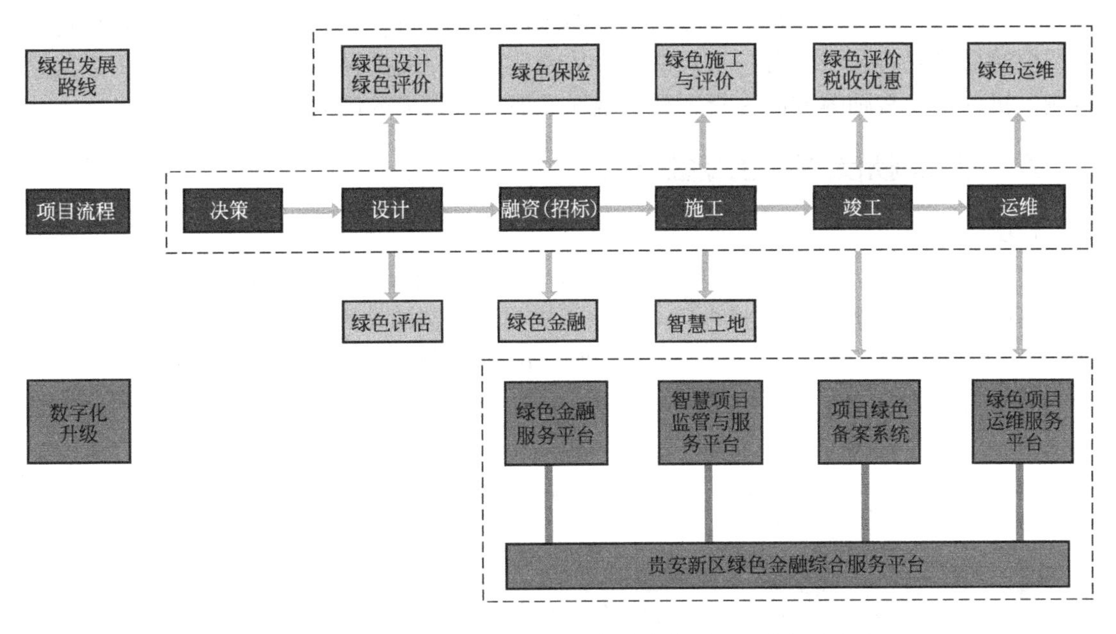

图 4-9　贵安新区建筑业绿色发展与数字化升级融合解决方案

三是贵安新区目前正在规划建设全国首个占地 3000 亩的绿色金融港。其中，一期已建成投用，吸引 22 家绿色金融机构入驻；二期近期开工建设，预计 2020 年建成投用，在平台建设上取得了新的进展。

四是依托贵安新区大数据产业优势，积极推进“大数据+绿色产业+绿色金融”深度融合发展，建设绿色金融风险管理数据库，成立绿色金融担保公司，并设立绿色金融补偿基金，建成全国领先的绿色金融风控体系，在风险防控上探索出了新的模式。

贵安新区是 2014 年 1 月国务院批复设立的第八个国家级新区，新区从托管前的 2012~2017 年年底，地区生产总值从 19 亿元增长到 150 亿元，增长 7.68 倍。

孙登峰介绍，为进一步支持绿色金融改革创新试验区建设，贵安新区在生态文明贵阳国际论坛 2018 年年会期间正式出台《贵安新区关于支持绿色金融发展的政策措施》和《贵安新区绿色金融改革创新试验区建设实施方案》，加快完善绿色金融政策体系建设，分别从机构落户奖励、绿色金融人才奖励、绿色产业发展奖励、绿色上市奖励等方面明确了扶持奖励措施和标准，力争到 2020 年将贵安新区绿色金融改革创新试验区打造成为绿色金融中心和绿色产业新高地[42]。

据了解，作为绿色金融的重要载体，贵安新区绿色金融港一期 8.4 万 m^2 的建筑面积目前已完工，并成功签约了贵州银行等 22 家金融机构，二期已于 2019 年 5 月顺利开工，建设面积约 84 万 m^2，是一期的 10 倍。该项目以绿色金融为主导产业，规划了高端研发区、国际人才社区、创智金融区、绿色金融文化岛、金融门户区等区域，通过植入文化、公共服务等功能，并结合山水景观格局，构建起极具贵安特色的绿色金融港区全产业链发展模式。

按照计划，下一步贵安新区还将成立绿色金融交易所，通过绿色金融港的资金聚合能力，盘活贵安新区、贵州乃至西南地区的绿色开发项目，以绿色金融助推贵安绿色发展。同时，贵安新区将出台一系列措施，从绿色业务开展奖励、绿色金融人才引进奖励机制、机构落户奖励等方面为新区绿色金融发展提供强大的政策支持[43]。

八、浙江湖州太湖绿色金融小镇

1. 项目概况

湖州太湖绿色金融小镇位于太湖南岸，东临上海，南接杭州，与苏州、无锡隔湖相望（图 4-10），京沪—杭宁高铁将小镇与北京、杭州、南京的交通时间缩短到 4h、20min 和 50min，在建的苏湖高铁则将小镇与上海的时空距离拉近到 40min 以内。

湖州太湖绿色金融小镇区位条件及自然环境景观优越，周围有滨湖大道及图影河，交通便利。小镇启动区占地 10 万 m^2，由 73 幢独立办公楼组成。小镇以建设“长三角一流、全国知名的绿色金融产业集聚区”为目标，瞄准绿色基金、绿色资产交易精准招商，积极引导绿色资本投资绿色产业。

图 4-10　太湖绿色金融小镇

2. 项目定位

湖州太湖绿色金融小镇力争 2021 年管理绿色资本 5000 亿元以上，实现税收 8 亿元以上，成为国家绿色金融改革创新的先行示范区。

3. 项目规划

小镇客厅：金融小镇客厅位于小镇 5 号楼，地上建筑面积约 2000m^2，将承载小镇办公、展览、会议、生活休闲等功能。根据湖州市政府与中国证券业协会签署的战略合作协议，小镇客厅将作为中国绿色金融高峰论坛永久会址。

景观改造：金融小镇景观改造工程主要分为外部景观改造、内部交通组织、太湖沿岸景观提升三大块内容。

创新孵化器：金融创新孵化器位于小镇南部，一期建筑面积 3000m^2，金融创新孵化器将成为初创期金融企业的成长摇篮。

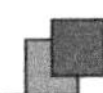

4. 配套设施

湖州太湖绿色金融小镇周围配套有南太湖温泉、长田漾湿地、法华寺、高尔夫、月亮酒店，渔人码头、鑫远健康城、爱山小学、浙江鑫达医院、湖州师范学院—浙江健康护理学院。集名山、名湖、名史、名人、名寺、名校为一地，融马家浜文化、崧泽文化、吴越文化为一体，宁静中透着繁华、古韵中透着现代，是长三角地区高端的休闲旅游目的地和火热的投资创业新乐土。

第五章　实施与工具

第一节　生态城区设计决策工具软件

一、系统介绍

绿色生态城区的规划、设计、建设与运营是一个复杂的过程。在开展一个绿色生态城区的顶层设计时，需要综合平衡多方面因素，权衡各方利弊，因地制宜地提出适宜该绿色生态城区的指标体系，并以此为基础推进后续的专项规划、建设落实工作。在这样的过程中，主管部门、咨询单位采用传统的技术人员查找文献资料、逐个城市调研辅助决策的方式，难免会力有不逮。随着信息技术的发展，绿色生态城区决策软件为顶层设计决策提供新的思路（图 5-1），其主要突破有如下几点：

图 5-1　绿色生态城区决策工具软件整体界面

1. 决策软件有助于打破信息壁垒，应对绿色生态城区固有的系统复杂性

绿色生态城区本身的系统复杂性，具体体现在许多指标会相互影响、相互支撑。以能源领域为例，目前绿色生态城区的规划建设中都会重点考虑碳排放指标的设定，但同类城市、城区碳排放的指标较难获得，同时其统计数据存在着统计口径不同、统计方式不同的问题，无形之中给研究工作带来了极大的困难。利用决策软件，可以有效地对相关指标进行梳理与比对，提高研究与决策的效率。

2. 决策软件有助于促进多学科交叉融合，弥补专业知识的不足

绿色生态城区的建设，需要建筑、交通、环境等多个领域的知识。例如，能源领域的顶层设计，又与交通、环保、产业发展等领域相互影响，使得指标体系更为复杂。在前期进行顶层设计时，咨询单位往往不具备全专业的专家资源，缺少科学的决策支撑。通过决策软件，可以提供多领域综合决策的成功案例，为绿色生态城区的顶层设计提供参考比对的模板。

3. 决策软件有助于提高信息传输管理效率，助力多单位、多部门的协同

绿色生态城区的建设需要规划、建设、环境、发展改革等多个主管部门，以及规划设计、绿色生态咨询、城区一级开发等多个参与单位的协同。通过决策软件，可以实现多个部门、单位的协同参与，促进共商共议与信息协同。

二、系统功能

基于绿色生态城规划建设的需求，其主要实现的功能如下：

1. 智能决策

为绿色生态城区的前期策划提供快捷、智能的决策服务。通过输入城区位置、规模、预期目标等关键信息，即可快速提供决策建议，包括星级目标、关键指标、预期奖补、规划亮点、推荐技术路线等，并提供最为相似的绿色生态城区同类案例以供比对，也可以采用相似成功案例作为模板，直接开始新城区指标体系的搭建。

2. 权威解读

基于国家标准《绿色生态城区评价标准》GB/T 51255-2017，将条文要求、条文细则、专家意见等关键信息整理录入，并实现快速索引，可以在实践中随时查找应用到的技术条文。同时，随着行业内学术论坛、评审会议的不断召开，更新行业顶级专家对于各项条文最新、最权威的解读。

3. 项目录入

实现绿色生态城区项目的创建、信息录入及管理功能，并通过批注等功能，实现多方的信息查看和协同工作。此外，还具备项目信息一键导出、一键导入功能，便于项目信息的管理。

4. 一键对标

基于成功案例库中的案例，与创建的项目信息进行自动比对，就关键指标和成功案例进行对标，以此发掘提升优化的空间，为用户创建的生态城区项目提供有针对性的引领思路。

5. 自动优化

基于大数据思维，智能整合国家标准要求、专家评审意见，就用户创建的自定义项目的技术路线、材料准备情况进行动优化，提出补充材料、修改条文描述等建议。

6. 最新资讯

考虑到绿色生态城区的科学决策，深度依赖于国内外的最新资讯动态，包括最新的成功案例、政策、标准等，因此设有实时资讯功能，定期推送行业最新资讯动态。

7. 进度管理

对于用户创建项目的修改、更新、材料上传等操作，自动形成进度日志，可供查阅及时间节点管控。

8. 专家咨询接口

针对绿色生态城区建设后续产生的各类专项咨询服务，如绿色专项规划、能源规划、绿色金融专项规划、水专项规划等，提供专家咨询的导向接口，以助于绿色生态城区的落地。

三、系统架构

决策软件的功能模块及开发架构如图 5-2 所示。

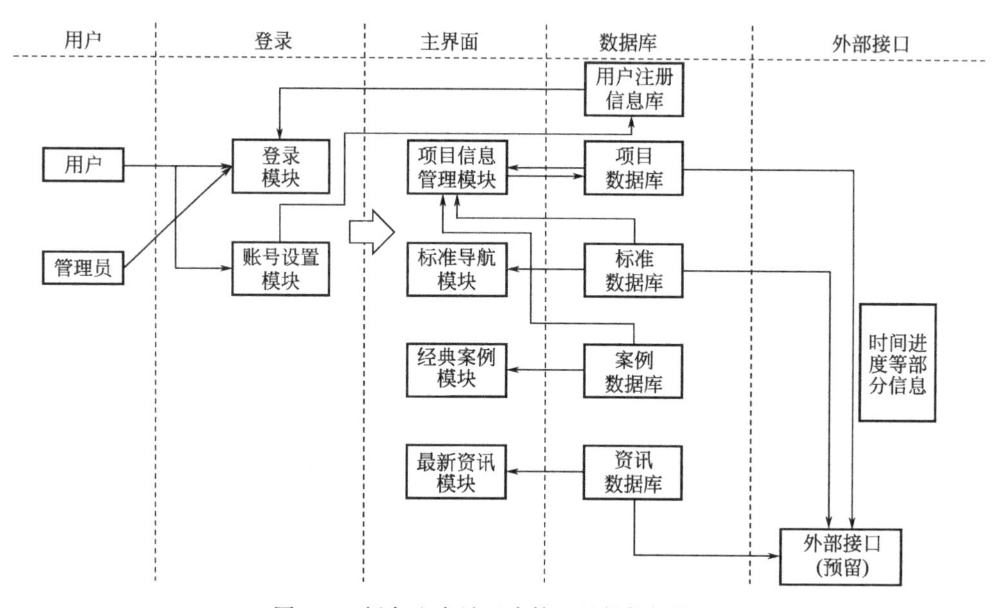

图 5-2　绿色生态城区决策工具软件架构图

为表现系统的整体逻辑，分为用户、登录、主界面、数据库、外部接口几个层次来描述架构。其中用户、登录的功能及架构，与大部分系统相同，以下集中对各模块的功能及之间的关联关系进行介绍：

1. 项目信息管理模块

该模块旨在为功能“智能决策”“项目录入”“一键对标”“自动优化”提供载体，主要支持两种模式：一种是智能决策模式，可以通过输入少量的信息，快速生成技术路线决策建议；另一种是项目录入模式，支持录入详细、完整的项目信息，进行全方位的对标与优化。该模块对于用户创建的项目信息，单独采用数据库进行存储，同时还需要调用案例数据库和标准数据库中的信息。

2. 标准导航模块

该模块旨在为功能“权威解读”提供载体，通过提取标准数据库中的标准信息，形成便于查询的交互界面，便于用户理解国家标准《绿色生态城区评价标准》GB/T 51255。

3. 经典案例模块

该模块为“一键对标”功能提供支撑，将国内外经典案例的成熟做法、指标数值进行归纳整理，以绿色生态城区的整体逻辑进行提炼展示。同时，也可以在此模块内实现经典

案例的展示。

4. **最新资讯模块**

该模块为“最新资讯”功能提供支撑，通过后台管理员的更新，将绿色生态城区相关咨询信息进行收集、分类、归纳，有序地提供给用户，作为开展决策的支撑和参考。

四、应用场景

在绿色生态城区的决策、规划乃至建设的各个阶段，绿色生态城区决策软件都可以为相关参与部门提供信息、咨询，其强大的智能决策功能，更是为城区的发展路线提供了必要的支撑。主要应用场景如下：

1. **主管部门**

在绿色生态城区的策划阶段，可以通过决策软件了解实现绿色生态城区的可行性和技术难度，大致熟悉国内外的先进案例，从而对整体指标体系、指标要求有一个清晰的认识，还可以通过决策软件了解国家的认证与激励政策。随着区域总体规划、控制性详细规划等法定规划工作的推进，可以通过决策软件辅助决策，完成适宜于当地的指标体系构建，参考国内外的成功案例，形成兼具前瞻性和科学性的顶层设计成果，推进绿色生态在法定规划与专项规划中的深度融合。

2. **咨询机构**

决策软件一方面是承担绿色城区咨询工作的有力工具，可以助于打破信息壁垒，提高咨询团队对国家标准及行业咨询的认识，改善服务能力，同时，决策软件也可以提供项目信息管理、多方协同工作的重要平台，还可以是重要的项目管理和申报的工具。

3. **科研机构**

决策软件将国家标准、国内外成功案例、最新行业资讯等相关信息进行统一的梳理与汇总，可以为绿色生态城区相关研究提供资料与素材。

第二节　绿色建筑大数据统计和分析软件

一、系统介绍

绿色建筑大数据统计和分析软件的主旨是有组织、有目的地收集数据、积累数据、整理数据、挖掘数据、分析数据，使之成为对决策和行为有现实或潜在价值的信息。同时，对绿色建筑评价过程中的信息，从产生、提取，到处理、存储、传输及利用进行规划，形成一个数据量可观且动态增长的基础数据库，进而通过对绿色建筑信息的整理、鉴别、评估、分析、综合等系列化的加工过程，形成新的、有用的、增值的信息产品，最终为不同层面的用户提供具有科研价值的智能支持。通过对绿色生态城区内绿色建筑的各种绿色技术使用情况进行分析，自动生成整体绿色建筑技术的使用情况，并对绿建技术应用数据进行分析整合判断（图 5-3）。

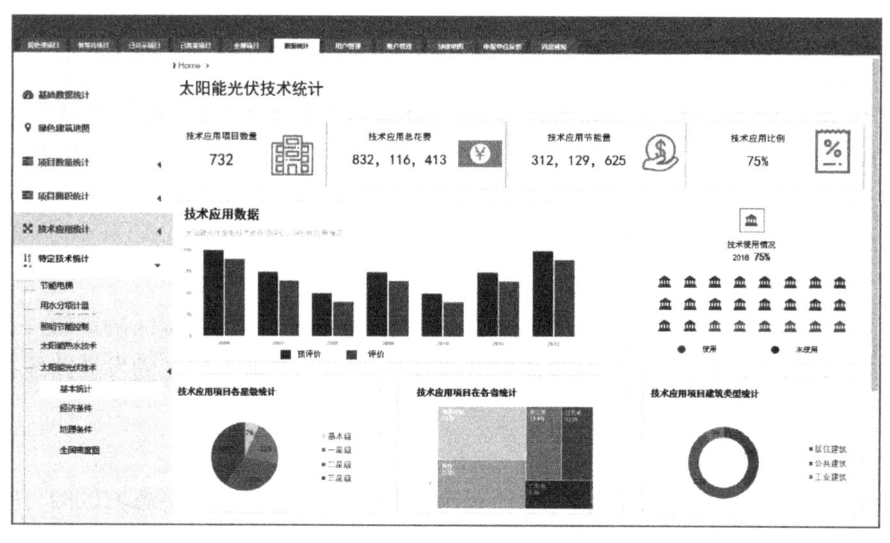

图 5-3 太阳能光伏技术应用统计整体情况

二、系统特点

1. 数据查询——项目管理

通过系统，查询和了解本地区绿色建筑项目的发展变化情况，了解绿色建筑数据的口径范围和来龙去脉，借此不断改善管理工作。同时，通过系统也可实现对畸高、畸低的异常数据进行核实、修正，进而提高数据的客观性、准确性。

2. 数据统计——辅助决策

通过萃取和提炼的数据，找出所研究对象的内在规律，帮助政策制定者了解绿色建筑相关方针政策的贯彻执行情况以及各项重要指标的完成情况，进而采取适当政策措施进行绿色建筑发展的推广和引导等。

3. 报告发布——指导市场

通过数据在线公开和报告发布等方式，披露本地区绿色建筑相关的技术、经济分析结果，指导行业相关人士进行绿色建筑规划、设计、咨询和销售等一系列工作。

4. 数据分析——指导设计

通过对数据统计结果的分析，对绿色建筑项目技术的使用情况进行分析，并且得出结论，对系统使用者及设计、咨询单位进行引导及建议。

三、系统功能

1. 统计分析

统计分析主要包括基础统计数据、项目数量统计、项目面积统计、技术应用统计、关键指标统计、专家评审统计、备案项目统计、条文得分统计、趋势预测分析、其他统计共10 部分内容。

2. 绿色建筑地图

绿色建筑地图主要包括两部分内容：绿色建筑密度图以及绿色建筑分布图。绿色建筑密度图主要为根据地区的划分，展示不同区域的绿色建筑密度而形成对比。项目分布地图主要展现各绿建项目的分布，同时，还可以通过地区、类别、技术、时间等方式进行筛选具体的绿色建筑技术使用项目的分布图。

3. 强化趋势预测分析

趋势预测功能更新主要在原功能的基础上进行更新，更新的主要内容为预测计算方式的更新以及绿色建筑技术使用情况的趋势预测。主要更新内容为绿色建筑技术分析以及预测计算方式的更新（图 5-4）。

绿色建筑技术分析

对可再生能源利用、非传统水源利用等绿色建筑技术进行未来的预测分析。具体的明确未来绿色建筑技术的发展方向，而且还能够为咨询、设计单位提供理论支撑，指导项目技术的使用

预测计算方式更新

通过对往年趋势的分析预测、政策内容、其他影响等对未来的趋势进行分析。通过计算方式、系统内核的完善、增强预测系统的准确性与真实性，提高整个预测模块的指导意义

图 5-4　趋势预测

4. 绿色建筑技术增量成本与投资规划分析

除现有的增量成本统计外，完善增量成本与投资规划分析内容，根据项目所处的地区、建筑类型、时间、气候区域等不同的特点对项目的增量成本进行统计分析，同时也对各具体绿色建筑技术的造价进行分析。为防止出现数据误填导致的数据不准情况，增加数据排错功能，增强数据的准确性及实用性。

5. 绿色建筑技术应用统计分析

可以根据需要的地区、时间、功能、技术单位、咨询单位、投资单位、技术类别、数据范围等多种方式筛选并展示绿色建筑的分布图。通过对图表类型的选择、技术应用种类的选择、横纵坐标数据的选择及数据对比的选择完成统计图的定制（图 5-5、图 5-6）。

图 5-5　绿色建筑技术的对比分析

6. 申报项目对比反馈功能

通过与绿色建筑技术应用对比分析、节能效果的对比分析、增量成本对比分析、星级及分数的对比分析，能够为申报单位、设计单位、咨询单位提供指导性数据，有助于提升

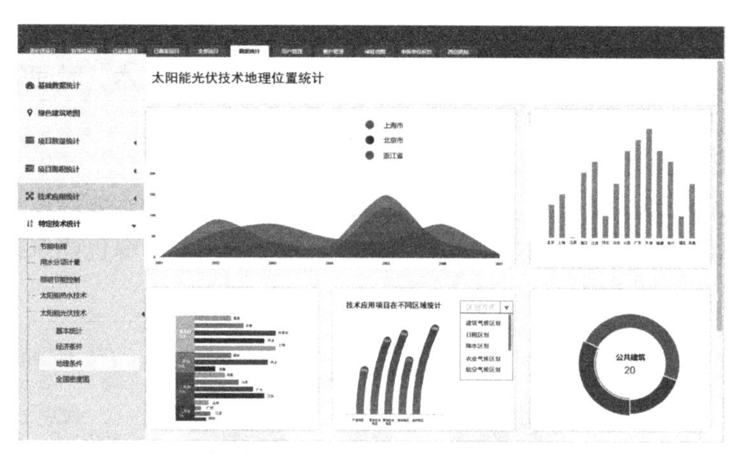

图 5-6　绿色建筑技术应用统计

项目的整体水平。

7. 设备分析功能

对各种设备的使用情况进行统计分析，指导设备的使用。主要分析的设备内容包括：暖通设备数据分析、照明设备数据分析、室内空气质量设备数据分析。

8. 报告输出功能

对各种分析报告的输出，输出的报告包括绿色建筑项目总结报告、绿色建筑项目经济指标分析报告、绿色建筑项目节能情况分析报告、绿色建筑预测进展情况报告、绿色建筑专家评审情况报告、绿色建筑项目进展报告、绿色建筑项目分布及发展报告、绿色建筑技术应用报告、绿色建筑评审时间分析报告、绿色建筑技术投资与规划分析报告等（图 5-7）。

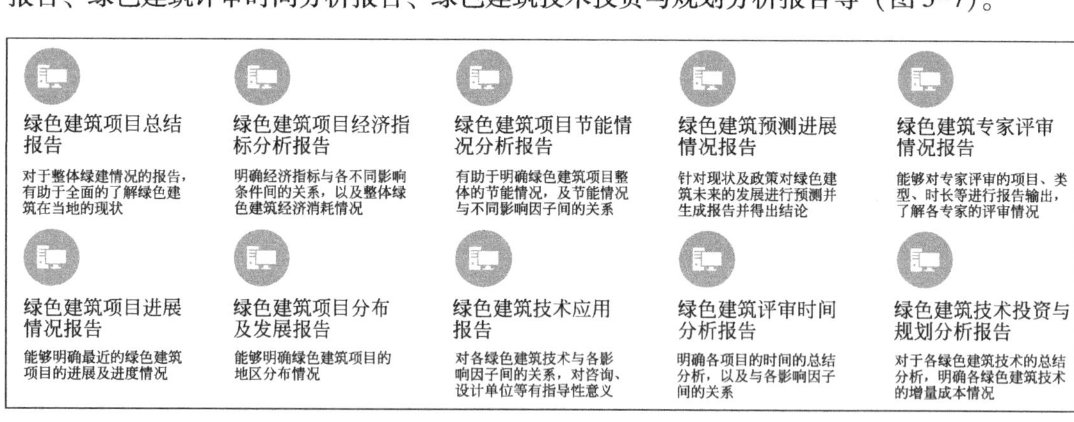

图 5-7　报告输出内容

第三节　生态城区绿色建筑建设和运维信息化系统

一、系统介绍

生态城区绿色建筑建设和运维信息化系统由三个系统组成（图 5-8），保障绿色生态城区中的绿色建筑从建设、施工到运行的全生命周期实施。通过对生态城区内绿色建筑的管控，达到对整个绿色生态城区进行管控的项目管理平台。绿色生态城区绿色建筑建设监管系统应有的功能包括：跟踪项目进展、展示项目内的具体情况、明确工作人员职责并回溯问题、指导项目发展等。整个系统可同城区中已采用的各类智慧建筑平台衔接，实现绿色建筑绿色运行。计量整个生态城区全生命周期的碳排放，为后续实现碳减排交易提供数据支撑。整个系统可以为绿色信贷、绿色保险等绿色金融产品提供大数据和系统工具支持。

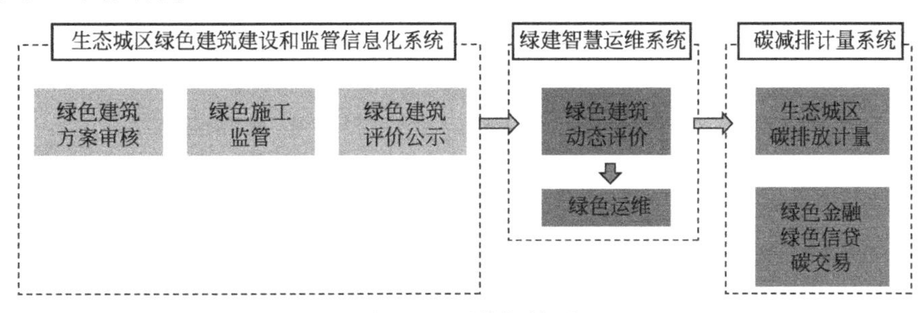

图 5-8　系统架构图

二、系统意义

以天津生态城绿色建筑评价管理系统为例（图 5-9）：

（1）梳理和标准化业务流程。通过信息化表现手法，以流程标准化、服务优质化为目的，将中新天津生态城绿色建筑评价管理业务进行流程梳理、优化。

图 5-9　中新天津生态城（天津生态城绿色建筑评价管理系统）示意图

（2）加强管理有效性。提供信息化管理工具，实现管理过程中的工作组织、消息推送、文档管理等，完整记录过程中的各种信息和操作痕迹，工作效率将大大增强。同时，实现历史数据和现有数据的统计、分析。

（3）提高社会效益。节省管理部门、建设单位、设计单位很多的时间成本和人力成本。

三、系统特点

（1）实现无纸化办公、提高工作效率。

（2）支持各类星级、标识项目的管理评审。

（3）实施信息化管理，利用大数据提供决策参考。

四、系统架构

整个系统囊括三种页面，五类用户，数十项功能。包括项目申报页面、评审管理页面、专家管理页面三种页面，申报单位、评审系统管理员、专业评价用户、市场部用户、评审专家共五类用户，以及多种不同的系统功能（图 5-10）。

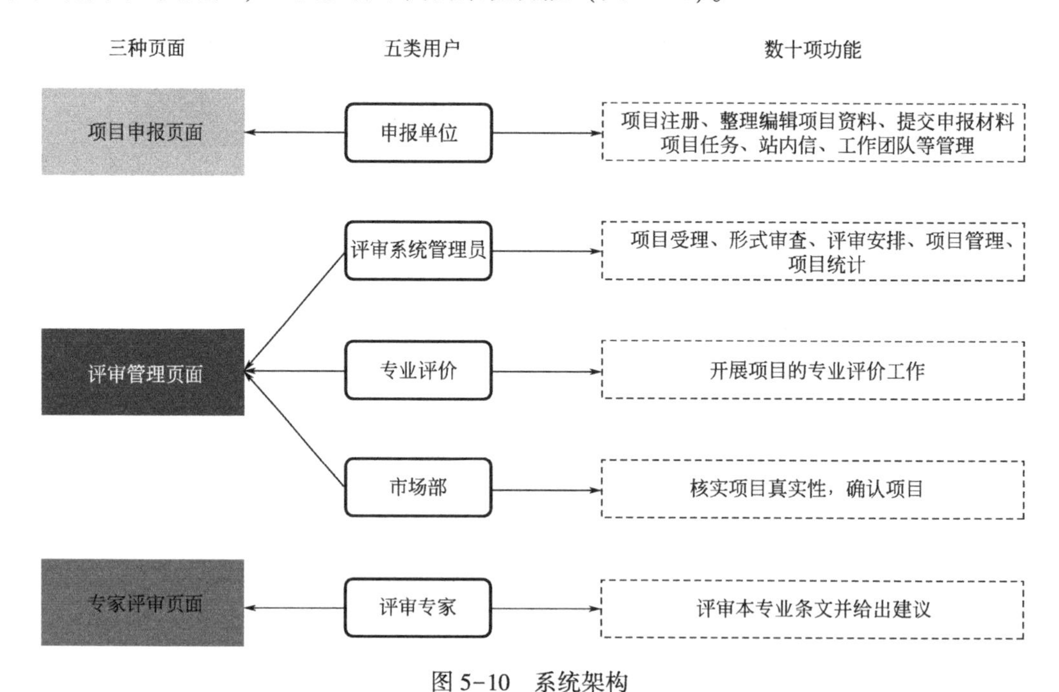

图 5-10　系统架构

五、系统功能

1. 评价及申报模块

通过平台系统，实现对生态城区内的建设项目进行方案阶段、施工图阶段、验收阶段在线绿色建筑评价，包括项目立项、项目受理、图纸资料的上传、评价任务分配、项目审核、出具评价报告等功能的开发。实现绿色建筑标识申报、评审和管理，包括项目立项和任务分配、填写自评估表、形式审查、专家评审等功能的开发。系统以绿色建筑评价标识申报和评审为中心，实现绿色建筑标识申报工作的“标准化流程、信息化操作、规范化管理”。

2. 信息管理模块

实现绿色建筑项目库维护、专家库维护、评审标准库维护，以及数据的统计分析（包括数量统计、技术分析、经济分析）。

3. 数据分析模块

对所有绿色建筑标识申报的项目数据进行相关的数据分析，通过表格、各类图形分析的形式展示给使用者和管理者。基于自动化数据抽取技术，从数据库提取包含指标名称、

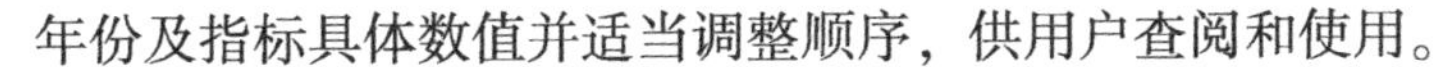

年份及指标具体数值并适当调整顺序，供用户查阅和使用。

4. 通用公共模块

实现底层通信、账户与权限管理、消息推送、项目查询等功能。确保系统各类用户（建设单位、设计单位、评审机构、管理部门等）都能共享系统的基础功能，并做到安全稳定。

第四节　绿色建筑专项规划系统

一、系统介绍

绿色建筑专项规划系统是针对各地的绿色建筑、装配式建筑、住宅建筑全装修等建筑信息集合的网站，主要目的是指导和推进绿色建筑的发展，促进资源节约利用，改善人居环境。网站主页清晰地罗列了各省所有市、县的专项规划发布稿，方便访问者查看、下载。鼠标任意放在主页一处，都会显示该地区的基础信息，更多相关信息直接点击即可获得。目前，已有多个省份在使用该规划系统，该系统的整合信息给行业相关人员提供了方便。以下内容以浙江省绿色建筑专项规划系统为例。

二、系统特点

网站地图分为地图版和卫星版：卫星版有更详细的山脉与河流，浏览者能看清地势走向；地图版简单描绘山川，有更清晰的省市边界。当鼠标移到不同市的位置会有一个简单的城区介绍：该市的地理轮廓、区域编号、管理分区和边界说明。同时该系统具备普通地图软件功能，能根据定位搜索附近医院、商场及相似的建筑。

每个城市及所属县城皆将规划发布稿集中罗列，方便访问者查找。每个区域都给出了浙江省绿色建筑专项规划的控制性指标要求。针对不同的建筑类型，给出了绿色建筑、装配式建筑、住宅建筑的建筑要求。不同的年份，绿色建筑的星级、年径流量控制率要求都有变动（图 5-11、图 5-12）。该系统为想查阅绿色建筑资料的访问者提供了数据支持。

三、系统功能

1. 智能查找

输入道路名称、政策单元、地块或是不同区域编号，或是直接点击网站不同地理位置，即可快速获取区域编号、管理分区和边界说明。

2. 数据支持

浙江省各市、县、区的绿色建筑专项规划发布稿件统一上传至该网站，并整理更新供各行业参考。稿件罗列了各区的规划编号、目标管理、绿色建筑指标要求、2020 年工作目标以及各区区域划分等内容。

宁波市绿色建筑专项规划01目标管理分区006政策单元(编号：330200-01-006)控制性指标要求													
建筑类型				绿色建筑等级要求			海绵城市建设要求	建筑工业化技术要求					
							年径流总量控制率(%)	装配式建筑要求			住宅建筑全装修要求	
				2018~2019年	2020年	2021~2025年	2018~2020年	2018年	2019~2020年	2021~2025年	2018~2020年	2021~2025年
居住建筑		建筑面积≥15万m²		≥二星级	≥二星级	≥二星级	≥80+A+B	装配式建筑	装配式建筑	装配式建筑		住宅建筑全装修
		建筑面积<15万m²		≥一星级	≥二星级	≥二星级		装配式建筑	装配式建筑	装配式建筑		住宅建筑全装修
公共建筑	办公建筑	政府投资或者以政府投资为主的办公建筑		≥二星级	≥二星级	≥二星级	≥85+A+B	装配式建筑	装配式建筑	装配式建筑		
		上列以外的办公建筑		≥一星级	≥二星级	≥二星级		装配式建筑	装配式建筑	装配式建筑		
	商业建筑	政府投资或者以政府投资为主的商业、旅馆建筑		≥二星级	≥二星级	≥二星级	≥80+A+B	装配式建筑	装配式建筑	装配式建筑		
		上列以外的商业、旅馆建筑	建筑面积≥10万m²	≥二星级	≥二星级	≥二星级		装配式建筑	装配式建筑	装配式建筑		
			建筑面积<10万m²	≥一星级	≥一星级	≥二星级		装配式建筑	装配式建筑	装配式建筑		
	教育建筑	政府投资或者以政府投资为主的教育建筑		三星级	三星级	三星级	≥85+A+B	装配式建筑	装配式建筑	装配式建筑		
		上列以外的教育建筑		≥一星级	≥二星级	≥二星级		装配式建筑	装配式建筑	装配式建筑		
	医疗建筑	政府投资或者以政府投资为主的医疗建筑		三星级	三星级	三星级	≥85+A+B	装配式建筑	装配式建筑	装配式建筑		
		上列以外的医疗建筑		≥一星级	≥二星级	≥二星级		装配式建筑	装配式建筑	装配式建筑		
	体育建筑	政府投资或者以政府投资为主的体育建筑		三星级	三星级	三星级	≥85+A+B	装配式建筑	装配式建筑	装配式建筑		
		上列以外的体育建筑		≥一星级	≥二星级	≥二星级		装配式建筑	装配式建筑	装配式建筑		
	文化建筑	政府投资或者以政府投资为主的文化建筑		三星级	三星级	三星级	≥85+A+B	装配式建筑	装配式建筑	装配式建筑		
		上列以外的文化建筑		≥一星级	≥二星级	≥二星级		装配式建筑	装配式建筑	装配式建筑		
	交通建筑	政府投资或者以政府投资为主的交通建筑		≥二星级	≥二星级	≥二星级	≥80+A+B	装配式建筑	装配式建筑	装配式建筑		
		上列以外的交通建筑		≥一星级	≥二星级	≥二星级		装配式建筑	装配式建筑	装配式建筑		
	其他类型公共建筑	政府投资或者以政府投资为主的其他类型公共建筑		≥二星级	三星级	三星级	≥75+A+B	装配式建筑	装配式建筑	装配式建筑		
		上列以外的其他类型公共建筑		≥一星级	≥一星级	≥一星级		装配式建筑	装配式建筑	装配式建筑		
	工业建筑	工业项目里的民用建筑		≥一星级	≥一星级	≥一星级	≥75+A+B					

图 5-11　宁波绿色建筑专项规划系统——政策单元详情

附表1 基于建筑密度的年径流总量控制率调整表		
用地性质	建筑密度(%)	年径流总量控制率调整值A(%)
居住建筑	<30	0~5
	30≤建筑密度≤35	0
	>35	-5~0
商业建筑	<45	0~5
	45≤建筑密度≤60	0
	>60	-5~0
其他建筑	<30	0~5
	30~45	0
	>45	-5~0
附表2 基于绿地率的年径流总量控制率调整表		
用地性质	绿地率(%)	年径流总量控制率调整值B(%)
居住建筑	<30	-5~0
	30≤绿地率<40	0
	>40	0~5
办公、建筑、医疗、体育、文化建筑	<35	-5~0
	35≤绿地率<45	0
	≥45	0~5
其他建筑	<20	-5~0
	20≤绿地率<30	0
	≥30	0~5

图 5-12　宁波绿色建筑专项规划系统年径流调整表

第五节 绿色建筑评审系统

一、系统介绍

本节以2019年发布的《绿色建筑评价标准》GB/T 50378-2019配套评价管理工具为例。

绿色建筑新国标评审系统在2014版国标绿色建筑标识在线申报系统的基础上研发而成，是2019年发布的《绿色建筑评价标准》GB/T 50378-2019配套评价管理工具。新国标评审系统以基于绿色建筑标识在线申报业务为核心，是一个面向绿色建筑标识申报单位、评审机构、评审专家三方面的网络交互平台，旨在使绿建申报工作实现“信息化流程、在线化操作、规范化管理”（图5-13）。目前已经在北京、上海、天津、重庆、山东、江苏、贵州等地投入使用。

图5-13 绿色建筑新国标评审系统界面图

该系统也是一个衔接申报单位、评审机构和评审专家工作，为绿色建筑标识申报各方面提供便捷、快速的通道。能够在线实现项目注册、资料整理、资料提交、邮件收发、项目管理、团队管理等绿建申报全过程的一个在线系统。

以中国城市科学研究会绿色建筑研究中心、中国建筑科学研究院有限公司上海分公司主导开发的绿色建筑标识申报、评审官方网站为例，评审系统在用户分类方面共计分出了五类用户：申报单位，评审系统管理员，形式审查、技术审查，巡视员和评审专家。各类用户功能不同，并根据用户类别归入不同申报页面（图5-14）。

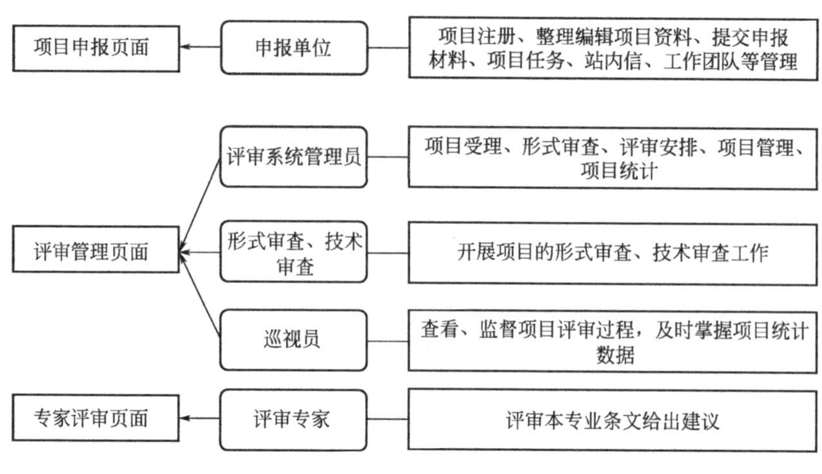

图 5-14　评审系统用户分类图

二、系统特点

（1）高效：一键生成自评估文件，避免再次填写的麻烦。

（2）可靠性：所有数据均保存在服务器中，网页上可查询从形审、技审到专家审查全过程记录填入数据，不会出错。

（3）协同性：实现角色管理、任务分配，这同时也是一个绿色建筑项目管理的工具。

（4）便捷性：实现文件打包上传、下载功能，在较大程度上解决了在线申报的瓶颈问题。

（5）安全性：任何用户只能访问与自己项目相关的信息或属于自己权限范围内的私有信息。

三、系统功能

（1）增加“绿建大检查”及绿色建筑备案的功能。

（2）与住房和城乡建设部绿色建筑增量成本系统的对接。

（3）与绿色建筑设计、分析软件对接。

（4）与能耗监管平台和建筑运维系统对接，实现绿建动态评估和智慧运维。

（5）给公证项目编号。

（6）建立数据仓库，为将来的多元化大数据应用奠定基础。

四、系统架构

系统构建“企业账号—子账号”的双级模式，由企业注册公司账号（注册时提交必要的企业资质文件），然后在后台添加子账号，分发给不同的项目成员使用。企业账号可以禁用子账号，或修改子账号密码。同时，企业账号可以查看本单位全部申报项目，对项目进行统一管理。新系统将突出企业账号的项目管理功能，实现人员管理、项目进度管理等功能（图 5-15）。

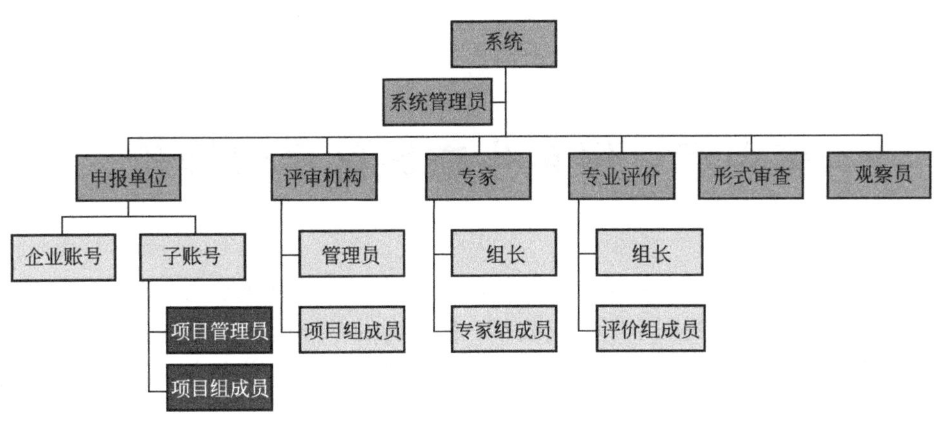

图 5-15　系统架构

五、操作流程

不同使用者的操作流程如图 5-16~图 5-18 所示。

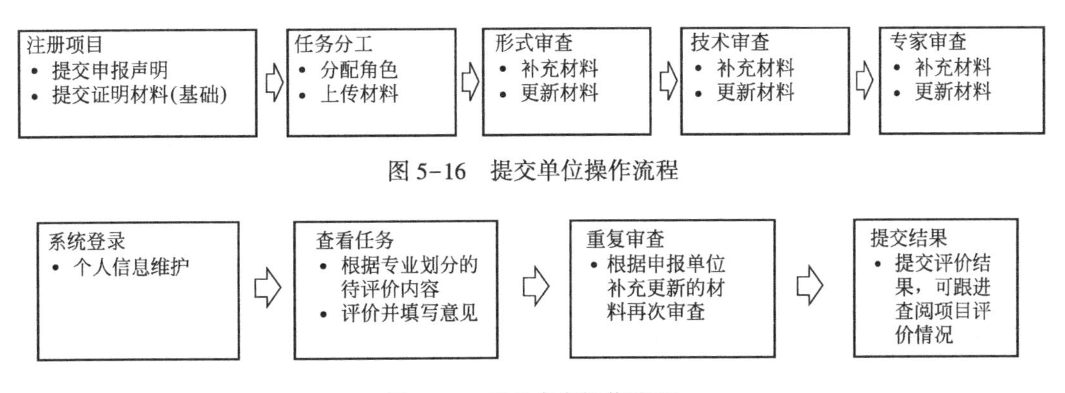

图 5-16　提交单位操作流程

图 5-17　评价专家操作流程

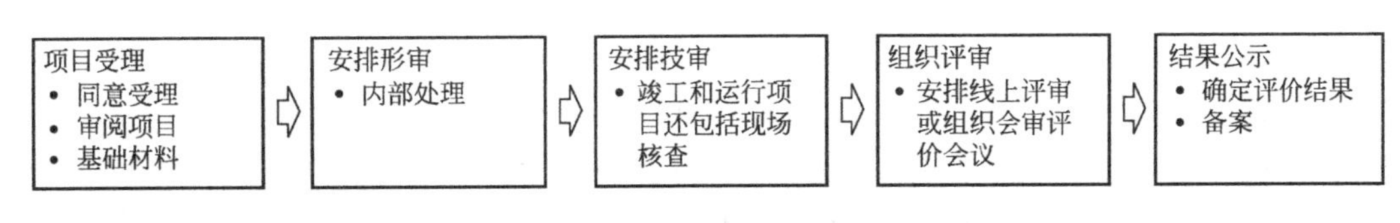

图 5-18　评价机构操作流程

第六章　绿色生态城区星级评价

城市开发建设管理模式和城镇化发展阶段的差异，造成中外绿色生态城区的创建与评价整体上风格迥异，随着我国不断深化改革，使两者的差异也在渐渐融合，欧美普遍采用的第三方评价在我国绿色生态城区创建与评价中声势渐起，慢慢成为推进绿色生态城区发展不可忽视的一股社会力量。

中外绿色生态城区的创建主要在发展阶段、地域尺度、发展策略、建设理念、建设主体、建设手段以及建设模式上存在明显差异（表6-1）。在评价方面，成熟且有影响力的评价标准有：美国的LEED ND、英国的BREEAM Communities、日本的CASBEE UD和我国的ASGE（Assessment Standard for Green Eco-district，《绿色生态城区评价标准》GB/T 51255-2017）。

国内外生态城区建设对比表　　　　**表6-1**

	国内	国外
发展阶段	城镇经济高速发展阶段	城镇化成熟稳定阶段
地域尺度	大而全	小而精
发展策略	目标导向	问题导向
建设理念	理想主义	实用主义
建设主体	政府主导、市场响应、市民有限参与	政府倡导、市场推动、市民广泛参与(NGO)
建设手段	自上而下、规划引导	突出重点、强调实施
建设模式	因地制宜、模式相近、新城为主	因地制宜、模式多样、新旧结合

从中外绿色生态城区的创建差异上看，就生态城区的地域空间尺度而言，国外的绿色生态城区普遍小而精，这与其城市规模、城镇化阶段、城市开发和更新模式密切相关（表6-2）。在这种环境下制订的绿色生态城区评价标准，亦具有评价对象地域空间尺度和范围相对偏小的特点，因此，在我国直接应用上述国外标准，适用性上普遍存在一定程度的问题。

国外生态城区评价标准对比　　　　**表6-2**

LEED ND	BREEAM Communities	CASBEE UD
强调实效，条款中多是对具体指标的规定，达到了要求的量值即可得到相应的分数。 LEED-ND总计110分，在满足前提条件的基础上，达到40分可通过认证，以铂金、金、银和通过认证四个等级作为标签	侧重于过程，鼓励使用某项产品或采取某些技术措施。在满足强制性条件的基础上，将每一项得到的分数，计重加权得到一个新的分数再进行加和，计重加权的系数根据环境和地理位置由BRE明确给出。认证结果按照杰出、优秀、很好、好和通过五个等级	从建筑性能和环境负荷两方面进行综合评价。CASBEE For Urban Development以“建筑环境效率（$BEE=Q/L$）”作为其主要评价指标，并明确划定建筑物环境效率综合评级的边界。 建筑物环境质量与性能（Q）和建筑物的外部环境负荷（L）

第一节 生态城区评价工作现状

我国生态城区的创建大致可以分为三个阶段：

第一阶段：概念探索，时间为2008年以前。代表项目是上海东滩生态城，计划建成世界首个生态城，经过艰辛探索，该项目市政基础设施建设于2012年启动，至今仍在建设中。

第二阶段：部委协同推进，时间为2008~2013年。通过国际合作、部省、部市合作的方式推进了中新天津生态城、唐山湾生态城、深圳光明新区、无锡太湖新区、长沙梅溪湖新城、重庆悦来生态城、昆明呈贡新区、贵阳中天未来方舟生态城的试点工作。在《关于加快推动我国绿色建筑发展的实施意见》等生态城区相关政策及资金的激励下，各地积极展开绿色生态城区建设实践，各类绿色生态城区项目总计约139个。这些项目主要集中在环渤海、长三角、珠三角等沿海发达地区以及湖南、湖北等中部城市群。可以看出绿色生态城区的实施与区域经济发展情况有非常直接的关系，这一因素反映在开发建设方式上，造就了我国特有的绿色生态城区实施模式：政府主导、市场响应、社会有限参与。在项目的具体推进上，又可以分为国际合作、部市共建、城市政府主导和开发商主导四种类型。

第三阶段：地方政府引导与支持，时间为2014年至今。部分地方建设主管部门根据各地特点，自主开展绿色生态城区项目示范遴选或标识评价工作。如贵州省在2016年11月16日发布《关于组织申报贵州省第一批省级绿色生态城区的通知》(黔建科字〔2016〕471号)，其评价依据是《贵州省绿色生态城区评价标准》DBJ 52/T078-2016；上海市在2019年1月14日发布《上海市绿色生态城区试点和示范项目申报指南（2019年）》，其评价依据是上海市《绿色生态城区评价标准》DG/TJ 08-2253-2018。国家标准《绿色生态城区评价标准》GB/T 51255-2017，自2018年4月1日起实施，同年标识评价工作由中国城市科学研究会率先开展。

地方建设主管部门牵头组织的绿色生态城区评价项目数量较少，公开资料查询可得，贵州省住房和城乡建设厅组织完成了2个项目的规划设计评价，详细项目信息如表6-3所示。

贵州绿色生态城区项目信息 **表6-3**

序号	项目名称	完成单位	建筑面积	星级	评价阶段
1	贵阳金融中心绿色生态城区	中天城投集团贵阳金融中心有限公司、中科绿建(北京)科技有限公司	700万m^2	★★★	规划设计
2	贵阳恒大文化旅游城	贵阳恒大童世界旅游开发有限公司、中科绿建(北京)科技有限公司	770.86万m^2	★★★	规划设计

上海市住房和城乡建设管理委员会组织完成了3个项目的试点评价，详细项目信息如表6-4所示。

上海绿色生态城区项目信息　　表6-4

序号	项目名称	完成单位	建筑面积	星级	评价阶段
1	桃浦科技智创城	中国建筑科学研究院上海分院	4.2km^2	★★★	规划设计
2	前滩国际商务区	上海前滩国际商务区投资(集团)有限公司、华东建筑设计研究院有限公司	350.75万m^2	★★★	规划设计
3	上海宝山区新顾城	上海市宝山区规划和自然资源局、上海地产北部投资发展有限公司、上海市建筑科学研究院	8.3km^2	★★	规划设计

采用国家标准评价的项目数量，领先于地方标准。近两年，中国城市科学研究会组织完成了十余个项目的评价工作，涵盖了规划设计和实施运管两个阶段。已通过评价并公示的项目信息如表6-5所示。

中国城市科学研究会组织完成项目信息　　表6-5

序号	项目名称	完成单位	规划面积	星级	评价阶段
1	中新天津生态城南部片区	中新天津生态城建设局、天津生态城绿色建筑研究院有限公司、天津生态城国有资产经营管理有限公司	7.8km^2	★★★	实施运管
2	上海虹桥商务区核心区	上海虹桥商务区管委会	3.7km^2	★★★	实施运管
3	上海宝山区新顾城	上海市宝山区规划和自然资源局、上海地产北部投资发展有限公司、上海市建筑科学研究院	8.3km^2	★★	规划设计
4	烟台高新技术产业开发区(起步区)	烟台高新技术产业开发区管理委员会、中国建筑科学研究院有限公司	3.5km^2	★★	规划设计
5	广州南沙灵山岛片区	广州市南沙新区明珠湾开发建设管理局、中国建筑科学研究院有限公司	3.49km^2	★★★	规划设计
6	桃浦科技智创城	中国建筑科学研究院上海分院	4.2km^2	★★★	规划设计

国家和地方的绿色生态城区评价标准纷纷发布并相继实施，同时绿色生态城区的国际合作项目也一直没有停息，比较有代表性的是中加合作低碳生态城区试点项目和中欧生态城市项目。

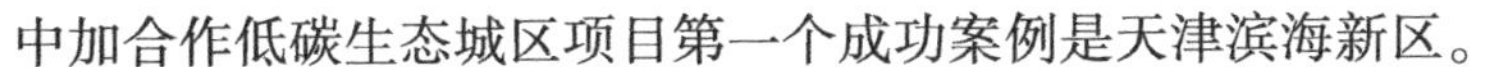

中加合作低碳生态城区项目第一个成功案例是天津滨海新区。

中欧低碳生态城市合作项目由欧盟资助与住房城乡建设部合作，中国城市科学研究会执行项目管理，德国国际合作机构等提供技术支持。作为中欧城镇化伙伴关系的重要组成部分，项目获得中欧双方高层政府的强有力支持。通过提供服务、技术援助和专业知识，项目主要协助住房城乡建设部起草国家低碳生态发展框架，并帮助地方政府推进低碳生态城市发展。目前入选该项目的城市有：常州、桂林、合肥、柳州、洛阳、青岛、威海、珠海、株洲、陕西西咸新区。

从以上获评或成为试点的绿色生态城区的实施情况来看，在现有政策和规划的引导下，经过不懈努力，均取得不错的效果，在城区选址、规划编制、实施保障、政策扶持上起到一定的示范作用。

第二节　国家级绿色生态城区评价申报条件

绿色生态城区以城区为评价对象，具有一定的用地规模要求。申报主体可以是开发区管委会、区建设管理部门、城区开发投资公司等。评价分为规划设计评价和实施运管评价两个阶段，各自有不同的申报条件和要求。

一、规划设计评价

申报项目的城市规划应符合绿色、生态、低碳发展的要求，或城区已按绿色、生态、低碳理念编制完成绿色生态城区专项规划，并建立相应的指标体系，如已获批，应符合《住房和城乡建设部低碳生态试点城（镇）申报管理暂行办法》（建规［2011］78号）的相关要求。城区内新建建筑应全面按现行国家标准《绿色建筑评价标准》GB/T 50378中一星级及以上的标准执行。制定规划设计评价后三年的实施方案。

二、实施运管评价

申报项目的城区可为城市新建区域或老城更新改造区域，规划设计评价和实施运管评价是两个独立的评价阶段，即不存在申请实施运管评价必须要先进行规划设计评价。评价标准以及建设主管部门鼓励从规划设计到实施运管的全过程管理和评价，但并不强制要求。实施运管标识证书到期后，如需要更换证书，应按照评价要求重新对项目进行核查确定。实施运管评价应当具备的条件为：

（1）城区内主要道路、管线、公园绿地、水体等基础设施建成并投入使用；

（2）城区内主要公共服务设施建成并投入使用；

（3）城区内具备涵盖绿色生态城区主要实施运管数据的监测或评估系统；

（4）比照标准的相关规划，规划方案实施完成率不低于60%。

第三节 生态城区评价流程

绿色生态城区评价流程主要包括形式初查、技术初查、现场核验、专家评价、公示公告以及备案制证环节（图 6-1）。

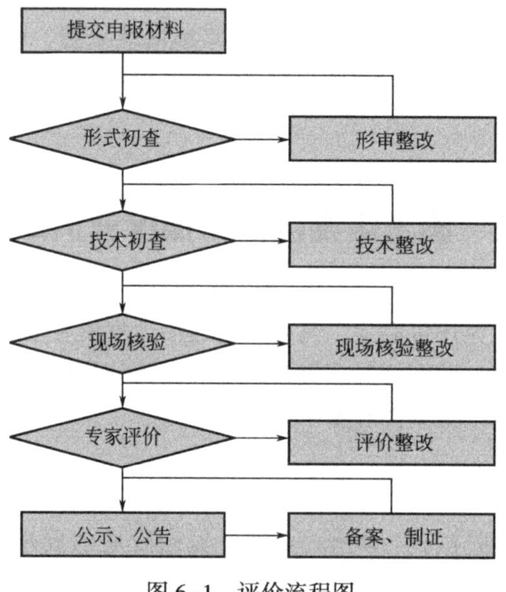

图 6-1 评价流程图

一、形式初查

形式初查是评价机构的技术人员通过核查、测算、验证等方式，对申报项目进行的一项基础性检查工作。包括检查申报单位是否具备申报资格；项目审批文件、建设单位文件、设计单位文件、与城区建设有关的规划、交通、建筑等设计文件是否齐全完整、真实有效等。

形式初查环节一般需 5 个工作日。

二、技术初查

技术初查是专业技术人员按照绿色生态城区评价标准的要求，对申报材料的内容深度、自评估报告提供的各项数据指标等按照评价标准进行技术把关，使项目达到专家评价的水准。

技术初查环节一般需 10 个工作日。

三、现场核验

与绿色建筑评价的现场勘验不同，绿色生态城区的现场核验由评价专家参与完成，在正式的会审评价前，评价专家赴项目现场就申报材料的内容与项目实际情况进行比照核

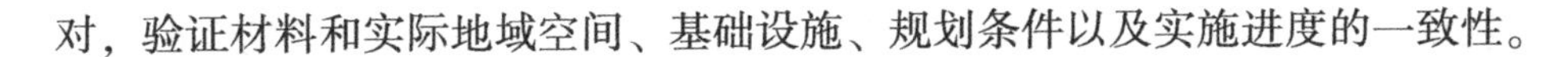

对，验证材料和实际地域空间、基础设施、规划条件以及实施进度的一致性。

四、专家评价

专家评价是专家根据申报材料，对照评价标准，对申报项目各项数据逐条进行核实、测算，评估各项技术方案的科学性、合理性，综合平衡论证，最终给出评价结论的过程。

专家评价采取现场会议的方式组织完成。

五、公示公告

公示公告是评价机构对项目评价的结果进行公开征求意见以及宣布评价结论的过程。公示公告一般由评价机构自行完成，在其机构网站进行文件发布，如中国城市科学研究会网站，其中仅有公示有限制时间，一般为 7 个工作日。

对于公示期间无异议或已妥善解决异议的项目，由评价机构发布通知，公布获得星级的项目，并进行备案制证。

六、备案制证

对于绿色生态城区纳入地方建设主管部门管理的省市、地区，评价机构组织完成的评价项目需要到地方建设主管部门进行备案，备案通过方可由评价机构进行证书、标牌制作。无备案要求的省市、地区，评价机构自行进行备案管理。

上述形式初查、技术初查、专家评价三个环节如有需要均需复评，复评是指重新评价申报单位提交的补充材料并给出复评结论。

复评环节一般需 10 个工作日。

第四节　绿色生态城区评价材料要求

申请国家标准《绿色生态城区评价标准》GB/T 51255-2017 评价标识的项目，应对城区绿色生态低碳发展建设情况进行经济技术分析，并提交相应分析、测试报告和相关文件，基本内容应包括：城区规模、交通系统、能源使用与生态建设，选用的技术、设备和材料，对规划、设计、施工、运管进行管控的情况。

在具体的申报材料组织和整理方面，要求文本材料内容简洁，主要内容信息完整，无关图素、说明应予以剔除，文本的格式尽量采用 PDF，便于阅读且没有查阅软件的版本问题。各类文件均应包含完整的项目名称、完成单位、完成人等基本信息，涉及检测检验内容的报告，应提交具备检测检验能力和资质的机构出具的正式报告。

提交的电子版申报材料必须与项目相关的纸质材料内容一致，申报单位在正式提交申报材料时需要签署申报声明，对所提交材料的准确性、真实性负责，接受评价机构审查并承担因材料问题带来的一切后果。

为便于申报单位组织、整理申报材料，可根据基本材料、必选材料、可选材料进行一级分类，根据标准的章节内容进行二级分类，逐类逐项进行材料的收集、归纳。上述一级分类，基本材料是指项目审批类文件以及各参与单位的情况介绍，必选材料是指标准各章节控制项所要求的材料，可选材料是指标准各章节评分项所要求的材料。具体要求见表6-6。

绿色生态城区标识申报材料要求及清单 **表6-6**

材料属性	材料分类	材料名称	要求说明
基本材料	城区审批文件	控制性详细规划批复文件	
		绿色生态专业规划批复文件	应为区政府或特定地区管委会对城区绿色生态专业规划的批复文件
		其他相关规划的批复文件	
	申报单位文件	申报单位简介	
		申报声明	
	规划设计单位文件	规划设计单位简介	
		规划设计案例介绍	
	其他文件	绿色生态专业规划	
		绿色生态专业规划实施评估报告	
		城区内建设用地批地计划及地块出让或划拨比例统计表	
		建设用地使用权招拍挂出让征询单	
		城区内地块建设进度表及竣工比例统计表	
		投入使用的建筑物列表及比例统计表	
必交材料	城市规划	城市总体规划或所在行政区的片区总体规划	
		控制性详细规划	应含规划文本、图集及图则
	道路交通	综合交通规划或绿色交通专项规划	应含交通需求分析、道路交通系统、公共交通系统、停车设施等规划内容
		交通年度评估报告	应含对城区道路系统、公共交通、慢行交通、停车设施等运行情况的评估
	绿色建筑	绿色建筑专项规划	应含发展目标、绿色建筑规划布局、管控措施等内容
		绿色建筑实施评估报告	应含绿色建筑规划方案实施情况评估，包括各星级绿色建筑数量、运行效果等内容
	生态环境	所在行政区的环境保护和生态建设规划或控制性规划关于生态环境保护章节内容	应含空气、水、土壤、噪声等环境质量控制指标和措施
		环境质量年度报告或环境保护和生态建设实施评估报告	应含空气、水、土壤、噪声等环境质量目标达标情况分析和规划措施推进实施情况
		上位环卫专项规划	
		主要地表水体名录及水质检测报告	地表水监测断面优先选择现有市、区控制断面，且自动监测站优先
		场地土壤、地下水环境质量评价报告	
		固废资源化利用方案	应含固废分类收集方案、生活垃圾资源化利用方案、建筑垃圾资源化利用方案等内容

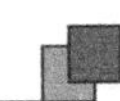

续表

材料属性	材料分类	材料名称	要求说明
必交材料	生态环境	固体废物资源化利用实施评估报告	应含固体废物资源化利用目标完成情况、固体废物资源化利用产品的实际工程应用、固体废物资源化利用社会环境经济效益情况等内容
	能源	能源综合利用规划	应含规划目标、能源需求分析、建筑节能规划、可再生能源规划等内容
		能源利用实施评估报告	应含能源综合利用目标完成情况、各能源系统运行情况、能源利用的综合效益等内容
		碳排放清单	应含建筑、交通、产业、固废处理、供水和排水、景观绿化等领域碳排放计算内容
		碳减排实施方案	应含碳减排目标、减排措施、重点减排项目、保障措施等
	市政给水排水	水资源综合利用规划	应含规划目标、用水需求分析、节水方案、非传统水源利用方案、低影响开发实施方案等内容
		水资源利用实施评估报告	应含水资源综合利用目标完成情况、各系统运行情况、水资源利用的综合效益等内容
		给水工程规划或供水专业规划	
		排水工程规划或雨污水专业规划	应含雨水排水系统规划(雨水排水模式、排放方案、初期雨水治理及避免雨污混接措施、地表径流控制措施、雨水资源化利用方案)和污水排水系统规划
		雨水排水水质监测数据	应有雨水排口的排水监测数据和排水户排水监测井的水质监测数据等
	智慧管理与人文	能源监测管理系统实施方案	
		能源监测管理系统运行评估报告	应含系统的运行情况评估、城区能耗数据统计等内容
		公众参与的相关文件	包括公众参与的记录、公众意见和建议的回复
	产业经济	产业发展专项规划	应含产业发展定位和目标、主导产业及配套产业发展规划、近期产业发展重点等内容
		年度经济运行报告	应含城区年度经济运行指标(生产总值、产业增加值、固定资产投资等各类经济指标)、经济运行态势(产业进入退出情况、发展速度、发展趋势、发展特征等)、下一步发展计划(发展目标、发展项目、政策配套等)等内容

续表

材料属性	材料分类	材料名称	要求说明
可选材料	城市规划	历史文化名城保护规划	涉及保护区或文物古迹的城区提供
		风景名胜区总体规划	涉及风景名胜区的城区提供
		城市设计文件	
		地下空间规划	应含地下空间规划分级及控制引导、地下空间分层平面布局等内容
		区域职住平衡度测算报告(实施运管评价提交职住平衡调查报告)	可放到更大的区域进行调查评估
		功能混合街坊比例计算书	计算依据为土地使用规划图
		路网密度计算书	计算依据为土地使用规划图、道路系统规划图、道路横断面规划图
		轨道交通站点用地规划图及300m范围内开发容积率计算书	计算依据为轨道交通站点用地规划图
		绿地率及人均公园绿地计算书	计算依据为绿地系统规划图
		公共开放空间300m服务半径覆盖率计算书	计算依据为公共开放空间布局图
		社区级公共服务设施300m或500m服务半径覆盖率计算书	计算依据为社区级公共设施布局图
		城市设计监管办法	
	道路交通	综合交通规划或绿色交通专项规划或绿色生态专业规划	应含慢行交通系统(自行车系统和步行系统)、交通稳静化措施、智慧交通等内容
		交通年度评估报告	应含对慢行交通、新能源交通、智慧交通等运行情况的评估
		轨道交通站点600m(或公交站点500m)用地覆盖率计算书	计算依据为轨道交通站点(或公交站点)用地规划图
	绿色建筑	绿色建筑专项规划	应含低能耗建筑、健康建筑、装配式建筑、全装修建筑、BIM应用、绿色施工(节约型工地)规划目标及布局方案
		绿色建筑实施评估报告	应含低能耗建筑、健康建筑、装配式建筑、全装修建筑、BIM应用、绿色施工(节约型工地)规划目标落实情况及实施效果评估
		绿色建筑、健康建筑项目统计报表	应提供相应的标识证书
		绿色建筑及绿色建材管理办法	
	生态环境	绿色生态专业规划实施评估报告	应含本地木本植物、立体绿化、节约型绿地、生活垃圾和建筑垃圾资源化利用、污泥资源化利用、绿色建材等目标的落实情况
		生态保护和补偿计划	
		生态保护和补偿效果评估报告	

续表

材料属性	材料分类	材料名称	要求说明
可选材料	生态环境	大气污染防治规划方案、大气污染源信息及监测报告	应含大气污染源信息目录、污染源相关的监测报告
		场地环境风险管控制度文件	涉及污染场地的城区提供
		污染场地清单及修复方案	涉及污染场地的城区提供
		污染场地修复工程效果评估报告	涉及污染场地的城区提供
		节约型绿地率计算书	计算依据为绿地系统规划布局图
		节约型绿地相关政策	
		城区年度环境污染违法事件执法记录文件	
	能源	能源调查与评估报告	应含太阳能辐射量、风力资源量、地热能资源,并分析计算城区内可利用的资源量,如可利用的屋顶面积、可利用的太阳能辐射资源量等
		区域能源系统可行性研究报告	涉及区域能源系统时提供
		区域能源系统及余热废热利用系统(或天然气热电冷联供系统)设计方案及相关的图纸文件	涉及区域能源系统时提供
		能源利用实施评估报告	应含对能源监管平台的建设和运营情况、可再生能源利用、区域能源系统、市政照明及水泵等节能设施、城区用能情况等的评估
		城区能耗统计报告	
		区域能源系统运行记录	涉及区域能源系统时提供
	市政给水排水	水资源综合利用规划	应含非传统水源利用方案
		水资源利用实施评估报告	应含用水分级分项计量、供水管网漏损、非传统水源利用等内容
		海绵城市专项规划或排水防涝技术方案	应含年径流总量控制率和雨水径流污染控制目标及相关措施、内涝防治措施等内容
		给水系统规划	应含供水管网用水分级计量、管网漏损率目标及控制措施内容
		分质供水专项规划	应含分质供水的范围、设施规模等内容
		人口综合用水量统计报告	
		自来水和非传统水源记录台账及相关计算书	
		节水型社区(小区)/节水型企业(单位)覆盖率计算书	应附节水型社区(小区)及节水型企业(单位)名录
		河道水利用相关主管部门的许可	
	智慧管理与人文	智慧城区专项规划或绿色生态专业规划	应含智慧民生服务方案、环境监测方案、智慧交通方案、市政照明智能化管理方案、智慧社区系统方案、绿色建筑信息管理系统方案、绿色生态展示与体验平台方案等内容

续表

材料属性	材料分类	材料名称	要求说明
可选材料	智慧管理与人文	智慧城区运行评估报告	应含智慧民生服务、环境监测、智慧交通、市政照明智能化管理、智慧社区、绿色建筑信息管理系统、绿色生态展示与体验平台等的运行情况
		城区或所在区的治理工作机制	
		行人过街设施列表及无障碍设施规划方案	
		城区治理效果评估报告	
		所在区的保障房和租赁住房政策文件、保障性住房、租赁住房的项目列表、相关比例计算书等	
		绿色生活与消费指南	
		就业和技能培训服务实施情况总结报告	含提供服务的场所、服务内容、年度提供的服务数量列表，及服务效果
		城区企业绿色社会责任报告	应含企业的绿色发展战略
		绿色教育和绿色实践方案及覆盖人口和社区比例的计算书	应含绿色教育和绿色实践的活动形式、内容及服务对象等
		绿色出行宣传教育文件及绿色出行统计报告	
		年度民意调查报告	含调查问卷、调查时间、调查对象、调查方法、调查内容、主要调查结论等内容
	产业经济	产业发展专项规划	应含产业用地投资强度、土地产出率、产业能效等指标，以及主导产业、配套产业规划方案、循环经济发展规划方案等内容
		年度经济运行报告	应含城区年度经济运行指标，如产业用地投资强度、土地产出率、产业能效、单位地区生产总值能耗和水耗，及循环经济相关指标的统计结果等内容
		所在区的产业节能、节水、碳排放相关的政策文件	

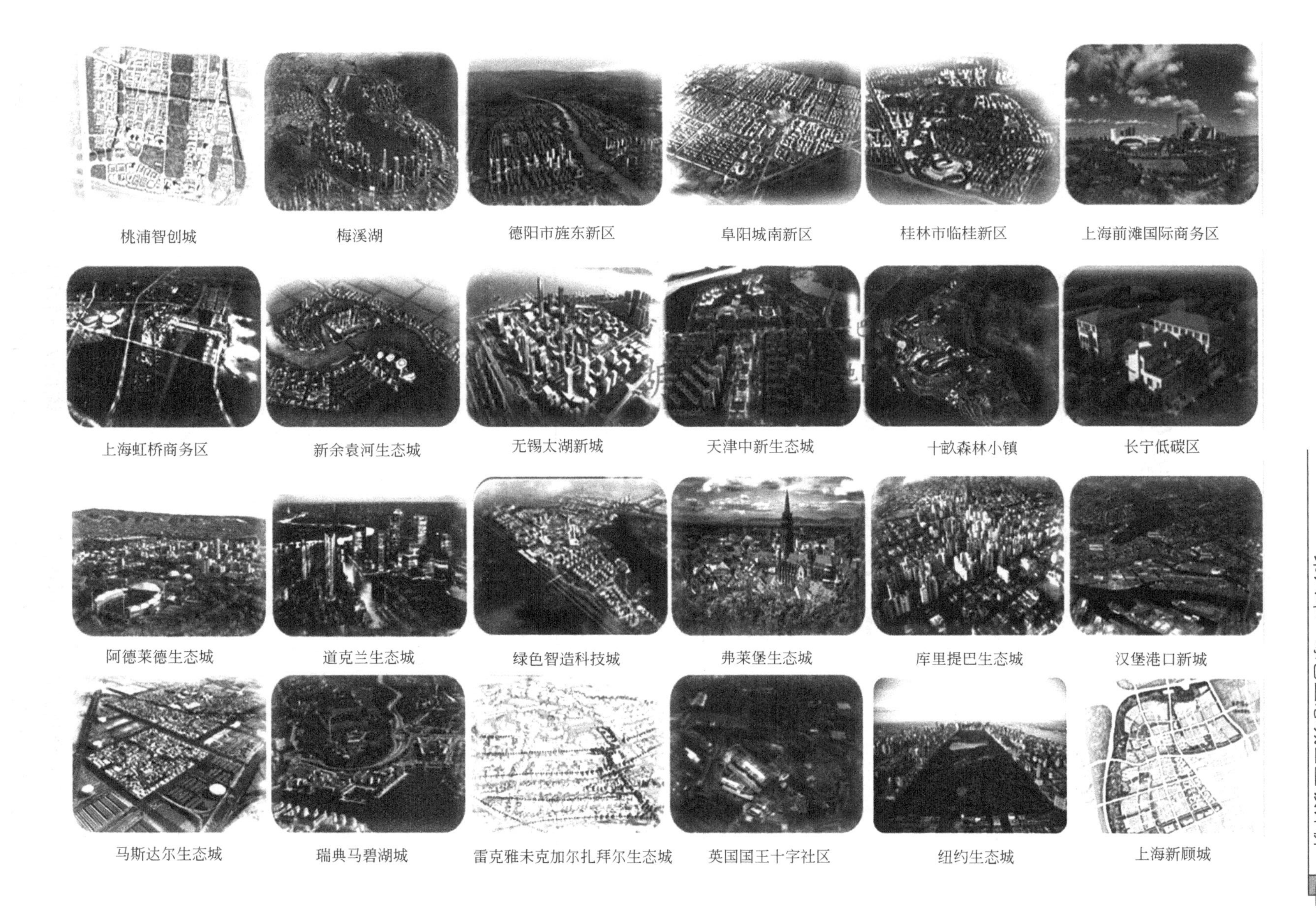
桃浦智创城
梅溪湖
德阳市旌东新区
阜阳城南新区
桂林市临桂新区
上海前滩国际商务区
上海虹桥商务区
新余袁河生态城
无锡太湖新城
天津中新生态城
十畝森林小镇
长宁低碳区
阿德莱德生态城
道克兰生态城
绿色智造科技城
弗莱堡生态城
库里提巴生态城
汉堡港口新城
马斯达尔生态城
瑞典马碧湖城
雷克雅未克加尔扎拜尔生态城
英国国王十字社区
纽约生态城
上海新顾城

第七章　案例与实践

未来中国城市的发展方向必然更加坚定地朝着低碳、生态、绿色的方向迈进。早在20世纪70年代，国外已有城市致力于生态城市的建设。目前我国绿色生态城区的发展仍处于探索阶段，主要通过示范工程的建设，实现以点带面的规模化推广效应。对于国内外生态城区案例的研究，为日后我国绿色生态城区的建设提供一定的借鉴意义。

第一节　国内生态城典型案例

案例一：上海市·桃浦智创城——智慧创新之城，老化工基地到绿色生态城区的跨越

项目定位：转型驱动、生态守护、智慧引领	生态目标：国家三星级/上海市三星级/全球绿色城市
项目规模：约4.2km^2	规划地址：上海市普陀区西北部的桃浦镇
创建时间：2015年	气候分析：亚热带季风气候
城区类型：新开发城区	实施单位：中国建筑科学研究院有限公司上海分公司　马素贞、孙妍妍、李芳艳
实施主体：上海桃浦科技智慧城开发建设有限公司	

一、项目概况

桃浦智创城位于上海市普陀区西北部的桃浦镇境内，是具有40多年历史的老工业基地。规划区离上海站约9km，离虹桥火车站、虹桥国际机场约10km，离陆家嘴约15km。规划区东至铁路南何支线，南至金昌路，西至外环线，北至沪嘉高速公路，用地面积约4.2km^2，规划人口规模约2.9万人。

桃浦智创城聚焦生态、业态、形态“三态合一”的转型发展目标，实践产城融合、绿色低碳、人性化发展的理念，形成以总部商务、科技研发、生态绿地为核心功能，以居住、服务、休闲等为配套功能的综合型城区。

桃浦智创城规划总建设用地面积约412hm^2，其中公共绿地约120hm^2。规划总建筑面积约428万m^2，其中商业及商务办公总建筑面积约208万m^2，研发建筑面积约76万m^2，住宅建筑面积约110万m^2，其他含社区公共服务设施、基础教育设施等建筑面积约34万m^2。

桃浦智创城意为智慧创新之城，“智”体现在“智能、智力、智联”的集聚融合，“创”体现在科技创新、管理创新、制度创新的系统集成。通过城市功能、先进产业、生态环境一体化发展，实现从老化工基地到绿色生态城区的跨越，努力打造上海中心城区转

型升级的示范区、上海科创中心重要承载区之一（图 7-1）。

图 7-1　桃浦智创城平面图

二、项目创新点

1. 顶层设计超前谋划

桃浦智创城的规划对标国际一流城市中心城区标准、上海 2035 城市总体规划，统筹生产、生活、生态三大布局，融入低碳绿色生态、城市设计人性化、产城深度融合等理念，体现“小尺度、高密度、人性化、高贴线率”的设计要求。桃浦智创城围绕全球绿色城区指标、国际绿色社区体系，结合国家和市绿色生态城区要求，高标准编制桃浦智创城控详规划、15 项传统落地性专项规划和 11 项创新实践性专项规划，确立创建上海绿色生态示范城区（三星级）、国家绿色生态示范城区（三星级）、全球绿色城区的目标，制定一整套绿色生态指标体系，明确工作的“路线图”和“施工图”。

2. 精心打造最美中央绿地

桃浦中央绿地呈“J”形布局，核心区内面积约 $50hm^2$，未来沪嘉北区域再规划 $50hm^2$ 进行一体设计和实施，未来将成为上海中心城区最大的开放式绿地。借鉴纽约中央公园和伦敦海德公园设计理念，融合中国传统元素（书法、舞蹈、太极艺术），打造延绵起伏的地形和蜿蜒动态的水系，形成层叠展开的山水长卷和行云流水的动态空间。

3. 创新开展生态综合修复

桃浦地区原为工业区，存在一定程度的场地污染与破坏。在对土壤及地下水进行实地调查、监测识别、风险评估等多轮专家评审把关的基础上，按照“一地块一方案”的策略进行修复工作。截至目前，已完成治理土壤约 67 万 m^3，完成治理地下水约 20 万 m^3。修复后土壤全部达到《展览会用地土壤环境质量评价标准》，并全部消化于规划区。

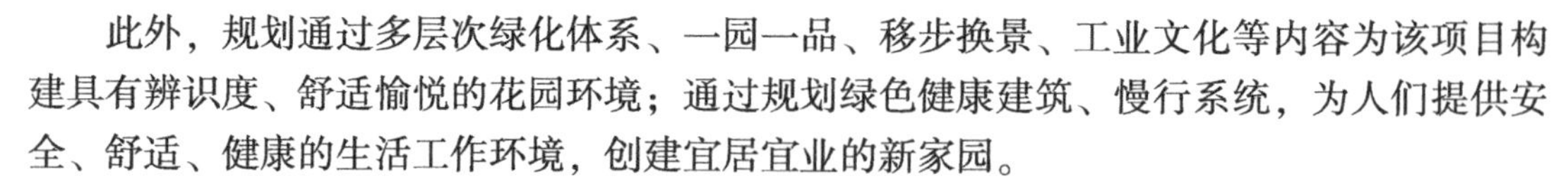

此外，规划通过多层次绿化体系、一园一品、移步换景、工业文化等内容为该项目构建具有辨识度、舒适愉悦的花园环境；通过规划绿色健康建筑、慢行系统，为人们提供安全、舒适、健康的生活工作环境，创建宜居宜业的新家园。

4. 全面推广绿色健康建筑

围绕“打造品质建筑，引领健康生活”目标，全面推进绿色健康建筑、装配式建筑、建筑全装修、绿色学校、低碳社区一体规划、同步建设。所有新建建筑全部执行二星级及以上绿色建筑标准，三星级绿色建筑比例约18%，健康建筑比例达到20%以上。全面采用BIM技术应用于建筑的设计、施工和运营等阶段。

5. 绿色生态管控机制

为了确保绿色生态理念落地，桃浦智创城创新地提出开发建设导则编制，通过整合各专项规划，形成开发建设图则及指标体系指导建设实施，明确土地出让条件及运维主体辅助规划管理。建立绿色生态审查制度，在土地出让、招标、施工、竣工等各管理环节落实绿色生态指标及相关要求。

三、绿色生态规划方案

桃浦智创城确立创建上海绿色生态示范城区（三星级）、国家绿色生态示范城区（三星级）、全球绿色城区的目标。基于绿色生态目标，提出六大发展策略推进桃浦智创城绿色生态建设：一是多元复合开发策略：融入产城融合布局、空间复合共享等理念，打造更具时代特征的绿色生态城区。二是营造绿色网络策略：构建多层次的公园体系，提升景观品质，增强城区辨识度，营造花园环境。三是健康生活导向策略：融优质建筑、便捷路网、多元空间于一体，提供舒适便捷的生活环境。四是智慧高效管理策略：加强新一代移动通信、物联网、宽带网络等信息基础设施建设，实现便捷化的智慧生活、精细化的智慧管理、协同化的智慧政务，打造智慧城市示范区域。五是资源集约利用策略：通过能源设施的共建共享、非传统水源的规模化应用和固废的综合利用，实现资源的集约利用。六是文脉传承创新策略：开展历史遗迹保留、历史建筑活化改造、历史元素解构重塑，留住记忆，传承文脉，融入生活。

1. 土地利用

土地与空间利用以多元复合开发为规划目标，通过功能复合、地下空间开发、空间共享、社区包容、居住混合等策略，提供多元化的服务来满足不同需求。构建“以人为本”的、具有“密”、“窄”、“弯”特征的道路网络，路网密度高达12.64km/km^2。强调各类商业、办公、居住等城市主要功能的复合，以及文化、医疗、体育、卫生、养老、社区服务等公共服务配套设施的完善配备，满足一般城市生活的需求（图7-2）。

（1）空间复合利用：通过规划打造一条知识长廊，提供创新展示，将城市活动中心汇聚于此，实现产学研一体化和成果商业化。同时办公区引入休闲空间，为小微企业提供低成本办公场所，为员工共享知识，激发创业活力（图7-3）。同时带动地下空间的大规模开发，地下空间开发总量范围为150万~230万m^2。地下空间建设将拉通两个地铁站，围绕核心区、地面商业商务轴、联通真南路南北两侧、功能绿地、集中绿地进行地下空间开发，形成“一轴、二主核、三环、四副核”结构（图7-4）。

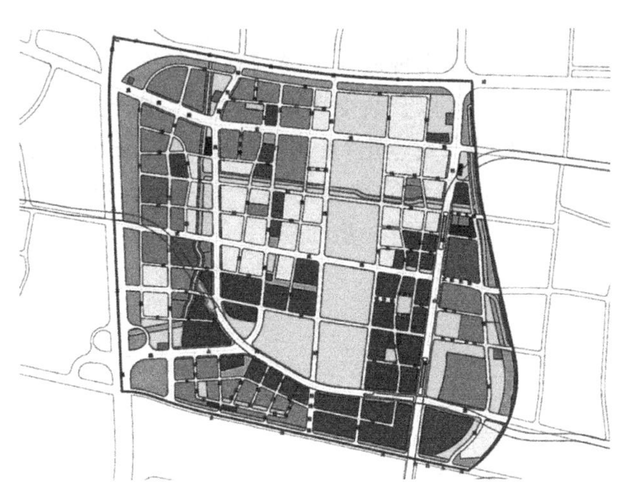

图 7-2　桃浦科技智慧城土地利用规划图

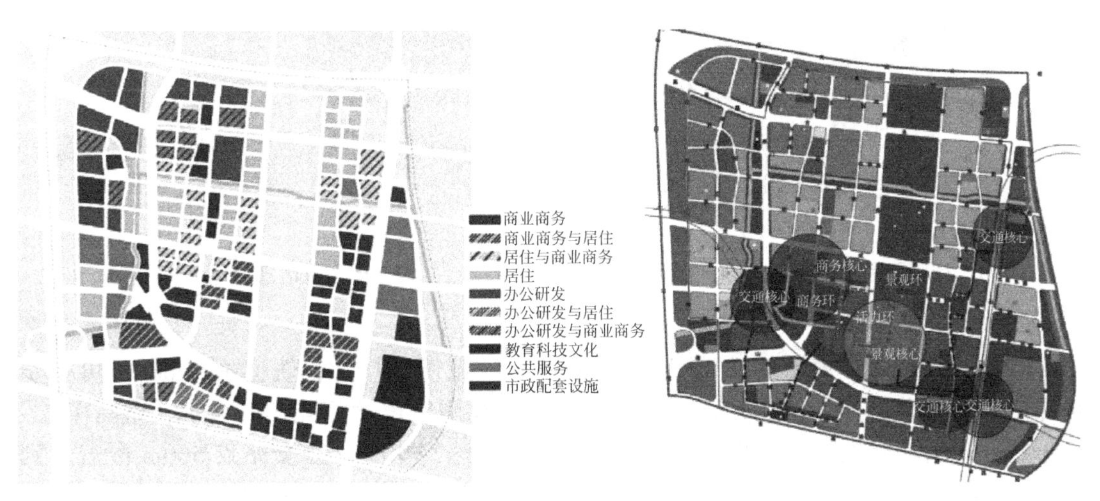

图 7-3　功能布局与混合示意　　　　图 7-4　地下空间规划结构

（2）活力社区：一是规划社区层面的公共服务设施和基础教育设施，方便居民生活；二是构建多类型开放空间，促进公共生活，塑造地区活力。绿色生态专业规划将互联网思维与社区建设融为一体，结合控规布局的产业服务设施和生活服务设施，提出建设“社区服务平台”，以线上助推线下，建设互联网+连锁实体的运营体系，立足本社区，以服务社会创造价值为理念，真正为用户带来与众不同的体验，让生活回归社区；为创业者提供创业项目，为社区成员提供安全、简洁、快捷及定制化服务（图 7-5）。

（3）无障碍设计：在城市道路中采用人行道缘石坡道、盲道、轮椅坡道，人行横道过街提示，人行天桥和地道出入口盲道提示、扶手和无障碍电梯，公交车站与人行道相衔接和无障碍标识等。公园和城市广场中规划无障碍出入口，无障碍停车位，能到达部分主要景点的无障碍游览路线，无障碍游憩区和无障碍标识等。在办公、科研、商业建筑地加入入口平台、垂直交通、厕所、公用电话、公共厕所、停车位、宾馆、饭店等人性化设计。

2. 绿色交通

桃浦智创城绿色交通发展旨在实现城区交通网络便利化、交通组织高效化、出行方式公交化、交通能源低碳化目标，且以公共交通系统为主，步行、自行车等慢行交通为辅的出行方式，促进居民绿色、低碳、安全出行（图 7-6）。目前在路网密度、公交线网、慢行交通、停车设施等方面已有较完善的规划内容，下一步还将在轨道衔接、滨河廊道规划、充电停车位、宁静化交通等方面进一步加强。

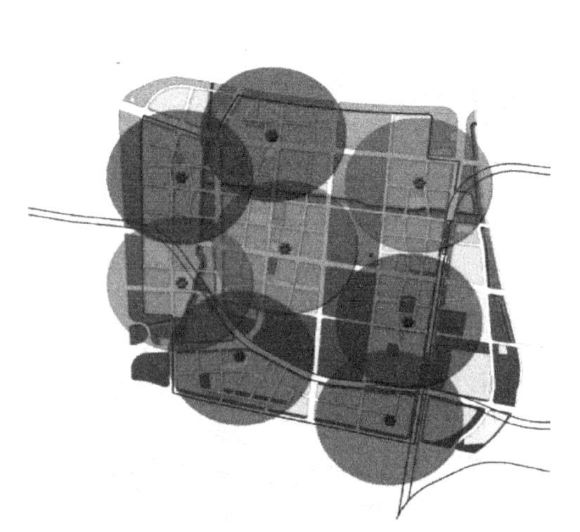

图 7-5　社区服务平台线下实体空间布局及 400m 服务范围

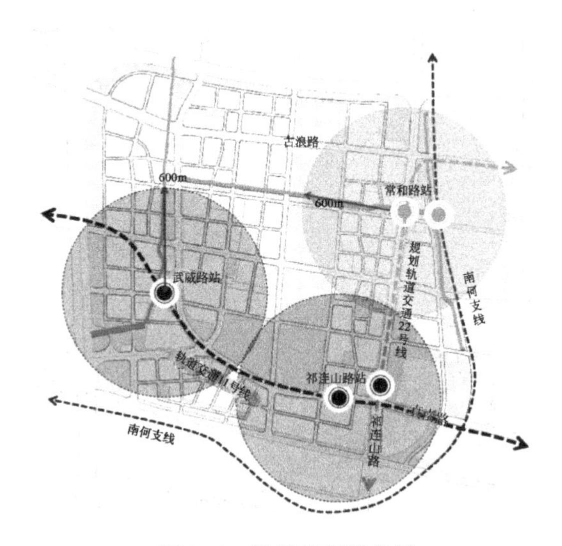

图 7-6　轨道规划优化图

（1）公共交通：规划地铁 22 号线未来实现区域便利换乘，轨道站点 600m 可初步实现 70%的覆盖。通过优化完善，规划区内公交线网密度达到 4. 5km/km^2，略高于 3～4km/km^2 的国家标准，并实现公交站点 300m 覆盖达到 90%，公交站点 500m 覆盖达到 100%。由于 22 号线为远期线路，在 2020 年后建设，存在一定的不确定性，因此提出近期建设社区巴士以弥补轨道交通不足，为远期 22 号线凝聚客流。社区巴士应全面采用新能源巴士，如结合规划太阳能光伏选择纯电动巴士（图 7-7），或结合桃浦智创城规划加气站，选择 CNG 巴士等。另外，为减少出行时间浪费，社区巴士可构建 GPS 追踪系统，并以此为数据搭建社区巴士 APP 终端（图 7-8），实时传递巴士的位置，方便居民选择出行时间及乘坐站点。未来还可推动站点预约系统，以此提升社区巴士的运行效率。

图 7-7　新能源巴士

图 7-8　巴士 APP

（2）慢行系统：据调查，步行去轨道交通站点的绝大多数乘客（85%）居住在步行时间不大于 15min 的范围内，也就是 600～1000m 的步行范围。出于娱乐和休闲目的的出行，步行范围还可以扩大。桃浦智创城的步行系统应围绕路旁步行道来完善，使步行线路与大运量公交站点、自行车线路、公交短驳和其他公共交通线路相连，确保每个邻里组团都可步行前往。

基于各类功能区域的人流规模、数量、时间等信息将步行区进行等级分类，以此提出各区域步行道的路网密度和宽度等要求。步行分区一般划分为三类（图 7-9）：步行Ⅰ类区：步行活动密集程度高，需赋予步行交通方式最高优先权的区域。步行Ⅱ类区：步行活动密集程度较高，步行优先兼顾其他交通方式的区域。步行Ⅲ类区：步行活动聚集程度较弱。Ⅰ类区建设立体步行系统，结合地下空间规划，从地下、地面、地上三个层次优化步行系统。地下步行系统将中央公园、地下轨道交通站点、商业区地下商场、地下停车区等进行无缝衔接，提升用地效率（图 7-10）。步行Ⅱ类区的步行系统应加强与中央绿地、步行Ⅰ类区的联系，引导靠近中央绿地和步行Ⅰ类区的地块街区开放，其他步行系统与步行Ⅲ类区步行系统按照《上海市街道设计导则》进行优化与完善，提升步行空间的舒适性、安全性和美观性。

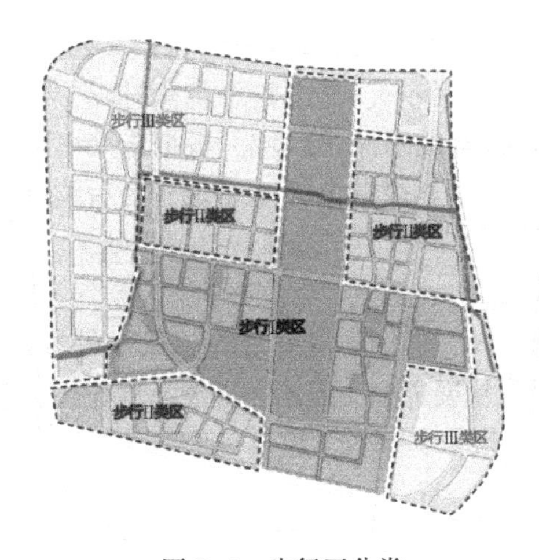

图 7-9 步行区分类

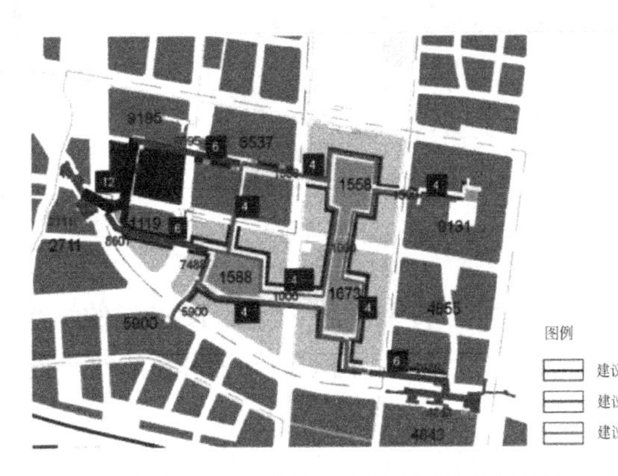

图 7-10 步行Ⅰ类区地下步行系统

（3）自行车系统：目前桃浦智创城在道路上主要设置自行车道，重点结合轨道交通枢纽和车站、公共交通车站、绿地公园，规划设施自行车租赁系统（图 7-11）。在桃浦智创城范围内规划 12 处公共租赁自行车系统，重点服务核心商务区、中央绿地公园和交通枢纽。同时，根据规划在两个社会停车场分别配置有非机动车停车位 600 个和 350 个，在满足自行车停车需求同时，可满足公交、轨道之间的换乘。

（4）P+R 停车场：为满足私家车与轨道交通的换乘，控规在站点附近 091-06 地块设置 120 个公共停车位和 600 个非机动车停车位；111-01 与 111-02 地块设置 100 个公共停车位和 350 个非机动车停车位，且停车与轨道换乘距离均小于 150m（图 7-12）。

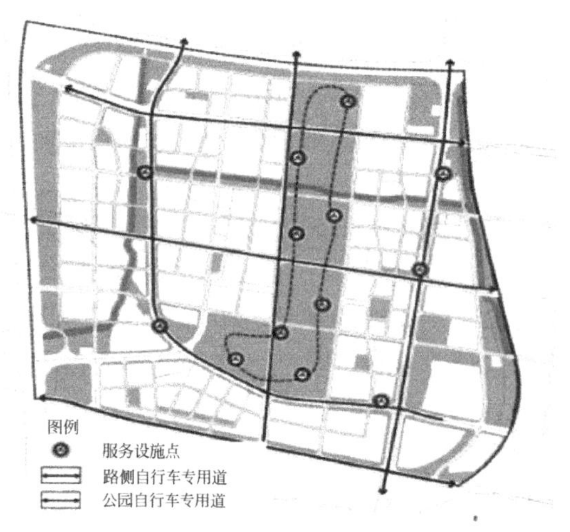

图 7-11　自行车专用道及设施点布局

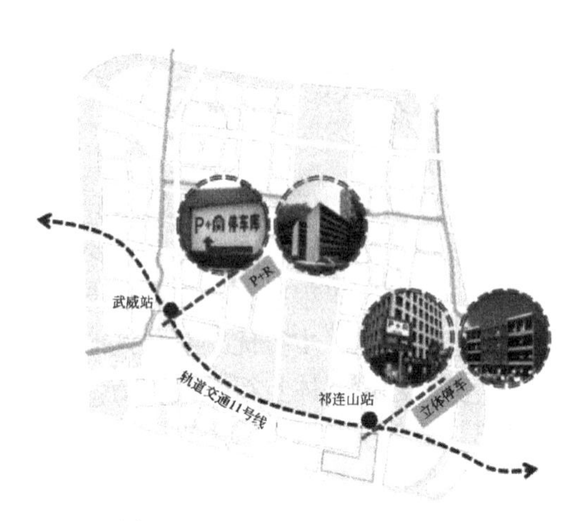

图 7-12　P+R 停车场预留空间

图 7-13　建筑充电车位布设

（5）充电设施停车位：桃浦智创城作为绿色生态先行区，应要求各新建建筑预留 10%的充电停车位（图 7-13）。同时，为推动清洁能源汽车的发展，对于清洁能源汽车停车、充电给予优惠补贴，并将车位设置在较为方便的停车区域。根据未来电动车发展趋势合理预留“换电设施”用地，为后续推动桃浦智创城清洁能源汽车快速发展奠定基础。

3. 绿色建筑

根据国家及上海市陆续出台的相关文件要求，以及桃浦智创城“转型桃浦 · 生命智城”的绿色生态发展定位，提出“打造品质建筑，引领健康生活”的目标，并积极推进绿色建筑、建筑全装修、绿色学校、健康建筑、低碳社区的建设。

（1）绿色建筑星级规划：目前规划区有保留用地、港口用地、消防用地、社会停车场用地和环卫用地等，而绿色建筑主要针对民用建筑，因此绿色建筑布局分析需剔除这些地块，目前绿色建筑适建地块共有 111 个地块，总建筑面积约 409. 31 万 m^2。根据规划，适建地块全部执行二星级及以上绿色建筑标准；三星级建筑面积约为 73. 62 万 m^2，约占绿色建筑面积的 17. 99%。

（2）绿色学校：为推动未来桃浦智创城绿色化进程，要求规划区内的学校按照绿色校园相关标准体系进行建设，同时为其建立相关绿色课程，构建硬件和软件相结合的绿色教育体系：绿色教育与课程建设相结合；绿色教育与学校环境建设相结合；绿色教育与学校使用绿色技术相结合；绿色教育与幼儿实践活动相结合。

（3）健康建筑：桃浦智创城作为高起点建设的城区，积极推动国际 WELL 建筑标准和国家健康建筑标准的试点示范，优先推动三星级建筑进行健康建筑的示范建设，以及离学校、医疗、菜市场、中央公园等设施较近的 026-01、037-01 地块进行集中示范，总建筑面积约 84. 05 万 m^2，占 20. 53%。

（4）低能耗建筑：依托区域内规划的中央绿地的光伏步行连廊和科研办公集中光伏屋顶，打造零碳游客中心、18-02 地块、29-01 地块、31-01 地块为低能耗办公建筑示范。

4. 生态环境

随着社会的发展和生活水平的提高，人们对于城市空间的环境品质也越来越关注，生态环境已经成为城市建设不可忽视的因素之一。规划将生态环境安全作为首要前提，从大气、土壤、水体、文化等方面进行规划。

（1）大气保护：城区以实施 PM2.5 和 PM10 污染协同控制为核心，全面落实新一轮清洁空气行动计划，稳步提升环境空气质量，到 2020 年，环境空气质量（AQI）优良率力争达到 80%以上，PM2.5 浓度降到 $37\mu g/m^3$。为达到目标，实施能源总量和燃油（气）污染控制，油改气、油改电；全面实施挥发性有机物总量和行业控制，在包装印刷行业推广低 VOCs 含量原辅材料应用，倡导绿色包装；加快新能源汽车推广；非道路移动机械污染控制；进一步深化扬尘污染防治；深化社会生活源整治，执行汽修行业大气污染物排放标准及涂料挥发性有机物含量限值标准，加强餐饮油烟监管。

（2）土壤修复：桃浦智创城于 2013 年开展桃浦工业区土壤污染初步调查，调查显示场地内存在不同程度的污染，污染物主要有无机物、重金属、半挥发性有机物和挥发性有机物（图 7-14）。规划区的修复工程量，污染土壤 122.8 万 m^3，污染地下水 54.4 万 m^3。针对桃浦土壤修复共提出四条修复意见：一是对受污染的表土和其他污染严重的有毒物质完全移除，用新运来的土壤恢复植被，而深层土壤和其他污染程度较轻的土壤，通过其他方法处理。二是深埋有害物质和污染物，在上面覆盖清洁的表土，然后种植植被。三是自然恢复，在一些游人活动很少的区域，适当保存轻微的污染物，允许其通过自然进程缓慢的恢复。四是采用生物疗法处理污染土壤，增加土壤的腐殖质，促进微生物的活动，种植能吸收有毒物质的植被，使土壤状况逐步改善。

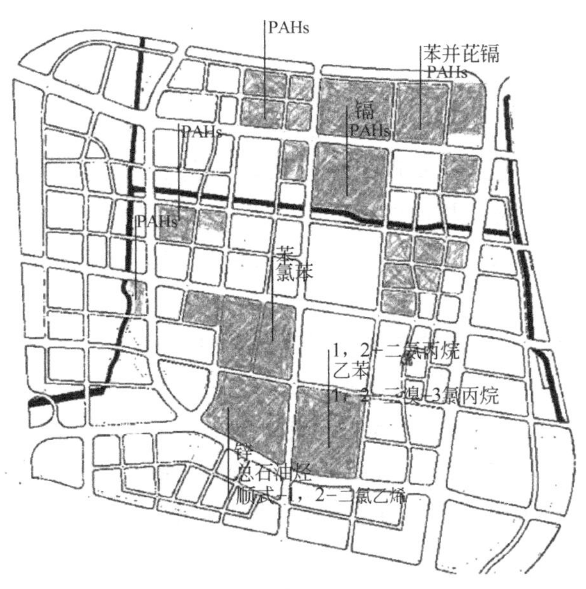

图 7-14　土壤污染现状

（3）花园生境营造：遵循保留绿化空间和中央公园景观规划，对其他城区公园和街区公园进行主题策划，提升城区居民、游客的景观体验，共打造10个不同的主题公园，构建“一园一品”的公园体系：公园主题策划遗址文化公园、生态休闲健身公园、植物岸线公园、湿地公园、城市水广场、艺术公园、工业景观创意公园、创智公园、都市农园和体育公园（图7-15）。构建展示桃浦智慧科技城各种生态技术的绿色生态展示线路，全程约3km，沿途展示智创城运用的多种绿色生态理念和技术，可用于对居民游客的绿色生态宣传教育，也是智创城绿色生态建设成效对外宣传的窗口（图7-16）。

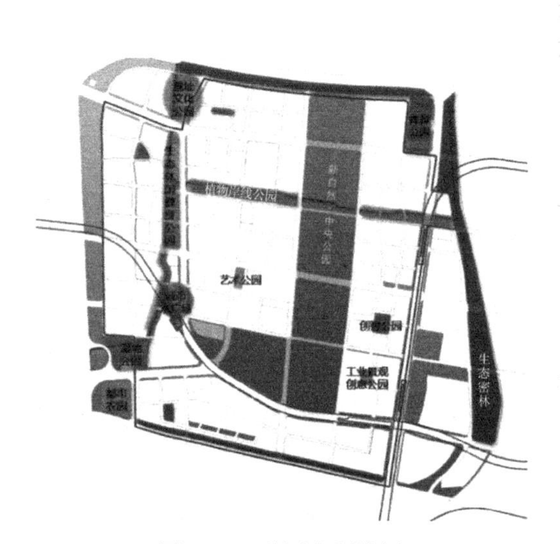

图7-15 公园主题策划

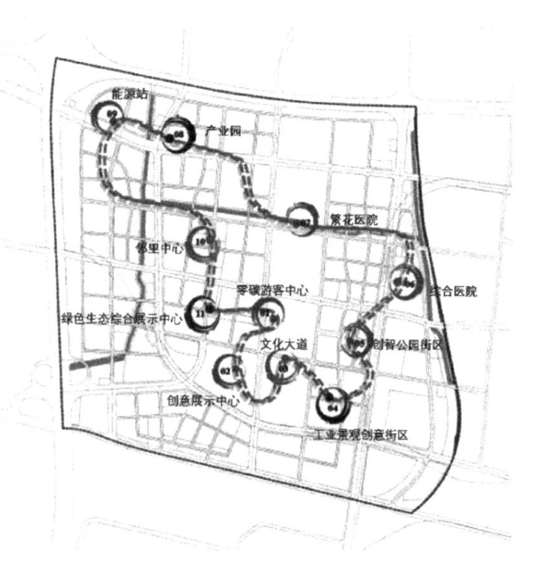

图7-16 绿色生态展示线路

5.能源利用

通过城市能源供应方式的多样化、规模化，提高能源供应系统的安全性能。另外，通过大幅提高清洁能源利用、可再生能源利用、建筑节能等方式，降低碳排放。桃浦智创城内冷、热、电统筹供应，拟实现清洁、高效、安全的绿色能源，分布式供能重点服务的对象为规划区科研、商办和商业建筑。近期（至2020年）规划实现空调冷、热负荷统筹供应的建筑面积达200万m^2，占规划区全部建筑面积的75%，供能建筑总面积的64%。

（1）建筑节能：发展总体思路为节约优先、适度发展、被动为主、主动优化、重在管理、严格执行。大型公共建筑、近期开发的地块以及高星级绿色建筑执行节能高标准；将建筑设计节能率纳入土地出让条件；建立节能审查制度；加强公共建筑能耗统计、能源审计和能耗公示工作；制节能技术和设备推广目录；进行绿色教育宣传。桃浦智创城执行高标准节能要求后，合计新建高标准节能建筑面积为252.6万m^2，占总新建建筑总面积的61.71%。

（2）市政基础设施：桃浦智创城道路照明、景观照明和交通信号灯采用LED或太阳能节能光源、灯具和控制系统，照明功率密度满足现行行业标准《城市道路照明设计标

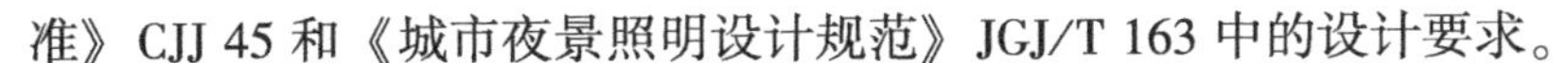

准》CJJ 45 和《城市夜景照明设计规范》JGJ/T 163 中的设计要求。

（3）区域能源系统：桃浦智创城建设 4 个能源站，满足规划区大部分商务办公、商业服务、科研设计建筑的空调负荷。供能冷热水管从能源中心引出沿主干道向各用户单体进行敷设，根据管网沿途负荷变化管道由粗变细。

（4）可再生能源利用：桃浦智创城的太阳能热水利用主要考虑有稳定热水需求的居住建筑和医院。对于居住用地，限高 40m、50m 和 60m 的居住建筑采用太阳能热水系统，其中限高 50m 和 60m 的居住建筑中间层以上采用太阳能热水系统，限高 40m 的居住建筑全部采用太阳能热水系统。为充分利用屋顶面积，太阳能热水系统建议采用半集中式，限高为 80m 以上的居住建筑不进行强制要求。

（5）能耗管理：桃浦智创城超过 5000m^2 的公共建筑设置能源管理系统，并接入普陀区能耗监测平台。同时具备运行数据监测，数据统计分析，用能管理和专家系统这四大功能。

6. 水资源利用

桃浦智创城水资源规划策略以开源节流为基本原则，充分利用雨水和河道水，减少水资源浪费和雨水的面源污染。

（1）节水器具：桃浦智创城用水器具应选用《当前国家鼓励发展的节水设备（产品）》目录中公布的设备、材料和器具。根据用水场合的不同，合理选用节水水龙头、节水便器、节水淋浴装置等。

（2）节水灌溉：城市建设方案中，景观水池作为天然雨水调蓄池。规划公共绿地和生产防护绿地绿化浇灌采用集中的河道水利用或河道水和雨水综合利用的形式。

（3）低影响开发：桃浦智创城综合径流系数不大于 0.5。年径流总量控制率目标为 80%，对应的设计降雨量为 26.7mm。年径流污染控制率为 80%。

7. 材料和固废资源利用

根据桃浦智创城生态、业态、形态“三态合一”的转型发展目标，结合桃浦镇环境卫生现状水平和发展要求，应用“互联网+环卫”创新思路，推进桃浦智创城道路工程、建筑工程等采用绿色材料，明确生活垃圾投放和收集方式，实施垃圾分类收集、分类运输、分类处理，配置功能与环境相匹配的环卫设施设备，形成与桃浦智创城相配套的环境卫生行业体系。

（1）绿色建材利用：新建建筑中绿色建材应用比例达到 30%，绿色建筑应用比例达到 50%，试点示范工程应用比例达到 70%，既有建筑改造应用比例提高到 80%。桃浦智创城为建设绿色生态城区，在绿色建材方面积极响应国家与上海政策要求，绿色建材应用比例不低于 50%，并且鼓励采用砌体材料、保温材料、预拌混凝土、建筑节能玻璃、陶瓷砖、卫生陶瓷以及预拌砂浆等七类目前已经有建材评价标识的建材产品。

（2）垃圾分类：考虑到智创城不同的功能分区，针对居住区，商业区和产品研发区有不同的垃圾分类要求。为更好地实现垃圾分类，生活垃圾分类收集率达到 100% 的目标，桃浦智创城应用“互联网+环卫”的创新思路，规划在智创城内设置高科技垃圾桶试点。

8. 智慧城区

运用各类信息技术参与城市管理，可以使城市运行更加高效，桃浦智创城规划建设城市管理、智慧市政和智慧民生等方面信息化管理系统，城市管理建立智慧城区运营中心、智慧能源管理系统、智慧公共安全系统、智慧环卫管理系统、绿色建筑建设信息管理系统；智慧市政方面，建立智慧交通管理系统、智慧水务管理系统、智慧地下管网管理系统、智慧园林绿地管理系统、智慧环境监测系统、道路景观照明控制；智慧民生方面，建立智慧社区、智慧停车、绿色生态信息发布平台、完善通信服务设施（图 7–17）。

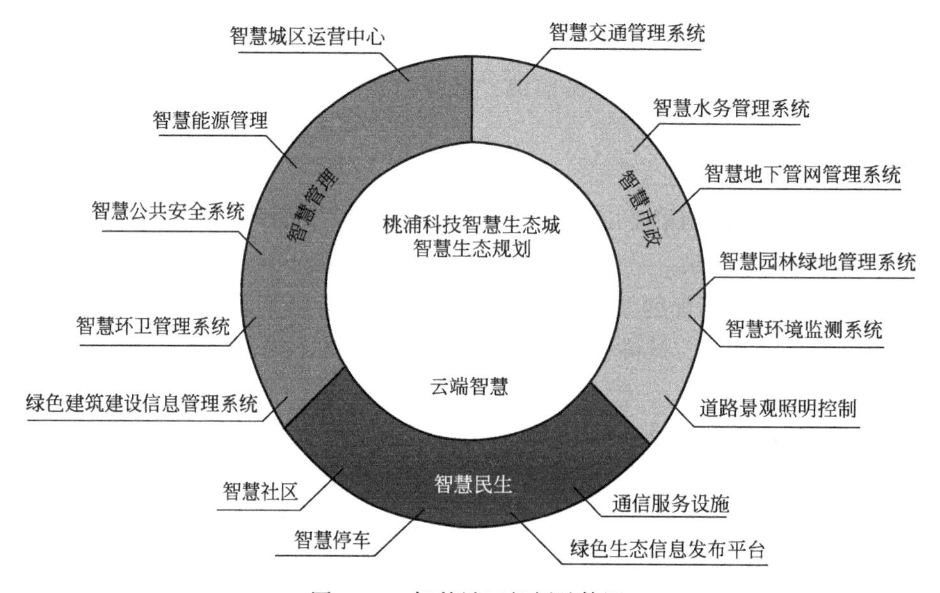

图 7–17　智慧城区规划总体图

（1）数字化综合管理平台：规划建设数字化综合管理平台，具体建设内容包含 IT 运维中心、城区大数据中心、公共信息平台、运行监控与指挥中心、智慧服务中心及其配套的标准、法规与组织机构。该部分建设内容由规划区负责，相关平台和服务中心接入区级平台，构建桃浦智创城数字化综合管理平台，对各类信息化系统进行集中管理与协调。

（2）智能交通系统：桃浦智创城的信息采集主要根据居民 OD 出行图（交通起止点出行量）和交通饱和度分析图确定各道路的交通出行强度，以此进行针对性的信息采点布局，同时对接普陀区公安局交通警察电子警察监控部门，以实现信息的收集、处理和发布最大化监测规划区内的交通车辆出行情况，为数据分析、信息发布提供最为准确的依据。桃浦智创城交通诱导信息屏主要布置在交通流量最大、通勤最为频繁的道路上，以确保最多的驾驶员获得最准确的信息并选择适宜的出行路线，缓解规划区交通压力，最大化利用规划区道路。因此根据交通生成吸引分布图及道路主、次干道分布，诱导屏主要分布在主、次干道交叉口附近，总共约 9 个诱导点（图 7–18）。

（3）智慧公交系统：上海巴士公交（集团）有限公司与上海移动签署战略合作协议。根据协议，在《上海市推进智慧城市建设 2011～2013 年行动计划》指导下，双方将合作在巴士公交沿线构建 GSM、TD-SCDMA、TD-LTE 与 WLAN（无线局域网）四网协同的多层次、广覆盖、多热点宽带网络（图 7-19）。

图 7-18　规划区诱导信息屏布置

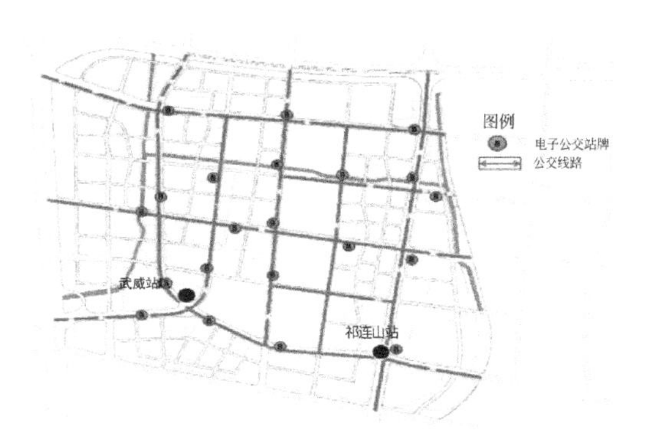

图 7-19　电子公交站点示范

桃浦智创城依托目前上海市智慧公交发展基础，进一步协调公交车组织和调度，合理完善公交车辆的定位、线路跟踪、到站预测、电子站牌信息发布、油耗管理等功能，以及公交线路的调配和服务能力，推动规划区相关公交人员集中管理、车辆集中停放、计划统一编制、调度统一指挥，人力、运力资源在更大范围内的动态优化和配置。

四、项目综合效益

桃浦智创城服务国家“一带一路”和长三角一体化战略，全力打造以中以（上海）创新园为引领的国际创新城，重点聚焦智能软件、研发服务、科技金融、绿色环保等产业，加快产业园区、创新平台和资本合作，完善产业政策体系，优化营商环境，打造长三角优质企业到上海发展集聚的总部基地，这些绿色创新产业将为智创城乃至普陀区的创造可持续的经济收益。

桃浦智创城以创新、生态、宜居为发展目标，通过科学统筹规划、低碳有序建设，积极开展最美中央绿地建设、生态综合修复、推广高品质建筑等实践，以打造空间布局合理、公共服务功能完善、生态环境品质提升、资源集约节约利用、运营管理智慧高效、地域文化特色鲜明的人、城市及自然和谐共生的城区，具有良好的环境效益和社会效益。

案例二：上海市·长宁低碳发展实践区——绿色金融实现既有城区低碳改造

项目定位：绿色金融、既有建筑节能改造、社区低碳更新、能耗监管、慢行交通	生态目标：低碳城区
项目规模：38.3km²	规划地址：上海市长宁区
创建时间：2012~2018 年	气候分析：亚热带季风气候
城区类型：既有城区	实施单位：世界银行、上海长宁区政府、上海市长宁区城市更新和低碳项目管理中心
实施主体：上海市长宁区政府	

国家和上海市政府高度重视低碳发展工作，国家发展改革委将降低城市碳排放作为实现我国降低碳强度目标的优先考虑。2012 年，上海市被列入国家第二批低碳试点城市。

为积极把握历史机遇，探索符合中国国情的、新颖高效的城市低碳发展路径，2012 年起，上海市政府与世界银行及全球环境基金合作，以上海市长宁区为核心区域，前瞻性地开展低碳城市开发和投资项目，旨在通过发展绿色建筑、改善能源结构（低碳能源供应）、鼓励绿色交通、完善体制机制、制定分类政策、加大投入力度等措施，推动上海向低碳城市转型发展，为上海碳排放量增速下降和碳强度降低目标实现提供良好示范和引导。

上海绿色能源建设机制建设低碳城区项目成果指标完成情况　　表 7-1

具体成果指标	实际完成情况
试点的创新改造政策	出台低碳专项资金补贴政策和能效对标制度
制定的创新建筑改造融资机制	世行贷款撬动金融机构配套资金投入，产生积极放大效应，金融机构建立三级联动协调机制，打造绿色信贷产品线和服务能力，为后续绿色信贷规模化发展奠定良好基础
在上海市长宁区建设 160 栋建筑的在线能源监控平台	完成上海市长宁区 187 幢公共建筑在线能源监控平台建设，推动和引领上海市各区县能源监控平台建设
试点一座近零碳排放建筑	完成虹桥迎宾馆 9 号楼近零碳排放建筑项目试点示范，增加内江路 191 号地块 1 号楼近零碳排放建筑项目复制
建设至少一座分布式供能中心	在虹桥临空经济区开展区域能源互联网的探索
在长宁试点非机动车系统	完成虹桥区域绿色慢行交通规划、实施方案设计提升和示范路段试点建设，形成可复制推广经验

为实现表 7-1 所述项目指标成果，上海市长宁区政府采用多领域系统化综合推进模式，在长宁低碳发展目标的统领下，基于世界银行前期研究成果，结合各类节能减排技术的经济性、成熟度、实施难易度考量，研发节能减排成本曲线，测算不同情景下区域碳减排潜力，为实现低碳目标选定优先行动方案提供科学依据。在顶层设计指引下，以绿色低碳建筑、绿色交通、低碳社区、绿色能源供应各领域层层递进的针对性工作方案为抓手，依托政府部门、金融机构、市场主体相互支撑、紧密配合、协调推进，最终超预期完成世行上海低碳城市项目目标（图 7-20）。

项目实施过程中，在绿色金融机制创新和放大效应、既有建筑改造规模化投资、近零碳排放建筑模式突破和市场化推广、能耗监管平台示范引领、绿色慢行交通规划和示范、低碳社区指标体系和社区低碳更新实践、分布式能源供应和能源互联网探索等方面形成具有创新性、可借鉴、可复制推广的经验和做法，具体如下：

1. 利用市场化机制实现绿色金融放大效应

长期以来，融资难是制约建筑节能改造投资规模化推进的核心问题。针对现实挑战，上海市长宁区采用市场化运作机制，将世界银行（简称世行）贷款转贷给两家金融机构，

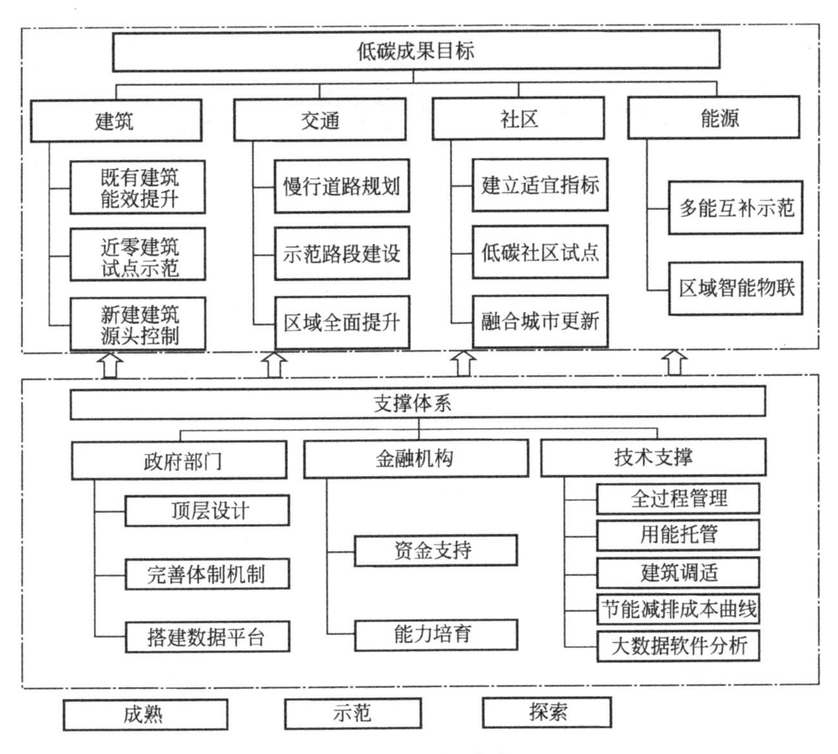

图 7-20　项目框架

由金融机构制定操作手册（相关次级借款人和子项目的选择条件、评估程序和指南等经世行和中国政府认可）、发现、评估、发放世行贷款给合格的次级借款人（如 ESCO 公司、建筑业主、建筑开发商、物业管理公司、节能/可再生能源设备供应商等），进行低碳子项目投资。相关世行贷款有效撬动金融机构配套贷款投入，产生积极放大效应。截至 2018 年年底，项目参与金融机构共计完成世行转贷和配套贷款项目 44 个，累计投入世行转贷资金和参与金融机构配套贷款资金达 141603 万元，约合 20229 万美元，超额完成该项目低碳投资额计划指标，有力推动既有建筑规模化改造。在此过程中，受益于世行能力建设支持，有效推动参与金融机构绿色信贷管理机制和服务产品创新，建立总行顶层设计—分行统筹规划—支行具体实施三级联动协调机制，打造绿色信贷产品线和服务能力，为后续金融机构绿色信贷业务规模化、可持续发展以及向全市更多金融机构复制推广创造有利条件。

2. 既有建筑节能改造

上海市长宁区在项目前期充分运用减排成本曲线工具，量化分析不同节能技术的实施成本、难度和节能量，明确既有建筑节能改造目标导向；相继出台有针对性的低碳专项补贴激励和能效对标约束分类政策，设立专业管理机构统筹管理、协调推进；借力世行信贷支持，上海市长宁区采用市场化运作机制，引入两家金融机构，由金融机构发现、评估低碳子项目，发放贷款进行投资并自主管控信贷风险；由被投子项目参与各方按市场化方式实施节能改造；对于节能改造的效果，依托建筑能耗监管平台进行管理和服务（图 7-21）。最终，在既有建筑规模化节能改造方面取得显著成绩，累计完成改造

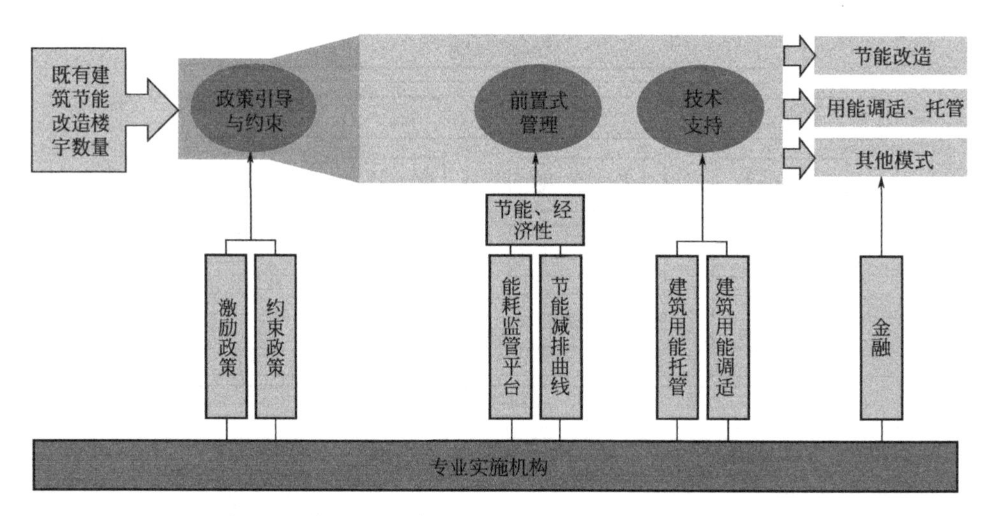

图 7-21　推进既有建筑节能改造的管理体制机制示意图

楼宇 45 幢，建筑面积约 287 万 m^2，节能量 31233tce，减排量达 63285tCO_2。

（1）专业管理提升绩效

推进既有建筑节能改造难度大，第一是因为现有的体制机制不完善，存在政策、管理模式等障碍；第二是因为传统的节能改造模式存在很多痛点，如项目投资回收不清晰、改造双方对技术、成本、成效互不信任和项目财政补贴收益不确定性等。单靠某一方的力量推动特别困难，导致实施建筑节能改造举步维艰。

1）统筹安排各方力量，保障项目实施

为了推进既有建筑节能改造和建设有效的体制机制，上海市长宁区设立世行上海低碳城市项目专业管理机构——长宁区城市更新和低碳项目管理中心，统筹安排各方力量，保障项目实施（图 7-22）。

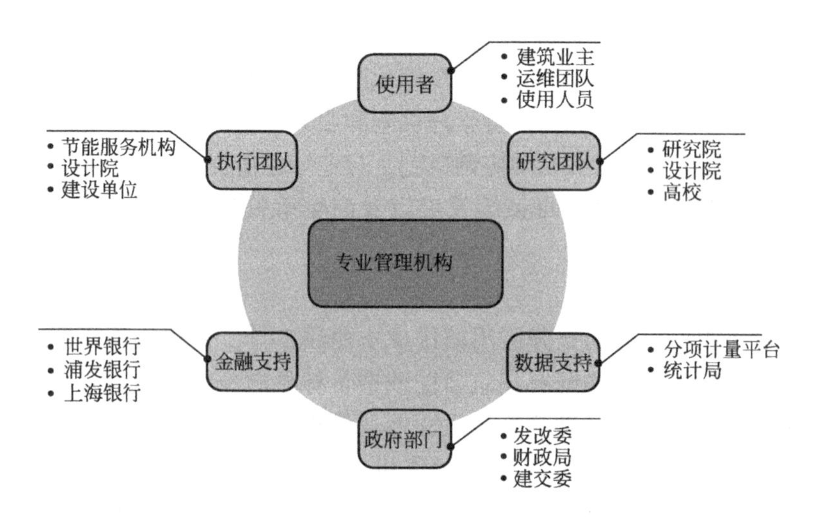

图 7-22　专业管理统筹各方力量

2）制定项目管理流程，解决既有公共建筑改造过程中痛点

专业管理机构在推进既有公共建筑节能改造过程中，制定详细项目管理流程，为业主提供全方位支撑，通过专业政策、金融讲解，可行性分析，组织专家评审和前审备案等专业服务手段，与传统的模式相比，有效解决既有公共建筑改造过程中痛点，有效推进既有公共建筑节能改造，完善推进低碳工作的管理体制机制建设（表 7-2、图 7-23）。

专业管理机构工作模式与传统模拟的对比　　**表 7-2**

存在的痛点	专业管理机构模式	传统模式
业主投资回报不确定性	• 方法 政策与金融讲解 • 效果 帮助业主解项目的投资回报率，快速做出判断 • 流程 能源诊断时候组织专家评价	• 方法 业主或第三方进行测算 • 效果 测算结果没有专业管理机构更全面
改造双方对项目成本、技术、成效不信任	• 方法 专家评审制度 • 效果 以第三方公允和权威角度，对改造方案、成果进行评估，消除业主和服务公司不信任 • 流程 改造方案时候组织专家评价	• 方法 第三方服务公司与业主单独沟通 • 效果 业主和服务公司之间继续存在不信任的问题
是否能到财政补贴	• 方法 前审备案制 • 效果 在项目改造初期，对项目改造内容、技术、节能率以及管理要求，双方进行认定，保证项目后期能顺利拿到补贴 • 流程 备案受理	• 方法 项目完成后去申请补贴 • 效果 很多项目达不到补贴要求，失去补贴资格

3）建立效果反馈机制，做实做好节能工作

专业管理机构注重技术和政策效果的反馈，并在反馈的基础上进行优化提升，使得技术和政策能更加贴合市场实际需求。针对既有建筑节能改造技术存在“鱼目混珠、参差不齐”的现象，专业管理机构设立技术效果反馈机制，固化优秀的节能技术，研究新技术，引导业主和第三方使用合适的技术（图 7-24）。

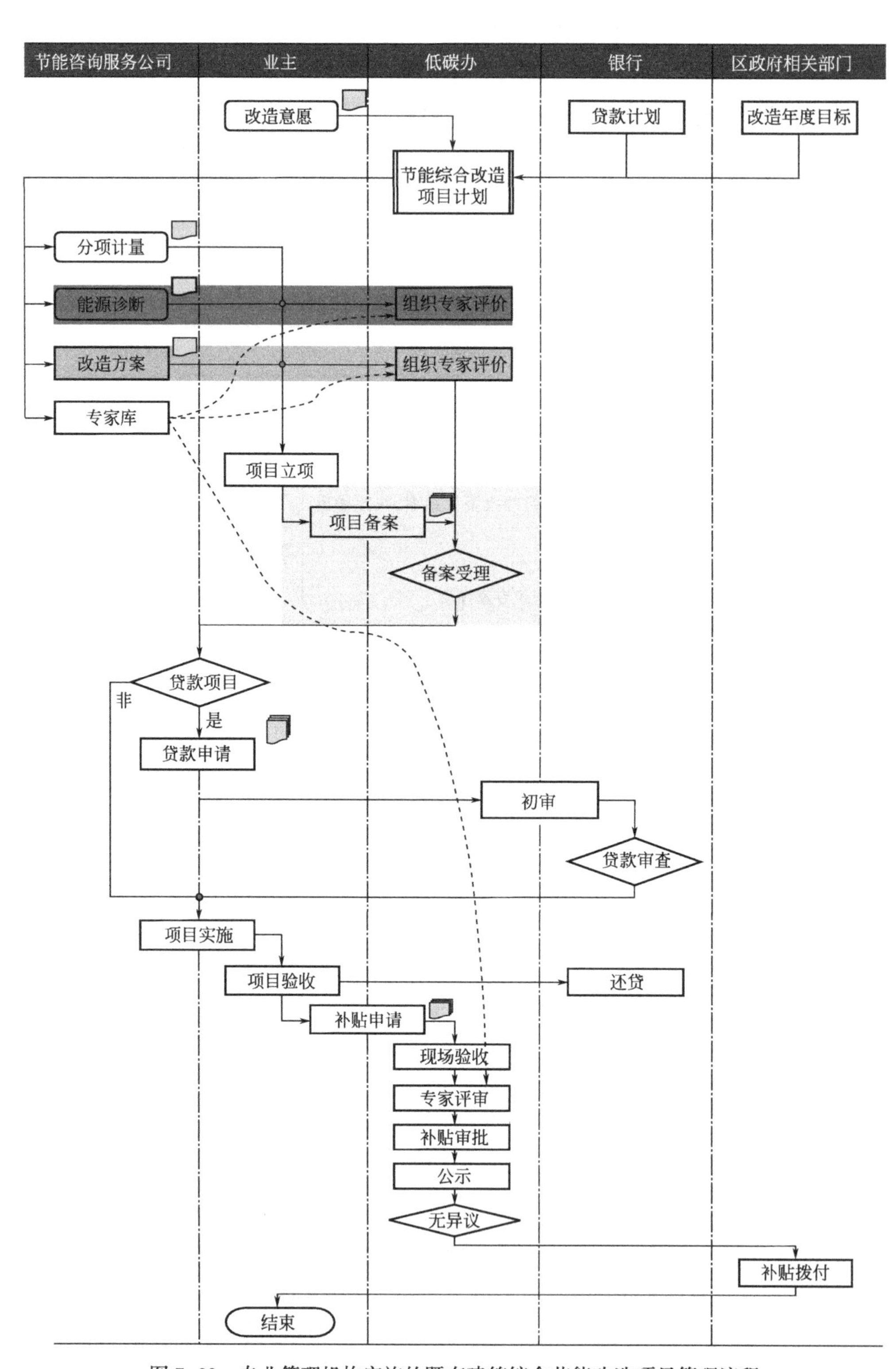

图 7-23　专业管理机构实施的既有建筑综合节能改造项目管理流程

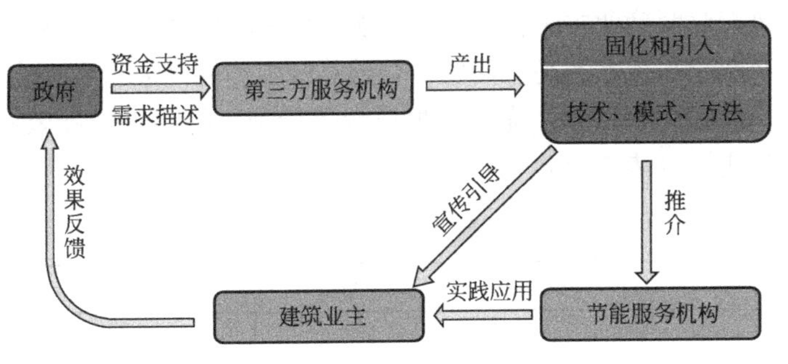

图 7-24 技术效果反馈机制

（2）政策创新推动实效

在世行项目的支持下，上海市长宁区创新试点多项激励和约束政策。在政策制定以及更新过程中，上海市长宁区及时响应市场变化情况，以运行能耗管理为目标，以结果为导向，以精细化管理为原则，注重吸收新技术、新模式、新理念，完善政策体系，有效推动建筑节能。

1）激励政策

《长宁区低碳发展专项资金管理办法》于 2013 年首次颁布，并于 2018 年进行修订，结合 5 年的实践探索经验，对既有公共建筑综合节能改造、低碳示范项目、超低能耗建筑的政策进行创新（表 7-3）。

激励政策创新点 **表 7-3**

政策板块	说明	创新点	意义
既有公共建筑节能综合改造	按照建筑单位建筑面积能耗下降率进行补贴	根据实际情况，灵活调整	改造项目的补贴逐步降低，使得补贴更加合理，效果更加显著
既有公共建筑低碳示范项目	针对调适、用能托管等建筑节能创新模式的楼宇低碳节能项目进行补贴	全国首创对调适和用能托管进行补贴	针对建成期在设备报废期内的既有公共建筑；推广调适和用能托管节能新模式
新建（含改扩建）及超低能耗建筑项目	以超低能耗建筑实际运行能耗（含插座用电）不超过 25kg/（m^2・a）进行补贴	与国家超低能耗建筑政策相比，其补贴注重建筑实际运行能耗	改变以往对节能技术的补贴模式，更加注重建筑实际运行效果

2）约束政策

尽管现有政策体系以激励政策为主导，但在公共建筑节能改造实际推动中存在以下问题：一是政府相关职能部门无有效工作抓手，对公共建筑没有实际约束力；二是节能的责任不能传导到用能主体，楼宇节能的社会责任得不到明确或彰显；三是现有以激励为主的政策对拉动节能改造的边际效应递减。

出台的公共建筑节能约束政策是低碳城市建设的重要创新点。上海市长宁区结合已有实践经验，建立以能效对标为核心的约束政策，并在 2018 年 11 月完成第一次办公建筑能效对标工作。

出台的约束政策对明确业主责任、推动节能产生积极的效果。但在实施过程中，由于楼宇数据不完整、业主积极性不高等问题，导致对标工作的开展存在一定难度。上海市长宁区将通过进一步加强楼宇培训、完善数据质量等措施，提高建筑能效对标工作的质量，保障约束政策产生实效（表7-4）。

问题汇总与改进建议　表7-4

序号	存在问题	原因分析	改进建议
1	参与对标楼宇数量不多，执行力度有待提高	业主不重视、填报工作职责不明确、技术能力缺陷、楼宇业主多	加强楼宇端交流和培训： 将楼宇所有管理单位均纳入，同时明确各单位职责； 建议业态复杂、无共用电表、均是小业主的楼宇，不纳入对标
2	平台导出的可比单位面积综合能耗与复核的结果有差异	电力折标煤系数前后计算数值不统一	平台的折标煤系数根据统计局最新发布的系数进行更新
3	个别楼宇能耗数据缺失	楼宇端在进行能耗填报时，未能及时填报相关数据	完善平台功能，及时发现和反馈能耗缺失的楼宇
4	楼宇建筑面积不够准确	填报平台中未提供给业主建筑面积填报的路径	建议平台中在填报时让楼宇端自行填报建筑面积信息
5	能耗对标部分信息缺失	缺少室内停车场和数据机房等不同功能面积信息	增加建筑室内停车场和数据机房、商业部分（如有）等不同功能区面积的填报
6	对标时采用的合理值及先进值有误	建筑的空调形式不明确的建筑，平台采用默认值进行对标	平台完善不同空调形式的合理值和先进值
7	能耗监测数据与统计数据相比差异率较大	监测数据存在不准确的问题； 目前仅监测用电量，天然气等其他能源未监测	建议加强监测数据维保； 能耗监测范围能源品种全覆盖

（3）数据支撑

上海市长宁区为低碳城市建设做好技术支撑，建设公共建筑能耗监管平台，实现建筑能耗数据分项计量，提出建筑节能减排曲线，量化不同节能技术的实施成本、难度以及节能量，为低碳城市建设的参与者提供决策依据。

1）能耗监管平台

以往的既有建筑节能改造市场，不同的主体对建筑设备详细的运行数据难以获取，且单个主体给出的数据难以获得其他单位的信任，导致了既有建筑节能改造较难推动。

能耗监管平台建立，对既有建筑节能改造的作用主要体现在两点：第一是建筑能耗数据的获得。能耗监管平台记录了建筑主要用能系统实时电耗，业主、咨询方、政府等部门均可以取得该数据。第二是建筑节能量评估的依据。业主、咨询方、政府等不同单位均都认可能耗监管平台记录的建筑能耗数据，有利于以能耗监管平台的能耗数据作为建筑节能量计算的依据。

2）节能减排曲线

上海市长宁区在项目准备期编制并使用上海市长宁区减排成本曲线，确定了整个项目区域的低碳路径：低碳目标和所需的低碳投资。2016 年，上海市长宁区结合上海市 100 幢节能改造示范项目的实际节能效果及经济数据，进一步深化并编制了上海市公共建筑减排成本曲线。该曲线作为一个定性、定量的分析工具，在建筑能源审计、建筑改造方案评估得到深度应用，起到科学、快速评价建筑节能项目的节能量和经济效益的效果，提高了建筑节能改造整体工作效率。

①减排成本曲线简介

2011 年，上海市长宁区采用了自下而上的方法，结合已有数据基础，绘制了上海市长宁区减排成本曲线（简称区域减排成本曲线）。如图 7-25 所示，每个柱状框表示一项项目（对应某种技术或产品）；柱状框横向（*X* 轴方向）宽度表示项目的减排量大小，单位为 tCO_2；柱状框纵向高度表示项目的单位减排成本高低，单位为元/ tCO_2；柱状框的面积表示实施该项目所需要的成本，单位为元；柱状框的颜色表示不同项目实施难易程度。所有的柱状框按单位减排成本从低到高、从左到右排列。

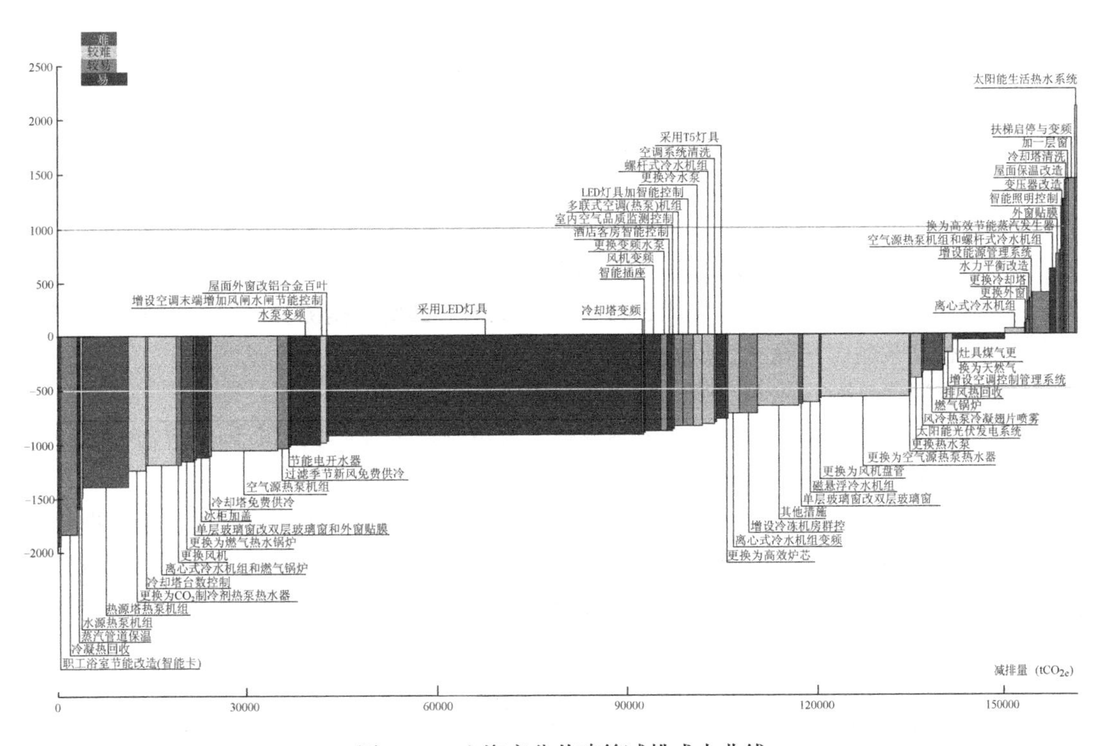

图 7-25　上海市公共建筑减排成本曲线

2018 年，上海市长宁区在区域减排成本曲线的基础上，基于上海市 100 幢节能改造示范项目的实际节能效果及经济数据，编制了上海市公共建筑减排成本曲线（简称建筑减排成本曲线）。该曲线在以下方面，实现了拓展：

a. 该曲线的样本数据源于 100 幢实际节能改造案例，真实的数据使曲线更具有实际指导意义；

b. 该曲线在已有数据的基础上建立了既有公共建筑节能改造案例动态数据库，数据库可以根据新增案例随时绘制、更新曲线，保障了建筑减排成本曲线的时效性。

②减排成本曲线在上海市长宁区的示范

a. 估算减排潜力，制定减排目标

根据区域减排成本曲线，估算三种不同情景下的减排潜力以及实施成本，制定了适合长宁区减排的目标。

编制区域减排成本曲线，计算每种项目的平均成本和减排潜力，同时设定三种不同的减排情景：技术冻结情景，假设现有技术普及情况不变，不采用新技术；基准情景，假设各领域进行可持续技术发展，满足国家的碳排放目标；强化情景，建设技术潜力最大化，减排量超过政府目标，测算区内减排潜力。经测算，在强化情景下相对 2010 年水平，上海市长宁区到 2015 年碳强度可以下降 23%，到 2020 年下降 43%。

根据测算结果，综合考虑技术实施难度和成本，制定碳排放强度到 2018 年下降 23% 的目标。

b. 探索低碳建设路径，制定低碳实现战略

根据区域减排成本曲线，上海市长宁区制定了以既有公共建筑为主、其他领域为辅，配置合理政策的城市低碳策略。

通过区域减排成本曲线分析发现：第一，85%减排潜力来自于三个技术群：既有公共建筑、发电和电网、既有住宅建筑，剩余 15%在于新建筑、行为和能力，以及道路和交通；第二，具有收益且实施难度低的节能技术主要集中在既有公共建筑技术群中。

同时，利用节能减排成本曲线进行成本收益分析，通过测算 5 类既有公共建筑节能改造的 FIRR 和回收期，对比有无政府补贴情况。经测算，政府投入补贴后，项目回收期能降至 5 年以下，处于能引投资的常规 3~5 年回收期内。因此根据测算结果，上海市长宁区制定了合理补贴策略，精确支持低碳城市建设。

c. 深度应用建筑减排成本曲线，指导项目实施

在建筑能源审计、建筑节能改造方案评估、政策制定等领域深度应用上海市公共建筑节能减排成本曲线，精确地指导项目实施以及政策的修订。

目前，上海市公共建筑节能减排成本曲线已经开发成一套软件，具有项目用能现状评估、节能技术介绍与展示、节能改造优化方案、案例展示与生成项目减排曲线 5 大功能，作为一个既有建筑节能改造定性、定量的分析工具，在建筑能源审计、建筑节能改造方案评估等方面得到深度应用。

利用节能减排成本曲线关注建筑减排实时成本，如 2011 年以前建筑减排成本在-667 元/tCO_2，2011~2018 年建筑减排成本在-900 元/tCO_2，这要求政府可以降低政策补贴标准，适当调整扶持力度。从 2018 年起上海市长宁区对原建筑减排财政扶持政策已作相应调整。

③节能减排成本曲线的意义

使用区域减排成本曲线、开展自下而上的调研，通过实施难易程度考虑选择投资项目以降低二氧化碳排放的做法在目前还是首创。这项上游分析活动产生的区域减排成本曲线，使政府能对二氧化碳中长期减排目标的设立及选择完成目标的优先行动和投资方案进行有效决策，保障低碳城市建设路径的正确性。后期，上海市长宁区深化编制了建筑减排

成本曲线，该曲线作为一个定性、定量的分析工具，使相关单位对既有公共建筑改造方案能做出快速评判，提高改造工作的整体效率。

上海市长宁区示范应用区域减排成本曲线和建筑减排成本曲线，为其他城市开展低碳城市建设提供新的方法和思路，扩大世行项目的影响。

（4）创新模式

在世行项目支持下，上海市长宁区吸取、引入国内外先进技术，尝试节能新模式，在建筑用能系统调适、建筑用能托管等领域展开了深入的研究并进行示范，同步配套补贴政策，加大激励引导力度，取得了较好的工作成果。

1）建筑用能系统调适

①建筑用能系统调适简介

节能改造是当前既有公共建筑节能减排的主要手段，但由于节能改造涉及原设备的整体更换，节能成本较高且对建筑正常运行存在较大影响，因此多数楼宇只能将节能改造与建筑机电设备大修相结合。对于未达到机电设备大修时间或缺乏节能改造资金的建筑，节能改造工作往往难以开展。

数据显示，上海市长宁区约59%的公共建筑建成年份在2005年之后（图7-26），对于这些投入时间较短、设备尚未到达使用寿命但用能系统又确实存在运行问题的建筑而言，亟需引入一种低成本、对原系统改动小、对建筑正常运行影响小的节能技术，从而与节能改造技术进行补充，进一步推进既有建筑节能工作。

既有公共建筑用能系统调适技术正是符合这一特点，作为有效的建筑节能手段，可与节能改造实现互补。调适技术的核心在于，对于建筑投入使用年数较短、设备性能潜力较大的既有公共建筑，可在保留原有设备的基础上，只通过优化设备运行参数、调整运行策略等手段，调整设备运行工况，使设备运行在最优状态点，充分发挥设备本身应有的性能，降低建筑能耗，提高末端舒适度。

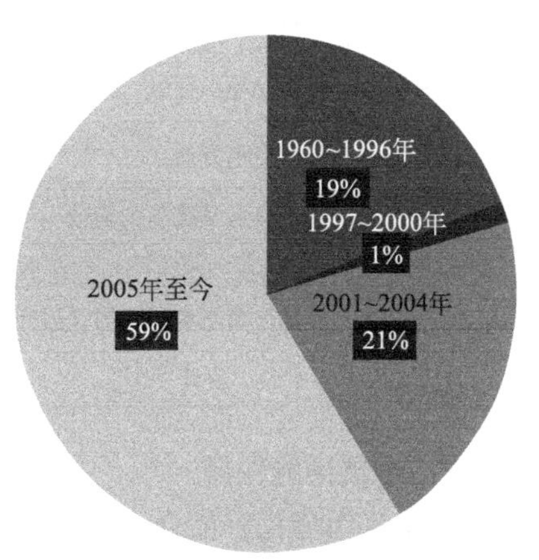

图7-26　上海市长宁区既有公共建筑年份比例图

②建筑用能系统调适研究、扶持政策制定

项目专业管理机构基于既有建筑节能改造经验，首先通过课题研究和示范应用，给出既有公共建筑用能系统调适的方法及成本分析，然后在激励政策中明确调适作为独立节能服务的地位，并制定清晰的补贴条款，正式引入建筑用能系统调适，为推进既有建筑节能、建立低碳城区提供有力的技术支撑。

③示范应用

兴国宾馆是上海市长宁区在世行项目推动下一个典型的既有建筑调适案例。该宾馆在节能改造后，由于运行水平不足，导致冷机、水泵、生活热水系统仍存在较大的运行问题。调适服务机构通过现场测试及调适，通过调整运行策略和加装少量设备（表7-5），在节能改造后建筑运行能耗的基础上，实现6.2%的节能率，年节能量56万kWh，半年回收全部投资（表7-6）。

调适内容 表7-5

用能系统	存在问题	调适策略
空调制冷系统	磁悬浮机组蒸发器阻力大,冷冻水流量偏小	磁悬浮机组加装冷水增压泵
	3号螺杆机冷却水旁通	关断冷却水旁通
	冷冻水二次水旁通、流量偏大	关断冷水旁通
	冷却塔容量偏大、运行不合理	冷却塔风机变频
	夏季末端部分区域室内温度偏高	空调二次水系统平衡调适
	空调箱表冷器结垢	清洗表冷器
热水系统	5~9月生活热水温度设定偏高,用水时存在冷水一起混用的情况	职工热水系统温度调适
	夜间市政管网压力高,超过热水泵停泵压力,导致末端管网无水可用	1号楼热水泵运行调适
	1号楼热水管网与地源热泵系统管路联通,导致1号楼的热水流失	关断1号楼与地源热泵热水系统的管路阀门

调适收益分析 表7-6

用能系统	优化措施	年节能量(万kWh/a)	年节省费用(万元/a)	投资额(万元)
空调制冷系统	磁悬浮机组加装冷冻水增压泵	6.71	5.97	3
	关断冷却水旁通	9.84	8.76	0
	关断冷水旁通	10.17	9.05	4
热水系统	职工热水系统温度调适	0.09	0.08	0
	1号楼热水泵运行调适和关断1号楼与地源热泵热水系统的管路阀门	29.58	17.26	0
合计		56.39	41.12	7

2）建筑用能托管

①建筑用能托管简介

工程经验表明，通过运行节能可实现的建筑整体用能节能潜力一般在3%~15%。但是在一般既有建筑节能改造项目中，由于运行节能的节能量难以进行计量，导致节能服务机构较少将运行节能作为其服务的内容之一，使得运行节能工作始终难以得到专业、有效落实。

建筑用能托管正是基于这一实际需求所提出的一种节能服务商业模式，可有效实现运行节能与系统节能的结合。其主要路径是：业主方按照用能系统（一般为空调系统）的运行规律，以历史平均运行费用为价格，将用能系统委托节能服务机构运行。节能服务机构可在双方协商通过的前提下，对用能系统进行必要的改造、优化，并在保障末端正常使用的基础上进行运行节能。

②建筑用能托管研究、扶持政策制定

项目专业管理机构通过课题研究固化目前既有的能源管理系统技术，探讨基于互联网的智能节能管理模式，通过激励政策明确建筑用能托管作为独立节能服务的地位，并制定明确的补贴条款，为推进既有建筑节能、建立低碳城区提供有力的技术支撑。

③示范应用

以文广大厦为例。该项目采用合同能源管理模式对大厦空调系统、照明系统进行深度改造，与一般节能改造案例不同，该项目的空调系统运行完全委托于节能服务公司利用智能控制系统远程控制，现场只需进行基本的巡查即可，极大地减少现场的维保工作量。同时，由于系统运行人员由原有的普通运维工人升级为基于智能控制系统的节能服务团队，整个项目的运行效果得到显著提升。

3. 近零碳排放建筑全过程管理模式突破和市场化推广

近零碳排放建筑是新建建筑未来发展趋势，该项目在虹桥迎宾馆 9 号楼开展近零碳排放建筑试点，成功实现实际运行能耗近零目标，并采用市场化方式有效控制投资增量成本，取得积极示范效应。9 号楼案例集成全国领先的近零碳排放建筑设计理念和技术，应用全过程管理模式，该模式有效解决设计、建造、运行各环节脱节的行业痛点，实现全流程管理，对未来新建建筑行业低碳发展具有重要参考价值，9 号楼案例因此成功入选国家发展改革委“中国建筑领域 10 项最佳节能实践”。根据该项目可复制可推广的要求，对虹桥迎宾馆 9 号楼案例成功经验进行复制推广，在内江路 191 号地块 1 号楼也开展近零碳排放建筑尝试，超预期实现近零碳排放建筑试点示范目标，产生积极市场化推广效益。

（1）近零碳排放建筑市场化实践经验

1）近零碳排放建筑能耗对比

能耗值与公共建筑年平均用电量如表 7-7 和图 7-27 所示。

近零碳排放建筑的能耗值　　**表 7-7**

名称	数值
近零碳排放建筑目标值	34.72 kWh/(m^2·a)
虹桥迎宾馆 9 号楼	设计值 23.26 kWh/(m^2·a)，实际运行能耗 34.56 kWh/(m^2·a)
内江路 191 号地块 1 号楼	设计值 9.66kWh/(m^2·a)

注：上海近零碳排放建筑能耗未包含插座能耗。

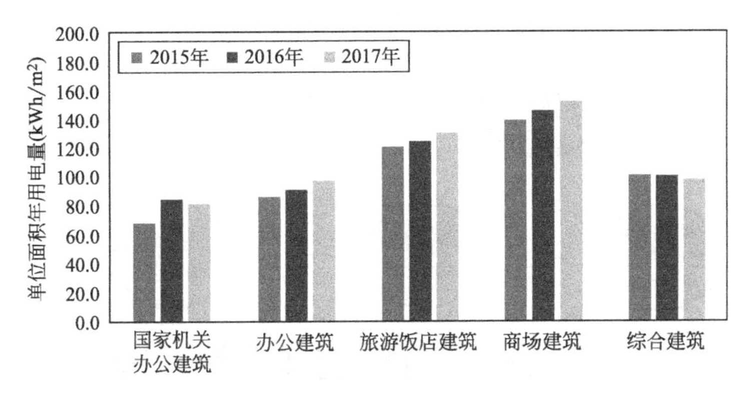

图 7-27　上海公共建筑单位面积年平均用电量变化

2）近零碳排放建筑技术、经济可行性

虹桥迎宾馆9号楼与近零碳排建筑相关的直接增量成本为259万元，单位建筑面积增量成本为903元/m^2，静态回收期约17.6年。内江路191号地块1号楼增量成本不超过425万元，单位建筑面积增量成本不超过694元/m^2，静态回收期不超过11年。随着近零碳排放建筑技术的不断升级和相关产品成本的降低，近零碳排放建筑的投资成本还有望进一步下降，证明近零碳排放建筑在经济上是可行的。

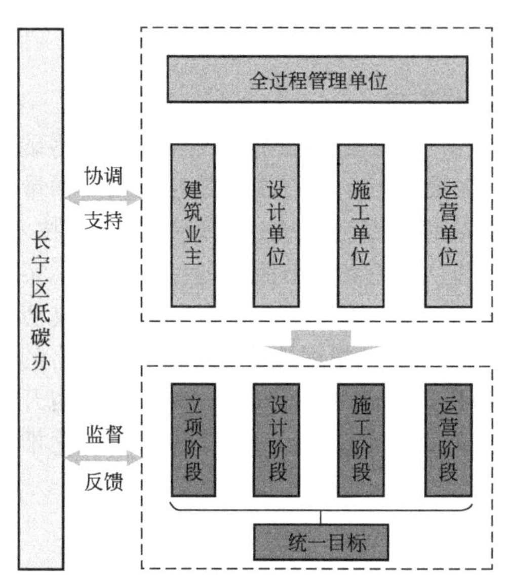

图7-28 长宁区近零碳排放建筑组织管理模式

3）近零碳排放建筑组织管理模式及经验

常规的建筑建设管理模式难以支撑近零碳排放建筑这一目标的实现，上海市长宁区低碳办引进全过程管理单位，指导业主、设计等单位工作，对建筑全生命周期过程中的项目立项、设计、施工、运行等各个阶段进行有效衔接。而低碳办作为整个近零项目的管理单位，不仅协调全过程管理单位与其他单位的关系，而且从金融、政策上支持近零碳排放建筑的建设，且全程跟踪参与近零碳排放建筑建设，保障近零碳排放建筑顺利实施（图7-28）。

（2）近零碳排放建筑技术路径

虹桥迎宾馆9号楼作为上海市长宁区第一个近零能耗改建项目，以可复制和可推广为目标，集成展示世界前沿的建筑节能和绿色技术。总建筑面积2866.2m^2，地上3层，局部1层、2层，建筑高度12m，为砖混结构，主要功能房间为高档办公室、会议室。

主要涉及的节能技术有（图7-29）：

1）被动式节能技术：主要包括围护结构隔热保温和气密性、自然采光和自然通风利用等。

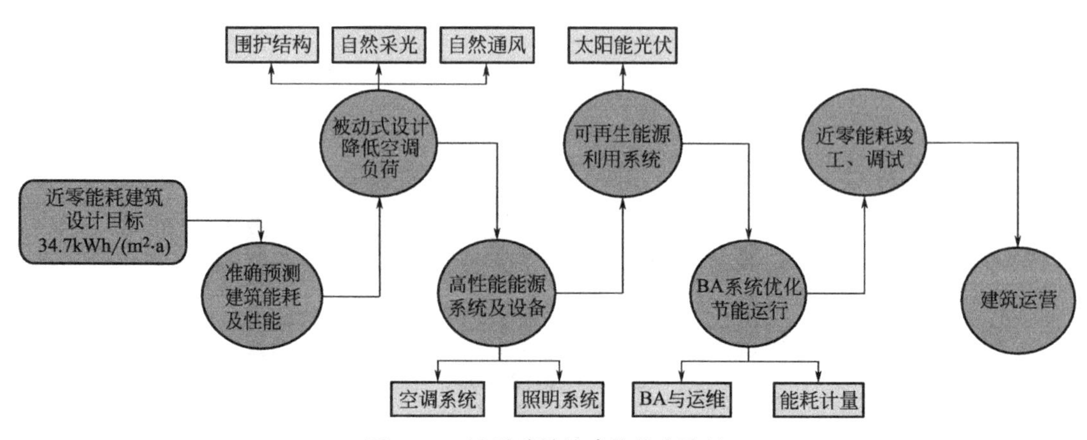

图7-29 近零碳排放建筑技术路径

2）高效照明系统，包括采用 LED 高效节能灯具、智能照明控制、光导照明系统等。

3）空调系统节能，包括采用高效空调设备、VRV 自动控制系统、新风全热交换器、CO_2 浓度监控与室内新风机组联动控制、窗磁与室内机联动控制等。

4）可再生能源利用，主要为太阳能光伏发电。

5）BA 集成控制系统，包括空调监控、灯光监控、风机变频调节、新风热交换系统控制、电动窗磁自动控制、能源计量系统、可再生能源监测、PM2.5 监测等。

项目节能技术体系如图 7-30 所示。

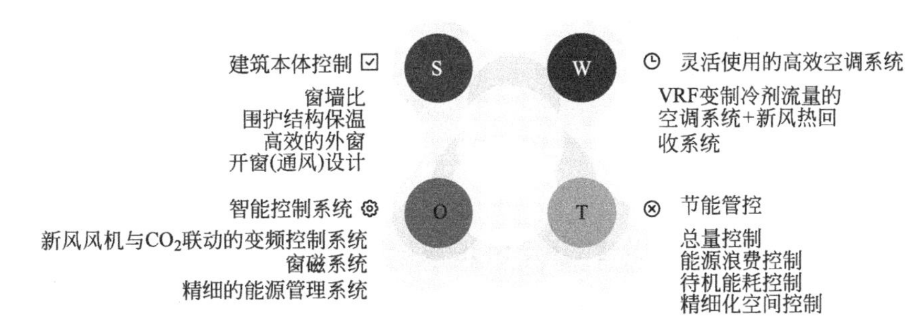

图 7-30　近零碳排放建筑技术体系

内江路 191 号地块 1 号楼近零碳排放项目的实施借鉴虹桥迎宾馆 9 号楼改造项目积累的经验和好的做法，不仅进一步验证虹桥迎宾馆 9 号楼的设计方法、管理模式、运维策略等，还进一步升级近零碳排放建筑在精细化设计、可再生能源利用、高新技术产品（光伏直驱多联机系统）以及厂房节能改造领域的设计方法和经验。

近零碳排放建筑设计要点：

1）气候响应设计；

2）以性能导向为目标的反向设计；

3）主动式设备设计应用策略；

4）可再生能源设计应用策略。

（3）全过程管理体系应用

以实际节能效果作为判断是否节能的标准，针对建筑全生命周期过程中的项目立项、设计、施工、运行等各个阶段的建设内容和节能工作特点，构建一套贯穿建筑全过程的能耗指标体系（图 7-31）。以近零碳排放建筑为例，建立全过程管理组织架构，建立全过程管理指标体系。也能保证近零工作在建设各阶段保持一致与连贯性，指导各阶段具体工作内容，最终实现建筑资产保值和近零目标。

4. 公共建筑能耗监管平台发挥示范引领效应

上海市长宁区于 2007 年建成上海市首个公共建筑能耗监管平台，至今已完成对 187 幢公共建筑在线能耗监测，实现全区 2 万 m^2 以上公共建筑覆盖率 95%以上。在功能创新性和数据准确性方面居全市乃至全国同类平台领先地位，并引领上海市各区县能耗监管平台建设，超额完成该项目平台建设计划指标。上海市长宁区公共建筑能耗监管平台根据低碳城市建设发展需求，其架构功能历经三次优化提升，构建“基础设施—应用服务—运行保障”的三级平台构架，并创新性地引入 BA 自控、建筑环境、光伏系统、汽车充电桩、需求侧响应等数据模块，平台功能性、数据准确性位居全市前列。在此基础上，上海市长

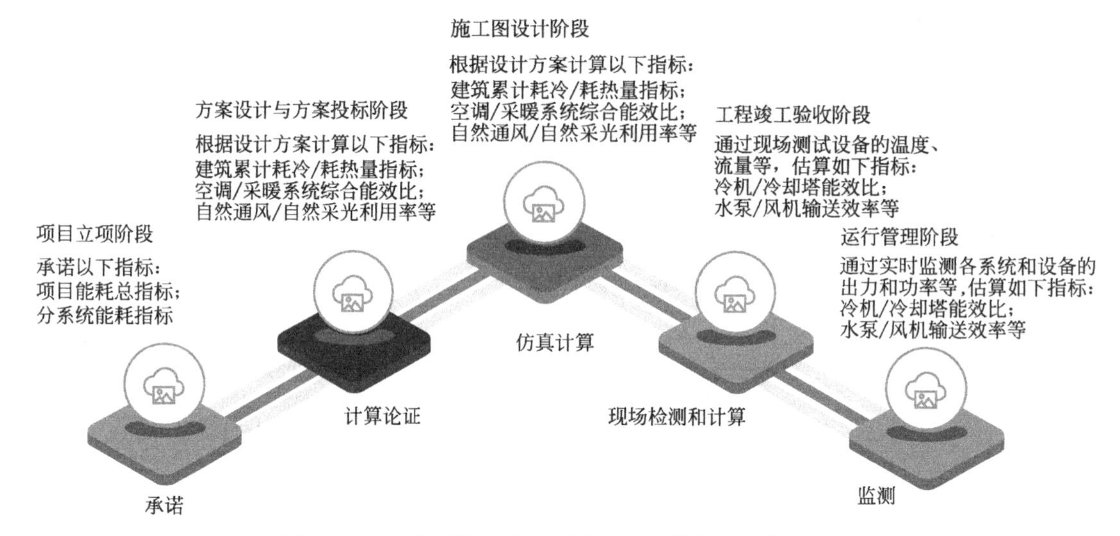

图 7-31　建筑建设运营不同阶段关于节能指标获取方法

宁区公共建筑能耗监管平台得以被广泛应用于建筑能耗对标、能源审计、节能量评估等节能减排工作中，成为政府、节能服务公司、建筑业主推进建筑节能工作的支撑。上海市长宁区公共建筑能耗监管平台的成功实践，为全上海市推广能耗监管平台起到模范带头作用。

（1）平台建设目标

建筑能耗监管平台顶层设计架构如图 7-32 所示。

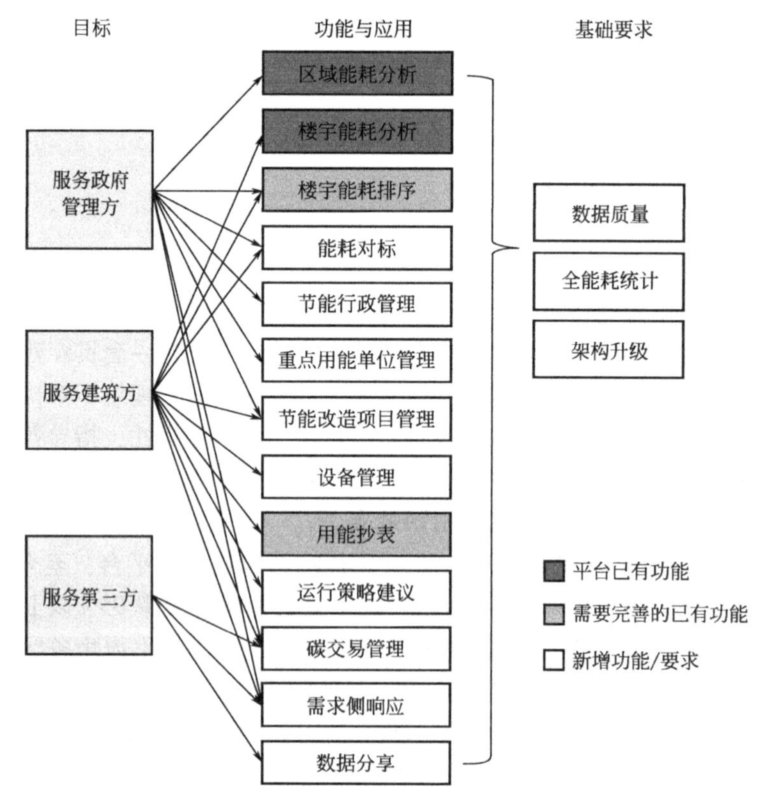

图 7-32　建筑能耗监管平台顶层设计架构图

（2）平台现状

目前长宁区平台包含政府管理功能、业主和物业应用、第三方应用、平台基础功能 4 大功能，在此基础上实现区域能耗分析、节能行政管理、重点用能单位管理、能耗对标及公示、综合资源展示、能耗改造项目管理、单体建筑、楼宇能耗分析、需求响应共计 9 大模块，35 项子功能项（图 7-33）。对比顶层设计方案，现有的平台基本实现顶层设计的功能，部分功能做了调整，如表 7-8 所示。

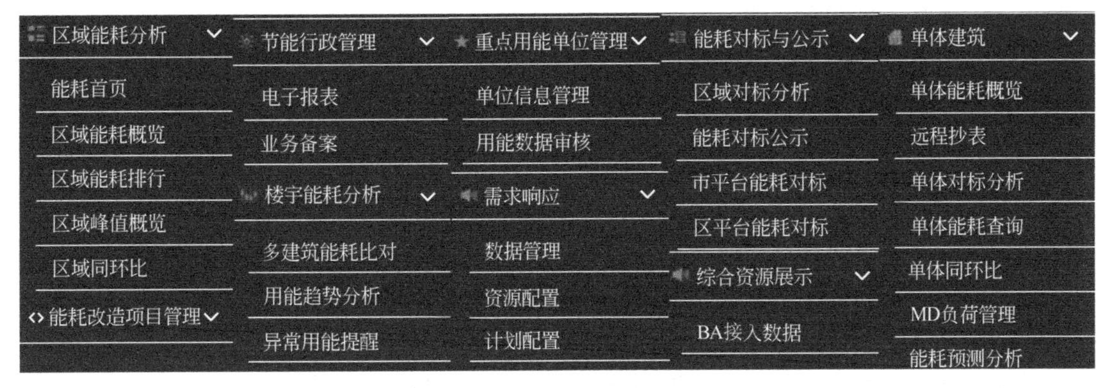

图 7-33　长宁区建筑能效监测和管理平台功能模块

建筑能耗监管平台功能调整说明　　**表 7-8**

动作选项	说明	原因
合并功能	楼宇能耗分析与楼宇能耗排序合并成楼宇能耗分析	楼宇能耗排序在楼宇能耗分析基础上实现，因此可以合并
新增功能	新增基础信息管理	增加基础信息管理，便于实施建筑能效对标工作
删除功能	删除碳交易管理	现阶段碳交易合适碳排放量较大的企业，而单个建筑碳排放量较低，因此平台取消了碳交易管理功能

主要功能：

1）业主和物业应用；

2）第三方应用；

3）平台基础功能。

（3）平台应用情况

长宁区建筑能耗监管平台在丰富的功能与应用的基础上，通过提高数据的准确性，全方位提升平台的应用率，使得平台在从政府到建筑业主的各个层面均取得广泛的应用，不同使用者的应用方式如图 7-34 所示。

1）政府应用平台——转变政府管理方式。平台的数据为政府部门进行低碳工作相关政策制定提供有力的数据支撑，推动低碳城市建设精细化管理的进程。此外，利用平台配套功能，政府部门可开展建筑能耗对标公示、节能改造项目管理、节能量审核把关等管理类工作，大幅提升了政府的低碳城市建设的工作效率。

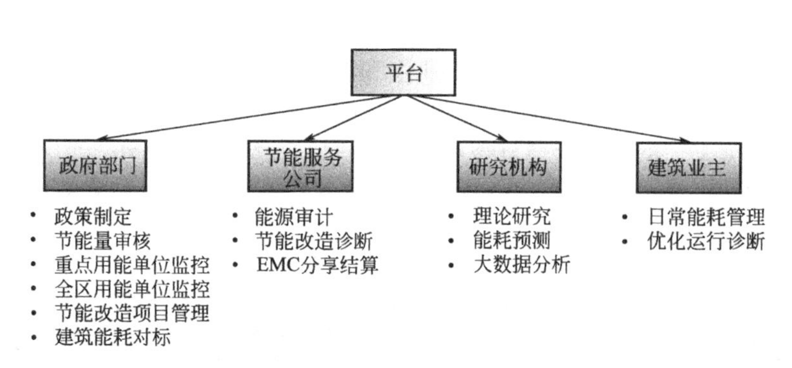

图 7-34　能耗监管平台使用情况

2）服务公司应用平台——提高工作效率。节能服务公司作为低碳城市建设的主要执行者，借助平台的数据，可更快速地了解建筑用能结构及特点，从而能更准确地定位节能潜力点。

3）研究机构应用平台——支撑理论研究。研究机构作为上海市长宁区低碳城市建设的工作团队智库，通过对计量平台数据的深入挖掘，可进行用能基准线、用能标准、能耗预测等理论研究，为政府部门、节能服务公司提供有效的技术支撑。

4）业主应用平台——提升业主管理水平。建筑业主属于建筑的实际使用者，运用平台的数据可以更有效地进行日常能耗管理，发掘不合理用能、定位节能潜力点。

（4）平台优势

1）纳入公共建筑覆盖率高、数据积累时间长；

2）架构利于功能新增与应用；

3）深度参与低碳城市建设；

4）与国外同类平台对比的优势。

5. 建立低碳社区适宜指标体系和探索社区低碳更新发展模式

面对城市既有社区功能和舒适度退化现状，顺应低碳发展趋势和节能减排要求，长宁区在上海市率先开展城市更新示范试点工作，建立低碳社区建设指标体系，探索与城市更新相结合的既有社区低碳发展模式。在上海市长宁区选取两个社区和一个城市更新街区为试点案例，建立了具有上海中心城区既有社区特点的低碳社区建设指标体系，结合城市微更新实施了低碳社区建设。形成了以提升社区内建筑舒适度和功能性改造为基础，将社区内建筑、交通、设备设施、绿化、可再生能源、垃圾分类等改造更新有机融合，增强社区内建筑、交通、设备设施与社区使用者之间的交互性，引导社区使用者树立节能减排意识、实践低碳生活方式的低碳更新发展的模式。低碳特色社区的试点，不仅构建了社区低碳可持续发展的体系，还有效提升社区空间品质和活力，增强社区居民对美好生活的获得感，对全市其他区县既有社区低碳更新改造具有积极的示范引领效应（图 7-35）。

社区建设成果如下：

（1）编制排放清单

为推动低碳社区的建设，开展了低碳社区软性支撑，如编制低碳社区清单和低碳社区评价指标体系、鼓励全员参与低碳社区，实施两个居民社区和一个街区的低碳社区建设试点工作，取得一定实践成果。

一级指标	二级指标
碳排放水平	人均碳排放量 或 人均能源活动碳排放量
	碳强度下降率
社区建筑	建筑节能改造面积占既有建筑面积的比例
交通系统	主要出入口与公交站点距离
	共享单车停放处数量
	电动车公共充电桩数量
	小区内有慢行交通道或电动自行车固定充电设施
能源系统	社区可再生能源用电量占比
	能源分户计量率
	社区可再生能源路灯数量占比
	太阳能光电、光热屋顶覆盖率
水资源利用	人均月用水量
	非传统水源使用量占社区杂用水比重
	雨水收集利用设施容量
	节水器具使用户数比例

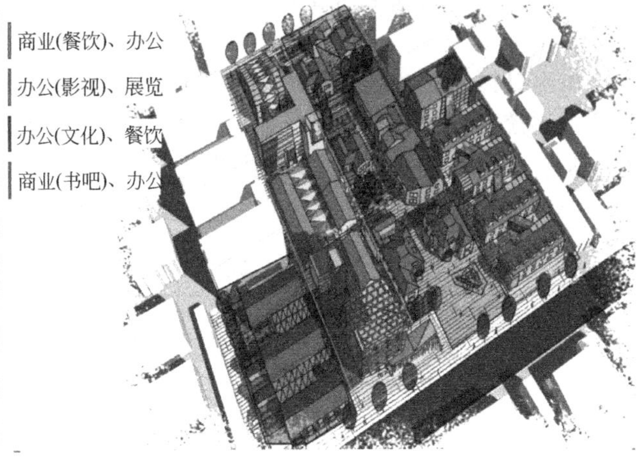

图 7-35 低碳社区指标体系和武夷路社区低碳更新改后效果图

碳排放清单内容包含设施活动、消耗品种、排放系数等，如表 7-9 所示。

社区碳排放清单 **表 7-9**

序号	基本资料					温室气体排放量(kg/a)	
						CO_2 当量	
	设施活动	消耗品种	消耗量	单位	排放类别	排放系数	年排放量
1	灶具、热水器	天然气		立方	直接排放	2. 184	
2	家用车	汽油		kg	直接排放	3. 105	
3	生活用电	电力		度	间接排放	0. 704	
4	生活垃圾处理	生活垃圾		kg	直接排放	0. 549	
5	社区绿化	绿化面积		m^2	碳吸收	-1. 450	
6	废水处理	用水量		m^3	直接排放	0. 388	
合计							

(2) 创新建设模式

低碳社区的建设，强调多方参与和居民自治，建设内容广泛吸纳当地居民意见，对社区环境与生活品质进行再设计与再组织。以渐进式的姿态改善环境品质，提升城市局部片区的功能，进而增加社区居民的归属感、成就感、认同感和幸福感。

为了实现全员参与低碳社区的建设，上海市长宁区进行了一些突破和创新：

1) 建立政府引导、政民合作的长效运营模式。

2) 鼓励居民参与决策，实现社区营造。

3) 多方参与、创建开放平台。

(3) 设立评价指标体系

低碳社区的评价和认证是推动低碳社区建设或社区持续低碳化发展的重要手段。上海市长宁区针对自身区域的特点——城市已基本完成开发建设、基本形成社区功能分区、具有较为完备的基础设施和管理服务体系的既有社区，编制了《城市既有社区低碳评价指标体系》。

既有社区低碳社区评价指标体系包含碳排放水平、社区建筑、交通系统、能源系统、水资源系统、固体废弃物系统、环境美化、运营管理、低碳生活 9 个一级指标和 28 个二级指标，具体如表 7-10 所示。按照社区实际情况进行打分，分数在 100~75 之间属于优秀，75~50 之间为及格，50~0 之间为非低碳社区。

城市既有社区低碳评价指标体系 **表 7-10**

一级指标	二级指标
碳排放水平	人均碳排放量或人均能源活动碳排放量
	碳强度下降率
社区建筑	建筑节能改造面积占既有建筑面积的比例
交通系统	主要出入口与公交站点距离
	共享单车停放处数量
	电动车公共充电桩数量
	小区内有慢行交通道或电动自行车固定充电设施
能源系统	社区可再生能源用电量占比
	能源分户计量率
	社区可再生能源路灯数量占比
	太阳能光电、光热屋顶覆盖率
水资源利用	人均用水量
	非传统水源使用量占社区杂用水比重
	雨水收集利用设施容量
	节水器具使用户数比例
固体废弃物处理	生活垃圾分类收集率
	生活垃圾资源化率
	餐厨垃圾本地减量化率
	餐厨垃圾本地资源化率
环境美化	社区绿化覆盖率
运营管理	开展社区碳盘查
	碳排放统计管理制度
	建立碳排放信息管理系统
	引入第三方专业机构数量
低碳生活	低碳宣传设施
	低碳宣传教育活动
	低碳家庭创建活动
	节电器具普及率
	发布《低碳生活指南》

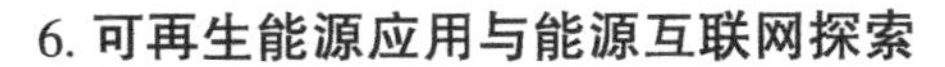

6. 可再生能源应用与能源互联网探索

可再生能源利用、区域多能互补和能源互联网是未来绿色能源供应的发展趋势和方向。项目贷款支持迪士尼分布式新能源供应项目、一妇婴分布式新能源供应项目和上海中心大厦中心能源站建设的同时，选取虹桥临空经济区开展区域多能互补和能源互联网探索。临空能源互联网建设方案旨在构建“物理能源网、信息物联网、互联服务网”三个层级协调统一的园区能源互联网整体架构，基于可再生能源、储能、需求侧响应等多能互补供能形式，以配电网为区域能源的核心载体，以智能配电网、区域能源互联网为核心技术，构建了电力公司、能源管理服务商、园区业主、用能用户多方互利共赢的创新综合能源管理模式，以实现区域整体节能减排目标。

案例三：桂林市·临桂新区——“山、水、城、林”旅游城市的绿色生态城区

项目定位：生态立区、绿色发展	生态目标：绿色生态城区规划示范项目，中欧低碳生态城合作试点
项目规模：约 13.03km^2	规划地址：桂林市西郊
创建时间：2014 年	气候分析：亚热带季风气候
城区类型：新开发城区	实施单位：中国建筑科学研究院有限公司上海分公司
实施主体：桂林市临桂新区管理委员会	

一、项目概况

临桂新区位于桂林市西郊，东距桂林市中心区约 10km，是桂林未来的城市副中心，用地面积约 62.7km^2。临桂新区（中心区）为临桂新区核心区，用地范围西北至两江大道、世纪大道及山水大道，东抵凤凰路—仕通路—临辉路沿线，南至秧一路，总用地面积约为 13.03km^2，规划总人口约 13.5 万人，是临桂新区的行政中心、商业中心和文化中心。规划用地包括居住用地、公共管理与公共服务设施用地、商业服务业设施用地等（图 7-36）。

图 7-36 临桂新区鸟瞰图

规划区功能定位是建成交通便捷、环境优美，体现桂林“山—水—城—林”城市特色的生态城区。规划将新区打造成以行政办公、商务办公、商业金融、文化休闲、居住为主的多功能、复合型和谐城区。2015 年 3 月，临桂新区绿色生态城的申报工作已通过自治区住房城乡建设厅审批并上报住房城乡建设部。同期，桂林市获批入选住房城乡建设部“中欧低碳生态城市合作项目专项试点示范城市”，成为全国首批 10 个试点示范城市之一，其中临桂新区为桂林市绿色建筑的主要试点区域，临桂新区中水项目被初步遴选为欧盟专家直接参与技术援助的示范项目（图 7-37）。

图 7-37　临桂新区（中心区）城市设计效果图

二、项目创新点

规划区创新点从三个方面进行体现：

一是开展山体保护与修复。临桂新区属喀斯特地区，规划区有部分岩石的裸露，以及一些山体存在开发破损现象，规划采用植被混凝土护坡绿化、厚层基材喷射植被护坡、人工植生槽、人工植生袋等技术对山体进行修复，为规划区增添绿量，展现本土特色风貌。

二是大力推进中水利用。临桂新区（中心区）在秧六路、西城大道、凤凰北路、万平路、单桂西路、单桂东路、山水大道、奥园南路 8 条道路布局中水管网。规划中水优先用于水系补水、市政道路冲洗及绿化灌溉，再考虑用于地块内绿化浇灌、水景补水等，临桂新区（中心区）整个中水利用率可达到 24%。

三是以公共交通发展为主导。临桂新区（中心区）积极创建可持续交通系统的典范，优先发展公共交通，在规划区布局大容量公交线路 3 条，并在主、次干道全面布局公交专用道，采用大站快线公交方式提高公交吸引力（公交专用道），确保公交路权优先，减少公交出行时耗，吸引私人交通工具使用者转向公共交通出行。

根据规划区的创新点，其他项目可充分借鉴项目保护与利用山体、水系等资源措施，挖掘与利用自身优势资源为城区服务；新建城区宜对近距离的污水处理厂布局管网利用中水；积极创建公交示范城市，规划并建设轨道交通（云轨），实现“轨道+旅游”模式，采取中运量、公交专用道、公交优先等措施，提升公共出行比例。

三、绿色生态规划方案

桂林是国际性风景旅游城市，为保护漓江、发展桂林，进一步打造为促进桂林市社会经济、生态环境的低碳、生态、可持续的发展，创建美好家园，提升居民幸福指数，临桂新区（中心区）规划以“山之美、水之清、游之乐、居之福”的战略目标构建一座“真山、真水、真林”园中之城，同时创建低碳、生态、宜居城市，贯彻“保护漓江，城市西拓”的空间发展战略。

绿色生态规划积极响应保护临桂新区特有的山水文化品质，尊重山水的客观布局和自然走向等自身特色，规划创造山水文化景观，布局山水田园城市风光等，且从全方位引导临桂新区低碳、生态建设，以生态理念进行产业与经济、土地与空间利用、能源、水资源、交通、生态环境、信息化等方面规划，建设生态宜居之城。

土地利用方面，维持原有的生态环境，注重进行修复性建设，强调自然生态环境与人工生态环境的和谐共融，积极推进用地混合开发与地下空间利用。

绿色建筑方面，全面推进绿色建筑发展，二、三星级的建筑面积占新区总建筑面积约为 39.45%。同时，实施既有建筑绿色改造面积为 383796m^2，创建绿色校园 10 个。

绿色交通方面，倡导绿色出行方式，创建可持续交通系统的典范，提出“快速机动走廊+活动性干道+外围快速道路”的区域路网结构和布局方案，同时布局大容量公交线路 3 条和众多公交专用道，以及三块板以上的道路比例达到 82.71%。

能源利用方面，临桂新区（中心区）内 50%以上的新建建筑，其能耗比现行国家批准或备案的节能标准规定值低 10%；可再生能源利用率不低于 20%的目标。规划推广太阳热水、太阳能光伏、水源热泵和地源热泵的利用。

水资源与水环境方面，提升临桂新区（中心区）水环境质量。通过疏导雨水，防洪水坝建设等措施，减少临桂新区（中心区）内涝灾害，从而打造临桂新区（中心区）宜居水环境。规划采用中水与雨水用于绿化浇灌、道路冲洗、洗车用水等，非传统水源利用率可达到 24%。

智慧城区方面，响应“智慧桂林”要求，优先进行城市智慧交通、能耗监测、智慧环境等方面的建设。

四、绿色生态规划方案概述

1. 土地利用

（1）街坊混合利用：分为水平型、垂直型和时间型功能混合。水平型功能混合表现在各种功能在用地水平面上的混合（图 7-38）。平面功能混合在规划中按尺度分可分为城区、片区以及街区三个层次。城区层面，应坚持规划先行，合理布局控规中各类用地比例和各街区的办公、商业、居住、行政等城市功能的比例，构建多元混合城区，平衡工作和居住场所的空间构成。片区层面，应以社区邻里中心为核心，容纳社区商业、公共开放空间、文化娱乐体育教育等设施，居住组团围绕其布置，提供多样化的住房形式，并引导本地居民和外来人口的混合居住。街区层面，鼓励种类不同，却彼此相容的功能之间的混合，如商业或者办公功能与居住的混合。

垂直方向上的功能混合指各种功能设置于不同的高度上，建筑的地下层以及各层楼面

图 7-38　控规用地布局水平混合

上，最常见的就是地下为停车，底层为商业，上面为住宅。

时间维度的功能混合主要表现在两个方面：一是在同一地段安排容纳不同时间的活动的场所，包括建筑和室外活动空间，如在同一条街布置广场、商业、餐饮、酒吧、24h 超市等活跃于不同时间的业态，或者城市开放空间的多元使用。使街区在更多的时间被高效使用，保持街区的活力，也有助于增强街区的安全性。

（2）地下空间利用：考虑到规划区的地下水位和岩石埋深的限制，建议规划期内的地下开发集中在浅表层，原则上不进行中层和深层开发。保证规划区内民防工程用地充足，已经审批开发的项目按审核批复的要求进行开发，根据地块的性质和功能要求，对未出让的地块进行开发规模测算，并提出合理建议。规划区地块内的地下空间开发规模测算，首先根据地面规划建设强度，初步确定地块的地下空间建设强度，然后根据各地块的土地利用性质和区位。

对地块地下建设强度进行校正。接着根据各地块面积算出每个地块的地下空间需求量，叠加得出规划区理论需求量，最后根据地下空间建设现状（包括已建设和已批复将建）得出实际的建设量（图 7-39）。

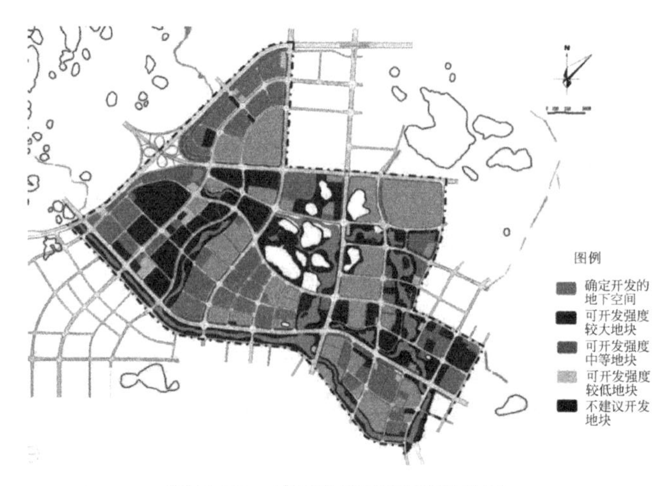

图 7-39　城区地下空间开发分区

2. 绿色交通

倡导绿色出行方式，创建我国新城建设可持续交通系统的典范，组织与引导新城交通出行，最大限度地降低交通系统能耗、减少对生态环境的影响。绿色交通规划实现慢行方式为主导的出行结构，确立公交车在机动化出行中的主导地位，公交出行比例在机动化方式中达到 80%，控制小汽车出行比例至 10%，生态出行比例在 90%。

图 7-40　公交专用道规划图

（1）公共交通：临桂新区（中心区）位于桂林市西部的临桂新区中西部，区位交通优势明显。总用地面积 13.03km²，规划人口 13.5 万人。临桂新区（中心区）的公共交通主要包括大运量公交、干线公交、次干线公交及社区公交，各自承担的交通功能及定位（图 7-40）。

大运量公交运输方式，主要采用 BRT 或者轨道交通，其特点是速度快，乘坐舒适，主要承担组团之间长距离交通的功能。干线公交作为大运量公交的补充，承担地铁辐射区域以外的中长距离客流运输。布设在片区主要客运走廊上，尽量在公共汽车专用道上行驶。次干线公交是提高公交覆盖率的重要线路，通过公交枢纽与大运量公交、干线公交相衔接，使公交成网，主要承担功能分区内的中短距离出行。社区公交以服务区域内部的出行为主，通过对居住小区、农贸市场、学校、医院等生活服务设施的串联，为居民的出行提供便捷的服务。社区公交的布设是在干线公交和次干线公交的基础上加密公交线路，填补公交盲区，为其他公交输送客源。

（2）慢行系统：步行线路应与大运量公交站点、自行车线路、公交短驳和其他公共交通线路相连，确保从每个邻里组团都可以步行前往周边的基本服务区和日常活动区。只有通过步行的接驳，公共交通这种定时、定线、定站点的公共客运系统才能真正实现对乘客“门到门”的服务。

步行道路级别主要由其在城市步行系统中的作用和定位决定，考虑现状及预测的步行交通特征、所在步行分区、城市道路等级、周边建筑和环境、城市公共生活品质等要素综合确定。沿城市道路两侧布置的步行道，可根据人流量、街道界面活跃度分为三级。

立体步行系统指将平面步行系统与空中步行系统、地下步行系统进行网络化整合，把各类步行交通组织到地上、地面和地下三个不同平面中，实现建筑之间、建筑与大运量公车站之间以及与道路空间内部便捷联系的步行系统。设置立体步行系统时，应同时保证地面步行和自行车空间的连续性，并结合人行天桥、人行地道等设施，有效衔接立体与地面步行空间。空中步行系统应与地上轨道交通车站，以及建筑的商业娱乐、观光休憩、入口广场和共享平台等功能空间结合设置。地下步行系统应与地下轨道交通车站、地下停车库、地下人防设施等紧密衔接，共享通道和出入口（图 7-41）。

图 7-41　步行系统布局图（轨道交通）

（3）自行车系统：公共自行车服务点的布设主要分为以下几类：公交枢纽服务点；在居住区公共建筑中心设置居住固定服务点；大专院校服务点；大型公建服务点；主要旅游景区服务点。在不与上述服务点冲突的条件下，安插各类移动小型服务点，分散布设在各居住小区、小型商业和公建点等，深入出行终端，构建末端服务网络（图 7-42）。

图 7-42　临桂新区（中心区）公共自行车服务网点规划图

（4）慢行廊道：多种交通方式交汇处应设置慢行廊道，强调慢行优先，提供清晰完善的寻路系统和步行道设施。在区域入口、人流量大的过街口提供地图、提示牌和斑马线等，步行道应有充足的照明、座椅、无障碍通道和宜人的铺地材料等。避免机动车、自行车、行人的冲突，宜用景观带分隔。慢行通道应方便与公共空间联系，有良好的景观、连续的林荫道、注重人与城市的和谐共存。

3. **绿色建筑**

新建建筑全面执行《绿色建筑评价标准》中的一星级及以上的评价标准，其中二星级及以上绿色建筑达到30%以上；既有建筑绿色改造比例不低于30%；全面运用绿色生态技术，引领桂林市绿色建筑发展。

（1）绿色建筑星级规划：根据加权得分情况，结合规划区绿色建筑发展需求，确定临桂新区（中心区）内绿色建筑三星级建筑面积为634536. 10m^2，二星级建筑面积为6568576. 30m^2，一星级建筑面积为11700977. 90m^2，且二、三星级的建筑面积占规划区总建筑面积的38. 10%。

（2）既有建筑绿色改造：对规划区范围内建设完成的项目进行绿色改造，绿色改造的建筑面积比例达到30%。规划区内的绿色改造主要针对建设完成或接近完成的项目，可进行绿色改造的地块总建筑面积为1085288m^2。

(3) 绿色建筑适宜技术：对针对节地、节能、节水、节材和室内环境的重点技术进行介绍。

光污染控制，外立面应尽量避免大面积地单一采用玻璃幕墙；需降低建筑物外装修材料（玻璃、涂料）的眩光影响。

降低热岛效应，降低室外场地及建筑外立面排热；降低夏季空调室外排热。

（4）建筑全装修、产业化示范：临桂新区（中心区）在开发建设过程中，着手菜单式全装修住宅的示范建设，且以高端居住功能区域试点逐步推广的形式进行。规划区域中，针对中铁投用地进行适度建筑产业化的示范建设，示范建筑面积为577227m^2。

绿色学校。为促进临桂新区（中心区）学校绿色化发展，引领桂林市学校绿色建设，在新区范围内推广绿色学校和绿色教育体系的建设。规划对中心区内的10个中小学地块进行绿色示范创建，为桂林市绿色学校发展做好铺垫，引领新区教育的绿色化发展。

4. **生态环境**

（1）水环境：控制污染源，保证城市污水100%纳入污水管理并进入污水处理厂进行处理，城市污水处理率达到100%；禁止垃圾随意堆放，并设置合理的垃圾储运站，使城市垃圾处理率达到100%；加强监管，在规划区水系布设相应的地表水质量监测点，便于随时监控；制定水污染应急预案，务必使水污染程度降到最低（图7-43）。

图7-43　临桂新区中水干管图

（2）交通噪声：对机场路、万福路等城市交通干线进行噪声监测，并在噪声源周围设置较宽的防护林带。同时，交通噪声的控制应以“预防为主，管制为辅”的方式进行。具体措施主要包括低噪声路面、汽车降声设备、控制鸣笛等。

（3）山体水系保护：首先是修复受损山体，临桂新区翻山山体修复采用植被混凝土护坡绿化技术。其次是生态驳岸涵养水源，水系景观设计中，根据岸线的生态、功能和景观的不同要求，在保证城市防洪安全的前提下，将岸线类型分为亲水休闲型岸线、绿化景观型岸线和自然生态型三种。

（4）立体绿化：立体绿化分为建筑和构筑物立体绿化。建筑采用立体绿化，不仅能增加绿量和视觉上的美学效果，使有限的绿地发挥更大的生态效益和景观效益，还能为市民提供休闲放松的场所，还能起到遮阴覆盖、净化空气、调节小气候等作用。除建筑以外，城市的一些构筑物类似桥梁、路灯也可采用立体绿化的方式，可采用具有缠绕或吸附功能的攀缘植物进行绿化设计，既可以起到点缀和装饰的效果，还能在桥背产生投影起到遮阴的效果。

5. 能源利用

（1）电力与燃气工程：坚持多种气源，多种途径，因地制宜和合理利用能源的发展方针，近期充分利用现有液化天然气、液化石油气设施。远期随着中石油西气东输管道广西支线的建设，高压天然气管道将延伸到桂林。届时将为临桂新区燃气建设提供坚实的资源保证。因此近期将LNG（液化天然气）为管道气气源，远期采用管输高压天然气作为管道气气源，不具备管道天然气供气条件的区域采用瓶装液化石油气作为补充。

供气优先满足居民生活及公共建筑用户，管道供气优先考虑成片居住区和新建城区，并逐步结合旧城改造进行旧城区管道燃气供应，公共建筑和商业用户，有条件的优先建设，适当扩大工业用户，应优先考虑治理环境污染的工业用户。

（2）建筑节能：规划区内要求建筑节能发展的总体思路为节约优先、适度发展、被动为主、主动优化、重在管理、严格执行。同时建立节能审查制度，严格落实建筑节能要求；加强公共建筑能耗统计、能源审计和能耗公示工作，推行能耗分项计量和实时监控，推进公共建筑节能监管平台建设；制节能技术和设备推广目录，推广自然采光、自然通风、遮阳、高效空调、热泵等成熟技术，加快普及高效节能照明产品。

（3）可再生能源：临桂新区太阳能光热应用最主要的形式是太阳能集中热水系统，城区内新建建筑（包括居住建筑、宾馆、学校、医院等），凡是有生活热水需求的，均建议采用太阳能热水供应系统。既有建筑，在进行建筑物改造时，凡增设热水供应系统的建筑物，应采用太阳能热水供应系统。太阳能热水供应系统应与建筑物同时设计、同时施工、同时验收，真正实现太阳能光热建筑一体化应用。

6. 水资源利用

临桂新区（中心区）非传统水源补给水以再生水为主，雨量丰沛时，对雨水进行资源化利用。规划区内非传统水源利用率不低于20%。增强规划区雨水入渗、涵养地下水源、减少城市洪涝，缓解防洪压力。通过绿色屋顶、透水铺装、下凹绿地等方式，增强雨水入渗能力，使场地综合径流系数不高于0.55。雨水丰沛期，加强径流雨水的收集，回用于室外绿化灌溉、道路广场冲洗等或者用于室内冲厕等。

（1）雨水综合利用：雨洪调蓄，涵养水源。加强雨水下渗，减少城市地面硬质铺装，使降雨通过大面积的绿地、植被等渗入地下，形成地下径流，慢慢流入河流，既避免了水涝灾害，又使得缺水季节可以利用这些截留下来的雨水缓解水资源的不足。根据建设情况，确定铺装区域。雨水回用，节约水资源。利用房屋、路面等收集雨水，储存于地下、建筑物之间，通过净化加以利用。根据不同地块性质及位置，确定雨水回用区域及回用规模。

（2）中水利用：城市污水处理厂二级出水经深度处理，达到回用水水质要求后，经市政中水管网送到各用水区。临桂新区（中心区）雨量充沛，但雨量年际变化较大，年内降雨分配不均匀，水量供给不稳定。如果将雨水与建筑中水系统联合运行，会加剧中水系统的水量波动，增加水量平衡难度，故一般不宜作为中水原水，可作为中水水源补给水。小区建筑中水水源可选择的种类和选取顺序为：淋浴排水、盥洗排水、空调循环冷却系统排水、冷凝水、游泳池排污水、洗衣排水、厨房排水、冲厕排水。

（3）水污染防控与管理：城市污水处理厂将生活污水100%纳入污水管网，达标后排放。同时规划建设市政中水系统，使用污水处理厂的尾水作为原水，经再生水厂深度处理后，进行回用。市政中水系统设计规模5.5m^2/d，优先供给满足临桂新区（中心区）水系补水、市政道路及绿化用水，也可供给地块内部中水利用。

为控制污染源，保证城市污水100%纳入污水管理并进入污水处理厂进行处理；禁止垃圾随意堆放，并设置合理的垃圾储运站，使城市垃圾处理率达到100%；加强监管，在规划区水系布设相应的地表水质量监测点，便于随时监控；制定水污染应急预案，务必使水污染程度降到最低。

7. 智慧城区

通过临桂新区（中心区）智慧城市的建设，为“智慧桂林”建设做好铺垫，使新区管理与服务更加高效便捷，新区建设更加智能、科学，产业结构实现高端化与轻型化转型，“智慧旅游”、“智慧生态”建设成效显著，塑造新一代山水生态名城的形象，为桂林市地区旅游、城市管理提供示范经验。

（1）智慧交通：临桂新区城市道路交通信息采集系统主要由四部分组成：交通数据采集子系统、道路交通数据综合处理平台与地面道路视频监控控制交换平台、通信系统、交通信息发布子系统。各信息子系统根据自身的主要作用进行对应的工作，且包括交通参数、视频图像等信息收集（图7-44）；信息通过光纤或电缆进行传输与发送，以保障信息成功传输到信息处理中心进行分析、提炼，及时发布准确的信息。

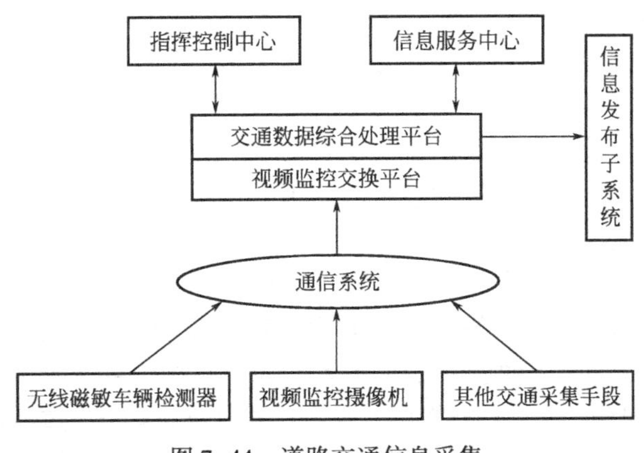

图7-44　道路交通信息采集

智慧交通的建设可帮助政府实时发布交通信息，合理进行交通疏导、突发事件快速处理，并充分利用现有的交通基础设施，分析道路交通拥堵原因，制定交通建设规划和应对措施。其次，对于居民来说，丰富的交通信息可极大地便于居民的出行，减少出行的时间成本，并保障居民出行安全，提升居民出行质量。

（2）智慧公交：目前临桂新区公交车全部配备 GPS 终端定位系统和监控系统，因此新区公交信息收集较为全面，也为进一步促进公交智能化发展奠定了基础。因此，新区根据智慧公交发展要求，构建智慧公交系统实现对公交车的统一组织和调度，并提供公交车辆的定位、线路跟踪、到站预测、电子站牌信息发布、油耗管理等功能，以及公交线路的调配和服务能力，实现新区公交人员集中管理、车辆集中停放、计划统一编制、调度统一指挥，人力、运力资源在更大范围内的动态优化和配置，降低公交运营成本，提高调度应变能力和乘客服务水平（图 7-45）。

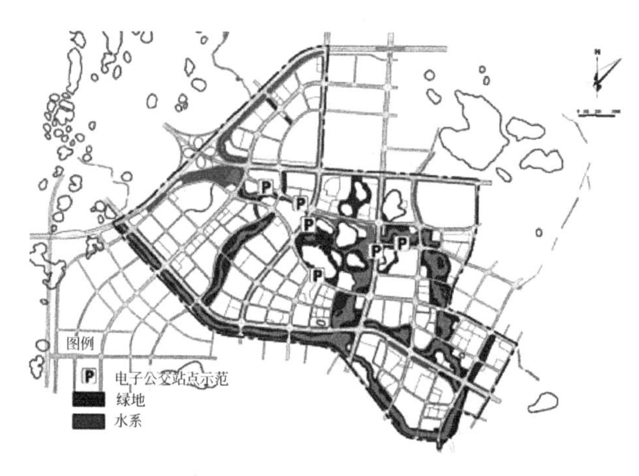

图 7-45 电子公交站点示范

（3）智慧慢行交通：慢行交通是出行速度不大于 15km/h 的交通方式。慢行交通包括步行及非机动车交通，由于许多大城市的非机动车交通主要是自行车交通，慢行交通的主体就成为步行及自行车交通。临桂新区为推广慢行交通系统，除了做好慢行交通系统规划、提高慢行交通系统安全性外，在社区门口、公交车站等处设置自行车租赁系统，引导居民采用“步行+公交”、“自行车+公交”的出行方式，来缓解新区交通拥堵现状，减少汽车尾气污染，从而营造舒适、安全、便捷、清洁、宁静的城市环境。为确保租赁的方便与安全、高效运行，慢行交通系统宜采用智能化设备进行出租与归还，且可有效采用公交一卡通方式进行管理，直接使用公交卡的 IC 卡租还车。新区的租赁系统在各个网点设置对应的单个智慧系统，最终由一个核心处理室进行综合管理、监控。

（4）智慧环境监测：通过信息化技术的利用可以及时、有效的获得新区范围内水环境质量、声环境质量、大气环境质量等数据（图 7-46），为保护新区生态环境提供可靠的信息，通过智慧环境监测系统平台的应用，为“政府、企业、公众”等人群提供全新的获取环境数据的手段，且为环保主管部门进行环境污染的行政处罚提供依据，提高管理效率。

（5）智慧水务：智慧水务的建设可概括为“124”结构体系（图 7-47）。即建立智慧水务运行服务中心；信息管理平台和指挥调度平台；同时建立 4 个支撑体系：数据采集、网络传输、应用支撑和公共服务。项目预期成果概括为“666”，即六个构建，构建全面准确的水

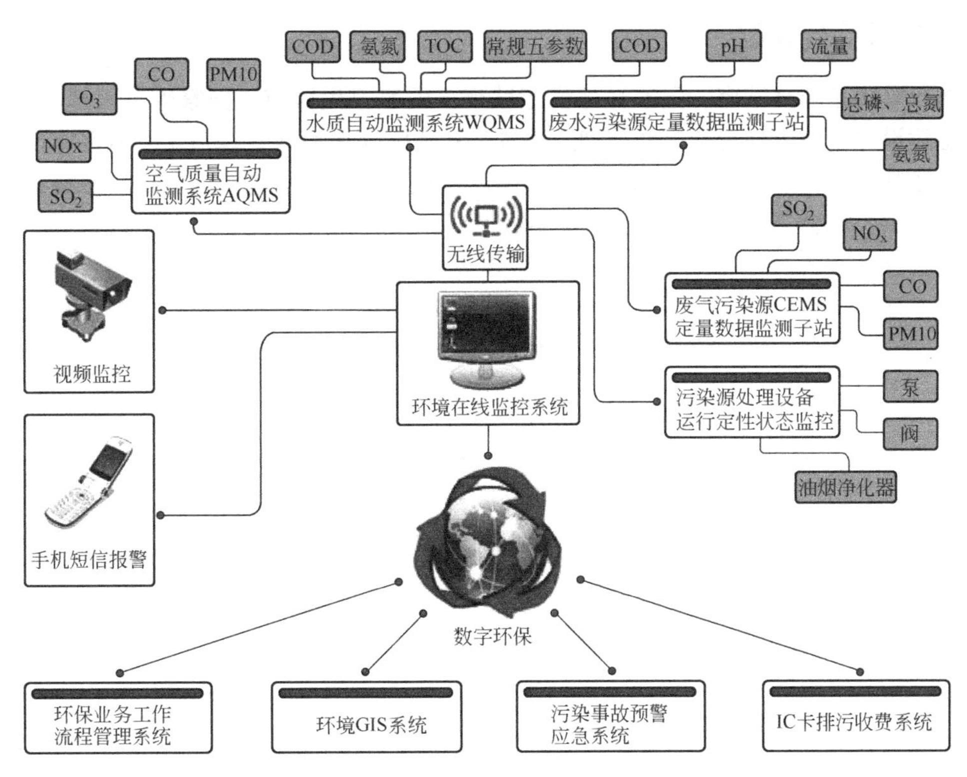

图 7-46　智慧环境监测系统

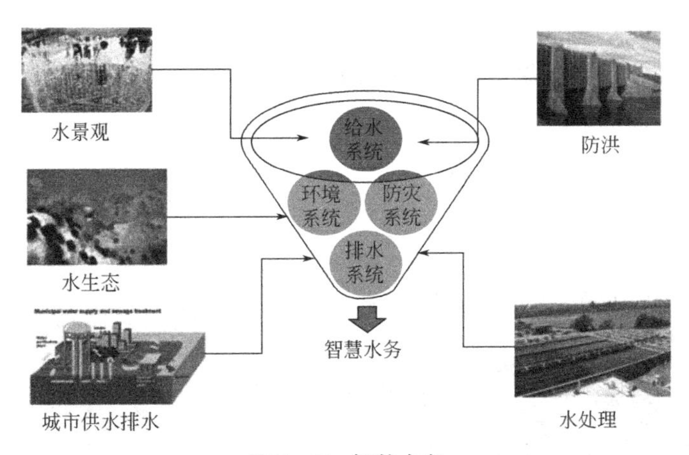

图 7-47　智慧水务

务监测体系、构建先进兼容的网络传输体系、构建云计算数据处理中心、构建面向行业的管理支持体系、构建面向公众的服务支持体系、构建智慧水务示范基地；六个形成，形成一个智慧水务运行服务中心，形成一个智慧水务研究机构，形成一支装备现代的基层服务队伍，形成一支基层智慧水务管理服务队伍，形成一套协同管理工作机制，形成一套建设管理标准，形成一批创新转型的涉水水务；六个实现，实现采集站网全覆盖，实现资源共享协作，实现应用综合管理，实现信息统一综合展示，实现监测全能服务，实现应急联动响应。

五、项目综合效益

桂林市是国家园林城市、国家环保模范城市、国家卫生城市、国家生态园林城市等，全市生态建设与创建工作走在广西前列，通过临桂新区（中心区）绿色生态城区建设可进一步提升桂林世界旅游城的生态水平，同时体现“旅游、生态、创新、低碳”等特征，为本地旅游发展、社会进步提供高质量的服务。

通过临桂新区（中心区）绿色生态城区建设，充分展现桂林“山—水—城—林”的城市特色，建设多功能、复合型和谐城区，降低城区碳排放量，实现规划区总体和人均碳排放量低于同一区域同等规模城市的平均水平，助推节能减排发展。

案例四：长沙市·梅溪湖——打造长沙未来城市中心

项目定位：长沙未来城市中心、国际服务区、科技创新城、智慧城区	生态目标：国家级绿色生态城示范区，2018年已通过住房城乡建设部组织验收
项目规模：约 $32km^2$	规划地址：湖南湘江新区核心梅溪湖
创建时间：2009年	气候分析：亚热带季风气候
城区类型：新开发城区	实施单位：中国建筑科学研究院有限公司上海分公司、长沙绿建节能科技有限公司、湖南绿碳建筑科技有限公司
实施主体：湖南湘江新区管委会、梅溪湖投资（长沙）有限公司、金茂投资（长沙）有限公司	

一、项目概况

梅溪湖国际新城项目位于湖南湘江新区核心梅溪湖，东起二环，西接碧桃路，北起龙王港、红枫路，南至岳麓山支脉桃花岭、象鼻窝，环抱3000亩梅溪湖。项目总占地约 $32km^2$，涵括高档住宅、超五星级酒店、5A级写字楼、酒店式公寓、文化艺术中心、科技创新中心等众多业态（图7-48）。

图7-48　梅溪湖鸟瞰图

根据政府创建梅溪湖国际新城“长沙未来城市中心”及“国际服务区、科技创新城”的要求，梅溪湖国际新城建设目标定位为：中国国家级绿色低碳示范新城，华中地区两型社会的新城典范，湖南省绿色生态示范城区（图7-49）。梅溪湖国际新城已先后获得首批“全国绿色生态示范城区”、首批“国家智慧城市创建试点城区”、“2014年中国人居环境范例奖”和“2016全球人居环境规划设计奖”等殊荣。

图7-49　梅溪湖绿色生态新城

二、项目创新点

1. 制度建设

一是制订了梅溪湖新城高标准建设的指导方案。早在2012年，在充分调研梅溪湖基础条件、功能定位的基础上，湖南湘江新区管委会（简称管委会）组织编制了《长沙市梅溪湖新城绿色生态城区建设实施方案》，方案以一系列指标体系作为梅溪湖建设的主要控制指标，指标体系采取了“总量目标+平行规划”型的生态规划技术实施体系。总量指标即明确梅溪湖新城区碳排放量的总体指导目标值，同时根据总体目标平行展开几大类的分解，包括城区规划、建筑规划、能源规划、水资源规划、生态环境规划、交通规划、固体废弃物规划和绿色人文八个方面。该体系包含1个总指标和47个分指标，共计48个指标，分为控制性和引导性两大类，共同约束绿色城区建设行为，确保目标的实现，同时进行一定引导，能够使绿色生态城区建设技术实现多样性和创新性（图7-50）。

二是明确了梅溪湖新城建设的总体目标和年度建设任务。2013年，管委会正式出台了《梅溪湖新城国家绿色生态示范城区建设实施方案》，重点围绕“梅溪湖新城八大生态规划指标体系”全面深入创建绿色生态城，建立制度保障管理体系，在项目建设中严格落实各项指标。围绕总体目标，从完善制度建设和项目建设两个方面明确了年度的工作任务。

根据实施方案，管委会先后制定出台《梅溪湖新城国家绿色生态示范城区财政补贴资金管理办法》《梅溪湖新城绿色社区创建管理办法》《梅溪湖新城水资源管理办法》《湘江新区绿色建筑管理暂行办法》《湖南湘江新区绿色出行机制研究暨梅溪湖国际新城试点实施方案》等。通过相应制度的出台，有序、规范地推进了示范城区的建设，科学、合理地

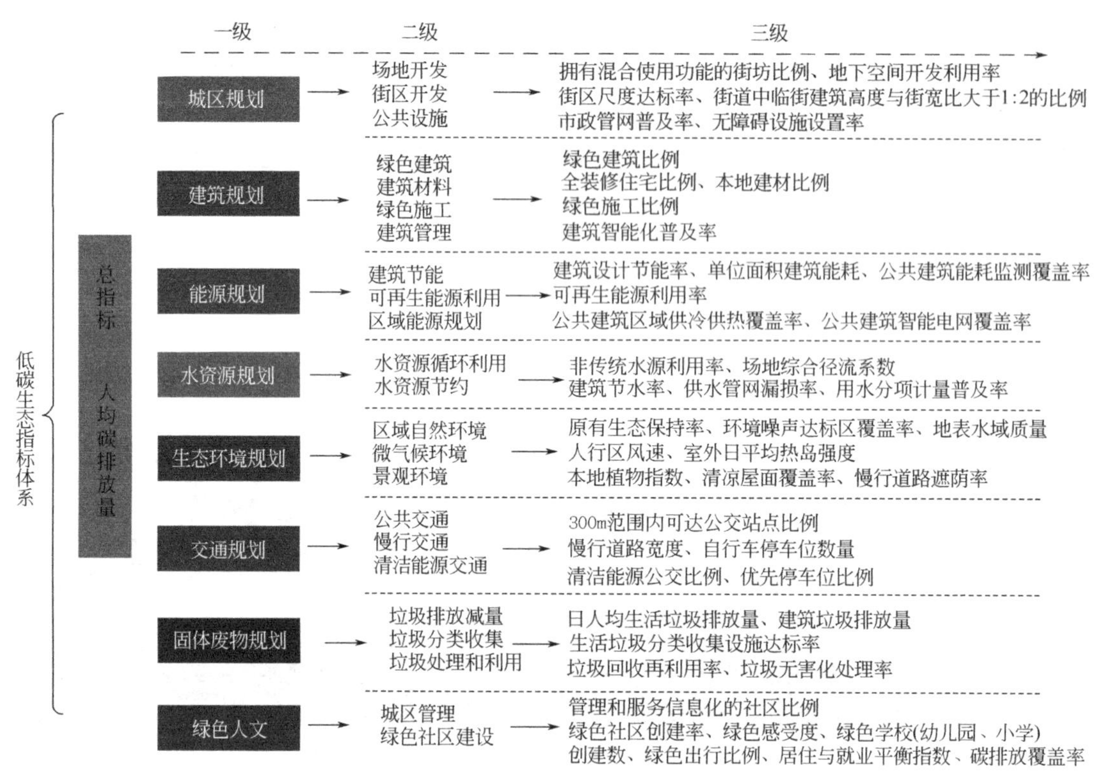

图 7-50　梅溪湖新城八大生态规划指标体系

分解了梅溪湖新城国家生态示范城区 48 项生态指标，从而使生态指标从规划设计、土地出让、项目建设等方面得以落实。

三是实现了绿色建筑从建设到运营全过程的闭合式管理。根据实施方案，梅溪湖片区要实现绿色建筑实施比例 100%，其中二星级以上绿色建筑比例不低于 30%，绿色施工比例 100%，《湘江新区绿色建筑管理暂行办法》对片区内绿色建筑项目从土地出让、立项与可行性研究、勘察设计与审批、绿色施工、质量监督与工程验收、运营管理等各个阶段明确了各部门的监管职责和绿色建筑重点把控的内容，实现了绿色建筑闭合式的管理。截至 2019 年 12 月，片区内已获绿色建筑设计标识项目共 84 个，其中二星级及以上绿色建筑设计标识项目共 29 个，二星级以上比率为 34.5%，其中区域内的绿方中心已获得国家绿色建筑三星级设计及运营标识认证，其设计还荣获英国 BREEAM 评价标准的 Outstanding 级别和第十届精瑞科学技术奖——绿色人居金奖。

四是加强了对梅溪湖新城绿色运行的技术指导。为贯彻执行国家的技术经济政策，规范梅溪湖新城内各个系统的运行管理，贯彻节能环保、卫生、安全和经济实用的原则，保证其达到合理的使用功能，节省运行能耗，延长使用寿命，制定了《梅溪湖新城绿色运行导则》。结合实施管理的主体不同，导则分为单体项目运行管理和市政运行管理。单体项目运行管理适用于梅溪湖新城区内的居住建筑和公共建筑；市政运行管理主要包含城市道路、景观绿化和环卫设施等内容，旨在指导城区建筑和各基础设施的良好运行。目前，由绿色建筑设计和咨询单位对已建成的多个绿色建筑项目进行了系统的物业管理培训，培训侧重于对绿色建筑技术设施包括雨水收集利用系统、地源热泵系统后期运行维护管理。

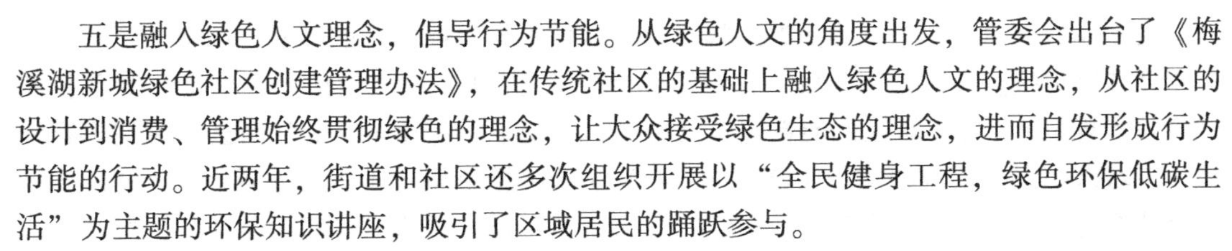

五是融入绿色人文理念，倡导行为节能。从绿色人文的角度出发，管委会出台了《梅溪湖新城绿色社区创建管理办法》，在传统社区的基础上融入绿色人文的理念，从社区的设计到消费、管理始终贯彻绿色的理念，让大众接受绿色生态的理念，进而自发形成行为节能的行动。近两年，街道和社区还多次组织开展以“全民健身工程，绿色环保低碳生活”为主题的环保知识讲座，吸引了区域居民的踊跃参与。

六是加大资金补助力度，保障基础设施运行。在资金补助上，除中央财政的奖励资金5000万元外，管委会财政配套补助资金1.5亿元，用于补助示范城区生态建设的部分增量成本。为规范资金的使用和管理，管委会出台了《梅溪湖新城国家绿色生态示范城区财政补贴资金管理办法》，生态景观项目、绿色交通项目、生态基础设施项目、绿色建筑项目和规划及后期的专项课题研究作为资金补助的重点对象。

2. 标准研究

在梅溪湖创建国家级绿色生态示范城区之前，长沙市、新区管委会分别研究编制了一系列的技术标准文件，如表7-11所示。

技术标准文件汇总 **表7-11**

序号	类别	技术标准名称
1	长沙市“两型社会”建设技术标准	《长沙市两型社会城乡建设指标体系》
2		《长沙市城市通风规划技术指南》
3		《长沙市城市热岛效应控制技术指南》
4		《长沙市绿色建筑规划设计控制导则》
5		《公共建筑节能标准长沙市实施细则》
6		《民用建筑太阳能热水系统应用技术规范长沙市实施细则》
7		《长沙市绿色建筑设计导则》
8		《长沙市绿色道路设计导则(试行)》
9	长沙市“两型社会”建设技术标准	《长沙市绿色公园设计指南(试行)》
10		《长沙市生态堤岸设计指南(试行)》
11		《长沙市市政道路绿色照明设计导则(试行)》
12		《长沙市生态湿地保护技术指南(试行)》
13		《长沙市可再生能源利用导则》
14	大河西发展建设指导文件	《长沙大河西两型社会城乡建设行动纲领》
15		《长沙大河西建设绿色建筑的实施方案》
16		《长沙大河西建设绿色市政的实施方案》
17		《长沙市大河西地区农村可再生能源利用》
18		《长沙大河西先导区绿色道路规划后评估》
19	梅溪湖新城绿色生态实施相关地方技术标准	《梅溪湖新城低碳生态规划指标体系》
20		《梅溪湖新城低碳生态规划技术体系》
21		《梅溪湖新城绿色建筑设计导则》
22		《梅溪湖新城绿色施工导则》
23		《梅溪湖新城绿色营销指南》
24		《梅溪湖新城绿色运营指南》

在梅溪湖创建过程中，为更好地指导片区绿色生态指标体系的落实，湖南湘江新区组织年度课题申报。湘江新区建设过程中先后组织课题10多项，包括《湘江新区绿色校园建设技术规定》《湘江新区低能耗建筑（65%）节能设计标准》《湘江新区梅溪湖国家绿色生态城区生态指标规划建设实施指南》《湘江新区绿色建筑验收技术导则》《湘江新区绿色建筑运行效果后评估研究》《湘江新区绿色施工技术规程》《湘江新区绿色建筑运行维护技术规程》《湖南湘江新区绿色市政建设循环发展模式探索研究》《湖南湘江新区海绵城市建设技术导则》等。

3. 智慧监管

继梅溪湖获批首批国家级绿色生态城区后，2013年梅溪湖再次入选首批“国家级智慧城市创建试点”。在智慧梅溪湖的定位上，梅溪湖立足现状，坚持“两化三性”基本原则，综合运用先进智慧城市建设技术，建设一个以智能新区、平安新区、健康新区、绿色新区、活力新区为核心功能的智慧梅溪湖，实现梅溪湖国际服务区的数字化，城区管理的智能化、城市运营的体系化、城市发展的持续化。

通过物联网、云计算、三网融合等相关的先进技术，实现梅溪湖城区实体与信息化系统的深入融合，完成各类平台整合和互联互通，提升梅溪湖区域的综合运行和管理服务水平，实现向智慧城市的跨越（图7-51）。

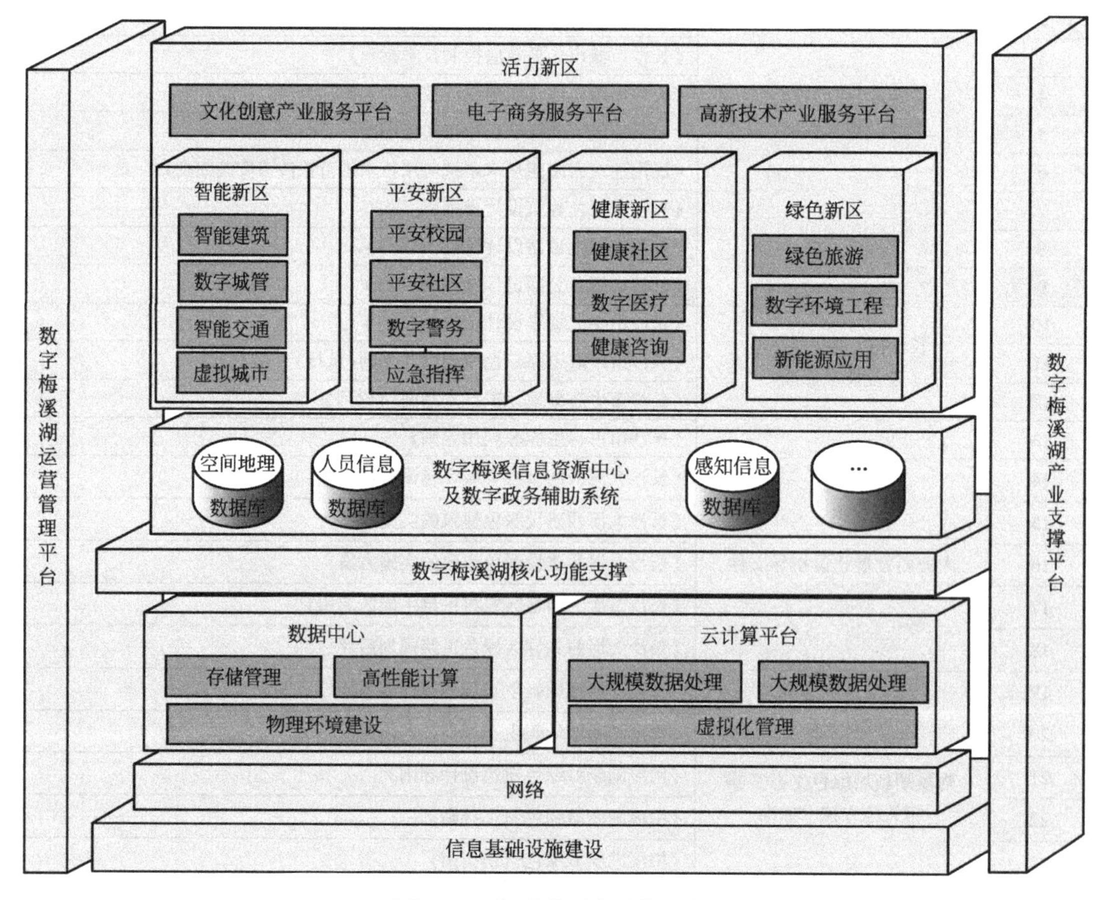

图7-51　智慧梅溪湖总体框架

智慧梅溪湖围绕智慧城市的智慧、平安、绿色、健康和活力定位特点，实现以下五类城市建设目标：（1）智能新区，开展智慧建筑、数字城管、智能交通和虚拟城市等建设，构建智慧城市的基础支撑；（2）平安新区，开展平安社区、平安校园、数字警务和应急指挥等系统建设，增强梅溪湖国际服务区的城市安全保障能力；（3）健康新区，开展健康社区、数字医疗和健康咨询平台等系统建设，基于信息数字化技术，推动建设城市的医疗卫生水平和质量不断提升；（4）绿色新区，开展绿色旅游、数字环境工程、智能能源管理等系统建设，促进环境友好型梅溪湖国际服务区的建设；（5）活力新区，建立文化创意产业服务平台、电子商务服务平台以及高新技术产业服务平台，促进片区经济可持续发展，提高片区居民收入水平。

为进一步推进智慧梅溪湖建设，执行了《梅溪湖国际新城红线内智能建筑网络、安防及一卡通系统建设规范》，同时大力推进智慧网络（三网融合）、智慧管网、智慧交通和公共信息平台等项目建设。

（1）智慧网络：东片区基础弱电管网已经建设到位，一期主干光纤网络建设已经完成，长郡中学计算机机房完成建设并投入使用；一期环湖无线 WiFi 覆盖已实施并开通（表 7-12）；电信、移动、联通、广达、国安等运营商业务已具备引入条件，已引入广达和联通公司，电信和移动基本达成合作意向，并已进入商务谈判阶段。

一期公众 WLAN 站点建设位置规划选址　　**表 7-12**

<table>
<tr><th>序号</th><th>场地名称</th><th>选址原则</th><th>选址</th></tr>
<tr><td>1</td><td>中央绿轴</td><td rowspan="6">位置较高的地势；
电源及数据接口容易接入及存放管理的地方；
容易建设部署并方便后期无线节点的扩展；
方便管理维护且不易受人为破坏的地方；
优先已做接地的位置</td><td>看台两边照明立杆或
看台南边管理用房屋顶</td></tr>
<tr><td>2</td><td>体育公园</td><td>二号小品屋顶及室内</td></tr>
<tr><td>3</td><td>桃花岭公园</td><td>水库茶楼屋顶及室内
岭悦餐厅屋顶及室内
岭悦西南方向小品</td></tr>
<tr><td>4</td><td>沙滩小品</td><td>七号小品屋顶及室内</td></tr>
<tr><td>5</td><td>节庆岛</td><td>岛上建筑屋顶</td></tr>
<tr><td>6</td><td>研发中心</td><td>建筑屋顶</td></tr>
</table>

（2）智慧交通：已与长沙市交警支队就智慧交通系统搭建工作完成对接。2019 年 9 月，长沙交警首个智能网联道路交通监控系统已经在梅溪湖路麓云路路口安装完毕，建设了包括高清电子警察、智能信号机、行人电动车违法抓拍系统在内的一整套智能交通科技设施，不仅可实现交通路口行人、车辆、红绿灯与智能网联汽车之间的信息传递，也为智能网联汽车的无人驾驶提供更安全的道路交通环境。

（3）公共信息平台：公共信息发布的交通诱导终端主要规划于片区主要道路，及方便针对复杂路段提前预警的位置。已完成一期、二期共计 20 块交通诱导屏建设。目前，信息发布屏可实时发布交通诱导、政府公告、活动宣传等信息、地下管网、气象、水质等数据。

（4）市民一卡通：引进合作伙伴投资建设一卡通平台，并确定合作银行，同时在片区好莱城、金茂悦、梅溪清秀等 14 个楼盘发卡 6000 余张。梅溪湖一卡通主要涉及在城市居民生活各个领域的金融支付、身份认证、秘钥管理等功能实现，能够完成公用事业的预收费，交通、小额消费等多个领域的快速结算和支付，以及基本银行功能的实现等。

（5）智慧城市运营中心：作为智慧梅溪湖运营的大脑——桃花岭数字服务中心已投入运营。该项目主要承担梅溪湖水质水量的调控管理、片区电子监控管理、公共绿化的亮化系统、背景音乐系统、喷灌系统等智能化控制设备、片区道路公共绿地的管理、数字梅溪湖机房及控制中心等功能。该项目按照绿色建筑二星级进行打造，综合运用了雨水收集利用系统、地源热泵、排风热回收等多项绿色建筑技术。

4. 绿色教育

梅溪湖片区规划配套小学10个，中学7个。17所学校全部按照绿色建筑标准进行规划建设，同时积极倡导营建绿色校园文化，让绿色教育成为校园文化建设的重点。通过学校绿色生态的精神文化和物质文化给学生积极影响，使学生耳濡目染、潜移默化，逐渐形成以绿色校园文化带动家庭、社会共同参与梅溪湖绿色人文的建设。

2012年，长郡梅溪湖中学、岳麓区实验小学等公共配套项目全面投入使用，两所校园不仅在硬件建设上采用两型理念、绿色生态的技术措施，更在教育理念上致力创新，着力聚焦“绿色教育”，践行特色发展、科学发展之路。以“绿色教育指标”引导学生全面成长，具体从“绿色德育”、“绿色教学”和“绿色校园”三大方面构建学校教育体系，以人为本、追求高效课堂，注重面向全体学生，促使学生成人成才。

两所学校在硬件上无疑是绿色的，长郡梅溪湖中学和岳麓区实验小学都按照绿色建筑二星级进行设计施工，并取得设计标识。在两型硬件的基础上如何融合绿色软件构建起立体、生动的生态文明美丽的校园，使两型理念不断内化，从而在学生心中生根发芽是目前学校努力的重点。

学校注重人文环境的营造，节能科技宣传牌遍布校园，《绿色校园手册》人手一册，校园垃圾分类回收，“变废为宝小制作”更时刻点缀着紧张而愉快的学习生活。学校以培养“具有两型理念的现代人”为育人目标，从课内到课外，从校内到校外，建构起绿色德育文化。校方已开发出《绿色两型校本课程》，出版了从小学到高中的《绿色校园系列教材》，并将其纳入校本选修课程体系。同时注意挖掘学科教材中的两型教育资源，让两型理念进教案、两型知识进课堂，不断内化学生的两型理念。

5. 水资源保护和综合利用

一是全面完成新城内的河、湖、渠整治改造。为保证梅溪湖水质，梅溪湖片区开展水质保障优化及龙王港流域雨污分流改造工程的建设，并实现龙王港流域完全截污。目前区域内无直接向城市水体的排污口。同时在梅溪湖规划建设过程中，采用河湖分离的规划方案，规划梅溪湖湖面面积约2.0km^2（合3004亩），湖面标高为35m，平均水深约3.5m，湖体库容700万m^3。湖体具有调蓄功能，水质控制目标为地表水Ⅳ类水质标准。湖泊岸线全部采用软质护坡，常水位以下铺设连锁砖，常水位以上采用绿化植栽，种植沉水、挺水等水生植物，配置地被、低矮灌丛与高大树木，建立植物、动物、微生物生态自净系统。改造工程集水资源利用、防洪调蓄、生态景观、生态防护等功能为一体，具有良好的景观效果和生态效益。

二是按照海绵城市理念实施雨水综合利用。一方面梅溪湖一期规划居住用地483.93hm^2。根据上位规划要求，所有已建小区都设立雨水收集系统，同时规划要求一期规划范围内居住小区绿化率需要达到25%以上，而小区实际设计中绿化率一般达到30%以上。经测算，居住小区内综合径流系数接近 0.68，达到“海绵城市”建设目标中对已建区域的要求。建成区 50%以上的中、小学设有雨水回用设施，充分结合景观设计，起到了减轻城市雨洪的负荷、改善城市生态环境的目的。区域道路、广场广泛采用透水铺装，中央分隔带及公共绿地采用下凹式绿地等，最大限度地将雨水收集、处理，年下渗总量达 80 万 km^3 左右。区域范围内桃花岭景区依山而建，景区内包含大量山体以及水库，利用地势开展山体多级排水，在山体不同高度建立蓄水池，用于控制山洪。另一方面为保证梅溪湖的水质水量，建设了桃花岭山体高排系统、环湖中排雨水截流系统和桃花岭山体向北截洪道等工程。这些工程用于收集区域南面桃花岭山体的优质山水补充梅溪湖湖水。梅溪湖新城区域内的低排雨水通过雨水收集管进入梅溪湖，在梅溪湖的周边设置了 5 个雨水净化区，采用自然生态湿地的处理模式，经过格栅、沉砂池、生态植物塘对初期雨水进行三级处理，保证梅溪湖水体质量。同时环湖还敷设湖水利用管网，利用梅溪湖湖水作为周边区域道路浇洒、绿化喷灌、公厕冲洗用水，节约了水资源和城市运营成本。

三是采取智慧手段监管梅溪湖水质。目前已出台的《梅溪湖水质保护管理暂行办法》为梅溪湖水质的保护、梅溪湖片区生态环境质量的提升提供了政策依据和具体的实施办法。管委会和岳麓区人民政府共同成立梅溪湖国际服务区城市维护管理工作领导小组，下设梅溪湖国际服务区城市维护管理综合办公室。由综合办公室负责梅溪湖水质保护和监督管理工作。

为实时掌握梅溪湖水质状况，根据水质变化情况牵头制定必要的应对措施。一方面按照高标准严要求建设梅溪湖水质自动监测站，为水质突发事件的预警和应急指挥提供方便快捷的技术支持，该监测站于 2013 年 4 月建成并投入使用；另一方面同时结合智慧梅溪湖项目，推广智慧水务管理，建立河、湖排放口水质水量监测平台和片区排水管网运行模拟平台，实现片区水资源和排水管网的统一调度，以提高水务管理工作效率（图 7-52）。

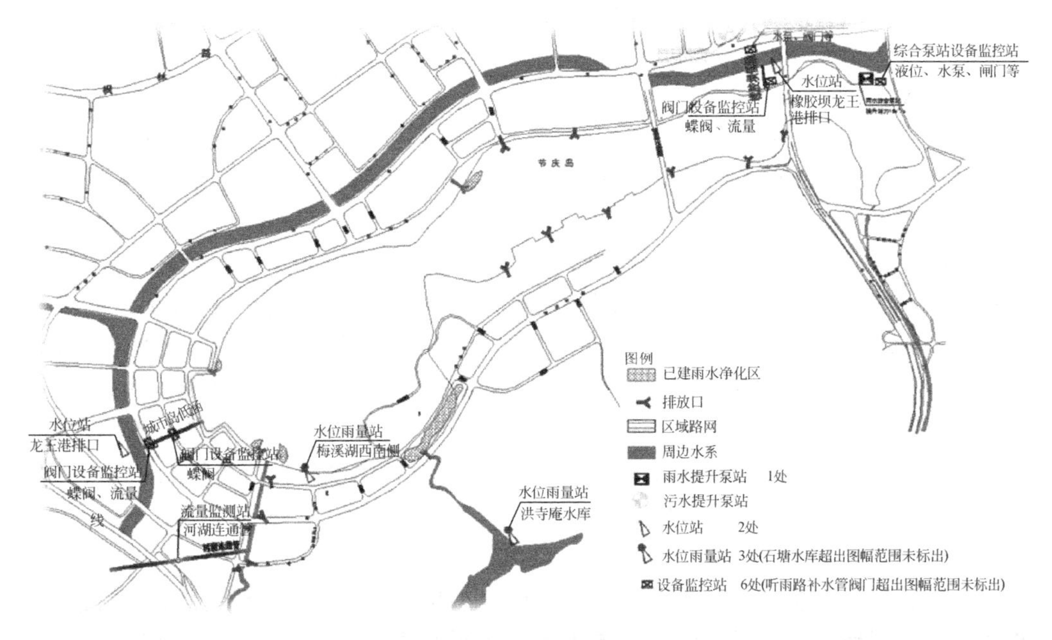

图 7-52 梅溪湖水环境综合整治智慧水务系统监测监控站点图

6. 以地铁、公交、自行车租赁系统等混合交通形式营造绿色交通

片区内的交通包括：轨道交通方面，地铁 2 号线东西向横贯本区，2 号线向西接入雷锋湖片区，共设有梅溪湖西站、麓云路站、文化艺术中心站、梅溪湖东站和望城坡站 5 个地铁站口；公路交通方面，快速路 2 条，城市主干路 8 条，城市次干路 8 条，形成“二环七射一联”的骨架路网结构（图 7-53）。

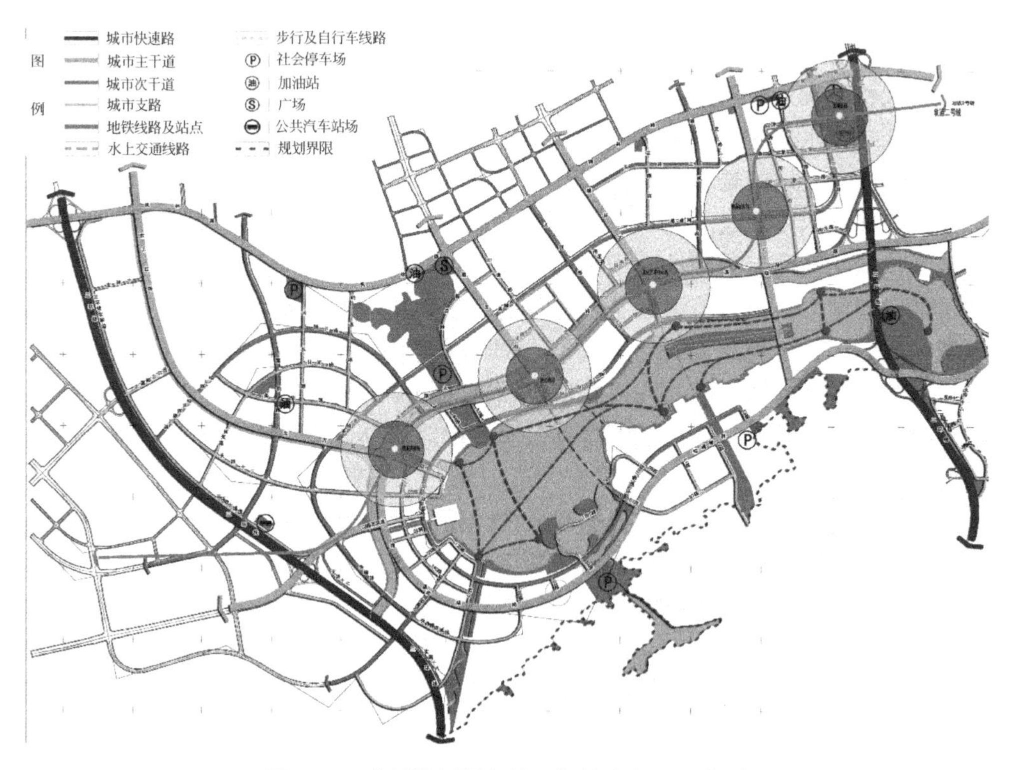

图 7-53　梅溪湖国际新城一期综合交通示意图

整个片区开发遵循 TOD（公交导向开发模式）的原则，以地铁站点为中心，进行高密度、高强度的开发，土地多元化的利用，同时建设高效的绿色通勤交通体系和智慧交通系统，引导低碳出行。

梅溪湖国际新城在规划时，按照城市交通发展理念，充分考虑了步行和自行车交通系统的建设。在梅溪湖国际新城建有梅溪湖公路自行车道和环桃花岭公路自行车道两部分，全长 17km。环梅溪湖自行车道在梅溪湖路内侧，宽达 24m，是专为自行车爱好者设计的一条沿湖自行车专道。环梅溪湖自行车道在梅溪湖西南和东南两处与梅溪湖达到结合，方便自行车骑行者出入，不作赛道时，环梅溪湖自行车道兼顾城市道路功能。环湖路自行车道在 2012 年 9 月首次作为赛道启用，举办了“2012 金茂梅溪湖杯全国公路自行车锦标赛暨喜德盛杯中国长沙环湘江国际自行车邀请赛”。

7. 合理规划建设区域能源站

由于长沙属于太阳能三类区域，全年日照不长且能源品位不高，不宜大范围使用太阳能。梅溪湖新城因地制宜采用适合本区域使用的能源方式。区域能源站有着很大的经济、环境和社会效益，采用区域能源站可以提高设备利用效率，提高区域整体能效，优化区域用能结构，节约冷却塔和机房占地，增加绿植，降低热岛效应。

梅溪湖国际新城一期应用可再生能源项目共32个，其中，太阳能光热、光伏项目25个，地源热泵项目6个，污水源热泵项目1个。片区可再生能源利用率不高，与制订的生态指标体系有差距。为提高可再生能源利用率，拟规划建设区域能源站。且梅溪湖国际新城具有丰富的可再生污水资源和丰富的天然气资源，有很好的条件采用以天然气为一次能源进行发电，利用发电余热制冷制热的三联供和污水源热泵复合系统。

根据梅溪湖国际新城区域能源概念性规划，梅溪湖国际新城一期规划能源站供能面积为147万m^2，实际落实建设面积为38万m^2。湘江新区拟在二期增建区域能源站，共计覆盖26km^2，建成后预计梅溪湖国际新城一期和二期（近期）区域供能覆盖率达64.4%以上（图7-54）。

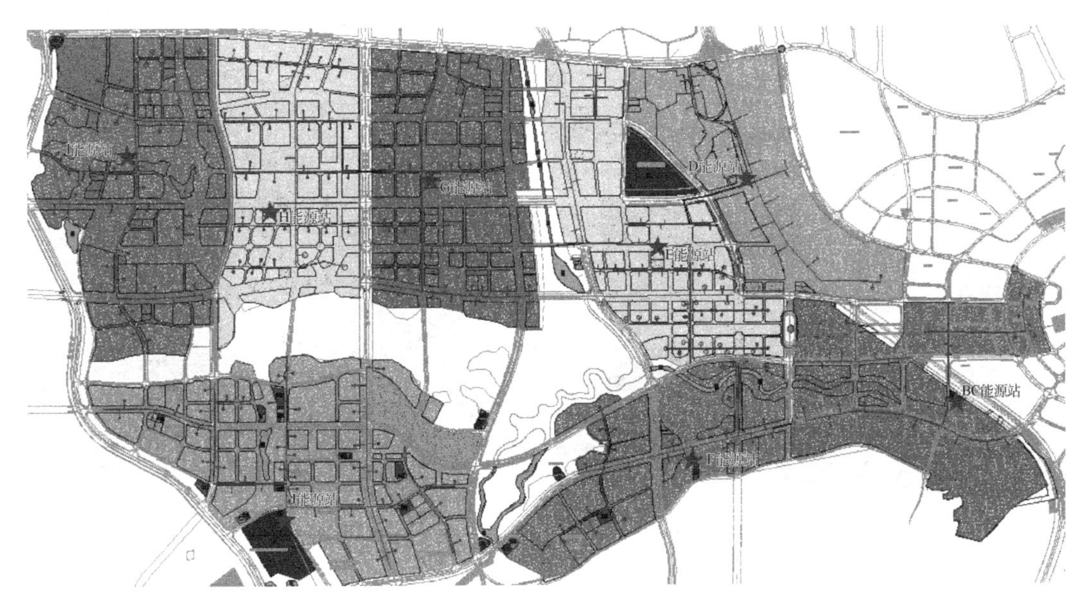

图7-54 区域能源供能管网图

8. 鼓励推广再生材料的利用

随着城市建设的不断推进，产生了大量渣土，为了保证渣土的充分消纳，长沙市城乡规划局会同市城管局、市法制办、市国土局和市住建委共同编制了《长沙市渣土弃土场布局规划（2013-2020）》并获批。梅溪湖片区的雷锋受纳场设有综合利用厂，保证了片区内建筑垃圾，道路渣土的消纳和循环利用。

梅溪湖片区建设贯彻循环再生理念，采用再生水稳材料，将城市改造过程中废弃的建筑水泥混凝土、砖渣再回收加工成再生骨料，与碎石、水泥拌和，制成再生水稳材料，铺筑道路基层。为了倡导绿色出行理念，考虑到非机动车道常被机动车占用的现象，在设计中采用彩色非机动车道，以警示机动车驾驶员，给非机动车一个安全良好的行驶空间。

片区鼓励绿色建筑项目采用本地建材和可再循环材料，如长郡梅溪湖中学、梅溪湖消防站等采用了建筑垃圾制成的轻骨料混凝土砖。

9. 推行垃圾分类收集及减量化

考虑到梅溪湖新城的功能布局限制，不适合在城区内建立大型填埋场、堆肥和焚烧站等，梅溪湖新城主要是对分好类的垃圾送至城区外部不同的垃圾处理场地，实现垃圾的资源化、减量化和无害化。

梅溪湖片区内的垃圾收集箱全部按“可回收垃圾、有害垃圾、其他垃圾、厨余垃圾”进行设置。针对餐厨垃圾等有机生活垃圾处理，管委会专门下发了《关于在梅溪湖国际新城国家绿色生态示范城区推广应用有机生活垃圾微生物处理技术的通知》，在全片区推广微生物垃圾处理技术（图 7-55、图 7-56），并将其纳入土地招拍挂条件，并在后续设计、验收等环节进行全面把关。

针对已分类的纸板、玻璃、金属和塑料等可回收垃圾，出售给专门的处理机构或垃圾收购点。有害垃圾必须分类丢弃在回收中心、回收站、有害垃圾回收点或销售电池的商店的垃圾箱里。由片区物业统一收集后交有资质的单位处置。

图 7-55　达美 D6 区微生物垃圾站

图 7-56　万科梅溪郡微生物垃圾站

三、绿色生态规划方案

梅溪湖新城总体规划按照绿色、生态、低碳理念，建立土地适度混合利用、住宅多样化、土地紧凑开发、垂直集约开发的用地布局；创建以绿色交通系统为主导的交通发展模式；合理利用各种资源，优化市政基础设施的布局，构建绿色市政体系；在城市发展过程中保护、恢复及重建生态系统，维护生态系统健康稳定发展，有效阻止生态环境的恶化，实现人与自然和谐共生，城市可持续发展。且新规划充分突出两型发展理念，倡导两型社会发展。

梅溪湖新城控制性详细规划衔接总体规划的理念和要求，对区域内的地块利用结构进行优化，实现分期开发、开发效益最大化和片区城市形象营造；对公共服务设施的布局进行规划完善，提升区域形象和品质；对区域内部分道路进行优化，提升区域道路交通的高效组织和支撑周围高强度开发。

梅溪湖新城生态规划中，生态规划指标体系的总体目标为人均碳排放量，平行分类包括城区规划、建筑规划、能源规划、水资源规划、生态环境规划、交通规划、固体废弃物

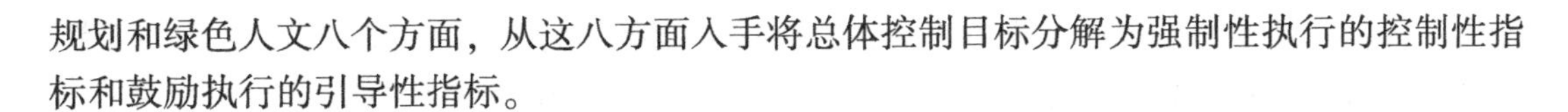

规划和绿色人文八个方面，从这八方面入手将总体控制目标分解为强制性执行的控制性指标和鼓励执行的引导性指标。

四、绿色生态规划方案概述

1. 城区规划

场地开发中合理进行土地混合开发，提高不同使用性质街区用地所占比例，同时在住宅区规划设计时合理布置公共服务设施的数量和位置，保证50%以上的住宅在500m步行距离内的公共服务设施数不少于7个。

规划设计时以交通的可达性及地块的功能设置为依据，根据各功能设施特点，有选择地向地下转移，规划不同地下开发强度，地铁站与周边地下商场形成良好衔接，提高地下建筑面积与建筑占地面积的比值。地下空间开发时加强地下空间之间的联系及其与地面的联系，公共地下人行通道的长度不宜超过100m且每隔50m应设置防灾疏散空间及2个以上直通地面的出入口。

街区开发时以规划创造全新的居住和生活模式为导向，体现居住与环境的结合，街区尺度控制在300m×300m以内。街区规划设计时尽量使用自然要素，运用绿色技术等体现可持续发展观念，为人们提供舒适的绿色交往空间。区域内总体建筑高度由湖岸向外围递增，营造最佳滨水景观。

公共服务设施中需考虑市政管网的承载能力，在优化区域内给水、雨水、污水、电力、电信、燃气工程管网的同时，增设区域供冷工程和区域中水工程管网，规划设计时严格控制区域冷供热工程和区域中水工程管网服务范围。管网建设应与城市发展、城市建设同步，所有市政管网在一级开发层面为各地块预留接口，二级开发时严格按规划要求执行、引入城区的无障碍设施建设系统、规范，严格执行现行行业标准《城市道路与建筑物无障碍设计范》JGJ 50。

2. 建筑规划

依据国内目前绿色建筑的情况，提出梅溪湖新城百分百绿色建筑的总体目标，以获得国家、湖南省、长沙市绿色建筑或美国LEED标准或其他相关认证为主，在规划土地出让时在《规划设计条件》中明确项目应达到的绿色建筑标准，同时要求建设单位报批的项目规划设计方案中应包含绿色建筑设计和施工专篇。

建筑材料主要在建筑全生命周期（物料生产、建筑规划、设计、施工、运营维护及拆除、回用过程）中实现高效率利用和节约各种资源。通过推广住宅和公共建筑公共部分全装修、使用高性能强度钢和混凝土、提高住宅标准化程度、增加产业化部品、部件的使用等措施减少建筑材料使用量。建筑材料选择因地制宜，优先选择本地建筑材料和生产、施工、拆除和处理过程中能耗较低的材料。

在施工单位招标时就明确绿色施工要求，并加强施工过程的监管，最大限度地实现“四节一环保”。

推广建筑智能化100%普及率实现对建筑物的智能控制与管理，保证建筑系统高效运行，实现建筑设计目标。

3. 能源规划

设计阶段选用适合本地区气候特点的新型材料和构造形式，同时加强被动式建筑节能

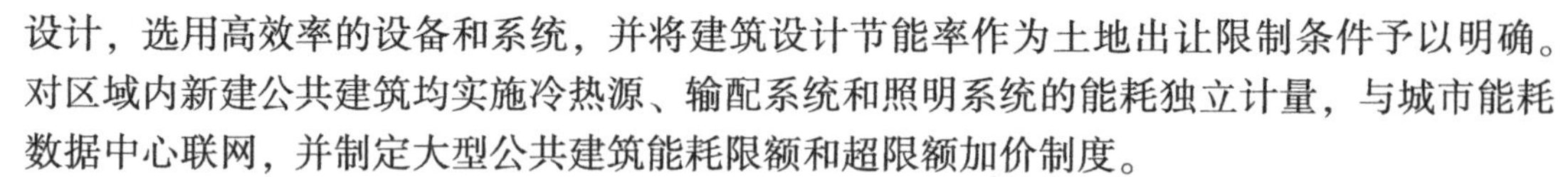

设计，选用高效率的设备和系统，并将建筑设计节能率作为土地出让限制条件予以明确。对区域内新建公共建筑均实施冷热源、输配系统和照明系统的能耗独立计量，与城市能耗数据中心联网，并制定大型公共建筑能耗限额和超限额加价制度。

本区域内适合开发的可再生能源为太阳能、地表水和浅层地热能，在土地出让时严格落实各地块的可再生能源利用率指标，12 层以下居住建筑全部采用太阳能热水系统，公共建筑采用地源热泵系统。区域能源规划遵循“一能多用”、“梯级利用”，优化配置能源供应系统和输送管网，区域供热供冷范围以不超过 1km 为宜，并引入区域能源运营公司进行能源系统的商业化运作。

4. 水资源规划

规划区内前期已经开始进行非传统水源利用的建设，城区内绿色浇灌和道路广场用水、商业金融业用地和教育科研用地中建筑冲厕用水的一半是采用非传统水源。区内地面设置雨水径流系数少于 0.5 的透水铺装，公共服务设施用地、教育科研用地、文化娱乐用地中 50%的屋面建议设计屋顶绿化。

建筑室内全部使用符合现行行业标准《节水型生活用水器具》CJ/T 164 的节水器具，采用高效节水灌溉方式，选用高性能或零泄漏阀门、合理设计供水系统以避免供水压力过高或压力骤变等措施避免供水管网漏损。

5. 生态环境规划

在现状基础上鼓励生态型堤岸建设，减少对自然环境的影响，城区内河道驳岸和湿地 100%得到保护。景观环境规划建设保证地方特色以及生态绿地植物群落稳定，植物配置本地化，大力提高可绿化屋面的实施率。

噪声控制依据现行国家标准《民用建筑隔声设计规范》GB 50118 进行总平面防噪及建筑隔声设计。规划道路两侧噪声影响距离根据道路性质的不同，分别规定为轨道交通两侧 200m、快速路和主干道两侧 150m。施工、运营阶段均进行噪声现场监测及测试。

在梅溪湖东侧湖水入口设置水质监测点，入湖水质不低于Ⅲ类标准，入河道水质不低于Ⅱ类标准。

利用湖体与周围山体的温差形成水陆风效果，引湖面上冷空气进入湖体北部区域。建筑布局应利于自然风进入小区内部，建筑前后形成压差促进自然通风，并推广首层架空建筑，建筑长度超过 80m 时底层通风架空率不小于 10%或高度 18 层以下各层累计通风架空率不小于 20%。

6. 交通规划

公共交通规划主要考虑提高公交站点可达性，沿梅溪湖路—雷锋西大道设置循环巴士，并通过车速控制措施和交通量控制措施实现交通宁静化。高品质的慢行交通体系结合公共服务设施、文体休闲、文化景点、自行车租赁点等服务设施打造，慢行道路宽度不低于 2m，人行道上每隔 500~800m 设置停留、休息区。鼓励发展混合动力和纯电力公交车，完善新能源汽车配套，在天顶山公交首末站和社会停车场设置不少于 10%的充电桩停车位。

7. 固体废弃物规划

宣传、引导、规范居民行为，减少一次性制品的使用，制定服务业取消一次用品管理办法。通过减少装饰构件的使用、推行土建、装修一体化设计施工、提高工业化部品或构

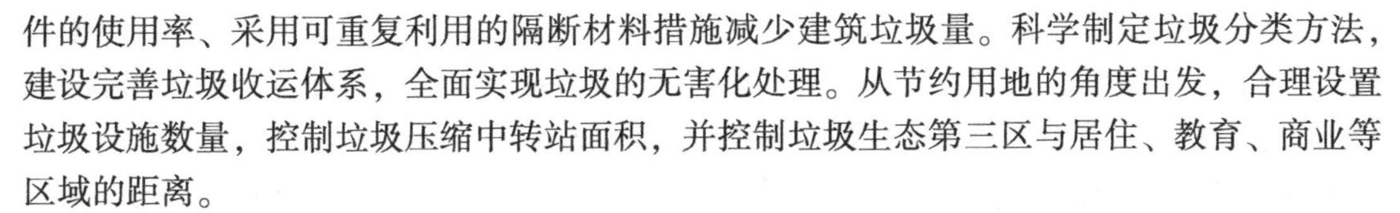

件的使用率、采用可重复利用的隔断材料措施减少建筑垃圾量。科学制定垃圾分类方法，建设完善垃圾收运体系，全面实现垃圾的无害化处理。从节约用地的角度出发，合理设置垃圾设施数量，控制垃圾压缩中转站面积，并控制垃圾生态第三区与居住、教育、商业等区域的距离。

8. 绿色人文

建立社区门户网站，通过 Internet 多种途径提供服务，选择通过 ISO 14001 环境管理体系认证的物业管理公司。发布《梅溪湖新城绿色社区创建管理办法》，要求梅溪湖片区创办健全环保监督管理体系，保持社区环境质量优良，积极绿化、美化、规范化社区，注重社区内自然资源保护，提倡绿色消费、绿色出行、节约资源等绿色生活方式，重视环保宣传、培养环保意识，建设有自身特色的绿色社区。

通过绿色建筑、垃圾分类、污水处理、社区绿化等途径实现绿色社区硬件建设，同时通过建立联席会和环境监督体系、推广绿色志愿者活动等途径提升居民的绿色社区参与度和感受度，提升绿色社区软件建设水平。

五、项目综合效益

目前，梅溪湖新城一期已经基本建设完毕，二期工程正在建设中。2018 年 9 月，梅溪湖新城一期以评定等级为优秀的成绩，通过了由住房城乡建设部安排、省住房城乡建设厅和省财政厅组织的验收评审。截至目前，可以从三个方面来概括梅溪湖：一是基础设施成型。片区立体化交通体系已经初步形成，地铁 2 号线、梅溪湖路、东方红路、环湖路等主干道建成并通车，“五横七纵”骨干路网已基本成熟；桃花岭公园、梅溪湖的湖体改造已经完成。二是产业聚集。经过十来年的发展，金茂、中建、中海等高端房地产项目已经入驻梅溪湖，梅溪湖已成为全国投资的一片热土；湘江新区、绿方中心、景嘉微电子科研生产基地、金茂投资（长沙）有限公司等总部经济已经进驻梅溪湖。二是吸引教育入驻。梅溪湖开发以来，在教育方面已经聚集了很多名校，比如长郡梅溪湖中学、师大附中梅溪湖中学、岳麓区实验小学等优质教育资源集聚梅溪湖，教育优势不断彰显；同时，环梅溪湖的公园桃花岭公园、梅园公园已全面竣工向市民开放。目前梅溪湖已将国际商业中心、文化艺术中心、科技研发中心、医疗健康中心、高端住宅区等多元化城市功能巧妙地融入自然景观，国际化形态已然彰显。

案例五：德阳市·旌东新区起步区——打造成渝活力新城，推进绿色低碳建设

项目定位：中央活力区·魅力商务城	生态目标：国家绿色生态城区，国家节能减排财政政策综合示范城市建设最大的示范项目
项目规模：10.997km^2	规划地址：德阳市主城区
创建时间：2016 年	气候分析：亚热带季风气候
城区类型：新开发城区	实施单位：中国建筑科学研究院有限公司上海分公司
实施主体：德阳市住房和城乡建设局	

旌东新区起步区紧邻德阳市主城区，规划北至鸭绿江路，南至青衣江路，西至宝成铁

路线，东至成绵高速公路，规划总用地面积为 1099.70hm^2，其中城市建设用地总面积为 985.55hm^2，规划人口 17 万人。总体定位为将规划区打造成为德阳具有强劲辐射力和凝聚力的新增长核心——中央活力区·魅力商务城，集高端商务、金融、物流、商贸等生产性服务业，文娱、康体、商业等消费性服务业，居住、科研、医疗、文化创意等于一体，具有成渝经济区影响力的活力新城。旌东新区起步区将建成国家标准的绿色生态城区，是国家节能减排财政政策综合示范城市建设最大的示范项目，也是旌东市建设绿色低碳、生态宜居城市最有亮点的项目，同时还是四川省住房城乡建设厅新型城镇化发展目标项目。

规划范围内总建筑面积约为 1636 万 m^2，其中行政服务建筑面积为 18 万 m^2，商业商务建筑面积为 510 万 m^2，居住商住建筑面积为 947 万 m^2，文化设施建筑面积为 31 万 m^2，体育设施建筑面积为 35 万 m^2，医疗卫生建筑面积为 47 万 m^2，其他类建筑（包含教育服务、市政设施和社区服务建筑）面积为 48 万 m^2（图 7-57）。

图 7-57　旌东新区起步区核心地带城市设计整体鸟瞰图

一、绿色生态规划方案

绿色生态规划提出将旌东新区起步区打造为“璀璨三‘心’城”，即西部创新中心、天府生态中心和旌城活力中心。土地利用方面强调土地集约复合利用，从大户型、中户型、小户型等多户型，底层、多层、小高层等多种建筑形式间混合，引导人群的混合居住，完善社区服务，规划老年人护理中心，将社区服务中心建设为邻里中心，布局 12 项基础服务功能，依托社区服务中心，创新社区治理模式，推动多元化主体参与社区建设与管理。

绿色交通方面，从公交专用道设计、布局完善安全连续的慢行道（6km 傍水健康道、6km 游玩休闲道、6km 绿色锻炼道）和完善慢行交通服务设施、空中连廊等方面倡导绿色出行，新能源公交汽车比例100%。

绿色建筑方面，全面执行绿色建筑一星级及以上标准，其中二星级绿色建筑比例不低于37%，并开展装配式建筑、健康建筑和绿色校园示范。

生态环境方面，开展水环境、声环境、大气环境和土壤环境防治，营造良好的物理环境。打造第五立面，创花园城市，符合要求的公共建筑全面执行花园式屋顶绿化，市政公用设施采用垂直绿化，并将本地三星堆文化、工业元素、儒家文化、三国文化、绵竹书画等各种文化融入景观小品的主题。

能源利用方面，规划政府投资类建筑、大型公共建筑、标志性建筑等执行高标准节能要求，高标准节能建筑比例占78%，开展中央景观轴两边的商业建筑用电需求侧的响应试点探索，并合理利用太阳能热水、地源热泵和太阳能路灯等可再生能源技术。

水资源方面，道路、绿地与水系、建筑与小区等分别采用针对性的低影响开发技术，实现区域年径流总量控制率不低于80%；实现供水管网漏损率不高于10%。用水器具全面采用节水器具；绿化灌溉采用喷灌、微灌、渗灌、低压管灌等节水灌溉方式。

固体废弃方面，开展生活垃圾和建筑垃圾资源化利用，强制实现生活垃圾分类，创新收运模式，采用“移动式建筑垃圾资源化处理利用工作站+移动式破碎站”进行建筑垃圾处理与利用，最大化实现建筑垃圾现场回用。

智慧城区方面，通过信息化技术手段改善交通拥堵、停车难等交通问题，并设置大气、水和声环境监测和能源监测管理平台，实时了解绿色生态城区的运营状况，为后续环境质量和能源的优化策略的制定提供依据。

二、创新点及推广价值

1. 立体交织，无伞出行

在新城核心区引入国内外先进的立体交通理念，依托“四站合一”综合交通枢纽，“上天下地”全方位地组织人车交通，使流线从传统的平面铺设向立体空间延伸，提高交通系统的运行效率。同时，加强各类交通工具之间的无缝衔接，使区内主要交通集散点的换乘时间不超过5min的步行距离，实现市民“无伞出行”和“零换乘”的交通发展目标。

架设连续、舒适、便捷的慢行系统网，结合绿化廊道、用地界面、轴线景观的布局与设计优化步行体验，考虑在重要地段合理布置空中连廊、地下通道等立体交通设施，并通过与周边用地功能的配合提高立体步行空间的可达性和吸引力。

结合大型综合交通枢纽的人车流特点组织快速集散的交通流线，仔细研究与区域交通干路和公交体系的衔接，合理安排公交站点、停车场库的布局，加强换乘点与步行网络的契合，规划有效、便捷的换乘通道；制定科学的交通组织和管理措施，引导系统设计与分步建设。

2. 生态筑基，文化植入

规划过程中始终坚持加强这些“非物质”元素与新城功能需求的碰撞和交融，力求在生态筑就的基底上、在文化植入的语境中，营造出一座独具德阳特色魅力的生态文化新城。

研究片区的自然格局与环境特征，梳理、塑造独特的水系绿化景观，作为城市形态设计和功能布局的生态本底；挖掘德阳历史文化内涵特质和文化符号，提炼、转化为空间语言和场所精神，在形态布局、景观塑造、建构筑物设计等方面以不同的方式、手段予以表达；应用城市意象五要素的研究框架，结合总体城市设计理念和生态文化符号规划重要轴线、开放空间、界面、节点与核心地标，营造特色鲜明的城市形象。

三、综合效益

旌东新区起步区作为四川省首批绿色生态示范城区项目之一，从土地利用、绿色交通、绿色建筑、生态环境、能源利用、水资源利用、固废利用、智慧城区八个方面制定了详细的绿色生态规划方案和管控措施，为推进德阳市全面提升绿色低碳建设工作，提高全市生态宜居建设质量，为四川省乃至西部地区生态文明建设工作发挥了先行先试的示范带头作用。

案例六：上海市·虹桥商务区——全国首个“国家绿色生态城区三星级实施运营标识”

项目定位：商办综合体	生态目标：全国首个“国家绿色生态城区三星级实施运营标识”
项目规模：约 $86km^2$	规划地址：上海西部
创建时间：2018 年	气候分析：亚热带季风气候
城区类型：新开发城区	实施单位：中国建筑科学研究院有限公司上海分公司
实施主体：上海市虹桥商务区管理委员会	

虹桥商务区位于上海市中心城西侧，沪宁、沪杭发展轴线的交汇处，是长三角地区面向世界的重要门户、上海服务长三角及全国的商贸平台和上海多核心商务区结构的重要极点。其功能定位是：依托虹桥综合交通枢纽，建成上海现代服务业的集聚区、上海国际贸易中心建设的新平台、面向国内外企业总部和贸易机构的汇集地，服务长三角地区、服务长江流域、服务全国的高端商务中心。虹桥商务区规划用地面积约 $86km^2$，主功能区面积约 $26km^2$，其中核心区为商务区中部商务功能集聚的区域，面积约为 $3.7km^2$（图 7-58）。

图 7-58　虹桥商务区鸟瞰图

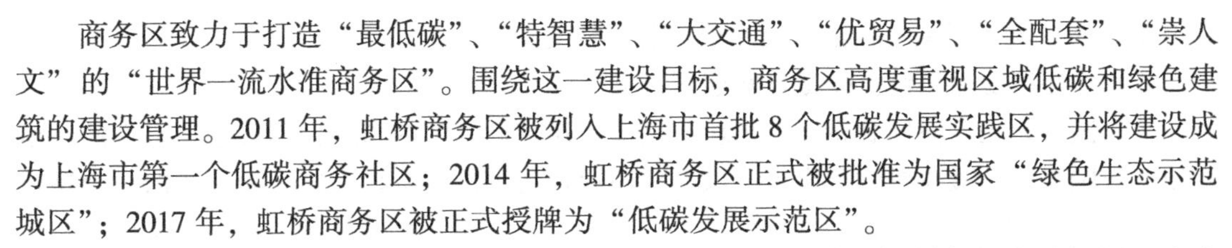

商务区致力于打造“最低碳”、“特智慧”、“大交通”、“优贸易”、“全配套”、“崇人文”的“世界一流水准商务区”。围绕这一建设目标，商务区高度重视区域低碳和绿色建筑的建设管理。2011 年，虹桥商务区被列入上海市首批 8 个低碳发展实践区，并将建设成为上海市第一个低碳商务社区；2014 年，虹桥商务区正式被批准为国家“绿色生态示范城区”；2017 年，虹桥商务区被正式授牌为“低碳发展示范区”。

在前期规划阶段，虹桥商务区即根据区域未来发展的低碳目标制定相应的规划，从城市规划布局、能源与资源管理、绿色交通和建筑设计等方面落实低碳绿色发展目标。为进一步深化区域低碳和绿色建筑工作，虹桥商务区在制定低碳绿色目标的基础上，加强对绿色设计的管理和控制，并紧抓绿色建筑的落实。2012 年，虹桥商务区颁布《关于虹桥商务区核心区一期申报绿色建筑设计标识管理工作的若干指导意见》，明确绿色建筑评价标识的责任主体和工作流程并将绿色建筑设计评价标识管理工作按照四个阶段管理。

一、绿色生态规划方案

虹桥商务区遵循与时俱进，知行合一的工作思路。在功能布局方面，以总部经济为核心，打造以高端商务商贸和现代物流为重点，以会展、商业为特色，其他配套服务业协调发展的产业格局；在规划布局方面，倡导路网高密度、街坊小尺度、建筑低高度，创造宜人的环境品质；在能源利用方面，虹桥商务区建设了区域集中供能系统，为核心区商办建筑的空调系统和生活热水提供能源；在生态绿化方面，商务区建设完成迎宾绿地、华翔绿地、天麓绿地和云霞绿地四个绿地公园，总面积超过 $58hm^2$；虹桥商务区还将建筑的规划从地上延伸到了地下和屋顶。一方面，充分利用地下空间，并在不同地块采用二层连廊系统进行连接，形成立体、复合、多元化的公共活动空间系统；另一方面，核心区建筑还采用屋顶绿化形式，将改善城市景观的工作同核心区内的建筑相结合。

二、创新点及推广价值

1. 区域集中供能系统：发展低碳经济的最重要载体

区域集中供能系统是虹桥商务区发展低碳经济的最重要载体。作为目前上海最大的“三联供”区域集中供能实践区，该项目是全国首个真正意义上的区域冷热电三联供项目，能源站自身建筑也被评为绿色三星（设计）标识基础设施项目。以天然气为燃料的区域冷热电三联供分布式能源项目是在电、热联产的基础上，将部分热能回收后用于制冷，从而大大减少了电力消耗，比常规项目碳排放量至少减少 20%。

一期工程包括两座能源中心，核心区内企业办公、商业所需的能源都将从这里经过四通八达的管道送达，首期便满足 $1.4km^2$ 建筑的空调冷热负荷和生活热水负荷。截至 2018 年 9 月 30 日，已完成核心区区域 42 个街坊中 27 个供能接入，接入用能面积达 350 万 m^2，占区域总用能面积的 63%，现有供能系统减碳量达到 23793tce。

2. 屋顶绿化：建筑的“第五立面”

据初步统计，截至 2018 年 9 月底，核心区屋顶绿化达 18.74 万 m^2，占整个核心区层面面积的 50%左右。为了鼓励企业自主实施屋面绿化工作，商务区也有相应政策扶持，核心区一期屋面绿化面积按 50%折算地块绿化率，而根据《上海虹桥商务区管委会关于推进低碳实践区建设的实施意见》，对实施屋面绿化且未折算增加公共绿地面积的项目（核心区一期除外）给予低碳实践区建设专项发展资金支持。

3. 立体慢行交通系统：便捷与舒适同行

核心区规划采用路网高密度、街坊小尺度、建筑低高度的布局，创造亲切宜人的环境品质，鼓励步行，减少机动车出行。核心区还规划建设慢行系统，成为商务区的一个特色项目。以“可达性、舒适性、换乘便利性”为原则，结合滨河步行通道和轨道交通车站步行通道等在交通功能核心、轨道交通车站、公共活动中心、主要绿地广场之间建立有机联系，以地面步行道系统贯穿于整个核心区一期为基础，由二层步廊和地下通道构成的立体分层步行网络连接起核心区各个地块、街坊，形成立体、复合、多元化的公共活动空间系统。核心区一期的 13 个街区，商圈、办公楼和交通枢纽通过地下通道和地上连廊连通。

空中连廊工程是虹桥商务区核心区步行交通系统的重要组成部分，位于虹桥综合交通枢纽西侧、申滨南路以东、苏虹路以南、舟虹路以北，主要连接虹桥枢纽西交通广场二层平台及核心区诸多地块，包括 6 座天桥，总长约 378m。在北片区，从恒基旭辉中心、富力环球中心、新长宁虹桥嘉汇中心，一直到正荣中心，连成了近 800m 的空中步廊；为配合进博会的举办和打造复合交通，二层步廊东延伸段项目总长 504m，建成后把商务区内的国家会展中心与商务区核心区一期连成一片。

4. 共享单车的精管理：“向非机动车乱停说不”

非机动车的精细化管理也是商务区的特色之一。为迎接进博会的召开，商务区内开展了“向非机动车乱停说不”行动。虹桥商务区相关处室会同新虹街道在商务核心区路段设置“禁停示范区”，并在扬虹路和建虹路高架两侧，建设了规范的非机动车停车点，配上可停 2000 余辆非机动车的停车棚，还联合企业，在商务区内开放 10 处左右的商务楼宇地下停车库，规划停放 2000 辆非机动车。

对于共享单车的投放，商务区也正在牵头与相关企业深化进一步的投放工作。目前，已计划在核心区限停区域根据道路条件设置部分共享单车停车位，与五家共享单车投放公司召开了多次协调会，要求各公司拿出管理方案，比如：设置电子围栏，派驻人员管理，5min 响应等举措。进博会结束后，这些举措将先在核心区域外围进行试点，如果共享单车公司根据方案一旦管理不达标，就禁止其在核心区域投放共享单车。

案例七：阜阳市·城南新区——绿智水城，阜城都芯

项目定位：阜阳市区域性中心城市的核心区、皖北现代化大城市引领区、皖豫省际承接现代高端服务业汇聚的示范区	生态目标：国家级绿色生态城区规划设计
项目规模：18.26km^2	规划地址：阜阳市南部的颍南片区
创建时间：2015 年	气候分析：亚热带季风气候
城区类型：新开发城区	实施单位：中国建筑科学研究院有限公司上海分公司
实施主体：阜阳市城南新区建设管理委员会	

城南新区位于阜阳市城市南部的颍南片区之中，东临京九铁路、经开区，西距阜阳机场 2.8km，北距老城 2.5km、距城市中心 3.0km，区位优势明显，规划范围北起淮河路，西至南京路、南至竹园路、东至京九铁路，总用地面积 18.26km^2，其中建设用地面积为 17.31 km^2，规划区总人口为 23.4 万人。各类建设用地比例见表 7-13。

土地利用规划一览表　　表 7-13

用地代码	用地性质	面积(hm^2)	比例(%)
R	居住用地	734.82	42.71
A	公共管理与公共服务设施用地	160.40	9.32
B	商业服务业设施用地	157.85	9.17
S	道路与交通设施用地	396.69	23.06
U	公用设施用地	8.56	0.50
G	绿地	262.19	15.24
合计	城市建设用地	1720.51	100.00

城南新区将是阜阳未来城市品质提升与形象展示的集中区，具有重要的“门户”与“窗口”特质。规划功能定位为：以商业金融、商务商贸为主导功能，以文化、市民服务、创意研发为互补功能，生态居住、社区服务为支撑功能，绿色、智慧型高品质综合新区（图 7-59）。

图 7-59　阜阳城南新区鸟瞰图

一、绿色生态规划方案

城南新区围绕“绿智水城，阜城都芯”的绿色生态定位和安徽省绿色生态示范城区建设目标，编制了绿色建筑、绿色交通、绿色能源、水资源、生态环境、固废利用、信息化和绿色人文等方面的绿色生态规划方案。

绿色建筑规划着重从绿色建筑、运营建设、建筑产业化、绿色施工等方面进行，新建建筑要求 100% 为绿色建筑，二、三星级的建筑面积体量达到 35%。强化施工现场节电、节水和污水、泥浆、扬尘、噪声污染排放管理，开展绿色施工示范工程创建活动，引导相关项目积极申报“国家绿色施工示范工程”。

土地利用规划方面以功能复合为布局原则，形成了商业金融区（及拓展区）、商务办公区（及拓展区）、市民文化区、市民服务区、创智住区及宜居住区。注重自然肌理的保护，以三河（中清河、西清河、五道河）交汇处的双清湾为核心，积极引导滨水景观塑造与活动组织，构建“十字双轴、多区多节点”的、充满活力的空间网络结构。

能源利用规划方面，基于规划区周边余热资源较为丰富以及阜阳市能源供应主要靠外购的特点，开展集中供热，供应规划区内的生活热水、供暖用热和空调用热，提高建筑节能标准，降低能源需求，充分利用太阳能热水、光伏建筑和地源热泵空调系统等技术减少常规能源的压力。

绿色交通规划方面，强调构建“轨道+公交+自行车+步行”为出行主导的绿色交通体系，大力推动居民低碳绿色出行，发展现代化、绿色化、低碳化的交通。通过轨道线网的规划与建设，引领阜阳市绿色公共出行，同时匹配系统、完善的绿道系统，提升休闲出行舒适度。

生态环境方面，从大系统的视角，以三横四纵景观河道与四横五纵景观道路与京九铁路景观绿带为骨架，构建规划区蓝绿交织的生态景观网络；水平绿化与立体绿化双管齐下，创建机场控制区花园式绿化示范区；设置生态展示线路，既能展示城市风貌、生态建设成效，又能起到宣传教育作用。

水资源和水环境规划方面，水系规划格局中充分考虑了水系的防洪排涝功能与水环境改善功能，一方面利用水网系统及双清湾构成城市排水、蓄洪水系；另一方面，在全市整体水系调度运行的背景下，调水引流改善城南新区水系水质，水系布局遵循“以动制静、以清释污、以丰补枯、改善水质”的原则，协调调水水源、输水水道、目标水域等相关水体的关系，形成城南新区的“活水、清水”格局。

信息化利用方面，传承阜阳市智慧城市实施方案精华，合理选用信息化技术参与城市交通、能源、环境等方面的运行管理，以实现新区运行的有序性、高效性、安全性、低碳性。

绿色人文规划方面，主要从社会保障、低碳生活知识宣传提出建设要求，在开发建设中对动迁居民进行安置，并帮助他们实现身份的转化，真正融入城市生活；通过学校、社区为重点的低碳实践，以及生态展示平台进行宣传展示等多种途径进行绿色低碳知识普及。

二、创新点及推广价值

城南新区绿色生态建设，在建设模式、规划设计、城市建设、运营监管和投融资方面，均有一定创新，将集约节约型城乡建设的理念和先进的科学技术渗透到各个环节，推进了城南新区绿色生态建设，为阜阳市乃至安徽省城乡建设事业起到了示范带头作用。

建设模式方面，城南新区绿色生态城区的建设由阜阳市城南新区建设指挥部办公室牵头，通过政府、企业和技术单位通过三者联动，共同推进城南新区的生态建设。

规划设计层面，在控制性详细规划中加入生态控制指标和指引，制定配合法定规划的资源节约、环境友好、经济持续、社会和谐等生态建设目标和要求；编制了绿色生态专项规划，提出规划与建设目标、策略及措施。

城市建设阶段，应用节能新技术，施工以及管理等各方面采用了一系列的新技术和新产品，以较低的增量成本大大提高了环境品质，降低了能耗，从而在绿色建筑科技生产力转化方面起到了带头和示范作用。

在运营管理环节，加入生态建设目标和指标的监管，对项目中指标和技术的落实情况做出评估，并及时反馈。同时，制定鼓励技术实施的奖励政策，与指标体系进行有效

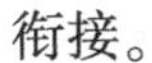

衔接。

此外，在完善地方政府投融资体制机制方面，还采用了多元化的融资模式，明确财政补贴资金的扶持重点，创新财政支持方式上求实效，充分发挥财政杠杆作用，放大财政补贴资金效应，促进城南新区绿色生态城的建设发展。

三、综合效益

经济方面：阜阳市城南新区总规划用地面积约为 18.26km^2，其中按照绿色建筑要求进行开发的建筑面积约为2110.77 万 m^2。因此，阜阳市通过绿色建筑的建设，可实现整个新区能源、水资源、废弃物等方面的年节约费用约 2.57 亿元。

社会层面：城南新区是阜阳市未来发展的重点，对城市的发展起着表率作用，建设绿色生态示范区能有效提升区域范围内的生态环境、交通环境、居住环境等，提升居民的满意度。

环境方面：城南新区绿色生态示范城区从绿色、生态、低碳角度进行新区的开发，利用环境的同时保护环境，实现人与自然环境的互惠共生，通过绿色生态建设，使示范区天更蓝、水更绿、空气更加新鲜，为城区居民美好生活营造美丽的环境。预计规划期末减碳69.83 万~71.13 万 tCO_{2e}/a。

案例八：上海市·前滩国际商务区——高起点规划，高水平建设，高效率推进，功能高度复合

项目定位：上海新的世界级中央商务区，第二个陆家嘴	生态目标：国家绿色生态城区三星级规划标识和上海市三星级绿色生态城区标识、生态型综合城市
项目规模：3.5km^2	规划地址：上海市黄浦江南延伸段
创建时间：2019 年	气候分析：亚热带季风气候
城区类型：新开发城区	实施单位：华建集团华东建筑设计研究总院
实施主体：上海前滩国际商务区投资(集团)有限公司	

作为上海新一轮城市发展的重要功能载体，以及浦东“十三五”规划中“一轴四带”空间布局与“4+4”重点开发区域之一，前滩国际商务区始终坚持“高起点规划，高水平建设，高效率推进，功能高度复合”，聚焦建设 300 万 m^2 绿色运行标识建筑、城区尺度建筑信息模型运行管理平台和工业化建筑建造，基础先行，生态优先，以优美的环境、高档的配套、完善的功能，打造世界级滨水区的绿色生态样板区，创建国家、上海市的三星级绿色生态城区（图 7-60、图 7-61）。

前滩国际商务区规划面积 350 万 m^2，其中，商业面积 66 万 m^2（占规划面积 18.9%）、办公面积 147 万 m^2（占规划面积 42%）、住宅面积 90 万 m^2（占规划面积 25.7%）、其他面积（含文化、教育、医疗等）47 万 m^2（占规划面积 13.4%）。除去已建成的东方体育中心 21 万 m^2 和战略预留地块 29 万 m^2，可开发面积约 300 万 m^2。

截至 2018 年年底，前滩国际商务区累计开工面积 255 万 m^2，占前滩目前可开发规划面积的 85%；累计竣工面积 91 万 m^2，占前滩目前可开发规划面积的 30%；2012~2018 年，累计完成工程量约 225 亿元。

图 7-60　前滩商务区鸟瞰

图 7-61　前滩生态城实景拍摄

计划至 2021 年年底，累计开工地上建筑面积 306 万 m^2，按计划实现全部开工的目标（除战略储备用地外），累计竣工地上建筑面积 211 万 m^2，竣工比例 70%。

一、绿色生态规划方案

1. 持续推进规模化发展绿色运行建筑

前滩地区绿色生态城区建设在规划引领上独具特色，并具备完善的规划体系。前滩地区创建绿色生态城区的特色在于规模化的绿色建筑。未来前滩园区内建筑面积 2 万 m^2 以上项目全面执行绿色建筑设计二星级以上评价标识，所有自持经营性项目办公、商业部分必须达到绿色建筑二星级以上运行评价标识。

2. 持续推进绿色建筑竣工验收工作

为加强对前滩地区项目绿色建筑工程建设跟踪管理，统一绿色建筑工程竣工验收要求，保证绿色建筑工程质量，组织制订了《上海前滩国际商务区绿色建筑工程竣工验收（暂行）规定》。在总结试行项目经验的基础上，在前滩国际商务区内各绿色建筑工程的竣工验收中推广执行。

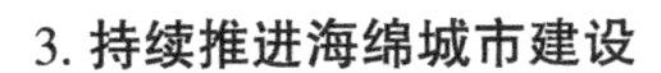

3. 持续推进海绵城市建设

前滩地区海绵城市建设包含生态修复、低影响开发两大类途径。坚持“规划引领、生态优先、因地制宜、统筹建设”的原则，有序落实海绵城市建设理念，充分发挥建筑、道路和绿地、水系等生态系统对雨水的自然积存、自然渗透、自然净化作用，源头减排、过程控制、系统治理，因地制宜、灰绿结合，统筹协调给水排水、园林绿地、道路等设施建设，有效控制雨水径流和径流污染。

4. 持续推进“智慧前滩”建设

前滩地区以提供内部管理控制的“基于 BIM 的综合管理平台”和提供园区便民服务的“公众服务平台”为主要入口，已初步建立具有前滩特色、创新性的“互联网+智慧前滩”的智慧服务体系。建成园区光纤承载网、通信基站、WiFi 基站、数据中心、监控中心等一批基础设施；在地块的开发建设过程中，通过 BIM、绿色建筑、无人机等手段，为工程的前期设计、进度管控、物业运营提供数据和管理系统支撑。服务方面将建成以提供内部管理控制的“基于 BIM 的综合管理平台”、提供园区便民服务的“公众服务平台”为主要入口的智慧服务体系。其中，“基于 BIM 的综合管理平台”使用 GIS、BIM 技术制作整个前滩地区三维模型，包含道路、地块、建筑以及市政设施，包含租赁管理、水质监测、空气监测、噪声监测、视频监控、应急响应等功能。“公众服务平台”以“互联网+”为理念，通过政务、园区、商业服务的组合，打造适度超前的服务应用，为前滩居民提供高水平的服务体验。

二、项目创新点及推广价值

在设计过程中，前滩地区充分考虑滨江气候地理条件、规划及建筑特点，合理制定技术路线，切实采用适用技术，利于各单体共享优势、降低造价，从而避免盲目高投入和资源消耗，倡导以运营为先导的绿色设计理念，在提高建筑品质的同时，有效降低资源与环境负荷，真正实现低建设成本、低运行成本的可持续绿色建筑。

在施工过程中，前滩地区全面实行绿色施工，在保证质量、安全等基本要求的前提下，贯彻执行国家的法律、法规及相关的标准规范，依据国家、上海市和行业的相关技术经济政策，通过科学管理和技术进步，因地制宜，建立完善与建设相配套的绿色施工监管体系，使绿色施工规范化、标准化，最大限度地节约资源，减少因施工对温室气体排放的影响，实现节能、节地、节水、节材、环境保护和保护全球气候的目标统一。

在运行过程中，前滩地区从区域运营、建筑运营以及生态人文三个层面建立相应的管理措施，形成区域内单位和人员的参与机制以及实施资源节约和环境友好的制度，为实现城区的可持续发展提供有力保障。

前滩公司还就绿色生态城区的目标定位、创建内容、工作计划、关键节点等进行了多次研讨，并将此作为前滩地区积极践行以人民为中心的发展思想，不断提升入驻群众满意度、获得感的重点任务。

三、项目综合效益

前滩地区围绕低碳经济、滨江社区、高效能源、健康邻里、绿色交通、无害环境这六个途径，充分考虑前滩地区气候地理条件、规划及建筑特点，合理制定技术路线，切实采用适用技术。通过提升全过程组织管理，全面落实绿色建筑功能措施，推进建设 300 万 m^2

绿色运行标识建筑、城区尺度建筑信息模型运行管理平台和工业化建筑建造的工作，共同致力于打造以低能耗、低污染、低排放为基础的，符合国家级和上海市绿色生态城区、上海市低碳发展实践区、海绵城市要求的生态型、国际化、综合性、宜居宜业的城市社区。

案例九：上海市·新顾城——建筑可以阅读、街区适合漫步、城市始终有温度

项目定位：生态之城，智慧之城，活力之城，“北上海之心”	生态目标：国家绿色生态城区三星级规划设计标识、上海绿色生态城区三星级标识
项目规模：约 8.3km²	规划地址：上海北部宝山区
创建时间：2019 年	气候分析：亚热带季风气候
城区类型：既有城区	实施单位：上海市建筑科学研究院（集团）有限公司
实施主体：上海地产（集团）有限公司	

根据上海市政府批准的控制性详细规划，新顾城规划用地面积约 8.3km^2，北连罗店大居，西邻嘉定马陆、南接顾村大居、东为顾村老镇（图 7-62）。而新顾城目标是成为上海北部产城相融合、功能有特色、配套高标准、宜居多元化的北上海之心。

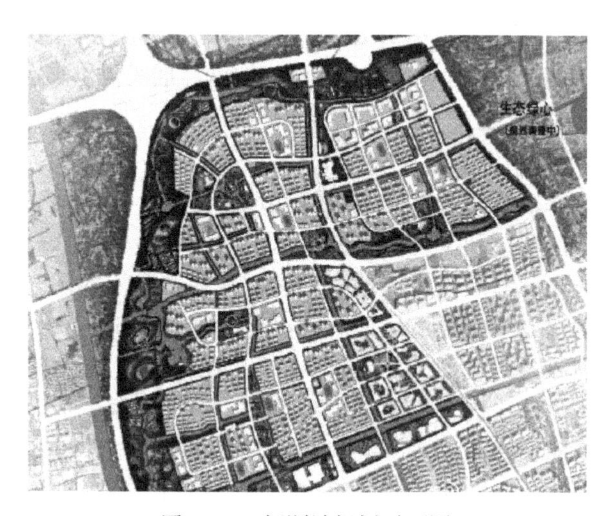

图 7-62　新顾城规划平面图

一、绿色生态规划方案

新顾城 638 万 m^2 总建筑面积中，规划住宅面积 423 万 m^2、人口 14.2 万人。高起点规划，是上海大型居住区建设的首要原则。“我们的规划里，参考对象包括了国际上区域开发、城市更新、大型社区建设等城市规划设计领域知名的案例。”新顾城开发负责人表示。

新顾城整体规划结构为“一核一带两园四片区”：

一“核”，新顾城将结合产业社区、区级文化设施和大型绿化及两个地铁车站，统筹地上地下开发，打造一个建筑规模百万平方米级的地区级公共活力空间，成为区域的“市中心”。

一“带”，则是沿郊环线和 S7 高速公路布置的大型绿带。南北各有两个产业园区。新顾城主体面积突破传统的“兵营式”布局，顺道路自然分割成四个片区，单个片区呈围合式，农民动迁房、市属保障房、商品房融合分布。

二、创新点及推广价值

规划最大的亮点是，新顾城片区的布局设计与公共服务设施完美融合起来。在新顾城，每个住宅片区都设有一个复合型社区服务综合体，配备社区菜场、超市、银行以及O2O生活体验馆、社区食堂等特色业态。

2013年“大型居住区”被指出普遍存在着配套基础设施薄弱，导入人口就业难等问题。2010年起，上海规划了23个大型居住社区，吸取过去的经验教训，与郊区新城建设结合、与商品房土地开发结合。这批大型居住社区注重公共配套、提倡居住与就业平衡、倡导保障房与商品房比例的平衡，同时在空间尺度、开发强度、交通规划上，也做到了品质提升。

案例十：无锡市·太湖新城——从“运河时代”向“太湖时代”

项目定位：无锡城市新中心，产业发展新高地，生态宜居新家园	生态目标：全国首批8个绿色生态示范城区之一
项目规模：约150km²	
创建时间：2010年	规划地址：无锡市城市南部
城区类型：新开发城区	气候分析：亚热带季风气候
实施主体：无锡太湖城管理委员会、太湖新城建设指挥部、无锡市自然资源和规划局	实施单位：中国建筑科学研究院有限公司上海分公司

太湖新城位于无锡市城市南部，北起梁塘河，南至太湖，西邻梁湖景区，东至京杭大运河，规划总用地面积150km²，是无锡新的城市中心（图7-63）。预计十年完成规划建设。主要功能定位为商务商贸中心、科教创意中心和休闲宜居中心，是无锡高端商务、金融机构企业总部、专业服务的集聚区。规划形成“一核”（行政文化及商务金融核心区）、“一带”（环太湖山水风光带）、“两园两区”（太湖国际科技园、科教产业园及核心区两侧的生活区）。

图7-63　无锡新城生态城效果图

一、绿色生态规划方案

从传统规划层面，太湖新城总体规划完成于 2005 年，四面被水环绕，整个太湖新城总体规划充分考虑了城市建设和生态的关系。这 150km^2 里面有 1/3 是景区和生态保护区，城市建设用地大约是 2/3，未来可以容纳的人口是 80 万~100 万人。不同于以往的新城，太湖新城原来定位是城市新的中心，是按照未来人的居住区来进行规划的。规划中心区域是居住用地，东西两部分以商业区为主，各有特色，东侧是国家级的物联网基地，西侧是大学城以及一个国家级的风景旅游区和为它配套的旅游服务设施的小镇。应该说，东西两翼是以产业为主，中间是以人们居住、生活为主的城市功能区。

二、创新点及推广价值

本项目从六大方面进行整个园区的低碳生态规划，旨在将太湖新城打造成城市新中心、产业新高地、旅游新天地、宜居新天堂、生态新标杆。通过广泛深入的调查研究，认真总结和吸收了国内外生态城规划的成果和经验，结合无锡生态环保工作的现状和特点，生态指标体系包含 6 大类、3 小类、62 个生态指标（表 7-14）。

六大类包括：城市功能，绿色交通，能源与资源，生态环境，绿色建筑和社会和谐。

生态指标体系 **表 7-14**

序号	生态指标	生态策略
1	城市功能	复合的城市功能； 紧凑的用地布局； 可达的公共设施； 适宜的街坊尺度； 高效的地下空间； 完善的配套服务
2	绿色交通	倡导绿色出行； 打造滨水慢性系统； 加大公交路线路网密度； 提高轨道交通网覆盖度； 优化公交站点布局； 推广公交工具使用清洁能源
3	能源与资源	充分利用太阳能和地能，使可再生能源使用比例达 15%； 区域能源规划； 水资源循环利用； 固废收集再利用
4	生态环境	空气清新、水质良好、噪声达标的城市宜居环境； 低热岛效应、活力　风速的城市微气候； 湿地、水系保持原生态的自然环境； 提升排气和碳汇能力的城市公共绿地
5	绿色建筑	新建建筑的绿色建筑比例 100%； 生态技术与建筑的一体化设计； 提高建筑立体绿化比例； 设计节能率不低于 65%； 开展绿色施工，加强物业管理

续表

序号	生态指标	生态策略
6	社会和谐	加强低碳理念宣传,倡导低碳生活; 发展绿色经济,降低 GDP 能耗; 打造绿色社区,提供公众生活质量; 加强监督管理,提高公众满意度

案例十一：天津市·中新生态城——生态新城示范区、科技创新先导区

项目定位:经济繁荣、社会和谐、环境优美的宜居生态型新城区
项目规模:31.23 km^2
创建时间:2007 年
城区类型:新开发城区
实施主体:天津生态城投资开发有限公司

生态目标:绿色生态城区三星级实施运营标识,国家首批绿色生态城区示范区
规划地址:天津滨海新区
气候分析:亚热带季风气候
实施单位:中国建筑科学研究院有限公司上海分公司

中新天津生态城位于我国发展的重要战略区域——天津滨海新区范围内，东临滨海新区中央大道，西至蓟运河，南接蓟运河，北至津汉快速路。毗邻天津经济技术开发区、天津港、海滨休闲旅游区，地处塘沽区、汉沽区之间，距天津中心城区 45km，距北京 150km，总面积约 31.23km^2，规划居住人口 35 万人（图 7-64）。

中新天津生态城是中国和新加坡两国政府间的重大合作项目，是世界上第一个国家间合作开发的生态城市。生态城是一座在废弃土地上改造而来的生态之城，生态城起建之初 30km^2 的合作区范围内，有 1/3 是盐碱荒滩、1/3 是废弃的盐田、1/3 是有污染的水面。2008 年 9 月 28 日，中新天津生态城开工奠基。经过十年发展，这里已经成为一个资源节约、环境友好、经济蓬勃、社会和谐的生态新城。天津生态城荣获国家绿色生态城区三星级运营标识，2019 年成为智慧城市优秀解决方案和典型城市案例和由 Construction 21 国际举办的第六届“绿色解决方案奖”。

图 7-64　中新天津生态城鸟瞰图

一、绿色生态规划方案

天津生态城要建设成为一个“资源节约、环境友好、社会和谐”的生态城市，努力实现“三和三能”，即人与人和谐共存、人与经济活动和谐共存、人与环境和谐共存。总体规划坚持了资源利用、生态环境和发展模式可持续的原则，主要包括生态经济、生态社会、生态环境、生态文化等内容，突出了生态优先、以人为本、新型产业、绿色交通等特点，形成“一轴三心四片，一岛三水六廊”的空间布局。

天津生态城有效实现了产业转型升级，大力引进低能源、低投入、低排放且拥有高知识含量、高附加值的项目。在构建优质化、均衡化的公共服务体系方面，实施“公共服务牵引发展战略”，大规模建设教育、卫生、体育、社区中心、社区公园等设施。

二、创新点及推广价值

1. 生态城市建设指标体系

天津生态城建设之初就编制了世界上第一套生态城市建设的指标体系，用来指导规范生态城市的建设。这些指标都达到了国际先进水平。比如在再生能源利用指标方面，广泛应用太阳能、光能、地热能，年发电量达到1400万kWh，8万m^2的太阳能集热器为居民提供生活用水，同时严格实行100%的绿色建筑标准（图7-65）。

图7-65　可再生能源的应用

2. 创建新型城市管理体制

生态城引进优质资源，与各大名校名院强强联合，积极创新社会事业运营体制机制，采用理事会领导下的院长（校长）负责制等模式，确保生态城的社会事业高水平发展。生态城内所建的每个社区中心都以一项功能为主，配备十多项必备功能，确保生态城居民在步行15min的范围内能够购物、看病、娱乐。

3. 3D影视创意园区

生态城内的国家影视园为国内首个集3D影视创意、研发、拍摄、生产于一体的立体影视基地（图7-66）。园区占地面积约62.75万m^2，总建筑面积约24万m^2，由创意研发和展示体验两个部分组成。园区将以3D立体影视技术为主导，建设国际一流的文化科技主题公园，组团打造一个拥有自主知识产权，具有国际影响力和竞争力，集创意、研究、生产、销售于一体的 3D 立体影视产业基地。

图 7-66 国家影视园鸟瞰图

4. **智慧城市**

一批“看得见、摸得着”的智慧项目在天津生态城落地，智慧交通、智慧社区、智慧家居、智慧医疗等注重智慧体验的应用项目正在由概念变为现实。生态城在全市率先开展 5G 创新试点，建设了智慧灯杆、智慧公交站，引入无人超市、无人售货车、无人餐车等（图 7-67）。中心大道两边的公交车站都是智慧车站。

图 7-67 图书馆机器人

三、项目综合效益

天津生态城提倡绿色健康的生活方式和消费模式，逐步形成有特色的生态文化；建设基础设施功能完善、管理机制健全的生态人居系统；注重与周边区域在自然环境、社会文化、经济及政策的协调，实现区域协调与融合，具有良好的环境效益和社会效益。另外，在京津冀协同发展的大趋势下，中新天津生态城已经成为一个示范性工程。让北京企业转移到中新天津生态城是一个双赢的结果，既服务了北京疏解非首都功能的需要，又增强了自身的经济实力。

案例十二：大理市·十畝森林小镇——新生活、心生活、馨生活

项目定位：城市精英居住梦想，下关城区运动养生大盘	生态目标：国家级绿色生态城区规划设计
项目规模：约 1.6km²	规划地址：大理下关城区南部郊区
创建时间：2018 年	气候分析：亚热带季风气候
城区类型：新开发城区	实施单位：中国建筑科学研究院有限公司上海分公司
实施主体：天泰控股集团（大理嘉逸投资开发有限公司）	

天泰·大理十畝森林小镇项目位于大理下关城区南部郊区，下关城区地处云南省大理市西南部分，苍山以南，洱海以西。其距离大理机场仅 12km，对外交通十分便利。项目规划范围约 3.71km²，总建筑面积约 159.27 万 m²，规划人口 1.81 万人。开发单位为天泰控股集团（大理嘉逸投资开发有限公司），被评为国家级绿色生态城区（图 7-68）。

一、绿色生态规划方案

天泰·大理十畝森林小镇绿色生态规划按照资源节约环境友好的要求，结合项目定位和生态诊断分析，从规划、交通、生态环境、水资源、能源、建筑等几个方面提出一套生态指标体系。基于生态指标体系，从产业与经济、土地利用、生态环境、绿色交通、资源利用、绿色建筑、信息化管理和人文八大方面提出生态规划目标，并结合大理十畝森林小镇自身现状和特色，分别提出绿色生态规划方案。绿色生态规划方案从各层次内容进行全方位的解释与落实，以实现定位与项目的有机结合，使大理十畝项目更符合绿色生态定位“未来理想生活家”要求，同时满足居民所向往的生活状态、生活追求（图 7-69、图 7-70）。

图 7-68　项目效果图

图 7-69　绿色生态规划空间结构图

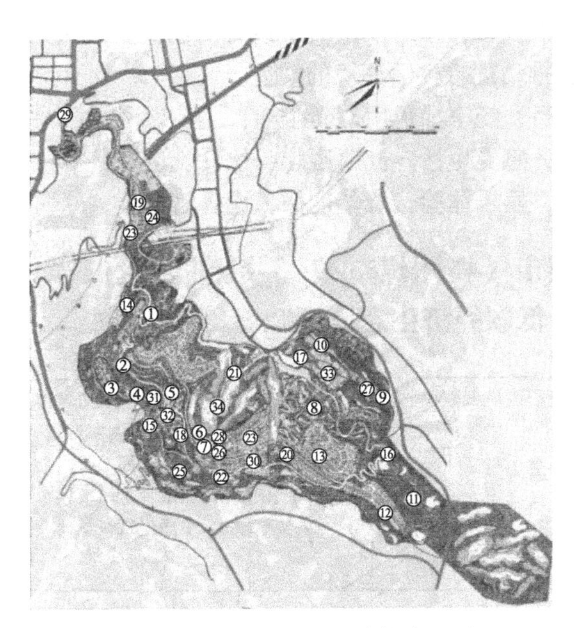

图 7-70 绿色生态规划功能布局图

1—蔬菜亲子采摘园；2—艺术教育中心；3—艺术创意中心；4—创意共享空间；5—揽月湖健康理疗中心；6—喜心主题健康理疗中心/智慧疗养平台中心；7—特色现代酒店；8—农林花画体验；9—健康理疗中心；10—零碳建筑；11—森林运动体验；12—野奢酒店；13—感应垃圾桶分类示范；14—绿色慢行休闲廊道；15—绿色至高体验点；16—感悟时光慢道；17—滟湖智能机械停车场/智能停车信息诱导；18—揽月湖 AGV 停车场；19—太阳能路灯；20—风力发电路灯；21—太阳能步行道；22—平板式太阳能热水；23—太阳能停车棚/电动充电桩；24—装配式钢结构建筑；25—装配式木结构建筑；26—绿色建筑高星级；27—健康建筑/健康社区；28—小镇智慧运营管理中心；29—道路交通/停车信息诱导发布；30—风岚站智慧公交站点信息发布；31—揽月湖水环境智慧监测；32—大气环境智慧监测；33—生态水环境营造/叠水布局；34—海绵城市建设

大理十畝规划形成“两核一带八区多点”的绿色生态空间结构，实现各绿色生态体系的建设与示范：

“两核”，即“生态核”与“健康核”，“生态核”结合综合用地功能，推进各绿色生态技术的集成推广与示范包括共享空间、光伏路面、高星级酒店、健康管理、水环境监测、智能停车等；“健康核”以疗养为支撑，开展健康管理、健康社区、智慧疗养、生态水环境、水环境监测等。

“一带”：即以大畝十道为主体廊道，围绕道路两边，推进健康长廊，生态景观，可再生能源路灯、智慧公交、智能车站、光伏路面、休闲景观等一体的生态长廊。

“八区”：即生态文化开放区，亲子娱乐体验区，光伏利用示范区，共享空间创意区、海绵建设推进区、健康社区展示区、高星绿建示范区、森林运动体验区、各区以应对主体推动绿色生态示范建设，形成面上的绿色生态体系。

“多点”：即以畔岛、南麓、风岚等区为节点，开展多体系的点位几种示范与布局，为开始生态观光提供支持。

二、创新点及推广价值

大理十畝森林小镇绿色生态规划提出绿色生态定位为“未来理想生活家”，赋予“生活本该有的样子，生活本该有的味道，生活本该有的涵义”，并以此构建“新生活、心生活、馨生活”分定位，推动理想生活环境的塑造。

新生活：食、住、行、畅享绿色生态新生活；

心生活：放飞心灵，感受生活，健康医疗、饮食、运动；

馨生活：多元互动，娱乐体验，悠然度假，温馨陪伴。

案例十三：柳州市·柳州汽车城——工业领域低碳化、核心区域低碳引领、低碳经济生态圈

项目定位：工业领域低碳化、核心区域低碳引领、低碳经济生态圈	生态目标：国家低碳试点城市，2012 年国家首批绿色生态示范城区，国家产城融合示范区
项目规模：约 $203km^2$	规划地址：柳州东面
创建时间：2015 年	气候分析：亚热带季风气候
城区类型：新开发城区	实施单位：中国建筑科学研究院有限公司上海分公司
实施主体：柳东新区管理委员会	

广西柳州汽车城位于柳州东面，与柳州老城区仅一江之隔，以柳东新区作为建设的主要平台，规划用地面积 $203km^2$，建设用地面积 $138km^2$（已建成区面积约 $25km^2$）。其核心区官塘片区，规划用地面积 $103km^2$，城市建设用地 $68km^2$。柳东新区于 2010 年 9 月由自治区级升级为国家级高新技术产业开发区，是广西壮族自治区政府重点发展的三个新区之一，也是再造一个新柳州的主战场。开发单位为柳东新区管理委员会，荣获 2012 年国家首批绿色生态示范城区，“中国节能减排二十佳城市”、“中国人居环境范例奖”、“国家园林城市”、“国家森林城市”、“国家卫生城市”、“全国绿化模范城市”等多个奖项。

柳州市低碳发展主要围绕“工业领域低碳化、核心区域低碳引领、低碳经济生态圈”（一重心、一核、一圈）构建。着力推进工业低碳化，以钢铁、化工、水泥、建材等重点工业降碳为重心，以创新驱动为引领、以智能化改造为抓手，加快新旧动能转换，着力强龙头、补链条、聚集群，促进产业集约集群，提高资源能源综合利用效率和产出效率，实现工业高质量发展。坚持以“一主三新”为发展核心区，着力打造主城区、柳东新区、柳江新区和北部生态新区为低碳核心区，高标准推进柳东新区、柳江新区和北部生态新区作为低碳先导示范区，有序推进生态环境建设，加速交通低碳化和建筑绿色化，倡导普及低碳发展理念。以碳管理体系为支撑，搭建柳州低碳创新平台，引导先进低碳产品技术落地、转化和应用，构建柳州城市低碳经济生态圈。

一、绿色生态规划方案

2014 年 7 月，柳东新区开展绿色生态示范城区的规划建设工作。绿色生态专业规划在结合柳州汽车城汽车产业背景的基础上，提出推动绿色产业、绿色交通、绿色建筑等的发展措施。通过积极调整产业结构，清洁生产，实现产业绿色升级；通过规模化推广建设绿色建筑，实现建筑的绿色化发展；通过建设合理的公共道路系统及绿道网络，倡导绿色出行，从而建设一个绿色和谐的柳州汽车城，促进生态工业柳州的发展。

二、创新点及推广价值

1. 推动传统工业升级改造，促进重点行业降碳

以创新驱动为引领，充分发挥政府“有形的手”和市场“无形的手”的合力，引导传统工业科学有序发展，以智能化改造为抓手，加快推动产业转型升级，通过产品结构优化、全产业链延伸、加强能效管理和废弃物循环化利用，积极推行低碳化、循环化和集约化，推动工业企业的节能降碳。

2. 优化能源结构，构建清洁能源体系

以控制能源消费总量为目标，优化能源结构为核心，降低煤炭、油品等传统能源的使用，推进“煤改气”、“油改气”及“电能替代”相关工作，持续提高天然气应用比重，大力发展可再生能源，保障能源供给和运输，严控高耗能项目建设，加强能效考评，全面构建清洁能源体系。

3. 大力发展绿色新兴产业，促进产业提质增效

以智能化、高端化、聚集化、数据化、整合化为引领，集中优势资源、实施重点突破，引进并健全以先进制造业、战略性新兴产业、低碳农业、现代服务业为主的低碳产业体系。

4. 发展绿色智慧交通，打造现代化交通体系

优先打造高效率、低能耗、一体化、便捷化的公共交通运输体系，深化推进国家“公交都市”示范工程建设，倡导绿色低碳出行方式，改善交通用能结构，推广应用车船节能新技术，推广替代能源和新能源应用。

5. 促进建筑节能减排，构建绿色建筑体系

持续推进绿色建筑的建设，加快发展装配式建筑，推进既有建筑节能改造和可再生能源建筑应用，推广使用新型节能建筑材料和再生材料，鼓励申报绿色建筑评价标识，在建筑设计和建设过程中贯彻低碳理念。

6. 加强生态环境建设，增强碳汇潜力

围绕“三五八二”发展布局，实施生态柳州建设工程，全面加强环境保护和生态建设，构筑绿色生态环境系统，加强森林资源培育与林业管理，加强森林资源总量提高森林资源质量，建设宜居宜业生态山水城市。

7. 倡导低碳消费理念，践行低碳生活方式

坚持以人为本，以绿色低碳理念引领社会生活和消费，鼓励和倡导低碳消费理念，在提升公众生活质量的同时，控制生活领域温室气体排放，全力打造全市低碳生活消费氛围，引导市民践行低碳生活方式。

8. 构建科技创新平台，增强低碳发展能力

充分利用信息化、智能化技术，为低碳管理方式、低碳产品和技术以及低碳服务搭建网络平台，从而推动低碳工作更加高效、便捷、广泛的开展。

9. 低碳发展体制机制创新

结合柳州市经济、产业发展特点和低碳工作建设基础，设立具有柳州特色的跨部门碳排放数据协同管理制度、碳排放总量控制和温室气体清单编制常态化工作机制，为柳州市的低碳发展保驾护航。

三、项目综合效益

柳州实现了从“酸雨之都”到“紫荆花城”的完美蝶变，更积极申报国家低碳试点城市，并提出了“碳排放总量在2026年达到二氧化碳峰值”的高标准目标，今后将全面开展低碳工作，以工业高质量发展为契机，推动传统产业转型升级、优化能源结构、提高资源和能源利用效率。选择低碳发展不仅有利于完成本市温室气体减排目标，更将对全区碳排放指标完成做出巨大贡献。长期来看，选择绿色低碳发展路径，将不断促进经济、资源环境协调发展，将实现柳州市社会经济的可持续发展。

案例十四：新余市·袁河生态城——袁河之翼、新余之心、两江四岸、生态新城

项目定位：生态低碳、城市发展核心区	生态目标：绿色生态城区试点
项目规模：11.87km^2	规划地址：江西中部
创建时间：2015年	气候分析：亚热带季风气候
城区类型：新开发城区	实施单位：中国建筑科学研究院有限公司上海分公司
实施主体：新余市城乡建设投资（集团）有限公司	

袁河生态城区面积11.87km^2，其中核心城区面积6.99km^2，规划总建筑面积944.81万m^2，其中公共设施总建筑量为395.61万m^2，居住总建筑量约549.20万m^2。袁河生态新城是新余市袁河低碳生态试点城的核心起步区，规划范围北至浙赣铁路、西至新欣大道、南至珠珊大道、东至污水处理厂（图7-71）。

图7-71　袁河生态城

新余被评为江西省生态园林城市，这是继该市被评为国家森林城市、国家园林城市、全国可再生能源建筑应用示范城市之后又一荣誉称号。

一、绿色生态规划方案

袁河生态新城以“袁河之翼、新余之心、两江四岸、生态新城”为总体战略定位，是新余市未来承担城市转型发展、功能提升的重点区域，集高端商务办公、综合商业娱乐、旅游休闲文化、生态低碳居住等功能于一体，是设施最完善、功能最复合、环境最优美、最具活力的未来城市发展核心区域。2007年11月全面开工建设。前期主要为基础设施建设，总投资约30亿元，分道路、桥梁、生态环保、水利水电、生态景观和拆迁安置五大系列，包括袁河闸坝桥、抱石大桥、抱石大道延伸段、观下桥、沪昆铁路下穿立交、城区排水排污改造、城市防洪及排涝、新开河、园林景观、河道清淤、区域道路网络和农民安置房建设等工程。

建成后的袁河生态新城将新钢产业园区、老城区、新城区及高新产业园区连为一片，浑然一体，未来将直接带动新城内和周边区域的土地资源升值，进一步拓展城市发展空间，向世人展示“钢城”秀美柔和的一面，进而改变“钢城”和重化工业城市的旧印象，提升城市文化内涵。

二、创新点及推广价值

遵循“袁河之翼、新余之心、两江四岸、生态新城”为总体战略定位，袁河新城打造以商务办公、商业娱乐、休闲文化、低碳居住等功能于一体的综合型生态城区，为居民提供宜居住、宜办公、宜休闲、宜娱乐的新兴之城。

袁河生态治理工程项目总投资概算将突破30亿元，其中工程建设投资约15亿元，工程建设用地约4844亩，景观及水域面积达13000亩，库容达1760万m^3。工程涉及渝水区、高新区的6个乡镇（办）12个村委27个村民小组约3988户，共1万余人口。工程建成后，袁河水位将从37m提高到43.5m，在袁河两岸形成一个约25km^2的美丽宜居新城区，同时在城区形成面积为6915亩的人工湖，和孔目江新城连为一体，构成一条占地面积1.3万亩、长15km、最宽处达1000m的绿色生态长廊，成为市民观江亲水、旅游休闲的好去处，并打通城南、城北、城东和仙来区的交通瓶颈，改善周边人居环境。

新余牢牢把握生态、低碳的未来城市发展主流，始终坚持以人为本，把绿化生态建设融入城市建设的各个环节。目前，该市城区公园已达32个，居民出户500m内便有公园或游园；先后完成对仙来大道、抱石大道、新欣北大道等城市主干道生态景观改造，城区新增乔木30余万株，对300多个单位（小区）实行了绿化改造、增绿补绿和拆墙透绿。新余城区绿地面积近2000hm^2，森林覆盖率达58.3%，建成区绿地率、绿化覆盖率、人均公园绿地面积分别达46.32%、47.56%和15.02m^2，均居全省前列。以太阳能建筑应用推广为契机，新余组织实施了光伏屋顶、光热应用、太阳能路灯、地面光伏电站四大工程建设，太阳能光热应用面积已达188万m^2，在建太阳能应用建筑面积近400万m^2，装机容量11.19MW，年发电量可达1231万kWh。全面推进“两江四岸”开发建设，使新余真正成为充满活力、充满灵气的山水名城，成为令人向往的宜居生态城市。

三、项目综合效益

综合分析袁河新城现状、周边环境、能源状况等，并结合气候、经济、发展规划、能源结构条件，编制可行性的指标体系研究报告。根据新区定位、规划文件、发展目标，有效提出生态规划调整意见，且囊括总体性规划、控制性详细规划和专项规划。融合国内外标准对项目情况进行针对性的指标分解与细化，制定可操作的地块指标和实施技术体系。根据绿色生态的要求，编制袁河生态城绿色建筑、市政和能源等专项规划。

案例十五：湖州市·绿色智造科技城——中国制造2025试点示范城市

项目定位：生态优先、绿色发展	生态目标：国内最全面的绿色生态综合解决示范区，国内最可持续发展的科技创新示范区
项目规模：16.3km²	规划地址：湖州市
创建时间：2018年	气候分析：亚热带季风气候
城区类型：新开发城区	实施单位：中国建筑科学研究院有限公司上海分公司
实施主体：湖州城市投资发展集团有限公司	

在湖州科技城16.3 km^{2}范围内，共同围绕环境综合治理和绿色发展项目，实施“186”工程（即建设1个生态城、融入8大生态系统、投资600亿元），重点突出绿色生态八大系统，在土地利用、产业与经济、资源与碳排放、绿色建筑、绿色交通、信息化管理及人文等方面开展硬件基础建设、技术支撑、产业布局和运营管理及生态优化、绿色发展、产业培育、城市建设和人才导入等具体任务（图7-72）。湖州开发区将和中国节能环保集团有限公司一起，抢抓长江经济带发展和绿色智造的战略机遇，以湖州“中国制造2025”试点示范城市、绿色金融改革创新试验区建设为契机，利用好国家和省市的政策优势、中国节能环保集团有限公司的产业优势、技术优势，以及城市建设投资公司的管理优势、人才优势，积极引进绿色智造、节能环保相关产业，加快推动产业集聚壮大。

图7-72　绿色智造科技城效果图

一、绿色生态规划方案

湖州是“两山”（绿水青山就是金山银山）理念诞生地，通过深入实施“能效提升、标准引领、示范创建、淘汰整治”四大工程，近年来初步探索出了绿色发展与工业转型相结合的新模式。去年先后出台了领先全国的《湖州市绿色工厂评价办法》《湖州市绿色园

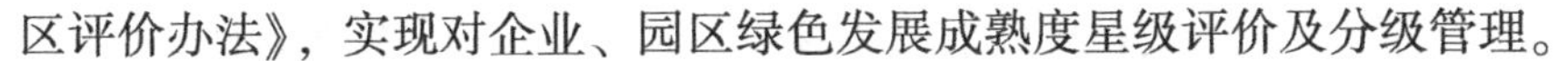

区评价办法》，实现对企业、园区绿色发展成熟度星级评价及分级管理。

湖州以“绿色智造”为主攻方向，以创新为第一动力，积极培育新兴产业，着力改造传统产业，成功创建为“中国制造2025”试点示范城市、国家生态文明先行示范区、国家创新型试点城市和“两山”实践创新基地。湖州以“亩均论英雄”为切入点，打出转型升级组合拳，着力推动长兴蓄电池、德清纺织、安吉椅业、织里童装、南浔木地板等传统块状经济转型升级，逐步形成了以高端装备制造、信息技术、生物医药三大新兴产业和金属新材、绿色家居、现代纺织、时尚精品等四大优势产业为主体的“3+4”新型产业体系。

深度聚焦“工业互联网+”、加快智能化改造，是湖州工业推进绿色发展的一大特色。通过开展百项“机器换人”行动、百项“两化融合”行动、百项“智造项目”行动、千项“产品创新”行动、千家“企业上云”行动，初步构建了做大“市队”、做优“省队”、做强“国家队”的三级梯度培育机制。2015~2017年，湖州技术改造投资年均增速达15%，连续三年位居全省前列。2017年，湖州市成功入围国家项目41个、省级项目221个，均创历史新高。

二、创新点及推广价值

1. 制度创新划出绿色标线

在这把绿色标尺的丈量下，湖州市建立了以节能减排为核心的工业项目联合审查机制，由发改、经信、环保、建设、规划、国土、安监等若干个相关部门共同把关，实施项目联审制度。湖州还不断建立完善以亩均税收、单位能耗工业增加值、单位排污权税收、单位电耗税收为核心的“亩产效益”综合评价制度，对工业企业开展用地、用能效益评价。在国家规定的8个高耗能行业基础上，湖州已将差别电价实施范围扩大至砖瓦窑、印染、造纸、化工和制革5个行业，全市已有超过千家的企业实施了排污权有偿使用和交易。

针对土地资源的利用问题，湖州先后启动了“僵尸企业”整治和“用而未尽、建而未投、投而未达标”低效用地处置办法，并在浙江省率先探索开展事前定标准、事后管达标、亩产论英雄的企业投资项目“标准地”试点。一套绿色发展的政策组合拳带来的提升十分显著。2005~2017年，湖州全市单位GDP能耗下降54.4%，规模以上工业单位增加值能耗下降61.4%；2017年全市单位工业增加值能耗同比下降8.5%，居全省第三。

2. 产业培育凸现绿色元素

位于湖州德清的地理信息小镇近年来发展迅猛，先后吸引了中科院微波特性测量实验室、浙江大学遥感与地理信息系统（GIS）创新中心、中欧感知城市创新实验室等160余家地理信息企业入驻。2019年11月，首届世界地理信息大会在小镇举办。地理信息产业在湖州原本并无发展基础。近年来，由于湖州产业结构不断调整完善，围绕绿色发展的主题，涌现出信息技术、高端装备、生物医药等新兴产业。2013年以来，湖州市战略性新兴产业、高新技术产业、装备制造业增加值年均分别增长9.8%、10%、10.9%，截至2017年年底占规划上工业比重分别达到30.1%、43.7%、26.3%，已成为工业快速增长的重要引擎。

通过重点改造提升金属新材、绿色家居、现代纺织等传统优势产业，湖州绿色转型成效显著。目前湖州的童装、实木地板、动力电池等产品占全国市场份额分别达到50%、60%和70%。自2014年以来，湖州淘汰高耗能重污染企业877家，腾出用能空间97万

tce。2014~2017年的4年间，全市还完成了对9256家“三个一批”低小散企业（作坊）的整治。

3. 智造为核强化绿色支撑

依托“机器换人”、信息化和工业化融合等手段，湖州持续推进企业智能化水平，在改变原有生产模式的同时，大大提升了生产的“绿色”含量。2017年，湖州市以推广应用智能制造五大新模式为切入点，以开展智能产品创新、智能车间示范、智能管理提升、智能服务培育、智慧园区改造五大行动为抓手，推进数字化制造普及、智能化制造示范引领。

在产品创新上，湖州持续打好优秀工业新产品、浙江制造精品等创新载体组合拳，大力实施千项产品创新行动。2017年，全市规划上工业实现新产品产值1619.8亿元，同比增长25.6%，产值率达37.38%，新增省级工业新产品备案1418项。

目前，湖州市已有多家企业成功入选工业和信息化部绿色制造示范名单。并投资8亿元引进全球领先智能化装备，建设年产25万t高品质不锈钢和特种合金棒线自动化生产线，大幅提升了产品性能，弥补我国在电力装备、海洋工程、核电装备等高端装备制造部分材料上的短板，大大降低了制造成本。

当发展到一定的关口，经济的发展模式就需要进行一定程度上的转变。首当其冲，经济发展的思维理念也要进行更新。湖州市通过布局绿色产业，将先进科学技术应用到生产工作当中，既能够提高产能，推动经济的发展，又可以降低能耗。坚定信念，全力向着产城融合的目标前进。

三、项目综合效益

湖州在绿色发展中进一步优化产业布局，加快构建特色产业体系，推动产业进一步向高端聚集，巩固湖州在“绿色智造”上的优势。提升资源利用效率，深化传统企业的绿色制造改造，加快清洁能源替代传统能源步伐，实现资源集约高效利用，为生态保护留出更多空间。实施工业企业循环化改造，拓展绿色制造循环产业链，进一步减少污染物排放，构建资源联供、产品联产和产业耦合共生的完备循环产业链。

同时，要加快健全绿色发展相关政策体系，进一步加强部门间通力合作，营造浓厚的绿色制造发展氛围。完善绿色金融体系，加快绿色金融政策与产品开放，使绿色金融工具更好地服务于绿色制造发展。

第二节　国外生态城典型案例

案例一：最负盛名的“绿色之都”——德国弗莱堡生态城

项目规模：155km^2	规划实施主体：政府主导
创建时间：自1992年至今	规划地址：城市位于黑森林南部的最西端
城区类型：新开发城区	气候分析：常年阳光充足，温暖如春，是德国气候最佳的地区之一

弗赖堡位于德国西南部，是德国环境运动的发源地之一（图 7-73）。在 20 世纪 70 年代，当地公民抗议核电站的到来，也不愿意法国化工厂的入驻，因此一些生态机构应运而生，例如：Freiburger Oeko-Institut（生态研究所），BUND（地球之友）等。

图 7-73　弗莱堡全景

切尔诺贝利灾难发生后，弗莱堡的环境同时又受法国核电站费森海姆的威胁，弗莱堡于 1986 年成为首批采用当地能源供应以保护气候的德国城市之一。该计划包括减少能源、水和资源的消耗。这些行为促使弗莱堡成为全球一流的可持续城市，通过节能的空间和优秀的交通规划以及自然保护措施等，开发了技术领先的太阳能产业，让居民们过上了高品质生活[44]。

一、案例创新点

政府下放补贴，促使居民节能，同时合理使用太阳能和生物质能。政府设立特定的“交通平静区”以及可任意使用的公交卡来促进公共交通发展。通过多种举措发展当地的绿色经济，投资制造业吸引工厂投资落户，加大研究和教育的投入并提供当地公司的实习机会以此提升大学名声。同时发展旅游业，吸引外地游客促进合作机会。该举措对经济效益的提升尤为明显，每年增益 5 亿欧元。

二、案例介绍

1. 政府补贴促节能、能源形式多样化

技术要求	适用范围
• 能源有政策要求 • 政府能给出相关补贴 • 地理位置好，阳光充足的地域 • 生物质充足的地域	适用于对能源有要求的城市

节能方面：1992 年，弗莱堡对建筑设计标准进行了修订，要求所有新房（或城市出售的土地）每年每平方米使用不超过 65kWh 的热能。据估计，该标准将每平方米的热油

消耗量从 12~15L 减少到 6.5L。同时，为了提高现有建筑的能源效率，弗莱堡制定了家庭保温和能源改造的支持计划。2002~2008 年提供了约 120 万欧元的补贴，补充了约 1400 万欧元的投资，每栋建筑的平均能耗降低 38%。2004~2010 年，弗莱堡的用电量人均消费实际下降了 1.6%（表 7-17）。

高效技术层面：弗莱堡开发的有效技术中的主要技术是热电联产（CHP）。顾名思义，CHP 通过捕获电力生产产生的废热来产生更多电力和有用热量，例如用于区域供热系统，从而产生电力和热量。现在，弗莱堡大约 50%的电力用 CHP 生产。另外，使用垃圾填埋气作为燃料，以及天然气、沼气、地热、木屑。例如，某热电联产工厂使用 80%的木屑和 20%的天然气为该地区提供电力和热能。热电联产的份额从 3%增加到 50%，使弗莱堡能够将对核电的依赖从 60%降低到 30%，并同时提供当地供暖。

弗莱堡的可再生能源包括太阳能和生物质能。太阳能是弗莱堡最常见的可再生资源。这座城市拥有大约 400 座公共和私人建筑的光伏设施。其中最出名的是火车站的 19 层幕墙，城市会议中心的屋顶也布满了太阳能板，Solarsiedlung 社区及其邻近的 Solarschiff 商业园更是如此（图 7-74、图 7-75）。

图 7-74 Solarsiedlung 社区

图 7-75 Heliotrope 跟随太阳旋转的结构

目前，弗莱堡 15 万 m^2 的光伏电池生产超过 1000 万 kWh/a。Solarsiedlung 社区的 60 个住宅生产的能量超过了他们消耗的能量，并为居民每年赚取 6000 欧元。

2. 政府干预促进公共交通发展

技术要求	适用范围
已有较为完善的公交路线和自行车道	适用于大型城市

1969 年，弗莱堡设计了第一个综合交通管理计划和自行车道网络。该计划旨在提高移动性，同时减少交通并有益于环境，每 10 年更新一次。它优先考虑如何避免交通堵塞，并优先考虑环境友好的交通方式，如步行、骑自行车和公共交通。避免交通堵塞与城市规划相结合，使弗莱堡成为一个“短距离”城市——一个紧凑的城市，拥有强大的社区中心，人们的需求在步行距离之内。1973 年，整个市中心被改建为一个步行区。

自 1972 年以来，公共交通网络一直在稳步扩展。今天，弗莱堡有轨电车长达 30km，并连接了168km的城市公交线路以及区域铁路系统。70%的人口居住在电车站500m范围内，列车在高峰时段每7.5min运营一辆。弗莱堡公交卡（RegioCard）目前的价格是每月47欧元。RegioCard不仅可以无限制地使用弗莱堡的城市交通，还可以无限制地使用整个地区的公共交通，还可被用作音乐会、体育赛事等大型会议的门票。政策落实第一年汽车出行次数就减少了29000次。

弗莱堡政府已开发出超过400km的自行车道，还开发了约9000个自行车停车位，包括中转站的“自行车和骑行”停车位，通过免费地图和其他信息促进自行车的使用。1982~1999年，自行车对城市交通量的贡献从15%增加到28%，公共交通从11%增加到18%，而汽车行驶里程从38%下降到29%（图7-76）。

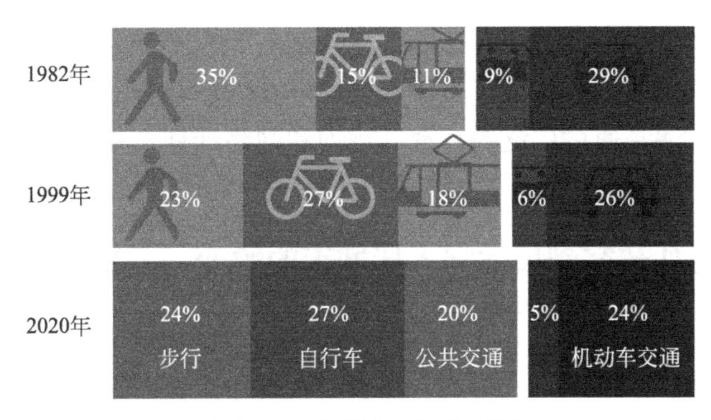

图7-76 弗莱堡交通比例图

弗莱堡交通政策的另一个值得注意的方面是“交通平静区域”。对于大多数街道（粉色区域），速度限制为每小时30km。蓝色区域：汽车的行驶速度不能超过步行速度，保证儿童可以安全地在街上玩耍。居民可以向城市土木工程部为他们的街道申请。

目前弗莱堡新推出共享汽车的概念，通过加入“Freiburger Auto-Gemeinschaft eV”机构的会员，大约有140辆汽车可以共享使用。

3. 多举措发展绿色经济

技术要求	适用范围
• 有一定的旅游价值 • 城市仍有发展空间 • 城市有大学且有相关专业	适用于大型城市

允许当地公民直接投资可再生能源。弗莱堡已经成为欧盟的“太阳谷”，类似于加州的硅谷。制造业、研究和教育以及旅游业的经济效益尤为明显。总体而言，“环境经济”在1500家企业中雇用了近10000名员工，每年为德国带来了5亿欧元的经济效益。

弗莱堡的公司不仅生产最先进的太阳能电池，还生产制造电池所需的机器。约有80家企业在太阳能技术行业雇用了1000多名员工。

弗莱堡有著名的研究机构网络：弗劳恩霍夫太阳能系统研究所（欧洲最大的太阳能研究所）和Ökoinstitut国际太阳能学会（一家全球性组织）总部，一年一度的太阳能峰会，吸引了来自世界各地的人们，促进了经济的发展。

环境教育是另一项蓬勃发展的事业。仅在环境教育领域，就创造了700个新的就业岗位，还有专业太阳能培训中心。学校的环境教育和户外教育同时展开，鼓励年轻一代培养环保意识。

上述三大要素的关联性如图7-77所示。

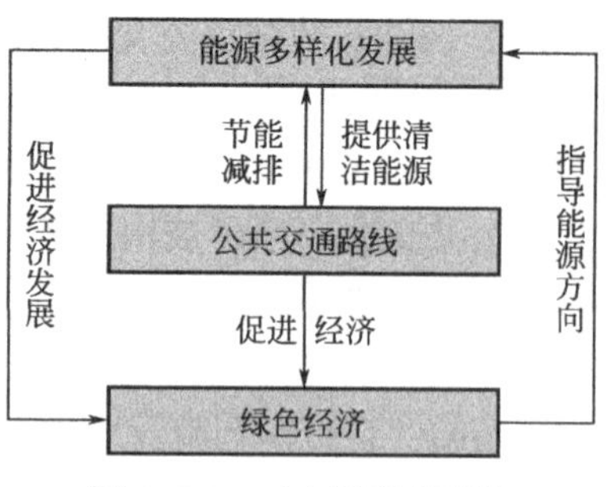

图7-77　三大因素关联性

三、经验借鉴

弗莱堡如今是德国最为出名的绿色城市之一，强大的地方机构和当地领导层的持久承诺共同促成了其可持续城市的成功，社会系统和生态系统之间的共同适应保证了可持续城市运作的稳定。弗莱堡能够长久绿色的原因得益于异常高度集中的可持续发展专业人士，包括ICLEI（地方政府可持续发展）、ISES（国际太阳能学会）和市长基金会。或许，对于未来城市的可持续发展，唯一的方法是通过广泛的教育、培训和网络计划，在世界各个城市推广这种专业知识。

案例二：从混乱贫穷到最适宜人居城市的蜕变——巴西·库里提巴生态城

项目规模:430.9km^2	规划实施主体:政府主导
创建时间:20世纪70年代	规划地址:巴西东南部城市,巴拉纳州首府
城区类型:新开发城区	气候分析:亚热带海洋性气候

库里提巴位于帕拉纳瓜海港的西部，20世纪70年代前的库里提巴面临严重的人口拥挤、大规模失业、交通拥堵、环境污染等社会及环境问题。

贾米勒纳（Jaime Lerner）担任市长后，作为首席设计师和建筑师，其认为运输应该既高效、可负担又可持续，从而通过关注健康和社区来帮助城市，启发整个城市的创新，并向全球城市传授经验。秉呈全新的可持续发展理念并辅以少量政府投资，仅用一代人的时间就改变了城市面貌（图7-78）。在1990年，库里提巴成为第一批被联合国命名为“最适宜人居的城市”中唯一一个发展中国家。

图7-78　库里提巴鸟瞰图

一、案例创新点

库里提巴快速公交路线因其覆盖面广，路线类型全面而出名。该城市也是最早进行垃圾分类的城市之一，将其垃圾分类理念渗入教育并推广垃圾换物的概念，这两大特点引领了库里提巴经济的快速发展。此外，在城市路线的基础上完善自行车规划，鼓励居民低碳出行，减少了温室气体的排放。在规划中更是合理利用城市空间，增大绿地面积，避免城市灾害。

二、案例介绍

1. 快速公交系统（BRT）

技术要求	适用范围
• 对交通要求较高区域 • 商务区相对集中	适用于小型城市

库里提巴成功规划的关键要素之一是综合运输系统，尤其是公交线路。库里提巴是第一个实施快速公交系统的城市。在城市中设置了五条公交专用路线从镇中心向外发散，覆盖全城，同时在道路中间设置公交车专用道，与汽车路线强制分离，缩短乘车时长（图 7-79）。为增加了每辆公共汽车运输的乘客数量，设计了“三段铰接式公共汽车”（Triple Articulated Buses）（图 7-80），乘客数量可达 4000 人/d，但价格仅为公交的 1/10。

图 7-79　公交车道

不仅如此，不同的公交颜色代表不同的公交路线。例如：红色公交停靠站较少；橙色公交将人们从边远地区带到快速路线；绿色公交将郊区居民带到快速路线；灰色公交将郊区居民直接带到市中心。不同的公交路线提供不同的功能，极大地方便了居民的生活，同一张车票换乘不同颜色的公共汽车，更是节省了时间与成本。政府对公交站台也作出了相关改进：乘客可以提前在站台买票，公交车门设计得更宽，并增加了连接板，方便了残疾人的使用（图 7-81）。

图 7-80 三段铰接式公共汽车

图 7-81 汽车站

缜密的规划与设计促成了库里提巴交通的成功，根据统计，库里提巴的快速公交车道每小时可载客 20000 人，占据了所有通勤者的 3/4，每个工作日运送 190 万乘客。不仅如此，库里提巴享有巴西最低的汽车使用率，每年可节省 700 万加仑的燃料，人均汽油消耗量比其他巴西城市少 25%。

2. 土地使用，鼓励交通导向

技术要求	适用范围
土地还有余地可供规划	适用于大部分城市

土地使用监管鼓励以交通为导向的发展——在 BRT 线路和主要道路周围的区域密度更高。在沿着规划的运输轴线的地点，立法允许建筑物的总建筑面积为总地块面积的 6 倍，开发密度随着公共交通连接的距离而减少，在道路主要交汇处由政府出面，购买了大片土地整合为经济适用房，创造混合社区，避免出现人口集中地。通过这种方式，该市已经能够确保住宅和商业密度之间的联系以及这种密度带来的运输要求。

3. 完善自行车规划，鼓励低碳出行

技术要求	适用范围
• 骑自行车人数较多 • 主路适合规划自行车专用道	适用于小型城市

库里提巴市在 2016 年投入了 9000 万美元用于实施新的自行车总体规划，预计将在该市新建 300km 的自行车道。其中 90km 的车道是在市区内，因自行车与机动车共用同一空间，汽车会被限速。该规划在现有道路上优先设计自行车道（图 7-82），新建 19.5km 的自行车道以便连接城市各部分。同时创建自行车租赁系统，完成与自行车基础设施相关的项目，为保证自行车停车方便，在市级通过法案，强制所有机动车停车场的 5%面积用于自行车停放。

4. 最早进行严格垃圾分类城市之一

技术要求	适用范围
• 污染严重的城市 • 垃圾填埋地少 • 有完整的垃圾运输线的城市	适用于大部分城市

图 7-82　自行车规划路线示意图

在 20 世纪 80 年代，严重的卫生问题困扰着库里提巴。1989 年，理事会决定采取行动。与邻里协会合作，组织当地居民收集废物。不仅仅针对垃圾回收，同时结合教育、就业等社会问题，出台相关文件，致力于改善库里提巴的环境问题。

理事会强制学校从小教育可回收垃圾的意义及其重要性。库里提巴的居民可用垃圾交换车票与食物（即使是贫困人群），每 15 天，能用可回收垃圾（废纸、纸板、玻璃、金属和油）交换新鲜农产品（图 7-83），例如：4kg 可回收物可以交换 1kg 新鲜水果和蔬菜。每提供一袋分类好的垃圾就可获得一个公交代币，可免费乘坐一次公交。即使是教育程度低的居民也被要求垃圾分类，参与到环保的工作中去，垃圾回收厂必须为残疾人提供职位。

图 7-83　垃圾分类箱示意图

如今，库里提巴的垃圾回收率已经高达 70%。在此写下库里提巴的垃圾分类政策是想给中国的城市作参考，从 2019 年 7 月开始，中国上海市出台了《上海市生活垃圾管理条例》，开始实行严格的垃圾分类制度。北京、深圳、无锡等城市纷纷响应，着手开始垃圾分类的相关工作。

5. 合理利用城市空间，避免城市灾害

技术要求	适用范围
• 绿地面积少 • 易受自然灾害（洪水、泥石流）冲击的城市	适用于大部分城市

库里提巴人均绿地从 0.5m^2 到 52m^2，成为世界上最“绿色”的城市。在过去的 20 年间，库里提巴种植了 150 万棵树并建立了 28 个公园（图 7-84）。城市生态永远是规划的重点，尤其是寸土寸金的一线城市，更加需要利用零碎的土地做公园规划，为城市增加绿地面积。

图 7-84　库里提巴公园

（1）库里提巴遭受过洪水的冲击，因此沿着城市高速公路开发绿化带，以减少洪水并充当空气净化器；同时在市中心也建立各类公园，在大雨来临时，积水分流至公园的低洼地区，形成临时湖泊。

（2）该市还在市中心建立了大量人造森林和公园。原则是不浪费任何城市空间，公园中一部分土地曾经是地雷区。而出名的 Tangua 公园，实际上是改造了破坏性采石场。

（3）该市沿着 Barigui 河沿岸开发一条 40km 的绿色走廊，穿过城市，连接已有的公园并提供步行路线和自行车道。

（4）对土地所有者征收房产税，土地所有者必须将土地中 70%～100%的面积保留为森林。

（5）库里提巴有大面积的草坪，但是不用人力修剪而是在草坪上放牧。羊毛也能成为居民的收入来源之一。

（6）库里提巴制定了环境立法。该环境立法的目的是保护植物。由于城市的快速发展，许多工厂濒临破产以便为新建筑提供空间。立法通过确保珍贵的植物不会被砍伐来给建筑空间让步。

上述五大因素的关联性如图 7-85 所示。

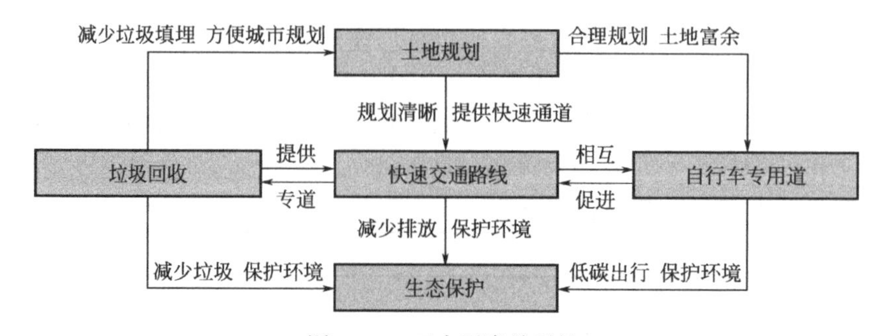

图 7-85　五大因素关联性

三、经验借鉴

库里提巴今天的成就是各方面优秀的规划相互促进而成的，而富有远见的市长贾米勒纳更是整个城市规划的核心人物。以垃圾分类举例，一方面在政策上强制中小学生接受垃圾分类的教育，在思想上有了根深蒂固的认知。另一方面，通过垃圾以物换物的模式，比如垃圾换得公交车代币和新鲜蔬果，能够引导居民特别是贫困线以下的居民也愿意投身至垃圾分类中。

但库里提巴仍需对其公交系统未来发展再作考虑，该市面积 430km^2，仅有 210 万人口，但有调研显示库里提巴的公交系统现已趋近饱和。在繁忙阶段，即使是每 90s 一班车也仍旧人满为患。因此，库里提巴的公交系统下一步如何规划是目前需要考虑的内容。

案例三：汉堡旧港口更新重建，推动可持续建筑体系发展——德国汉堡港口新城

项目规模：1.57 km^2，预计会增加 40%	规划实施主体：政府主导
创建时间：预计 2020 年至 2030 年期间完成	规划地址：汉堡城市中部
城区类型：更新城区	气候分析：夏季温度舒适，多云；冬季漫长，寒冷，多风，多云

港口新城（HafenCity）的项目建立在一片半废弃的旧港口区域，而这片旧港口从中世纪到战后初期都是汉堡的主力港，掩埋着这座城市的无数记忆碎片。在宣布港口新城建设前夕，城市呈现四分五裂的状态，大多数汉堡的城市平民都失去自由进出港口的权力。汉堡时任市长福舍劳博士决心打破这种屏障，因此自 1988 年推动了一系列中小规模的旧街区改造项目。1997 年，福舍劳博士任职的最后一年，宣布了港口新城建设计划。

港口新城占地面积将达到 157 万 m^2，其中陆地面积 127 万 m^2，新城将以现代都市的面貌回归到“汉堡市中心”的范畴中，使汉堡城区面积扩大 40%。港口新城建筑面积达到 240 万 m^2，大约 7000 个住宅单元，14000 位居民，提供 45000 个工作职位。都市更新计划将这里的仓库改为办公楼、酒店、商铺、住宅等（图 7-86）。

图 7-86　港口新城

一、案例创新点

该项目为旧港区改造为功能齐全新城区。城区内建筑均按可持续建筑标准建造，有36栋建筑已获得认证。可再生能源广泛应用于公共交通和船只，为减少温室气体排放，公寓减少了40%的停车位，以鼓励居民使用公共交通。建筑、交通、能源等各方面规划较为完善，因此该城区创建了独立可持续评价系统。

二、案例介绍

1. 旧港区改造为功能齐全新城区

技术要求	适用范围
• 原先为港口城市或城区 • 具备资金更新城区	适用于小型港口城市

达到商业、办公楼、公共区域各功能齐全、平衡的城区。

2. 城区内建筑均按可持续建筑标准建造

技术要求	适用范围
• 城区内对可持续建筑有政策要求(强制) • 有专业技术团队	适用于小型城市

港口新城的许多建筑物都获得了德国可持续建筑协会（DGNB）的银色和金色生态标签。36栋建筑拿到国际可持续建筑认证。

以联合利华为例，该建筑获得DGNB金奖，采用数十项可持续技术（图7-87）。太阳能控制玻璃允许日光传输，降低室内照明成本，也防止夏季过热，降低空调需求，在冬季，保持内部温暖。

由于位置在邮轮码头附近，必须特别注意排放。因此，实施了一种特殊的混合通风系统：主要通风是采用地板压缩空气系统的机械式通风系统。通过过滤系统，外部空气通过办公室分配，然后空气进入中庭。屋顶的热交换器可最大限度地减少热量损失。该楼由一个透明的玻璃幕墙包裹，结构间没有水平密封，另一方面避免海洋气候的污染，另一方面也达到良好的防火效果。

图7-87 联合利华大楼

3. 可再生能源应用广泛

技术要求	适用范围
地理位置好，本身有充足的能源供应，例如港口城市，风能充足	适用于小型城市

超过90%的供暖来自东部港口城市的可再生能源，30%的热水供应来自可再生能源。

4. 鼓励使用公共交通

技术要求	适用范围
• 商务区相对集中 • 对交通要求较高区域 • 城市人口不能太少，避免成本浪费	适用于小型城市

在港口新城的规划中，提出短距离的移动概念（步行、骑自行车）配合完善的公共运输，部分公寓楼每100套公寓仅配置40个停车位。在能源方面，船只用能逐渐转为天然气混合动力，汽车使用氢能源，推广以社区为基础的电动汽车。

5. 建立基座免于洪水冲击

技术要求	适用范围
• 易受洪水冲击的城市 • 地势较低的城市	适用于临海，港口城市

建筑建在人工构造的基座上（图7-88），高于海拔8~9m，街道与桥梁被设置在高于海拔7.8~8.5m处。地势较低的地平面为洪水提供一个溢流面，可以使洪水分散，利用高洪峰降低水位。由于海港位置易受水流冲击，上层粘合层无法承重，因此，使用桩打入20m以下的沙土中用于承重。由于直接深挖可能导致挖掘过深穿透沙土层，因此采用抬高水平面的技术可以将粘合层中的水分挤压，进而有助于后续的道路与管道的建造。

图7-88　洪水基座保护

6. 城区独立可持续评价系统

技术要求	适用范围
• 城市或城区对可持续建筑有一定专业研究和政策要求 • 区域内有一定量的可持续建筑，并设计较为完善	适用于发展较完善的城市

HafenCity Gmbh 系统（图 7-89）：HafenCity Ecolabel（一个可持续建造的评价体系）计划未来纳入 DGNB。自 2010 年开始建设以来，有 36 栋建筑已通过或完成预认证。

图 7-89　Hafencity 平面图

上述六大因素关联性如图 7-90 所示。

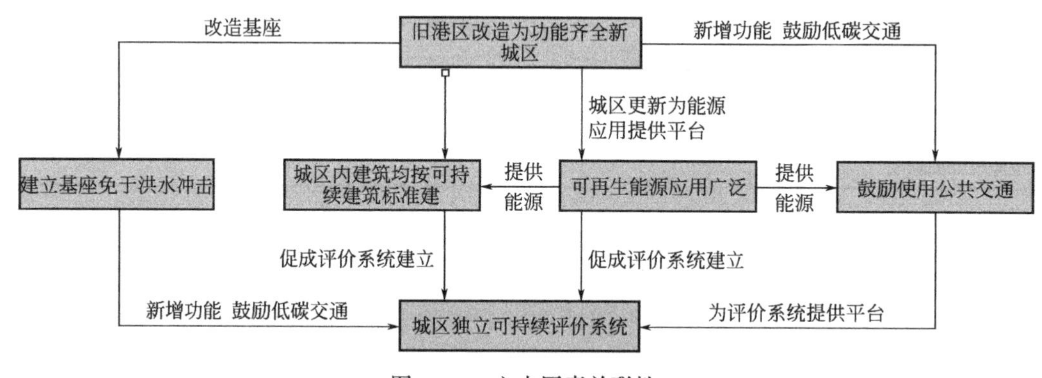

图 7-90　六大因素关联性

三、经验借鉴

气候专家 Gerhard 博士表示，尽管迄今为止取得了一些成就，但港口城市的可持续发展潜力尚未实现。港口城市在建设一个由可持续性和资源负责任使用所定义的城市方面取得了重大进展，但仍需要做出更大的努力来巩固所取得的成就。通过更广泛地使用更新能源，可以进一步减少城市的二氧化碳排放量。在规划和建设未来建筑时，需要进一步鼓励环境可持续性。

案例四：生物多样性的生态城——阿德莱德生态城

项目规模：15.57 km^2	规划实施主体：政府主导
创建时间：计划至 2025 年	规划地址：阿德莱德位于 Fleurieu 半岛的北部，位于海湾圣文森特和低洼的 Mount Lofty Ranges 之间的阿德莱德平原上
城区类型：新开发城区	气候分析：夏季温暖至炎热干燥；冬季凉爽至温和，冬季降水量最多

阿德莱德位于阿德莱德—洛杉矶山脉自然资源管理区，是南澳大利亚州政府定义的八个自然资源管理区域之一（图 7-91）。其约 535000hm^2 的土地中包含了 50%的本土植物物

种和75%的南澳大利亚本土鸟类。为了保护其自然资源，阿德莱德的许多以可持续发展为重点的组织形成了一个综合网络，支持减缓气候变化、水资源保护、生物多样性和气候变化适应的能源政策以及其他部门。

国际上，阿德莱德的目标是成为可再生能源政策和研究的全球卓越中心，吸引了伦敦大学于2009年在那里开设海外校园。同样，阿德莱德也从区域和国家政府获得了对其可持续性工作的支持。

图7–91　阿德莱德鸟瞰图

一、案例创新点

阿德莱德因其地理位置，最大的创新点就是制定相关对策保护生物多样性。对于受损的植被、河流进行修复，杜绝外来物种，加强濒危动植物的保护。鼓励可再生能源应用。阿德莱德地广人稀，风能、太阳能是能源主力军，自2010年阿德莱德已减少15%的能源使用。阿德莱德水资源并不丰富，因此对非传统水源的利用也较为严格，挨家挨户地强制水箱回收废水，增加雨水花园的面积，如今废水回收率已达到30%。

二、案例介绍

1. 制定相关对策保护生物多样性

技术要求	适用范围
• 对生物有政策性的保护要求 • 城市生物面临气候或人为威胁	适用于生物种类丰富的城市

澳大利亚的生物正面对严峻的考验，100万种生物濒临灭绝。通过重新修复植被计划、重新引入受威胁物种和恢复栖息地，保护河流与湖泊，以改善生物多样性，给当地物种一个更适宜生存的环境，并为游客提供一个与大自然相连的空间。同时消除生物的威胁，如环境杂草或国内牲畜和野生动物放牧，根除引进的捕食者。

阿德莱德的种植300万棵树计划估计可捕获90万tCO_2，自2000年以来，二氧化碳排放量减少了15%。河岸修复的早期阶段，除去了大型木本杂草，如柳树和白蜡树，以及较小的侵入性杂草。随后种植了10万株原生植物，作为城市森林300万棵树计划的一部分。

原生植被继续生长，为本地动物提供食物和栖息地。

2. 鼓励可再生能源应用

技术要求	适用范围
• 城市地理位置能够提供足够的风量、太阳照射 • 有完整的能源网络结构	适用大型城市

阿德莱德使用最多的可再生能源为风能和太阳能。由于阿德莱德的地理优势，澳大利亚35%的风电场都安装在此处（图7-92）。

太阳能的使用是通过将太阳能光伏（PV）面板智能集成到建筑环境中来促进太阳能。2009年，阿德莱德使用太阳能电池板来建造电车站的屋顶：这些电站为车站和城市电网提供电力，此外还提供遮阳，去除90%的热量和98.5%的紫外线，每5个太阳能屋顶电车站每年就能避免13tCO_2排放量。预估算，超过120000栋房屋和大多数公共建筑物上都使用了光伏屋顶。截至2016年，南澳大利亚超过26%的电力来自风力涡轮机和太阳能光伏板，50%的电网来自可再生能源。

图7-92　阿德莱德风场

3. 非传统水源利用

技术要求	适用范围
• 对于水资源重视 • 有较为完整的中水、黑水处理系统 • 且城市对雨水城市、海绵城市等相关规划有要求	适用于缺水城市

阿德莱德在2004年通过了立法，要求所有家庭都有一个水箱来收集雨水，城市绿化区域的雨水也提供相关设施收集和再利用，并增加湿地和雨水花园的面积以最小化雨水污染的影响。处理废水用于农业灌溉，截至目前，奥德莱德的废水利用率是30%，而澳大利亚的平均水平约为17%；每年至少有6000万L的雨水和7500万L的城市污水将被回收用于非饮用水。对类似阿德莱德的缺水城市，计划到2050年，保证每年城市用水降低至5000万L或者更少。

4. 严格垃圾回收制度

技术要求	适用范围
有政府政策支持	适用于大部分城市

在阿德莱德，垃圾回收有严格的规定和时间限制。一般垃圾（140L 红色带盖的垃圾箱），每周收集一次；可回收物品（140L 或 240L 黄色带盖垃圾桶），每两周收集一次；有机废物，如食物和花园垃圾（140L 或 240L 绿色带盖垃圾桶），每两周收集一次。2017 年是南澳大利亚的集装箱存款计划通过的第 40 个年头，为人们存放瓶子或罐子以便回收利用提供 10 美分的退款，阿德莱德每年回收 5.8 亿个饮料瓶。截至目前，阿德莱德实现了 85%的垃圾回收。

从财务角度，南澳大利亚每人每年倾倒价值 213 美元的食物垃圾。如今实现家庭垃圾回收，通过厌氧技术生产堆肥用于农业，每年 180000t 堆肥由城市有机废物制成。垃圾和回收部门雇用了近 5000 名员工，每年为国家总产值贡献超过 5 亿美元。

上述四大因素的关联性如图 7-93 所示。

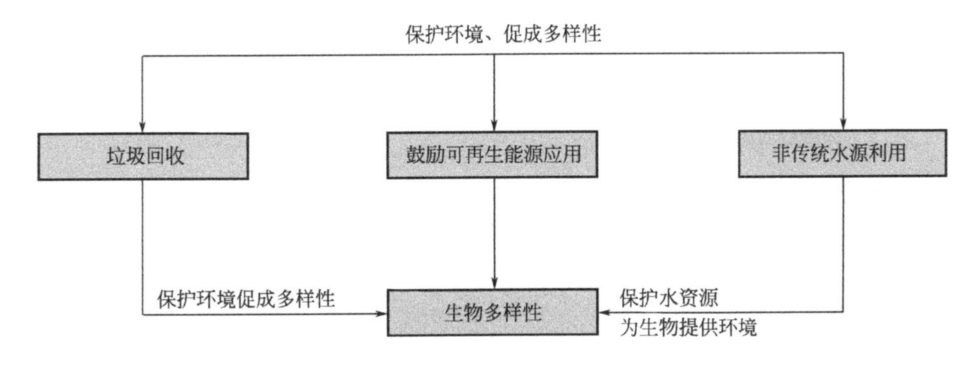

图 7-93　四大因素关联性

三、经验借鉴

阿德莱德生态城是众多生态城中为数不多的重视生物多样性的城市，是因为其独特的国情和地理风貌。我国虽未有相似的城市类型，但是可提取不同的技术特点用于不同的城市。例如针对我国的部分城市，可将气候变化适应纳入生物多样性保护；针对我国的干旱城市，可采取废水收集、再灌溉等行为避免浪费。

案例五：政府出资，破产再兴起——伦敦道克兰生态城

项目规模:22km²	规划实施主体:政府主导
创建时间:20 世纪 70 年代启动至 1988 年	规划地址:伦敦东部,泰晤士河沿岸
城区类型:更新城区	气候分析:温带海洋性气候,冬季漫长

一、背景介绍

道克兰地区几个世纪以来一直是英国海运贸易的主要枢纽（图 7-94）。在 20 世纪后期，道克兰的许多制造工厂和码头被废弃或交给新的住宅和商业开发项目。由于规划不完全，当时的道克兰地区由于几乎没有商业基础设施，因此伦敦码头区的失业率大幅上升。

新的金融中心伦敦码头区开发公司（LDDC）成立于 1981 年，负责监督码头区的城市重建。码头区靠近伦敦金融城，使其成为一个极具吸引力的二级办公地点，这得到房地产开发的支持，以容纳这股新一轮的城市工人、伦敦地铁列车、广阔的展览中心（伦敦 Excel 中心）和新机场（伦敦城市机场）[45]。

图 7-94　道克兰全景图

二、案例创新点

根据伦敦城市更新项目总结出的经验：在生态城规划前期不应过于乐观，不能小看不可预见成本和外部影响，同时在发展速度如此迅猛的时代，在规划后期应当时时关注社会焦点，以应对不同的社会需求。更重要的是，平衡开发与民众的诉求，关注基础化措施。

三、案例介绍

1. 城市更新项目易受不可预见成本和外部影响

道克兰项目初期计划采取“杠杆规划”模式。政府只对关键性大型基础设施投资，面向土地和建筑工程的投资则来自社会，政府筹划用 4.41 亿英镑政府投资吸引约 44.4 亿英镑社会投资。这本是一个非常理想化的方案，十倍杠杆投资组合看似也是符合常规开发的比例，但是当时伦敦政府除了交通、住房和特定设施外没有其他投资。基础设施有一个大致的设想但没有具体方案，也没有规划连接道克兰与伦敦市中心的道路，更没有预期可能的社会成本。

为吸引社会资本，政府颁布了一系列激励措施，如开发土地税全部减免、投资充抵未来十年税收等政策，道克兰的土地也以极低的价格出售。而另一方面，基础设施建设实施缓慢，加之 80%的土地掌握在分散的业主手中，政府在开发过程中完全丧失了主导权。另外，道路、铁路等投资超出预算，项目未按期建设，导致基础设施和地区开发步调极度不协调。

在整个道克兰城市更新过程中，英国 1984~1988 年发生了一场金融变革。在此期间英国平均楼价上涨了 128%。当时该区的土地完全是卖方市场，市场乐观预期新建的写字楼两年内便可全部出租或出售。1986 年奥林匹亚约克公司（O&Y 公司，当时全球最大的地产开发商之一）计划再次建设纽约世贸中心两倍大的商务办公综合体，道克兰初期规划的 74.3 万 m^2 的商业办公面积更是增长到 111.5 万 m^2。按照我国地产开发的标准，这将为该地区提供至少十万个工作岗位。

然而，到了 20 世纪 90 年代初期，受经济的影响，伦敦的商业办公面积需求大大减少。伦敦政府在开发初期欠下的发展债在这时被暴露了出来，由于该区交通与公共设施不完善，与其他商务区相比，道克兰地区受到的打击更为严重，1988~1994 年码头区的办公不动产价格下跌了 43%，附带 45%的空置率。对投资者来说，由于项目后期信贷成本大幅上涨，企业成本飙升。O&Y 公司由于项目过大，债务过重，资金断链，于 1992 年破产。

1993 年，伦敦道克兰开发公司（LDDC）发布为期 14 年的财务计划，计划投资 16 亿英镑用于提升交通设施。同期英国经济形势转好，对商务办公空间的需求大幅增长，而伦敦其他地区办公面积的供应没有提高，大量企业将选择转向道克兰地区。20 世纪 90 年代后期，该区的办公面积出租率达到 98%，价格上涨了 30%。

最终估计该项目利用社会资本 72 亿英镑，远高于计划社会融资额，但是，政府投资折合 60 亿英镑，大大超出最初的计划，这还没有统计隐藏成本如税收减免、投资优惠、土地出让金折扣等。另外加上财政刺激政策方面损失的 10 亿英镑，该改造项目总公共财政成本超过 70 亿英镑，形成了“反杠杆”，即公共投资为社会投资形成担保。社会学家、政治活动家将这个项目定性为又一起牺牲多数人的利益而充满少数人钱包的案例，但是从城市发展的角度看，公共设施投资仍将带来持续的红利，支撑该区域继续健康的发展。

2. 城市更新项目必须平衡开发和公众的诉求

道克兰项目开展之初，政府的工作重心放在经营土地上，没有关注原本居住在此的 4 万余名居民的利益。1976~1985 年，当地仅建设了 2398 套住房，远少于 1982 年计划的 6000 套。工作岗位方面，1976 年后的五年内当地失去了 8500 个就业岗位，同期仅创造了 800 个新就业岗位，与计划的 1.2 万个新就业岗位相比差距悬殊。居民们普遍认为开发计划带来了交通拥堵、房价上升、生活成本变高等一系列问题，却没带给他们任何利益，于是纷纷反对开发计划，道克兰所在的几个行政区也对开发持反对意见。

受影响的不仅是当地居民，开发商也担忧日益衰败的社区会造成治安隐患。于是开发商纷纷声明社会投资不仅能保证社区稳定，还有助提升工人们的技能。在各方的压力下，政府制定了保障性住房、社区公共设施以及社区经济振兴项目，成立了社区机构负责该地区的教育、培训、健康中心、社会服务等，以换取社区对项目的支持。成本核算中可见，公共投资仅有不足 5%流向社区建设，但足以支撑起社区对整个更新项目的支持。

3. 交通可达性

综上，交通设施发展缓慢是道克兰地区城市更新初期失败的一个重要原因伦敦的交通规划在 20 世纪 70 年代末已制定，但财政预算制约迟迟没有开展，导致道克兰地区与伦敦中心区隔离，通勤交通十分不便。20 世纪 90 年代经济萧条，道克兰更是由于其交通制约首先被市场抛弃。如果道克兰区在开发初期交通建设能够跟进，政府与开发商两者的损失都会减少很多。

4. 规划应灵活多变

城市更新往往是漫长的过程，因此不能用规划时的经济状况推演未来的经济形势。如果项目在设计阶段留出一定的弹性，就能在意外到来之际释放，以适应变化的各种环境（图 7-95）。

道克兰城市更新最初预期建设约 75 万 m^2 的商业空间，最终建成面积约 232 万 m^2，增加面积的收入用来升级公共设施等。弹性规划措施还允许企业根据需求调整项目细节、建设大空间，规划弹性政策也为提升建造质量、运用最先进的建筑技术提供了可能。

对于开发者而言，20 世纪 90 年代受交通制约该区办公需求不振，如果开发商可以适当延缓项目进度、分批次小规模开发，等待交通完善和经济复苏的话，他们的损失也会减少。此外，当地区商业办公需求不旺时，开发商也应改变项目类型，调整用地功能。实际上为了减少空置率，道克兰的很多项目都从设计初期的办公最终改成了居住和旅馆。

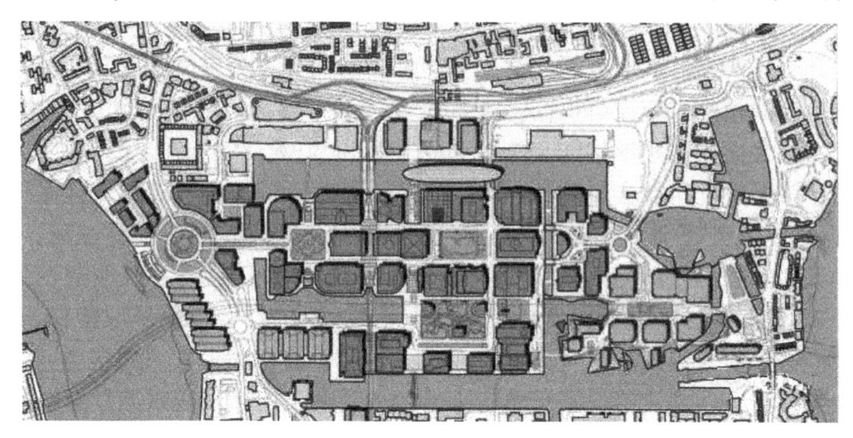

图 7-95　道克兰规划图

上述四大因素的关联性如图 7-96 所示。

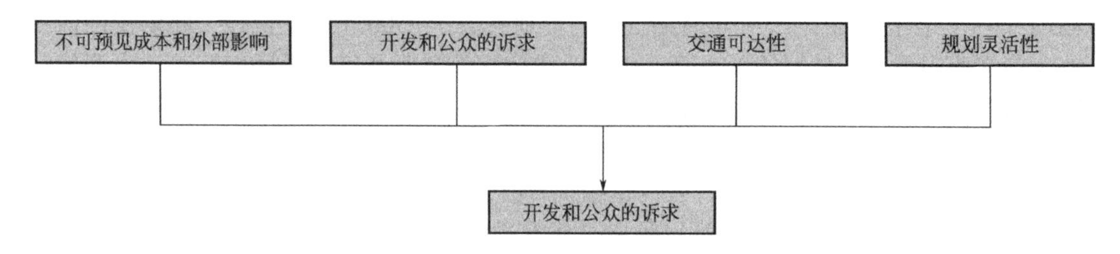

图 7-96　四大因素关联性

四、经验借鉴

城市更新项目必须平衡开发和公众的诉求，强调“公众参与”。采用公私合营的模式，鼓励私人资本参与城市更新。由于城市更新的不同阶段中整体利益与局部利益都会有所摩擦、改变，所以开发、更新策略不能一成不变，而是要采取针对性、弹性化的手段去解决。

案例六：沙漠中的环保城市——阿联酋玛斯达尔生态城案例

项目规模：约 $6km^2$	规划实施主体：政府主导
创建时间：2006 年	规划地址：阿联酋阿布扎比附近
城区类型：新开发城区	气候分析：热带沙漠气候

马斯达尔是阿联酋在首都阿布扎比郊区兴建的一座环保城市。由英国的 Foster+Partners 建筑设计公司以及 Mott MacDonald 环境咨询公司共同规划设计完成的，总预算约 220 亿美元，其中 40 亿美元将用于城市基础设施建设（图 7-97）。

一、案例创新点

作为世界上最具代表性的可持续城市之一，马斯达尔生态城使用了多样化的可再生能源利用方式，同时也成为阿布扎比的第一个珍珠社区评级 4 星的城区。和传统建筑相比，

图 7-97　马斯达尔生态城建设效果

马斯达尔城区内的建筑节能、节水率达到40%以上，建筑采用低碳水泥或其他本地认证的材料，90%的建筑垃圾实现了再利用，太阳能发电厂发电量达 10MW，屋顶太阳能发电板达到1MW，无人驾驶汽车快速运载（PRT）系统运载量超过200 万人次，也为5 万名居民和4 万名师生提供了住宅。

二、案例介绍

1. 可再生能源规划多样化

（1）能源现状概况

由于马斯达尔全年日照充足，昼夜温差较大，太阳能资源丰富，因此设计利用当地盛行风并且使用自然降温降低城市的外部气温，希望达成马斯达尔城内的整体气温低于阿布扎比市内其他地区的目标。同时，马斯达尔城区内消耗的水与能源同比阿布扎比市内其他地区降低40%。马斯达尔城计划创建 10MW 的太阳能光伏发电站以及 1MW 的太阳能光伏屋顶系统。太阳能光伏发电站每年可以产生 17500MWh 清洁能源，相当于 7350t 煤燃烧的碳排放。

（2）太阳能光伏发电

技术要求	适用范围
要求日照充足、太阳能资源丰富的区域	适用于日照充足的城区

由于马斯达尔城全年日照充足，太阳能资源丰富，太阳能是整个生态城区内应用最广的清洁能源。2009 年，马斯达尔城建设了 10MW 的太阳能光伏发电项目。这个项目是中东同类项目中规模最大的。这个太阳能光伏发电站由 87780 个多晶和薄膜组件构成。

和原本计划相比，马斯达尔城在太阳能发电上也遇到了之前未能预料到的问题：存在于沙漠上的太阳能电池板的背面会吸收大量的热量，严重时设备温度甚至会上升至 80℃，会导致设备受损。马斯达生态城附近沙暴频发，频繁的沙暴会让太阳能光伏板上附满沙砾，若不及时派人清理，效率会降低 40%。

（3）提供冷风

技术要求	适用范围
• 昼夜温差较大，或地面温度较高 • 盛行风较为明显的区域 • 旅游资源丰富的区域 • 关注人文的区域	适用于昼夜温差较大，且有一定旅游资源的城区

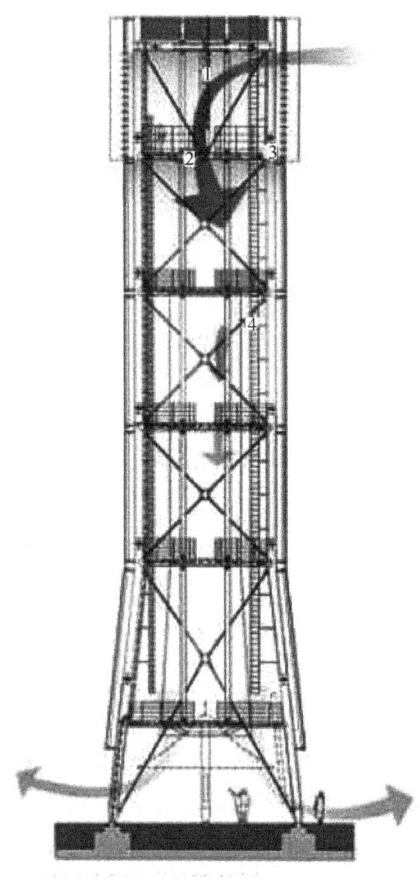

图 7-98　马斯达尔风塔原理图
1—传感器控制的散热孔；2—喷口；
3—环境监测装置；4—内筒

风塔设计本意与现状使用方式并不相同，最早，风塔为空调系统普及前热带地区的人们为了降温发明的一种方式。应用烟囱效应，使下方热空气进入塔中，再从上方排风道排出。但是，由于马斯达城的建筑设计密集，区域风速较快，马斯达尔城修建了特别的马斯达尔风塔（图 7-98）。

风塔高 45m，能够从高度较高的位置抽取相对温度较低的冷空气，通过风塔内部，从风塔底部排出，为下方的街道、建筑输送凉风。在风塔顶部安装了许多传感器，并通过传感器控制挡风板方向与风向相适应，便于冷风进入风塔。马斯达尔的狭窄街道设计也为风塔凉风输送提供了支持。紧凑的建筑密度、狭窄的街道可以更加紧密地引导凉风，使凉风更快速、更有效地输送至更大的区域。

作为一个带有试验属性的城市建设，马斯达尔城希望了解“零碳”或者低碳城市的社会意义。通过风塔收集的数据的一部分会被公开分享。居民可以从中了解到浪费能源与能源收益等各个方面。通过这种方式提升居民的个人素质，在潜移默化中改善其日常行为，提高行为节能。风塔上安装了 LED 指示灯，当城市运行情况比目标好时，LED 灯显示为绿色，当灯变为红色，即为城市能源消耗过多。这种指示旨在通过某种刺激影响城市内的居民行为。

在提供冷风的同时，马斯达尔城的风塔已经成为马斯达尔城的标志性建筑物之一了（图 7-99）。游客可以进入塔中观察塔内情况，在吸引游客的同时展现了被动冷却的好处，并展示了如何将原来的技术与现代建筑相融合。

图 7-99　马斯达尔风塔效果图

（4）城区内可持续建筑应用广泛

技术要求	适用范围
• 温度较高的区域 • 空气流速较快的区域	适用于大部分城区

2. 城市可持续设计

马斯达尔的街道和建筑物的设计宗旨就是节能。街道限制在 3m 宽，70m 长。与传统的阿拉伯设计一致，狭窄的街道间巧妙地设置了城市风廊（图 7-100），以维持气候稳定并促进空气流通，改善城市局部气候条件。

建筑只有 5 层楼高，屋顶上覆盖着太阳能电池板，并向外延伸。既能提供能源，又能为行人提供遮阴。整个城市位于东北向西南方向，晚上可以受到凉风的影响，并可以最大限度地减少热量。城市内的主要建筑——西门子大楼和 IRENA 大楼的外立面设计为倾斜状，以最大限度地减少来自太阳的眩光和热量。

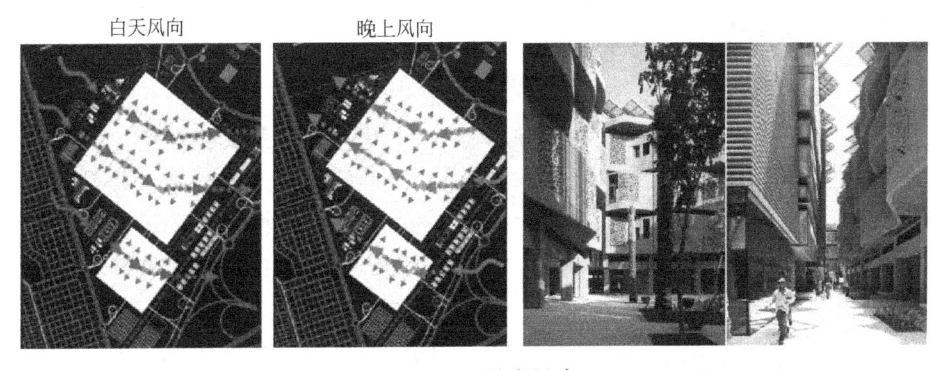

图 7-100　城市风廊

为了使建筑适应马斯达尔的气候条件，减少整体建筑所需的能源消耗，马斯达尔在外墙上进行大量节能设计（图 7-101）。

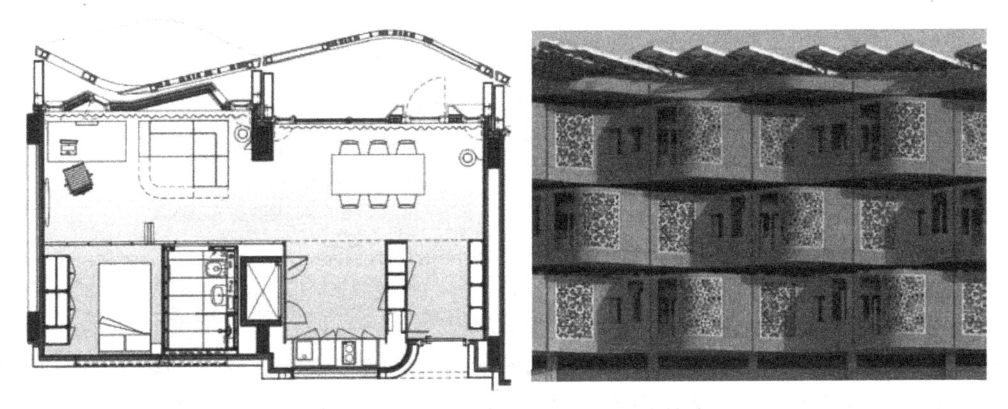

图 7-101　居民楼平面图 & 居民楼外墙

住宅建筑由红沙色的玻璃钢筋混凝土建成，以颜色融入沙漠环境为目的，力求维护成本最小化。建筑物的垂直面上穿着类似赤陶网的屏幕。这些屏幕可以遮挡阳光，同时允许进入微风。墙壁的设计（空气缓冲限制了热辐射）使空调需求减少了55%。与周围土地相比，场地有助于降温。由于独特的建筑使城市保持凉爽，这里的温度通常比周围的沙漠温度低15~20℃。除了窗户，外墙立面的其余部分被高度密封和隔热，90%的面积被包裹在可回收铝板内。公寓单元本身有覆盖屏风的窗户和高度靠近顶棚的窗户，最大限度地利用自然光，既能从外部照射，也能从内部中庭照射，同时保护隐私。

图7-102　IRENA大楼

IRENA大楼的建筑外立面经过轻微弯曲（图7-102），可以在任何特定时间将太阳光照的影响降至最低。同样，外立面的玻璃窗数量已经优化了30%，最大限度地减少办公室地板上的热量，同时最大限度地增加可以进入的日光量。为了进一步提升其性能，外立面采用高性能着色玻璃和高效隔热材料并合并了水平和垂直遮阳设备，为了最大限度地减少阳光直射产生的热量。通过采用被动设计，该建筑物的冷却需求减少了55%。

可持续建筑案例介绍：西门子总部。

西门子总部办公室大楼悬浮在公共广场之上，为广场带来阴凉，公共广场是现有的公共领域的阶梯式扩展空间，并在区域中心形成了人行通道。一系列的外部空间、零售单位和两个全玻璃结构的接待室强化了这一公共功能。大楼外墙由轻质铝片构成的遮阳系统，铝片形状各不同，每一片都根据日照方向来设定。参数优化的轻质铝外部遮阳系统最大限度地减少了太阳能增益，并最大化了建筑物的采光和视野（图7-103）。

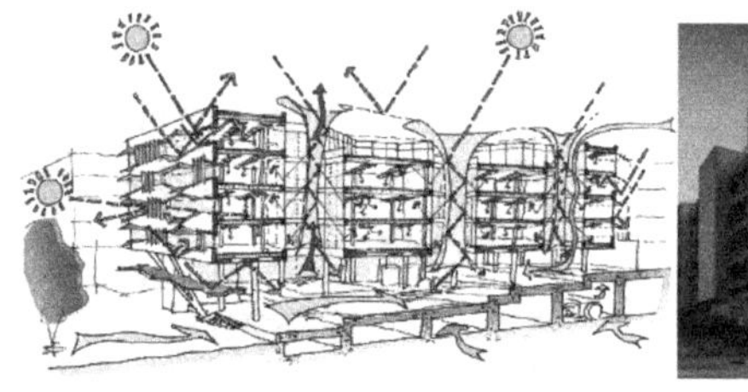

图7-103　西门子大楼的遮阳示意图

建筑的围护结构可以看成盒中盒。内部是高度绝缘的立面，能有效降低热导率；周围是由轻质铝材构成的遮阳系统，同时最大限度地减少热量的吸收。建筑的超大型楼面板面积为4500m²，建筑师通过使用参数化建模的方法达到90%节能。地板为无柱结构，整个楼层由9个中空的天井结构和周边的6个核心区域构成。一种新颖的结构系统减少了约60%的材料，并带来灵活的办公空间。4个办公楼层被划分为不同大小的房间，将来可根据需要进行改造，至少可改造32个办公室（图7-104）。

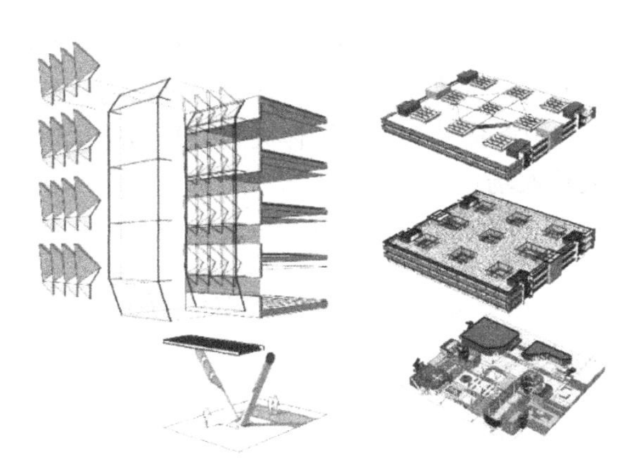

图 7-104 建筑模型

3. 多项国际领先的创新技术

(1) 水蒸气制水

技术要求	适用范围
• 较为发达的区域 • 造价较高,暂不宜大规模使用,部分示范性区域	水资源不足,或沿海地区的示范性生态城区

马斯达尔公司与 Zero Mass Water 公司合作开发了一项新能源技术：水太阳能板(图 7-105)，可以通过水太阳能板从稀薄的空气中提取水分，并转化为饮用水。这个独立的装置可以通过使用风扇和吸附性材料从空气中提取水蒸气，然后将其收集到一个水收集装置中，并进行后期处理。因此，此设备能够制造、软化和输送饮用水。此外，该设备也不需要外部供电，应用太阳能为设备供给能量。

图 7-105 水太阳能板

同时，设备应用了智慧相关的技术，实时分析传感器的数据并上传。除硬件外，在云端可以看到产品在各地的使用情况。数据显示，正常情况下，两块水太阳能板每月就可以产生 600 瓶水，这些水足够一个家庭的使用。但是，现阶段价格是制约该产品的主要问题之一，每块太阳能水电池板价格约 3850 美元，价格较高。

(2) 塑料转化燃料

技术要求	适用范围
• 概念性成果,尚未完全完成,仅用于展示	发达城市或示范性城区

塑料转化为燃料设施为马斯达尔与 Envyron 公司共同研发，可以将废弃塑料转化为运输机燃料。现阶段马斯达尔城正在建立一个塑料转化为燃料的示范设施，旨在将本城市的废弃塑料转化为可用燃料，由此提升人们对固体废料再利用的意识。

（3）马斯达尔城集装箱农场

技术要求	适用范围
• 不适宜种植作物的区域 • 土地较为匮乏的区域	土地资源匮乏、气候不宜耕种的城区

马斯达尔公司与马斯达尔农场共同开发。由于马斯达尔城全年平均气温较高，全年有 5 个月平均最高温度超过 40℃，普通农场难以在马斯达尔城完成创建，但是集装箱农场可以作为一种建设生态农场的解决方案，解决城区内种植困难的问题。这种集装箱农场为垂直农场的一种，可以帮助社区种植更多自己的农产品，并节约本区域运输食品的成本（图 7-106）。

图 7-106　集装箱农场

马斯达尔集装箱农场计划使用水培系统来种植生菜等作物。这种系统比传统农场所需的水少了很多。由于植物生长于一个受控的容器内，营养来源于营养水，所以不需要杀虫剂。LED 灯光模仿阳光，昼夜循环，模仿自然界的昼夜周期。根据推断，这种集装箱农场解决方案可以为减少 95%的水消耗，是节约资源的农业方式之一。

（4）个人快速运输（PRT）

技术要求	适用范围
• 较为发达的区域 • 对交通要求较高的区域	适用于小型城市或城区

自 2010 年在马斯达尔城推出以来，个人快速运输（PRT）系统的系统可靠性超过 99%，已经运送了 200 多万人。电动自动化单舱车辆提供隐私、舒适和出租车服务的旅行经验，以及公共交通的环境表现。这些车辆使用触摸屏操作，沿着马斯达尔研究所校园街道下的 PRT 专用走廊行驶。汽车由计算机控制，并使用传感器来定位嵌入地面的磁铁，这有助于车辆导航并确保畅通。顶部的同轴电缆天线在 PRT 走廊的长度上运行，并在各个车辆和 PRT 系统计算机之间提供无线连接。

上述技术关联性如图 7-107 所示。

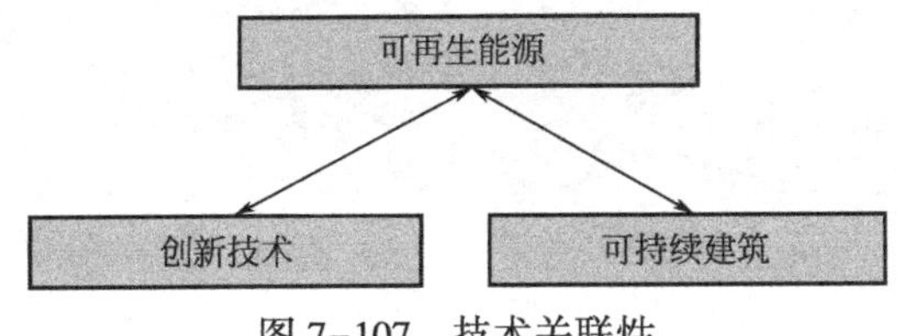

图 7-107　技术关联性

三、经验借鉴

随着生态城建设的推进，建设者渐渐意识到了“零碳”的目的很难达成，现阶段马斯达尔生态城区仅完成建设了 5%。至 2018 年，马斯达尔生态城获得了大小奖项数十个，包括建筑、可再生能源项目和创新举措等多个方面。

2008 年金融危机爆发后，马斯达尔城的预算被削减了 40 亿美元，生态城发展速度也开始变缓。预计大约 35%的马斯达尔城的建设计划会在未来 5 年完成。

可再生能源作为中轴连接了创新技术与可持续建筑。光伏发电应用在可持续建筑中，也应用在水蒸气制水技术中，因此，三者能够紧密地结合在一起。

马斯达尔生态城由于初始资金的充裕，马斯达尔生态城的初始目标过高，“零碳”仍然是一个较难达到的目标。所以，当遇到困难（如 2008 年金融危机）时，容易对目标失去信心，因此一个切实可行的目标是一切的基础。

马斯达尔生态城在初期规划时考虑问题不够周全，在规划时仅考虑到了好的一面：马斯达尔城处于沙漠气候，日照充足，适宜使用太阳能光伏技术。但是，太阳能电池板背面发热过高、沙暴频发等不利因素未能充分考虑。马斯达尔生态城将城市设计与能源使用相结合，风塔输送凉风的同时，和紧密的建筑设计、狭窄的街区设计相结合。马斯达尔生态城关注社会影响，通过风塔上的信息展示，引导居民行为，提升居民的行为节能。

案例七：循环宜居的生态城——瑞典哈马碧湖城

项目规模：约 1.8km^2	规划实施主体：政府主导
创建时间：1990 年	规划地址：瑞典斯德哥尔摩
城区类型：新开发城区	气候分析：温带大陆性气候

瑞典哈马碧湖城是由 SWECO 公司规划设计完成的。哈马碧湖城的城市发展已成为全球范围内一项重要的检验城市可持续发展的标杆。哈马碧湖城至今已实现了大多数的环境可持续目标，并在节能、融资、水资源、固废回收等方面进行综合示范，其环境负荷相较同期一般城区减少 50%（图 7-108）。

一、案例创新点

哈马碧湖城是由一片污染严重的工业区重新规划建设而成的。应用了多种融资主体并存的开发模式，不但有市政府的补贴，也有开发商、居民共同的融资模式。除此之外，还鼓励非机动化出行与低能耗的建筑模式，同时在固废资源、水资源利用方面也有较成熟的利用方式。

图 7-108　哈马碧湖城全览

二、案例介绍

1. 因地制宜的土地修复技术

技术要求	适用范围
需进行生态修复的土地	适用于需进行生态修复的城市

瑞典哈马碧湖城原来是一片污染严重的工业区，开发前对污染土地进行了无害化处理（图 7-109）。在建设的过程中，哈马碧湖城采用集约紧凑的开发模式，土地利用与交通组织相结合，通过控制土地形成紧凑的空间形态。

（1）小尺度的街区开发；

（2）用地功能混合，考虑地块的职住平衡；

（3）采用 TOD 开发模式。

图 7-109　瑞典哈马碧湖

2. 多样化的能源模式

技术要求	适用范围
• 城区产业结构较为成熟 • 经济发展较高	适用于大部分城市

能源目标：总需求低于60kWh/m²、电力消耗不超过20kWh/m²；80%的固废和废水获得的能源被再利用。经过处理的废水和废物用于加热、冷却、电力和沼气，同时还使用新能源技术，包括太阳能电池和太阳能电池板。城区使用可燃废物生产地区供热和电力，哈马碧的供热电厂使用亨利克达尔污水处理厂的废水中的废热供电。在使用废热冷却以后，又可以重新用来冷却整个城市区域冷却网络中的循环水。食物废物、泥废物可以通过生物降解，生物降解可以产生沼气。这些沼气可以作为能源被斯德哥尔摩的公交车使用。附属产物还可以作为肥料。

其他的能源使用还包括：

（1）混合燃料系统：生物油、利用废热的热泵、热电联产厂垃圾焚烧；

（2）区域供暖、净化废水提炼热量、可燃生活垃圾再利用、生物燃料；

（3）废水提炼热量后变为冷水用于区域冷却（食品杂货店的冷库，办公大楼空调协同的替代品）；

（4）太阳能电池；

（5）燃料电池（氢燃料等清洁燃料）；

（6）沼气炊具。

3. 多种融资主体并存的开发模式

技术要求	适用范围
政府支持	适用于大部分城市

（1）有资格申请补贴的措施：减少环境负荷、提升能源和其他自然资源的使用效率、促进可再生原材料的使用、提高再利用和循环利用、保护和加强生物多样性与保护人文价值和环境价值、增强植物养分的循环与针对过敏性物质改善室内环境。

（2）项目融资：项目融资的阶段如图 7-110 所示。

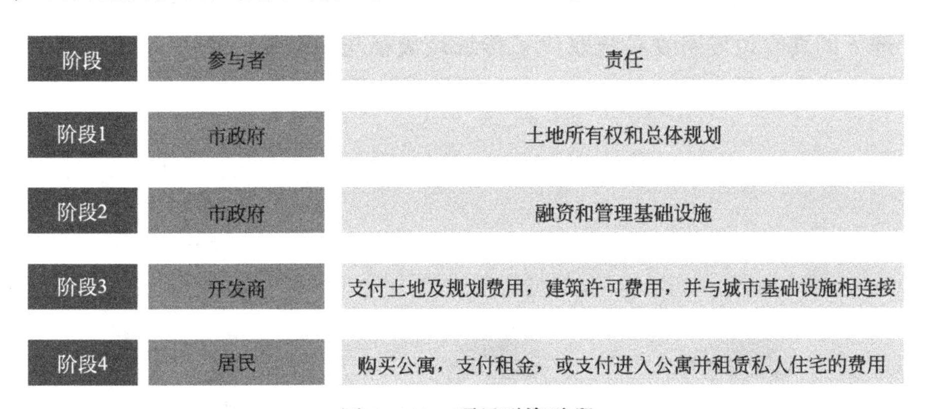

图 7-110 项目融资阶段

4. 鼓励非机动化出行与低能耗的建筑模式

技术要求	适用范围
• 绿地面积少 • 易受自然灾害（洪水、泥石流）冲击的城市	适用于大部分城市

交通目标：80%由公共交通、自行车或步行完成，15%的机动车是可再生能源驱动的。同时，在绿色空间、人行道、大型公园、芦苇公园、木制码头等方面获得大量的投资。

（1）城区推行非机动化出行：城区的步行道密度25.8km/m²，自行车道密度10.5km/m²，充分保证了慢行系统的普及性。

（2）公共交通：最远为250~300m由步行道或人行便道连接。

（3）汽车控制：停车位额定为0.7辆/人。通过减少停车位鼓励公共交通、自行车和步行。引入拼车制度，减少地面停车场，大多数停车场建在地下，也包括残疾人专属停车位。

（4）交通方式：轻轨、轮渡、汽车公用（共享汽车）、自行车、行人公共汽车。

（5）建筑目标：应用不同标准评价城区内的建筑，包括：环保建筑评价（MIljObyggnad）、BREEAM、LEED，平均能源消耗为118kWh/m²。

5. 先进的资源利用方式

技术要求	适用范围
• 垃圾分类意识较强 • 经济较好的城区	适用于小型城市或城区

（1）用水情况：100%的水被循环再利用。全部雨水本地处理，净化。人均用水量减少60%，使用节水设备、抽水马桶和空气混合水龙头等节水设备。

（2）固废管理：0.7%填埋、1%危险废弃物、33%物质循环、16%生物处理、50%能源回收。哈马碧湖城的环境目标之一是将用水量减半，目标每人每天用水100L，现阶段用水水平约为150L。

1）焚烧过程中将废弃物作为燃料以回收能源；

2）废弃物回收利用为新的材料和产品；

3）由生物过程处理废弃物。

位于地下的真空垃圾回收系统取代了传统垃圾桶与垃圾箱（图7-111），真空垃圾回收系统有固定式真空回收系统和移动式真空回收系统两种。

图7-111　地下垃圾回收概念图

1）固定式真空系统：适用于大型区域。固定式真空系统包括进口、传感器、收集站、旋流分离器、密封箱、过滤器、消声器等多个部分。垃圾从进口进入，经传感器判断收集信号，在超过警戒线的垃圾桶可自动或人工控制进行有规律的清空。垃圾进入收集站后，经旋流分离器压缩进入密封箱，后经过清洁过滤器清洁并通过消声处理后排向废弃物收集站。废弃物收集站位于郊区，靠近大型车辆使用的交通运输路线。

2）移动式真空系统：适用于小型与中型区域。垃圾进入真空，被存放在密闭的地下的螺旋罐中，收集点避开人口密集的区域以确保最小化收集废弃物引起的干扰。

上述五大技术关联性如图 7-112 所示。

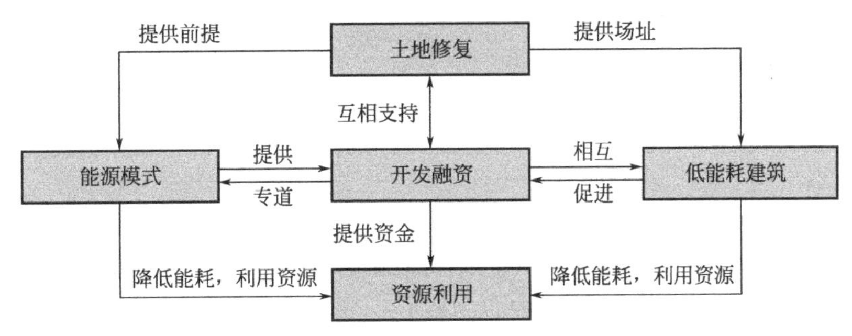

图 7-112　五大技术关联性

三、经验借鉴

城区内大多数的技术应用可以作为借鉴，各个技术应用相辅相成，共同构成了哈马碧湖城的绿色生态规划。但是，部分技术，如垃圾真空回收技术，造价高昂，应用范围相对较窄，需要足够的资金支持，并且当地已经有垃圾分类回收的意识才更加适宜应用。

案例八：火山之国内的“花园镇”——雷克雅未克加尔扎拜尔生态城案例

项目规模：约 $1km^2$	规划实施主体：政府主导
创建时间：2005 年	规划地址：冰岛雷克雅未克
城区类型：新开发城区	气候分析：热带沙漠气候

加尔扎拜尔位于雷克雅未克附近未开发的山地，海拔高出周围约 50m，项目位于居民区与自然保护区之间，是雷克雅未克市通往附近自然景点的门户（图 7-113）。由雷克雅未克公司主要设计，Mannvit 环境咨询公司配合完成。

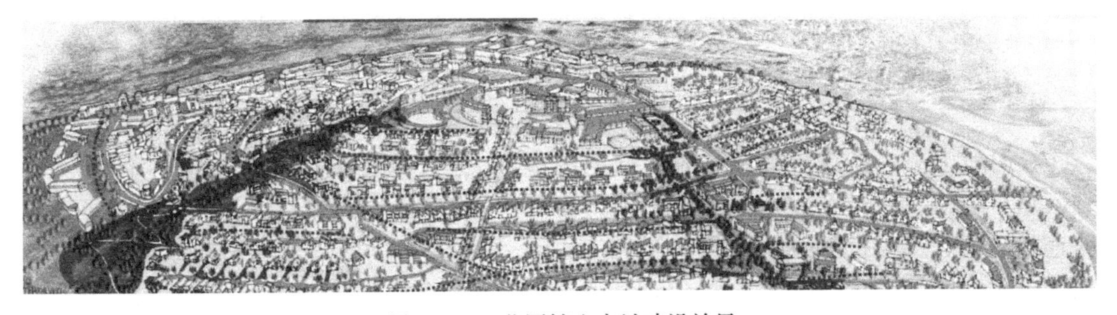

图 7-113　花园镇生态城建设效果

一、案例创新点

加尔扎拜尔绿色生态城区是于2012年第一个获得BREEAM社区认证的项目，它致力于尊重自然环境，创建适合居民居住与生活的独特城区。城区中以紧凑多样的混合用途社区为主，共1600个居住单元，90000m^2办公和零售建筑面积，65000m^2教育设施建筑面积，79000人在其中居住和工作。

二、案例介绍

1. 与众不同的城区设计

（1）以混合用途为原则的城区建设

技术要求	适用范围
用地种类相对复杂	适用于大部分城市

整个城区的建设以混合用途为核心。活动最多的公共建筑位于开发地理中心的海拔最高处，可以减少到达的距离。以活动中心为核心，周围分布着一系列的居民区。同时，也规划了透水性强的街道结构，通过植物、行人降速手段创造慢速与绿色的街道。

（2）广泛应用的可持续技术

技术要求	适用范围
与当地气候条件相结合	适用于大部分城市

城区内广泛利用各种可持续手段降低能耗，减少碳排放：

1）为了降低能耗，建筑物的选址与设计充分利用日光，减少了低角度太阳的眩光；

2）编制可持续设计准则，提倡适用当地和可持续的材料；

3）为减少能源消耗，鼓励自行车和公共交通出行；

4）鼓励安全处理有害物质，也鼓励回收玻璃、纸张、塑料、金属等，并为所有居民提供步行范围内的回收材料服务站；

5）为居民提供相关的环境教育材料，在小学的教育中有一个特别的环境教育课程。

（3）兼具景观效应的公共空间

技术要求	适用范围
• 城区位于山地上 • 城区兼具景观效应	适用于城区位于山地上的城区

在山坡上有一条绿化带，称为“绿色围巾”，穿过绿化带可以进入周围的自然景观区域。城区的主要公共空间位于山顶，可以直接观看到大海的壮阔景象，同时有道路连接主要公共空间与湖滨。沿着道路有两个小型公共广场，是居民的聚集、烧烤、娱乐的地点。

2. 冰岛首个可持续城市排水系统（SUDS）

技术要求	适用范围
• 城区附近具有洼地资源 • 在夏季有干涸可能的湖泊	适用于小型城市或城区

加尔扎拜尔 SUDS 可持续城市排水系统是冰岛的第一个大规模可持续排水系统，也是欧洲在高纬度地区唯一一个应用该技术的山地区域实例。SUDS 已完全纳入总体规划。通过 SUDS 可以确保生态敏感的湖泊也会因受到保护而不会在夏季干涸。SUDS 由多个洼地集成生态网络，用于收集雨水，并使雨水沿湖泊的轮廓渗透。当这些洼地的渗透速度过高时，就会在山坡下的绿色坡道上形成蓄水池，坡道位于公寓附近，能够起到视觉上的美化作用。

上述五大因素的关联性如图 7-114 所示。

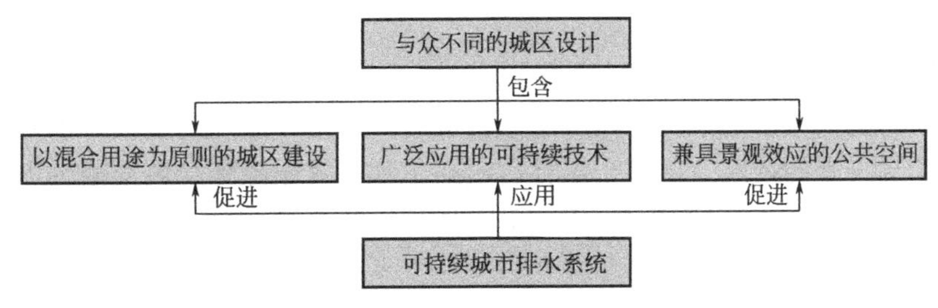

图 7-114　五大因素关联性

三、经验借鉴

城市的城区设计充分与当地的特点相结合，包含了混合用途为原则的城区、应用广泛的可持续技术以及兼具景观效应的公共空间。作为可持续技术的优秀应用之一，可持续城市排水系统所体现的可持续设计理念，与地方融合的理念也促进了城区建设与公共空间的建设。

案例九：英国国王十字社区——市中心的千手花园

项目规模：27hm^2	规划实施主体：政府主导
创建时间：2000 年开始规划，计划 2020 年完工	规划地址：伦敦市区
城区类型：更新城区	气候分析：温带海洋性气候

英国国王十字区 2008 年开工的新规划的中心区位于摄政运河和东向铁路的地块区域（图 7-115）。整个生态城区的开发是由国王十字社区中心区有限合伙公司（King’s Cross Central limited Partnership）作为开发商，总价值 21 亿英镑，是伦敦中心区 150 年以来最大的由单一开发商开发的综合性项目。项目计划建设 50 座新建筑、20 条街道、10.5hm^2 公共空间、315870m^2 办公设施及 46452m^2 教育配套设施、19 座历史建筑的保护和修建[46]。

图 7-115　英国国王十字社区域

一、案例创新点

作为优秀的更新城区的案例，国王十字社区建设的指导原则是建设一个对环境影响很小的、具有长远未来的社区。国王十字社区涵盖了从高效能源到绿色交通的方方面面。不仅包括了可持续建筑设计，同时通过不同的方式确保社会和文化的多样性。

二、案例介绍

1. 特色化的能源中心基本供应所有能源

技术要求	适用范围
经济较好的城区	有相应区域能源计划的小型城市或城区

国王十字社区的能源效益和可持续发展的重点是现场能源中心及其热电联产（CHP）。能源中心现在由两台巨大的天然气动力“颜巴赫”发动机发电，并投入运行。来自发动机的热量被用于为发展提供加热、热水供应。所有位于国王十字社区的建筑都通过热水网络与能源中心相连，这里的区域供热网也是全英国最大的供热网之一。由于低碳的热能和电力供应，国王十字社区成为英国最佳的可持续发展区域之一。同时，国王十字社区的电费也相对来说便宜一些。其他的可再生能源如太阳能电池板等也会减少50%的碳排放量。热电联产装置除了提供电力、热水和供暖外，还利用冷热电三联供模式，帮助满足办公楼的制冷需求。吸收式制冷机利用余热来提供驱动冷却系统所需的能量，比传统的方法更节能。

2. 多样化的绿色生态技术

技术要求	适用范围
• 垃圾分类意识较高的区域 • 经济较好的城区或区域	适用范围较为广泛，适用于各种城区

在国王十字社区中，共有3个BREEAM outstanding建筑。区域中的能源99%由能源中心供给。2014~2015年，国王十字社区实现了零垃圾填埋。途径包括：直接循环再造、食

物废物、可焚化的混合废物。

不可回收垃圾被送往位于德普福德的威立雅能源回收设施（ERF），混合回收将送到位于南华克的威立雅材料回收中心（MRF），食物垃圾是由萨顿的生物收集器处理的。虽然住宅区域有停车位，但是并没有私人汽车。街道和公共空间优先考虑行人和自行车，而不是汽车。区域有6条地铁线路，2个主站和12条公交线路。有超过700个公共自行车空间。

可持续住宅评价从以下几个方面：能源/二氧化碳、水、材料、地表水径流、废弃物、污染、健康、管理、生态。

3. 高覆盖率的植被分布

技术要求	适用范围
• 以生态建设为核心的绿色生态城区 • 有大片公园或绿地规划的城市或城区	适用范围较为广泛，适用于各种城区

（1）绿色空间设计：在国王十字社区，在未充分利用的工业用地上开辟出了新的街区。这片工业用地面积约67英亩（约406.7亩），40%用于开发开放区域。除此之外，摄政运河流经区域中心，这些路线和水路连接着卡姆登和伊斯灵顿更广阔的绿地网络。正在种植400多棵新树，在可能的地方，墙壁和屋顶都绿化了。随着时间的推移，这将是一个郁郁葱葱、绿意盎然、充满自然生命的社区。

除了为每个人创造一个愉快的环境，这些绿色空间提供了一系列的经济和健康效益。它们帮助野生动物繁衍，降低了洪水的风险。例如，新种植的树木提供了树荫，通过吸收污染物来提高空气质量，并为鸟类提供了栖息地（图7-116）。

图7-116 空间绿色设计

（2）$2hm^2$的野生绿色区域：国王十字社区域紧邻Camley Street Natural Park，公园于1984年建成，现在是各类野生生物的家园。

（3）住宅屋顶和幕墙：2012年以来，国王十字社区已经完成了200m的绿色幕墙（图7-117）。屋顶为居住和工作的人们提供绿色的外部空间，还通过增加隔热层来支持生物多样性和最小化城市热岛效应。例如：潘克拉斯广场的屋顶花园。屋顶花园不仅为人们提供了休息的地方，也为蜜蜂、昆虫、鸟类提供了一个休息的场所。

（4）“千手花园”：“千手花园”公园是由当地年轻人和一大批志愿者共同建造并照料的（图7-118）。通过可持续发展的媒介，参与其中的年轻人发展了新的技能和网络，学会了如何种植粮食，以及如何营销和销售他们的产品。大部分花园都是用场地上剩余的建筑材料建造的。除了植物，花园里还有一群蜜蜂及其他不同生物。

图7-117　立体绿化

图7-118　千手花园

上述三大因素的关联性如图7-119所示。

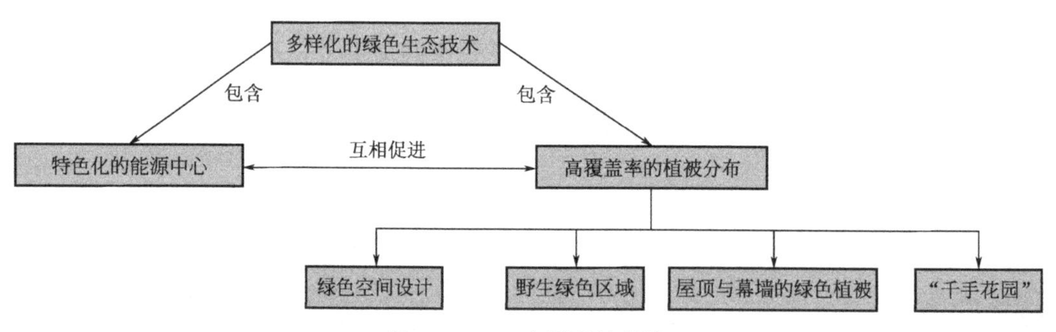

图7-119　三大因素关联性

三、经验借鉴

作为一个更新城区，国王十字社区在能源、植被、垃圾处理等方面有优秀的进展，在示范性建筑方面也做得十分优秀。作为更新城区，在保留了原有历史建筑的情况下，创建一个兼具可持续设计和文化意识的生态城区也是难能可贵的。

案例十：美国最绿色城市——纽约生态城[①]

项目规模：828.8km²	规划实施主体：政府主导
创建时间：1996年	规划地址：纽约市
城区类型：新开发城区	气候分析：北温带，四季分明，雨水充沛，气候宜人

① 资料来源：同济大学。

一、案例创新点

纽约可持续发展最大的创新点就是在2007年创建了plaNYC。plaNYC是一项涵盖全面，旨在创建城市可持续规划创建的项目，在空气质量和碳排放减少等多个区域做出了努力。

二、背景分析

自1996年成立以来，纽约市设计与建设局（DDC）在设计和建造公共工程方面一直是领导者，创建处于可持续设计前沿的基本建设项目。2004年，纽约市设计与建设局发起了“设计+卓越施工（D+CE）”倡议，这是一项通过多机构的努力，选用新的采购方法，在选择过程中强调质量来改进整体设计的倡议（图7-120）。可持续设计是该倡议不可或缺的一部分，鼓励市政府机构在其所有公共工程项目中奉行绿色实践。鉴于建筑物碳排放占全部市政温室气体排放的80%以上，节能建筑对减少这些排放至关重要，纽约市设计与建设局在推动这项工作中发挥了重要的作用。

图7-120　纽约中央公园

三、案例介绍

1. 最小化站点施工对城市的干扰

植被和土壤是可持续场地设计的关键，在施工期间最大限度地减少对场地的干扰，以保护珍贵的植物。如果树木的根部在施工过程中受到无意间的破坏，整棵植物将从根部开始腐朽。植物的破坏会导致其他方面付出昂贵的代价：它削减宝贵的土壤，增加侵蚀，损害周围植被，并因新植被、树木和土壤的购入最终大幅度增加项目成本。这些负面影响可通过确保施工现场和施工区域的清晰划分、及时提供补水和施肥、利用适当的伐木技巧、安装防侵蚀织物获得专业植树师的指导等多方面措施避免。

2. 多采用现场材料

植物和天然材料是可持续场地的标准配置和景观设计元素。多样产品可用来建立和维护自然场地特征，并提高场地的可持续性。浅色材料用于停车、人行道、广场和其他硬景观表面反射热量，有助于减轻城市热岛效应（UHI）并使室外区域更舒适。这是纽约市设计与建设局的一个重要考虑因素，特别是对于带有室外公共区域或现场停车场的物业。此外，纽约皇后区的可渗透路面，如日出广场，不仅通过释放滞留的水分起到降温作用，还能减少雨水径流。

纽约市设计与建设局将尽可能使用包含可持续性场地和景观材料的策略。例如，可以从被拆除的人行道或广场中回收合适的材料二次利用，也可以在铺路机中加入玻璃和其他回收材料。这些资源的选择取决于美学、使用强度和频率、场地等级、成本以及维护。此外，例如在曼哈顿休斯顿街新的交通媒体和其他绿地种植床可以在灌溉系统中使用再生堆肥、本地植被和覆盖物以及再生塑料。plaNYC 致力于为所有纽约人创造更开放的绿色空间，为环保材料在纽约市公共空间使用提供绝佳机会。

3. 现场水管理

广场、停车场、道路、公园和建筑工地必须使用技术来管理可变降雨量，以便雨水不会破坏植被、土壤、街道和邻近的财产，也不会使城市的综合下水道系统超载。可以采用不同的策略来减轻过量雨水的负面影响，包括使用多孔混凝土、沥青，这些材料允许雨水被场地吸收，从而限制可能对周围地区造成破坏性径流。其他有效的技术包括播种机的使用、良好的灌溉实践、地下滞留池、高效的景观美化和种植本地植被。用土壤、植物根和树叶来蓄水的绿色屋顶可容纳高达 1.5 英寸的雨水，从而进一步限制进入雨水下水道系统的径流。

4. 雨水管理

plaNYC 致力于保护城市的自然环境湿地地区，如斯塔顿岛蓝带地区。为了支持这一点，纽约市设计与建设局积极参与最佳管理实践计划。最佳管理实践计划通过减轻雨水的负面影响来保护城市的湿地。他们利用自然排水系统和建筑物将雨水引至集中控制的收集池和溪流，旨在保护野生动物。最佳管理实践计划涉及的广泛环境工程包括修建消力池以减缓雨水流动、收集固体的微型水池、帮助沉降悬浮颗粒的蓄水池、河流重建、稳定以及环境美化。

5. 城市热岛效应

这座城市采用许多策略用于雨水管理，如最大化植被面积和使用多孔表面，也可用于降低城市热岛效应。这个词过去是描述城市地区平均气温高于周边农村地区。温度升高可能是因为暗色屋顶和城市大量的铺装，以及缺乏植被。种植植被，特别是乔木，是对一种重要且有效的补救措施。场地和景观设计师的方法寻求最小化超高强度指数效应。其他措施包括利用浅色屋面或浅色的人行道。

6. 继续教育

纽约市设计与建设局每年出版教材以供教育顾问、承包商、其他城市机构以及公众了解和学习可持续设计的看法以及建设策略。此外，还提供一个按月发售教育系列材料，重点是建筑、设计、工程和可持续发展最佳做法。

上述五大因素的关联性如图 7-121 所示。

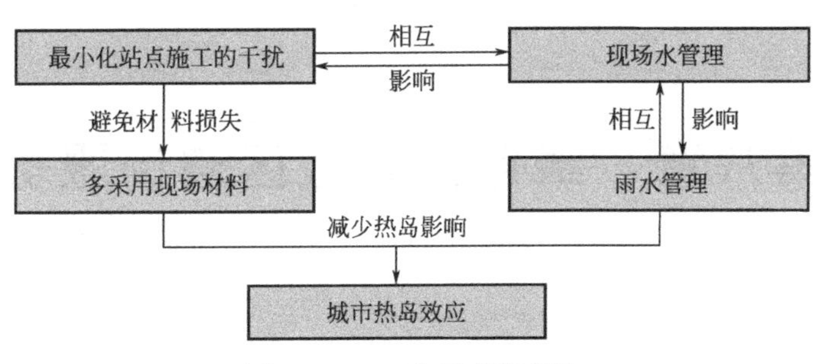

图 7-121　五大因素关联性

四、经验借鉴

目前，纽约是美国最绿色的城市，街道网格、公园系统、电网、地铁和水系统已经为纽约可持续发展打下牢固的基础。下一步将面临的固废垃圾处理和回收的问题，同时要调整纽约基础设施架构，并在必要时对其进行重建，以实现可持续的未来。

第八章　绿色生态城区咨询服务

第一节　生态规划包含哪些内容

一、生态规划流程

基于近几年的生态规划项目经验，总结出一套生态规划的流程，见图 8-1。生态规划注重从项目全寿命周期进行规划与建设，确保前期选址、定位准确合理；中期生态规划系统、全面；后期建设和运营低碳、生态。

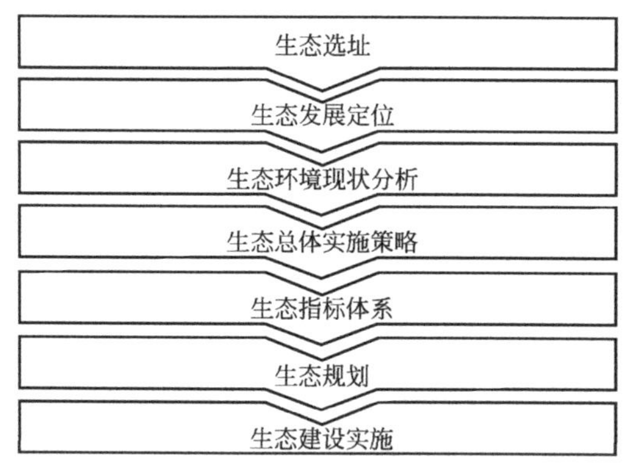

图 8-1　生态规划流程

二、生态规划内容

1. 生态选址

选址的原则：合法性、注重生态保护（非耕用地、避免洪泛区、避免生态保护区）、资源高效利用。

2. 生态定位

生态定位原则：应考虑示范性、区域协作性、时序性和可持续性的要求，进行区域的定位条件分析。定位分析内容主要包括以下几方面：

（1）国家政策与战略的导向性分析；

（2）区域位置优势分析；

（3）当地的自然经济及人文条件分析；

（4）特色分析；

（5）发展前景分析。

3. **生态环境现状分析**

生态城区在编制生态规划前需对整个城区的自然条件、用地现状、生态保护用地、城市建设用地选址、城市生态承载力、交通现状等进行分析、诊断，并得出分析结果以引导城区规划（表 8-1）。

现状分析表　　　　**表 8-1**

诊断要素	分析内容	分析结果
土地适宜性	水资源：确定城区地表水种类（河流、湖泊、水库等），收集资料分析地表水不同季节段的含量、水质状况（确定水质污染源）等	根据城区地表水类型、含量确定控制保护范围及规划蓝线；对可能的水质污染源实施监控、治理
	土壤：确定城区土壤类型、肥沃情况以及可能的污染	对肥沃的土壤实施转移；对已经被污染且危害城区居民生活的土壤进行修复治理
	生物资源：城区范围内植物、动物种类和数量，以及国家或所在省、市列为保护的动植物种类	控制开发强度，降低对城区原有生物资源的破坏，制定相关的保护方案
	气候：分析所在区的温度（全年、季节）、降水（全年、季节）、风（风向、风速）、太阳辐射（辐射强度全年、日平均等）	根据所在区的气候情况合理利用太阳能、风能、雨水等
	地形地貌：分析城区坡度（大于 25°、小于 15°、介于 15°～25°之间）状况，确定城区特殊的地貌类型（喀斯特地貌、丹霞地貌等）	保护坡度大于 25°的地形区且打造成山体景观；合理利用特色地貌，并防止地貌造成的地质灾害
用地资源现状	地质灾害：分析确定城区可能的自然灾害（水土流失、泥石流、建设导致切坡崩塌、沙土液化、软土危害等），并确定这些灾害发生的条件、频度及影响范围； 土地资源现状利用：分析确定城区当前的土地利用类型（农用地、居民点、道路、城区建设用地等）	根据可能的地质灾害，进行地质环境防护改造或远离可能造成危害的区域； 合理有效地进行城区拆迁，确定农用地的"占补平衡"，有效衔接城区道路
	旅游资源现状：确定城区的旅游资源类型（自然资源、人文景观），以及旅游资源的客源市场（市场范围、客源量等）； 矿产资源现状：确定城区矿产资源的类型（能源矿产、金属矿产、非金属矿产），以及矿产资源的可开发量、规模、效益	挖掘旅游资源开发潜力，进行保护性开发，扩大客源市场； 合理整治城区矿产资源开发，严禁以破坏环境为代价的开发模式：合理利用城区资源创新开发、利用技术
交通现状	内部交通：当前城区内部的道路类型（城区道路、乡村道路等），以及各道路流量、对后期的影响及作用； 对外交通：对外道路的类型（铁路、地铁、高速路、国道、城区干道等），以及道路的流量情况、所属地位	根据当前的道路走向进行规划，布局合理的道路网； 城区道路注重与对外交通的衔接，合理匹配各类用地与对外道路的关系
生态承载力	承载力：据土地、水资源、生态环境现状情况分析土地生态承载力、水资源承载力、生态资源承载力，最终确定各类资源的承载力值	取各个资源承载力最小的一个，合理布局城区人口，确定城区开发强度
生态安全格局	安全格局：结合未来发展建设规模以及相关规划成果，评估构建区域生态系统的重要生态廊道、节点和界面，并在此基础上提出现有规划绿地系统、水系统和交通系统的优化措施	确保区域开发的保护性要求，以及明确区域资源现状

4. 生态指标体系

生态指标的编制遵循因地制宜、可操作、简明性、前瞻性等原则，确保指标后续准确落地。生态指标体系的编制主要按六个步骤来完成实施。

（1）确定低碳生态城市发展目标

考察国内外已建或在建的低碳生态城市，借鉴国内外科研机构和学者的研究成果，总结提炼，形成低碳生态城市的内涵和未来发展目标。

（2）确定指标建设分类框架

根据低碳生态城发展目标，借鉴国际通用的相关指标体系的分类框架，同时参考我国已经制定的相关指标体系分类和在建的低碳生态城市的指标体系的建设分类方法，通过不同专业领域的专家讨论，最终确定低碳生态城市指标体系的建设分类框架。

（3）确定指标选取标准

根据低碳生态城市建设发展要求，借鉴国内外权威指标体系选取标准，结合国内外实际情况，提出指标遴选的标准。

（4）筛选指标，形成指标初选成果

根据指标选取标准，确定指标初选结果，并初步分析各个专题的指标。

（5）收集数据，分析指标。

（6）评价指标选取结果，进一步完善指标。

生态指标体系的搭建遵循因地制宜原则，结合城区所在地域的气候、环境、资源、经济文化等特点，从规划、建筑、交通、生态环境、能源、水资源、信息化、碳排放和人文等方面，全方位提出建设目标，以此控制、引导城区在规划设计、施工建设及运营管理中实现低碳、生态理念的融入（图 8-2）。

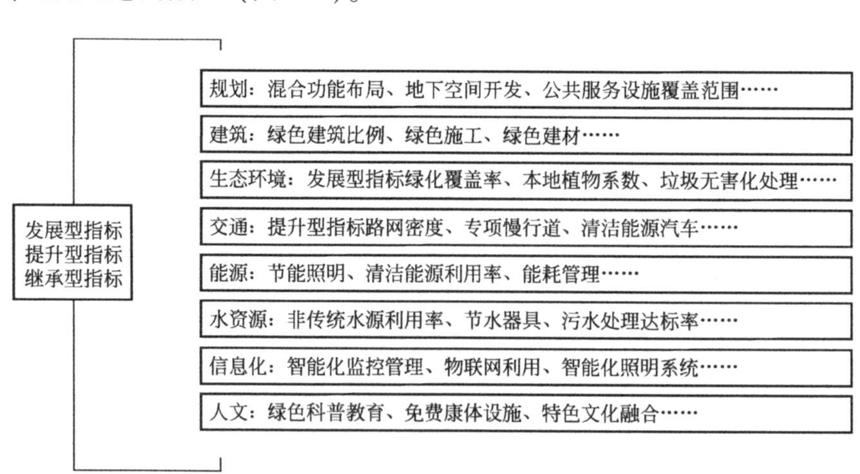

图 8-2 生态指标体系框架

5. 生态规划

生态规划包括前期概念设计、总体规划、控制性详细规划和各专项规划，且各规划从绿色、生态、低碳角度进行编制，并充分融合生态指标。

生态总体规划通过按照绿色、生态、低碳理念，建立土地适度混合利用、住宅多样化、土地紧凑开发、垂直集约开发的用地布局；创建慢行和公共交通发展系统；合理利用各种资源，构建绿色市政，同时有效阻止生态环境的恶化，实现人与自然和谐共生，城市可持续发展（表 8-2）。

生态规划列表　　**表 8-2**

子项	生态规划内容
空间结构	“1+2+3”的区域空间发展模式，将生态保育区提升到与产业发展区、城市建成区同等重要的地位； 合理开发地下空间资源
交通组织	落实公交优先； TOD 开发模式，“1+2+3”的区域空间发展模式，将生态保育区提升到与产业发展区、城市建成区同等重要的地位； 打造复合交通走廊，将小汽车、公交车、BRT、轨道的线路集中到几条大的复合通道中，通过一体化设计统一组织，避免分散建设带来的资源浪费和生态环境破坏； 提倡慢行出行； 新能源车辆和智能交通系统的使用
市政规划	给水系统：2030 年自来水普及率 100%； 排水系统：雨污分流，生活污水集中处理率 100%； 中水系统规划，雨水规划，污水回用规划和新能源利用
生态与环保	划定基本生态控制线； 制定不同的空气质量目标； 实施水功能分区； 固体废弃物综合整治； 噪声综合整治； 土壤污染综合整治
产业规划	设计三次产业相互融合发展的路径； 依据不同的集群阶段，制定产业集群发展重点； 制定产业退出与准入的门槛

绿色生态城专项规划遵循绿色、生态、低碳理念，并落实总体规划、控制性详细理念和要求；结合生态指标控制性和引导性指标的要求进行规划。专项规划包括但不限于绿色建筑专项规划、市政基础设施专项规划和能源利用专项规划。

6. 生态建设实施

生态城区的建设实施主要包括前期规划落实、绿色施工和相关部门监管控制三方面主要内容（表 8-3）。通过全方位的控制与监督，确保全周期生态方案的有序建设与实施，最终实现生态城区建设目标。

生态建设实施内容　　**表 8-3**

体系	实施内容
规划落实	地块出让、建设内容及方案严格按照生态指标和生态规划要求进行
绿色施工	在保证质量、安全等基本要求的前提下，最大限度地节约资源与减少对环境负面影响的施工活动，实现“四节一环保”（节能、节地、节水、节材和环境保护）
监管控制	政府各部门（建设部门、房管部门、环保部门等）严格监控城区建设、施工落实情况

第二节　如何进行生态规划的前期分析

生态规划前期分析是建设绿色、低碳、生态型城市的前提保障，主要内容是开展项目的现状调研和评估，现场踏勘、资料收集，整理该地区土地利用、交通、能源、景观格局等相关基础资料，并从城市功能、建筑、交通、能源、废物、水、景观和公共空间等角度评估区域发展条件以及存在的问题，在此基础上进行土地开发适宜性评估、生态用地适宜度分析、生态承载力分析和生态安全格局评估（图 8-3）。

结合未来发展规模、规划成果，评估区域生态系统的重要生态廊道、节点和界面的安全布局情况，并提出优化策略。

结合项目现有生态环境条件、城市建设状况，评估区域内适宜开发建设的土地格局分析适宜性分析规模和空间布局。

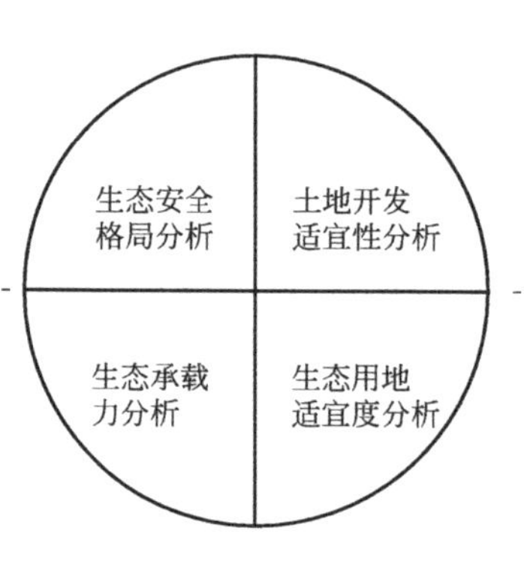

结合现有土地资源、水资源、能源资源、生态环境资源等，分析可承受人口和开发规模上限，提出优化资源、调节资源分配的措施。

选择对土地利用影响最大的一组因素作为生态适宜度评价指标，并提出各类用地是否适宜及适宜的程度。

图 8-3　生态本底分析内容

一、土地开发适宜性评价

生态城区的土地开发适宜性评价主要根据区域项目的实际情况，因地制宜地选择生态分析因子，以确保分析成果对后续规划的指导性作用。而常规的自然生态因子主要包括地质、地形地貌、坡度、土壤、水文、植被、气候等，并根据各因子对区域的影响程度分析为生态敏感区、生态弱敏感区和生态不敏区三个等级或其他多个等级。最终根据各个生态因子的分析，进行叠加分析，提出城区开发用地的适宜性评价，且确定需保护的范围和适宜开发建设的区域（图 8-4）。

二、生态用地适宜度评价

生态用地适宜度是指在规划区内就土地利用方式对生态要素的影响程度（生态要素对给定的土地利用方式的适宜状况、程度）进行的评价，是土地开发利用适宜程度的依据。研究城市的环境容量和生态适宜度，可为生态城市规划中污染物总量排放控制和生态功能分区提供依据。

生态用地适宜度评价是在生态敏感性分析的基础上进行的，对生态敏感性分析中不适合纳入城市建设用地的生态敏感区在这里将不计入生态适宜度评价的区域范围。且根据项目规划要求，对工业、商业、居住等用地进行生态适宜度分析，并据此提出合理的用地方案。

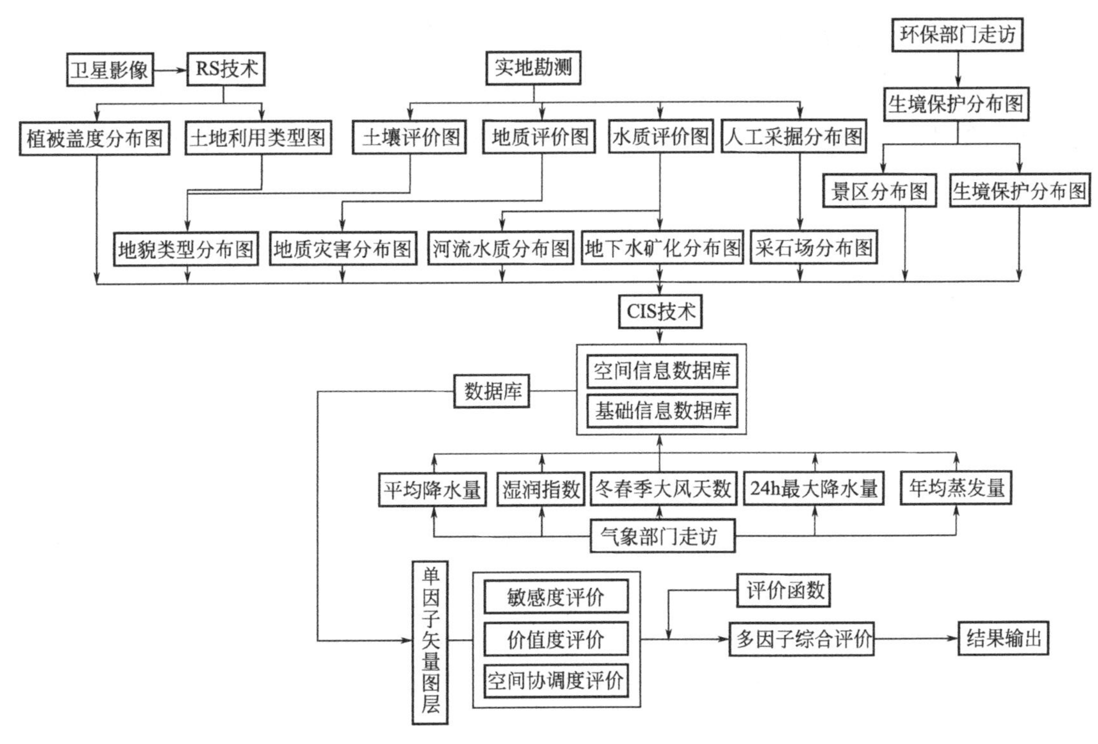

图 8-4　土地适宜性分析技术流程

城市生态适宜度可分为城区资源消耗与支撑、城区环境状况与污染负荷、城区效率效益、城区社会保障及福利、区域生态支撑 5 个部分。该体系按照顶层设计的指导思想，由上层到下层对指标进行框架的构建，共由 4 层体系组成。

评价因子选择：城区生态适宜度评价因子选择主要从评价对象受影响主要因素着手，提炼影响比重较大的因子，常规因子主要包括用地因子、废水污染密度因子、废气污染密度因子、噪声扰民程度因子、主导风向因子、环境敏感因子、道路作用因子、人口作用因子、水源因子、建筑密度等因子。且在生态适宜度评价过程中，确定主要影响因子进行针对性的分析评价，提出合理的用地方案。图 8-5 为根据城区内布局工业和居住生态适宜度为分析对象提出的因子评价方向及内容，引导区域用地选择。

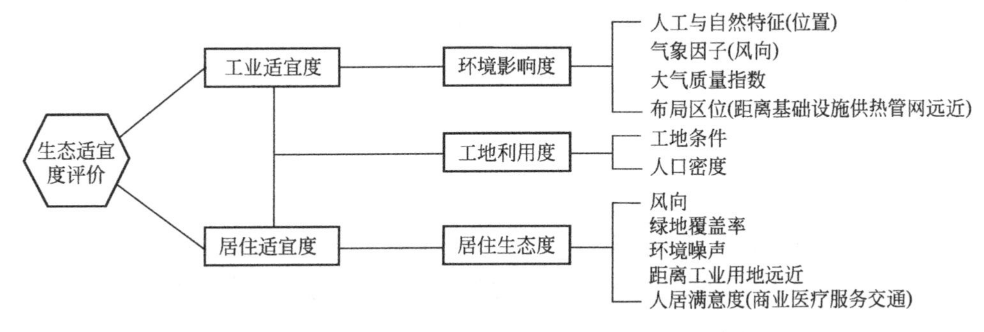

图 8-5　城区工业、居住用地适宜度因子评价确认

三、生态承载力分析

城市规划项目的生态承载力分析主要以把控区域人口、资源、环境与发展之间的关系为方向，合理选用分析方法进行城市土地资源、水资源、生态环境等方面的承载力分析，以实现有限资源的最大化利用，促进社会可持续发展（图8-6）。

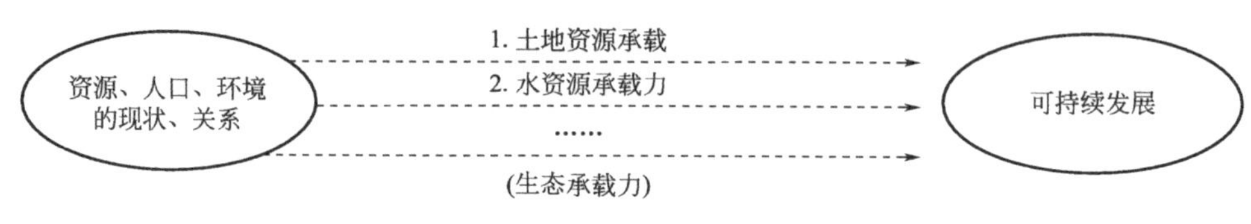

图8-6　承载力分析思路

四、生态安全格局分析

城市生态安全格局强调城市生态安全的空间存在形式，因而是生态安全和城市规划之间产生对话的有效途径。从空间规划的角度可以这样描述城市生态安全格局的空间模型：城市生态安全格局是城市用地增长过程中，城市复合生态系统中某种潜在的空间格局，由一些点、线、面的生态用地及其空间组合构成，对维护城市生态水平和重要生态过程起着关键性作用的空间格局。

第三节　如何制定生态目的和实施策略

在深入理解项目生态本底发展现状的基础上，明确生态示范区建设愿景与总体目标，以满足区域国际化、绿色生态引领的发展定位。基于生态示范区建设目标，制定区域生态示范区建设总体发展策略，并进一步明确近期行动计划，配合各方落实建设生态示范区需展开的各项工作以及预期取得的工作成果。

一、土地集约开发

土地开发利用中应坚持可持续发展战略，强调城区开发节约用地、集约利用，并注重营造混合、紧凑、多样、宜人的城市环境。加快推进城市空间在平面开发中融合立体开发，实现高效紧凑布局，最大限度节约用地，最大程度减少交通需求，满足城市多样化需求。

二、绿色交通

交通规划大力发展大运量、低排放、低耗能的交通方式及配套设施，力求实现城区发展的生态化、交通组织的高效化、出行方式的公交化、交通能源的低碳化。

三、绿色建筑

生态城以发展绿色建筑，提升城区建筑品质为总体目标。通过大力发展绿色建筑，实

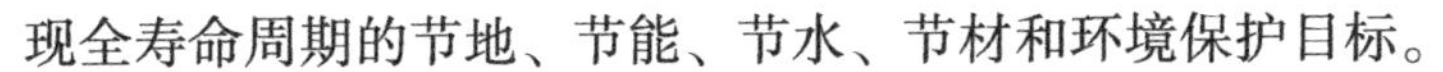

现全寿命周期的节地、节能、节水、节材和环境保护目标。

生态城内建建筑全面执行绿色建筑标准，且二星及以上绿色建筑比例不低于30%，并合理使用本地绿色建筑材料促进当地经济的发展，建筑融入本地文化和产业特色文化，打造区域性特色建筑风格。

四、能源

生态城应首先降低各种用能负荷，采用高效的能源利用模式和多元化、清洁化能源利用结构，并加强对太阳能、地源热泵等可再生能源的使用，实现低碳排放。

五、水资源

生态城应注重科学选择水资源，增加水资源循环利用率，减少市政供水量及污水排放量。合理设计城区内雨水收集面积及雨水地面入渗，进行雨水降雨量与回用量的雨水平衡计算，城内建立雨水处理设施或与中水处理设施合建。水资源系统规划设计遵循减少对水的需求，节约用水，减少污、废水的排放，合理利用非传统水源等，分质供水，保障用水安全。

六、生态环境

城区生态环境的保护规划主要从地貌环境、水域环境、声环境、微气候和绿化环境等方面进行，且注重对各环境污染情况适时监测，控制城区各污染物排放量。

坚持生态优先、保护利用的原则。完整保留湿地和水系，预留鸟类栖息地，实施水生态修复和土壤改良，建立本地适生植物群落。建立一条贯穿城区的生态水廊、绿廊。构建“湖水—河流—湿地绿地”复合生态系统。形成自然生态与人工生态有机结合的生态格局。

七、绿色人文

人性化的关怀与服务能有效提升绿色生态城区居民的生活幸福感受，让居民感受更为细致的服务，使居住、办公、生活有“温度”。绿色人文可从设施开放、绿色教育、文化融合、国际接轨、公众参与等方面提供人文关怀与服务。

八、智慧管理

智慧管理应当深化互联网+绿色建筑的发展理念，全面采用信息化技术，将绿色生态城区的设计、建设、运营互联网化。进行全过程建设信息化城区是适应世界经济一体化发展，融入全球信息化潮流的需要。以信息与通信技术为核心的技术革命成为推动世界经济加速发展的主要力量。因此，适应全球经济发展大势，才能获得城市发展的机遇，在这个意义上，必须将城市的发展纳入信息化的轨道，通过信息化为人民的生活提供便利和保障。

第四节　如何制定生态指标体系

一、生态指标体系分类

指标体系可用于对城市建设中的自然生态、资源消耗和环境质量等进行监控、测评和考核，评价现有城市的绿色实践成果，指导城市建设的目标。国内外对城市可持续发展指标体系的研究已经取得一定成果。目前，用指标来评价可持续发展的方法有：环境可持续指数（ESI）、生态足迹法（EF）和能值分析法（EMSI）、指标体系综合评价法（SEI）等。

目前的研究大致将城市可持续发展指标体系的结构形式分为三类：

（1）用压力→状态→反应框架（PSR）组织有关指标，比较全面地说明人类活动、过程和模式对环境正负两方面的影响；

（2）通过对城市自然、经济、社会三个子系统的分析，将指标体系分为自然生态指标、经济生态指标和社会生态指标；

（3）从城市建设管理的角度出发，按专业分工将指标体系分为建筑、交通运输、能源、废弃物、水、景观等方面。

目前国内生态城的生态规划指标体系的建设主要有三种形式：

（1）以碳排放总量控制为导向型的生态指标体系，如武进低碳小镇规划。此类指标体系中，指标分类以碳排放量为总体指导目标，围绕该目标进行逐步分解，将减少碳排放落实到建筑、交通、景观、工业等方面。这类指标体系的优点为目标明确，有量化指标控制；缺点是偏重建筑，弱化整体规划。

（2）平行规划型的生态规划指标体系，实例有中新天津低碳园区、曹妃甸低碳园区的生态规划指标体系。该指标体系首先明确几大类别，一般涵盖生态环境、交通、能源与资源、产业、建筑及绿色人文等，然后对各个大类分别提出相关的生态指标。这类指标体系是一种整体规划，可以提前协调各个相关部门；但存在的缺点是容易迷失总目标，造成低碳目标不明确。

（3）总量目标+平行规划型的生态规划指标体系。该种指标分类整合上述两种指标分类方法的优点，既明确碳排放量的总体指导目标，又根据总体目标平行展开几大类的分解，将整个低碳园区的各个部门有机地整合在一起。

二、生态指标体系构建

结合生态示范区建设总体目标和发展策略，同时基于国内外相关案例研究，参照我国政策等要求，整合具体项目现状资源禀赋及特色，并通过合理有效的分析选取适合生态城区规划、建设、发展的指标体系。

基于生态指标体系框架，从城市功能、建筑、交通、能源、生态环境、水、景观等方面细化区域生态指标体系中各项指标内容，合理选取相关生态指标，明确各指标的选取依据和指标赋值，以在传统控规指标的基础上对整个项目提出生态规划控制要求（图 8-7）。

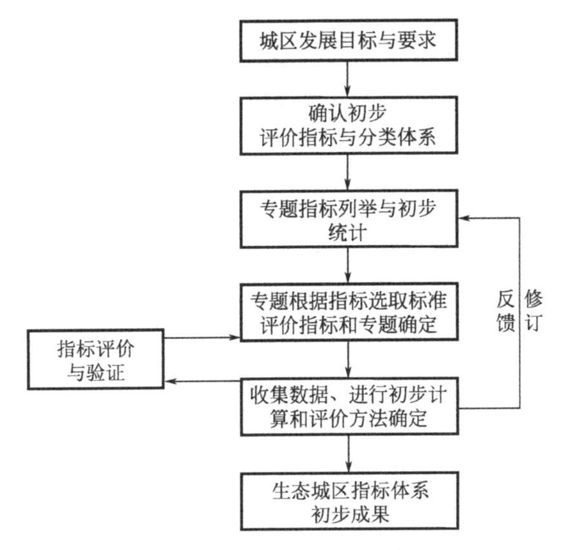

图 8-7 指标体系构建框架

第五节 如何在控规中引入生态规划

生态控制性详细规划除常规的规划内容外还应进行可持续分析，并遵循相关要求及其他原则。

一、规划要求

（1）生态控规应遵循绿色、低碳、生态的理念。

（2）生态控规应包括用地集约规划、绿色交通、市政基础设施、公共服务设施、生态设施、物理环境、地下空间利用、城市设计控制和地块控制。

（3）生态控规应明确落实生态指标体系中控制性指标和引导性指标。

二、规划原则

（1）坚持区域协调，突出生态经济，发展与新区各功能区优势互补的特色产业，坚持生态优先。保障区域生态格局，注重生态修复、加强生态建设，促进自然生态环境与人生态环境和谐共生。

（2）建设宜居环境，完善公共服务设施和社会保障体系。

（3）节约集约用地，注重统筹兼顾，形成以绿色交通为支撑的紧凑型城市布局模式坚持能源资源节约与循环利用，发展循环经济，加强节能减排；坚持科技创新，鼓励采用先进适用的科学技术，探索生态城市规划、建设、管理的新方式。

绿色生态规划综合以梅溪湖新城为例进行针对性说明，从前期分析到规划思路再到规划结果来讲解控制性详细规划如何融入绿色、生态理念。

三、可持续性分析

（1）在梅溪湖东部增加研发区域，提供更多的就业岗位。

（2）在地铁站周边步行可达区内加大开发强度，形成混合用途，增加人群流量和消费行为。

（3）湖岸的大规模街区有效地分离行人和车辆，为行人提供更好、更安全的环境；创造生动活泼、休闲为主的湖岸景观，提供更高的生活质量令在地铁站周边的核心区加大开发强度，提高地铁的潜在使用率。

（4）在梅溪湖东部地铁站附近的核心区域，使商业建筑面积的分布更加均匀，可以提高使用效率、邻里服务水平、降低实施阶段的出行需求。

（5）湖面上新建桥梁可以使人们更快到达南部区域，缩短行程。同时，方便、快捷的公共交通系统可以减少私家车的使用。

（6）创建以邻里社区为基础的混合用途的休闲活动，激活湖面南边区域。增加居住密度，服务于研发区域。

四、土地利用控制

土地利用规划追求高效集约用地，且适度提高土地开发强度，发挥有限土地资源价值；规划地块合理划分，实现区域和谐、友善发展；综合地块用地性质，合理安排地块间混合，促进区域联系紧密、便利化。

五、公共服务设施

公共服务设施的规划配置以共享、可达性为原则，兼顾“生产、生活、生态”的目标，各类公共服务设施的配套用地及适宜服务半径应进行综合考虑，以方便规划区居民的生活及工作需求等。特别是幼儿园、中小学、医疗等服务设施。

梅溪湖新城的配套公共服务设施综合利用步行系统与地铁站点之间的良好连接，规划在地铁站 500m 步行范围内能够达到相关的配套公共服务设施，以提升区域居民的出行便利度。

六、绿色交通规划

绿色交通规划主要包括道路路网设计、公共交通站点衔接、慢行交通空间布局（慢行道路网、自行车停车设施、自行车租赁系统等）、智能交通等。

七、市政基础设施

生态市政基础设施的规划除常规给水工程、污水工程、雨水工程、电力工程、燃气工程等规划外，应结合项目本身特点及地位，合理推广生态、适用的新技术和规划内容，且包括智能电网、非传统水源利用管网、可再生能源利用规划（可包括分布式能源站、合同能源等）等方面的规划。

能源利用从新技术、新思路角度进行新概念的规划，结合项目本身特点合理规划能源站、水源热泵、合同式能源等，以此降低常规能源的利用，提升城区绿色、生态一面。

八、生态景观规划

生态景观规划除常规的规划要求外，主要针对规划区内的绿地、河湖、文化景观等进行生态设计与塑造，确保整体生态景观与环境的平衡、协调。

河湖的生态设计主要从水域保护角度进行驳岸设计和区域湿地设计，以保护水域范围内的动植物和水质，提升整体景观性和生态环境质量。而绿地系统的规划主要从生态安全格局和观赏性角度进行绿地斑块和绿化植物等方面进行生态规划，以提升城区景观观光度，增加城区活力。梅溪湖新城即围绕梅溪湖水域，合理进行生态驳岸设计与绿地空间布局，以达到新城绿地系统生态、优美，开放空间与视觉廊道和谐、美丽。

第六节　如何开展生态专项规划

一、能源专项规划

1. 规划目的

以“绿色生态”建设目标和未来生态城城市功能为立足点，基于当地能源供应及利用现状研究，分析计算生态城内各类建筑能源需求以及城区内各类能源可利用量，构建合理的能源系统，满足生态城的能源需求，确保城区的高效有序运行。

2. 规划目标

优化生态城的能源供应，确保城区的安全高效运营。

生态城内各类建筑，尤其是大型公共建筑积极采用建筑节能技术，确保一定比例的建筑能耗低于国家标准规定值。

结合区域情况利用太阳能光热、地源热泵、水源热泵和太阳能光伏技术，可再生能源利用率达到一定的比例要求。

3. 规划内容

（1）生态城能源现状分析：对当地的气候资源、能源结构、能源供应及利用情况进行调研，并分析项目周边及内部电力、燃气、可再生能源及建筑节能情况。基于调研结果评估和计算常规能源及可再生能源的资源可利用量。

（2）生态城能源需求预测：利用软件及计算工具预测生态示范区规划建设对能源需求的改变，设定不同的情景，预测不同情景下的电力负荷、燃气负荷、空调负荷等。

（3）建筑节能规划：利用计算工具对不同情景下的建筑能耗进行预测，并基于预测结果，结合各个地块的功能类型及开发建设时序，提出符合生态要求的区域建筑节能规划，并绘制能耗地图。

（4）可再生能源规划：基于可再生能源资源量的量化分析，对生态示范区内各个地块进行可再生能源的规划布局，绘制太阳能光热利用布局图、太阳能光伏发电布局图、各类热泵利用布局图；依据能耗模拟结果及各个地块可用的可再生能源，计算得到每个地块的可再生能源利用率及生态示范区的可再生能源利用率。

（5）区域能源系统规划：依据项目周边及内部资源条件及承载力，结合区域内各地块

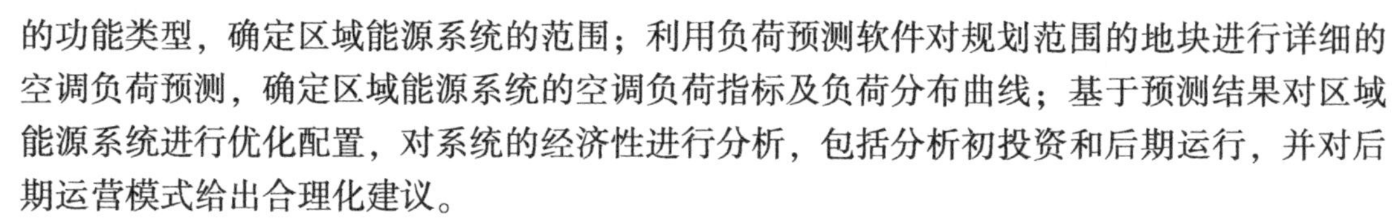

的功能类型，确定区域能源系统的范围；利用负荷预测软件对规划范围的地块进行详细的空调负荷预测，确定区域能源系统的空调负荷指标及负荷分布曲线；基于预测结果对区域能源系统进行优化配置，对系统的经济性进行分析，包括分析初投资和后期运行，并对后期运营模式给出合理化建议。

4. 规划技术路线

能源规划路线如图 8-8 所示。

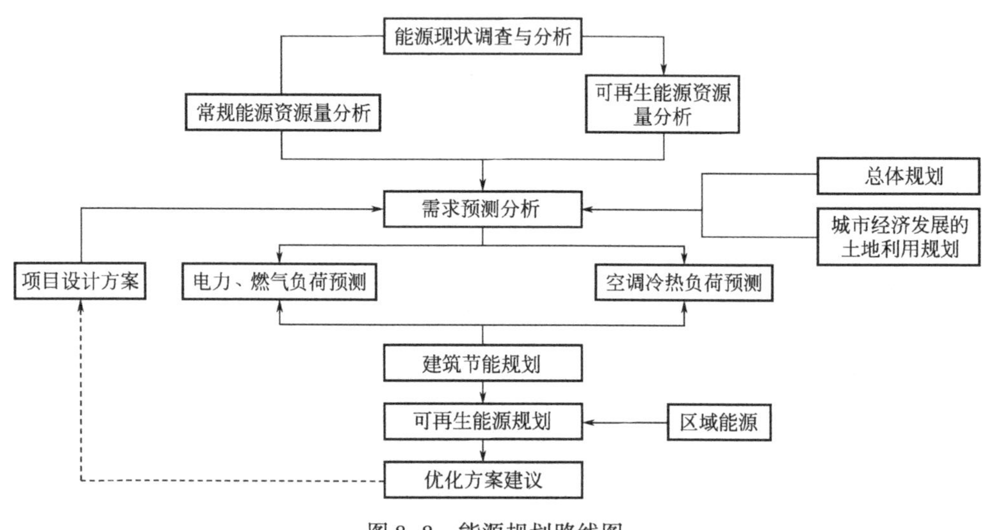

图 8-8　能源规划路线图

二、水资源专项规划

1. 规划目的

制定生态城市水资源专项建设规划的目的就是要利用生态学、生态经济学、系统工程学和环境科学等学科的理论与方法，生态化建设思路和技术，依靠科技创新，提出生态城水资源保护和利用目标，以及实现目标的对策与措施，最大限度地挖掘水资源潜力，建立良性循环的水资源生态环境体系。促进生态、经济和社会整个系统协调发展，并能实现自我调节、自我修复和自我维护，达到人与自然的和谐发展。

2. 规划目标

基于当地的水资源现状，通过对城市生态环境需水量的计算和非传统水源供水量的分析，预测生态城水资源的布局策略。

基于生态城区域内节水潜力的分析，和规划区内各种水源供水量的平衡计算，进行生态城常规工程规划中水资源的优化分析。

通过对生态城内地块层面的水资源供需平衡分析，在水资源保护的基础上，分析计算生态城区域内杂用水系统的开发强度，以及与规划区生态环境保护之间的关系，实现城市水系统的健康循环。

3. 规划内容

（1）生态城水资源现状分析：对当地的气候资源、水文条件、水系条件、绿地景观、居民用水结构等情况进行调研，并分析项目周边及内部给水、排水及生态环境的本底情况，进行当地水资源开发的评估计算。

(2) 生态城生态环境需水量：根据规划区当地的城市分类等级及城市生态需水量等级，得出当地城市生态环境需水量的计算方法，并根据计算结果形成规划区内水资源开发的总体布局。

(3) 生态城节水潜力分析及常规给水排水系统优化：根据当地居民的用水结构情况，并根据情景设定进行规划区节水潜力分析，并基于节水潜力分析结果，对规划区内常规给水及排水系统进行模拟计算，得出规划区内常规给水排水系统的优化方案。

(4) 杂用水规划：基于控规结果，进行地块层次的城市需水量及非常规水源量的平衡分析，进行地块内及区域地块的非传统水源方案比较，得出城市级别的分传统水源利用率，并形成规划区杂用水系统布局。

(5) 生态修复规划：依据生态学原理，通过一定的生物、生态以及工程的技术和方法，在空间上调整、配置和优化规划区与外界的物质、能量和信息的流动过程及其时空秩序，使规划区生态系统的结构、功能和生态学潜力成功地恢复乃至得以提高。

4. 规划技术路线

水资源规划技术路线如图 8-9 所示。

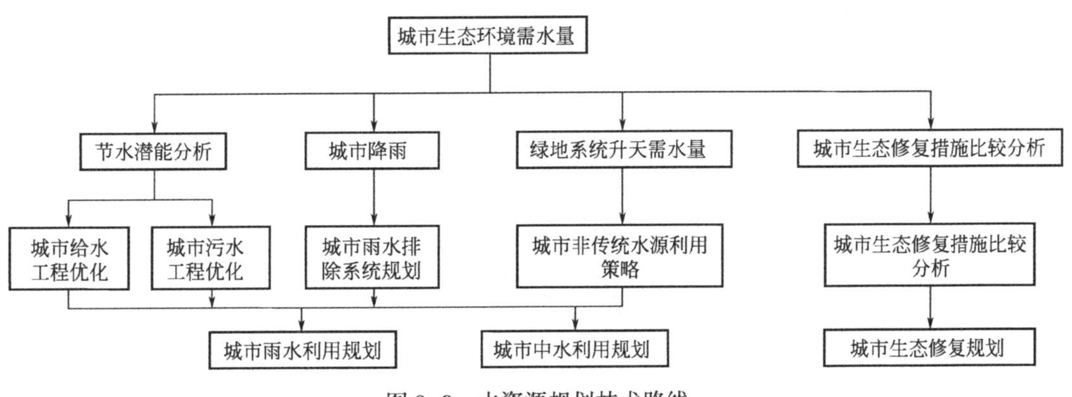

图 8-9　水资源规划技术路线

三、绿色建筑专项规划

1. 规划目的

以生态城建设发展典范为立足点，合理进行绿色建筑发展定位，构建适宜的绿色建筑技术指导，实现绿色建筑规模化发展，通过该区域绿色建筑的试点和示范，促进当地绿色建筑规范标准、监管体系完善，带动当地整个绿色产业、绿色建筑项目、绿色建筑咨询服务的发展。

2. 规划目标

(1) 新建建筑全面执行绿色建筑建筑评价标准，其中二星及以上绿色建筑比例不低于 30%；

(2) 60%以上新建公共建筑达到绿色建筑二星及以上标准。

3. 规划内容

(1) 现状分析：对目前规划区域内土地利用现状、建筑质量、建筑现状、市政、道路基础设施情况进行分析，得出绿色建筑发展规划关注的重点。

（2）绿色建筑的星级潜力布局规划分析：基于各个地块的功能类型、景观资源条件、开发强度、物理环境、区位条件、非传统水源利用条件、可再生能源利用条件、生态基底、投资主体和项目定位，得出星级潜力值，并通过单位减碳量增量成本最优化的方法制定合理的绿色建筑星级布局规划。

（3）绿色建筑技术适宜性分析：对绿色建筑技术的适用性进行适宜、适中、尚可三个等级的分级，并对各个地块绿色建筑的增量成本和碳减排效益进行分析。

4. 规划技术路线

绿色建筑规划技术路线如图 8-10 所示。

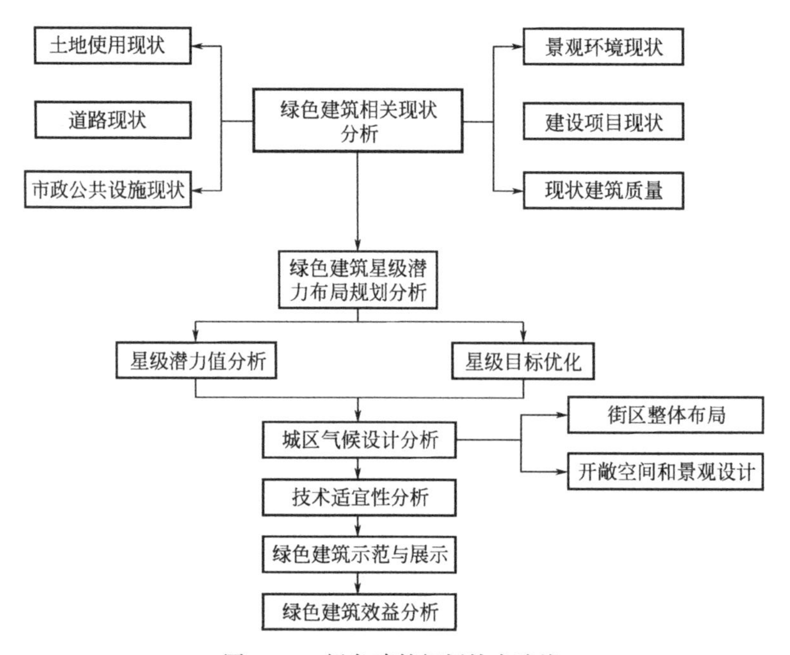

图 8-10　绿色建筑规划技术路线

四、智慧园区专项规划

1. 规划目的

建设全方位、智慧化的商务园区管理平台，以智慧基础设施为基础，以城市管理大数据为支撑，构建集数据采集、硬件设备接入、智能软件平台一体的智慧园区建设总体架构。

2. 规划目标

（1）规划建设商务区统一信息服务平台对各个信息系统进行管控、信息数据利用与展示等。

（2）智慧公共交通、智慧能源、智慧环境、智慧公安等的建设与管理，全面对接城区信息化系统要求，并将相关信息数据引入商务区统一信息服务平台，用于城区管理与运营。

（3）城区公共建筑能耗监测达到 100% 目标要求。

（4）实现交通诱导覆盖率达到 50%；智能停车场地覆盖率达到 80%。

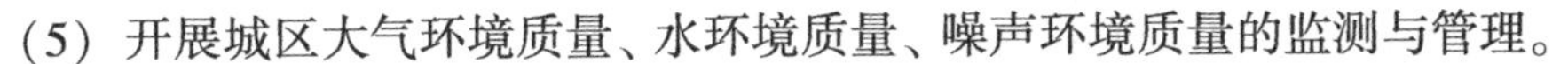

（5）开展城区大气环境质量、水环境质量、噪声环境质量的监测与管理。

3. 规划内容

（1）现状分析：对目前规划区域内能源监测管理系统、环境质量监测、交通智能化管理、市政设施智能管理情况进行分析，得出智慧园区发展规划关注的重点。

（2）智慧监管规划：综合运用先进智慧城市建设技术，建设一个以智能新区、平安新区、健康新区、绿色新区、活力新区为核心功能的智慧梅溪湖，实现梅溪湖国际服务区的数字化、城区管理的智能化、城市运营的体系化、城市发展的持续化。通过物联网、云计算、三网融合等相关的先进技术，实现梅溪湖城区实体与信息化系统的深入融合，完成各类平台整合和互联互通，提升梅溪湖区域的综合运行和管理服务水平，实现向智慧城市的跨越。

4. 规划技术路线

智慧园区技术规划路线如图 8-11 所示。

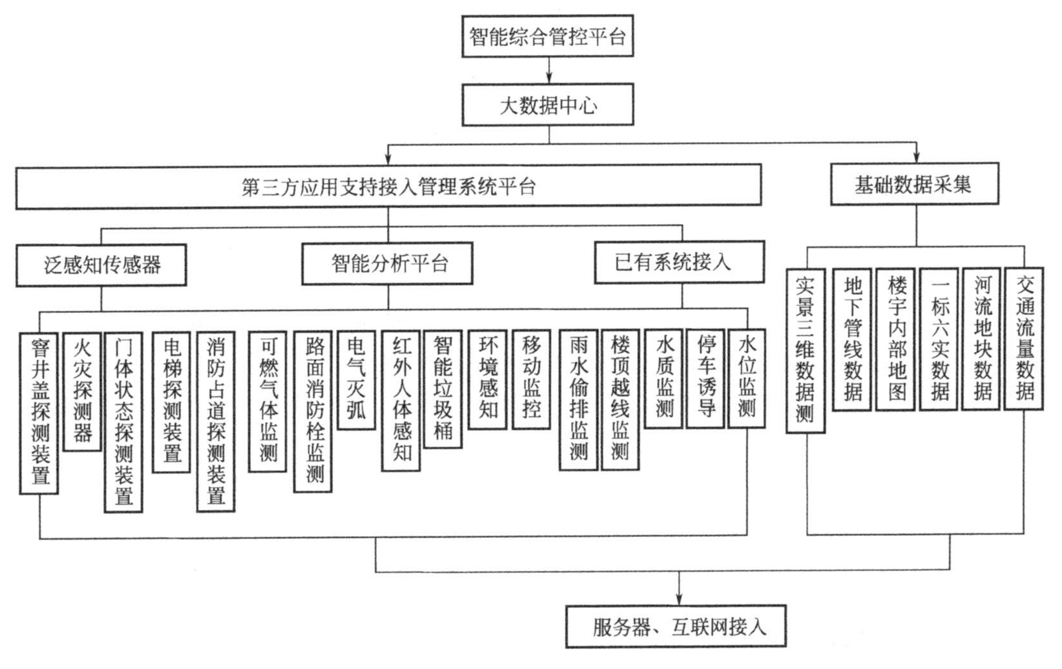

图 8-11　智慧园区技术规划路线

第七节　如何保障绿色生态落地

一、组织架构

1. 领导小组

成立生态城规划建设领导小组：在现有政府组织架构的基础上成立生态城规划建设领导小组，负责制定生态城建设的战略方针，决策区域建设中的重大事项，协调各个部门开展相关工作，指导和监督检查示范区建设工作等。

领导小组下设办公室，负责具体实施工作。并制定工作绩效考核制度，保障各项政策措施的落实与执行。

2. 实施机构

成立相应的实施机构，如组建管委会或指挥部等负责生态城建设的实施和管理，是生态城工作目标达成的责任主体。

不同机构的职责如表 8-4 所示。

实施机构列表 **表 8-4**

部门	职责
发展改革主管部门	生态城经济和社会发展的宏观指导和管理
城乡规划主管部门	生态城有关规划的编制和管理工作
建设主管部门	生态城项目建设的监督管理工作
环境保护主管部门	生态城环境质量监测、项目环评审查和生态城环境执法工作
国土资源主管部门	生态城土地开发利用工作，对土地利用过程中落实生态建设要求的执行情况进行监督

3. 技术支撑单位

依托国内技术实力雄厚的科研单位作为技术支撑单位，全程参与生态城的规划建设，提供全方位、全过程的技术咨询服务，在技术管理、工程实施、关键节点等提供技术指导。其主要职责为：

（1）协助领导小组和实施机构制定生态城绿色生态技术应用相关政策法规。

（2）主持或参与绿色生态技术应用相关标准的研究编制。

（3）承担生态城绿色建筑与可再生能源建筑应用集中连片推广示范项目效果测评工作。

4. 专家顾问机构

汇集一批生态规划及绿色技术应用相关的学术带头人、资深技术和管理专家，成立生态城专家委员会，为领导小组和实施机构提供发展工作中重大问题的专家意见。

二、完善政策法规

1. 建立全过程的管理办法

在现有政策法规的基础上，制定《生态城绿色建筑推广示范区建设实施管理办法》和《生态城绿色建筑示范项目竣工验收管理办法》等管理文件，以政策法规形式，确定生态城绿色建筑示范区绿色建筑建设、规划与施工过程监管措施。

2. 建立多层次激励机制

由建设主管部门和生态城实施机构研究制定鼓励绿色建筑和可再生能源发展的各项优惠政策。制定示范项目的补贴资金标准、专项资金分配、资金的拨付、资金的用途和管理等。

3. 探索多元化融资策略

建立产权单位投资、业主投资、社会资金投资、合同能源管理及财政支持的投资

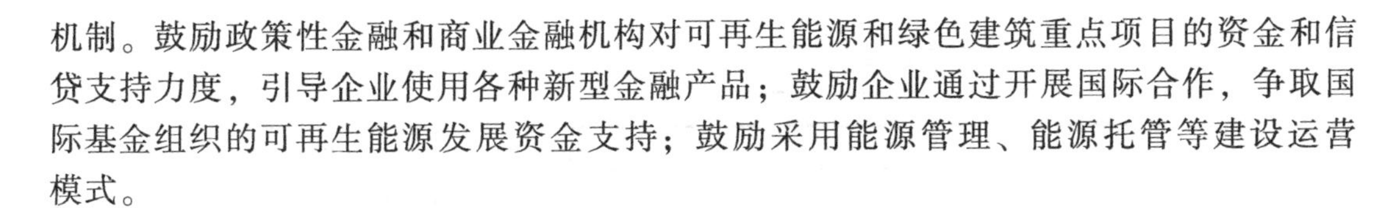

机制。鼓励政策性金融和商业金融机构对可再生能源和绿色建筑重点项目的资金和信贷支持力度，引导企业使用各种新型金融产品；鼓励企业通过开展国际合作，争取国际基金组织的可再生能源发展资金支持；鼓励采用能源管理、能源托管等建设运营模式。

三、强化技术支撑

1. 研究定制相关技术标准

在现有的国家及地方相关绿色建筑评价标准的基础上，根据生态城指标体系的要求，研究编制《绿色建筑立项文件绿色专篇编制指南和审查要点》《绿色建筑施工图设计审查指南》《绿色建筑绿色施工方案编制指南及审查要点》《绿色建筑施工监理指引》《绿色建筑竣工验收标准》以及《绿色建筑运行维护指引》等绿色建筑技术指南及指引。

2. 推广可再生能源技术

开展可再生能源利用技术研究，制定《太阳能热水系统设计与安装图集》《太阳能光伏系统设计与安装图集》及《土壤源热泵系统施工及验收技术导则》等，积极推进太阳能光热、光伏和土壤源热泵技术在建筑中的应用。开展区域分布式能源系统利用可行性研究，为构建集约、低碳的能源利用系统提供技术支撑。

四、加强监督管理

在生态规划建设推进中，生态城将构建完善的项目管理体系，以保证项目实施后达到预期目标，主要包括全过程专项监管体系、全过程技术服务体系、专项资金管理体系、考核评价管理体系、项目验收管理体系（图 8-12）。

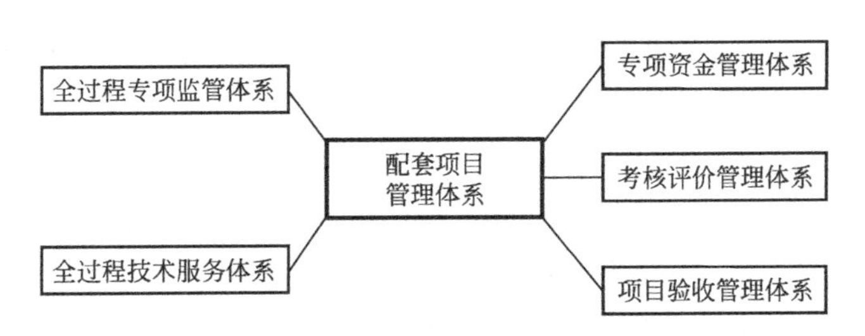

图 8-12　项目管理体系框架

1. 全过程专项监管体系

项目全过程专项监管体系主要从项目规划、立项、设计、采购、施工、安装、调试及验收的全过程进行监管。

研究编制《绿色建筑立项文件绿色专篇编制指南和审查要点》《绿色建筑施工图设计审查指南》《绿色建筑绿色施工方案编制指南及审查要点》《绿色建筑施工监理指引》以及《绿色建筑运行维护指引》等绿色建筑技术指南及指引。

2. 全过程技术服务体系

项目全过程技术服务体系主要从规划、立项、设计、采购、施工、安装、调试、验收及运行管理的全过程提供技术服务（图 8-13）。

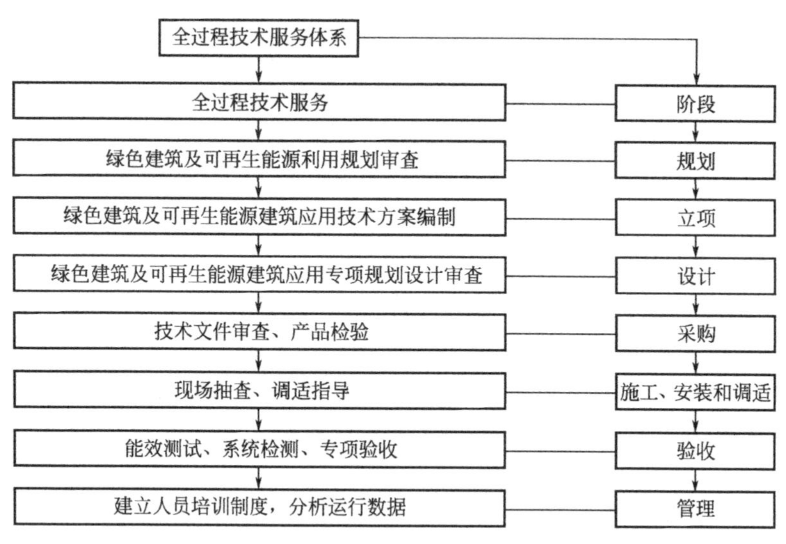

图 8-13　项目全过程技术服务体系

在项目规划阶段由技术服务单位对项目的绿色建筑方案和可再生能源利用规划进行审核；在立项阶段负责绿色建筑专篇及可再生能源示范技术方案的编制：在设计阶段提供绿色建筑和可再生能源建筑应用设计和专项审查服务：在采购阶段由技术服务单位对关键设备的产品质量进行审核，并且进行见证检验；在施工、安装及调试阶段，技术服务单位需在现场抽查施工和安装质量，对于不合格的需进行整改，直到达到要求才能进入下一阶段的施工；在验收阶段需要对该项进行绿色建筑竣工验收、可再生能源建筑应用测评和民用建筑能效测评。

3. 专项资金管理体系

项目建设单位首先需将初步项目方案提交主管部门，由主管部门组织专家初审，通过初审后在主管部门进行备案。

备案后，提交详细技术方案给主管部门，主管部门再次组织专家对项目详细的技术方案进行评审。评审通过后，主管部门对通过评审的项目技术类型和补助方式进行公示。对于以奖代补的项目，在项目完成测评验收后，进行奖励补助；对于直接补贴的项目，先支付部分补助资金，等项目完成测评和验收后拨付尾款。

4. 考核评价管理体系

考核评价管理体系包括项目建设单位的项目考核和政府部门的工作绩效考核两部分。项目建设单位的考核指标是项目的建设实施情况和节能量，主要从技术方案、项目质量、资金落实及节能效果四个方面进行考核：政府部门绩效考核指标从政府部门的工作目标完成情况和质量进行考核，主要从规划实施、政策执行、资金管理、推广应用等方面来进行考核。

建立项目实施效果综合绩效评估制度和公示制度，包括制定评估计划、评估标准与程序、收集数据与资料、分析评估、出具评估报告、结果运用，并进行公示。评估结果一是作为重点项目获得财政补贴的依据；二是作为是否达到预期应用效果的评判；三是阶段性成果总结，作为下一阶段工作改进的依据。

建立实施效果与相关部门、个人绩效考核挂钩机制。

绿色建筑集中连片推广示范区建设工作由领导小组统一负责安排分工，各重点任务分配到部门科室和个人，并制定《绿色生态城建设工作绩效考核办法》，考核结果与部门和个人的绩效挂钩。

5. 项目验收体系

制定《绿色建筑竣工验收标准》，由当地建设主管部门组织专家进行项目验收，具体流程如图 8-14 所示。

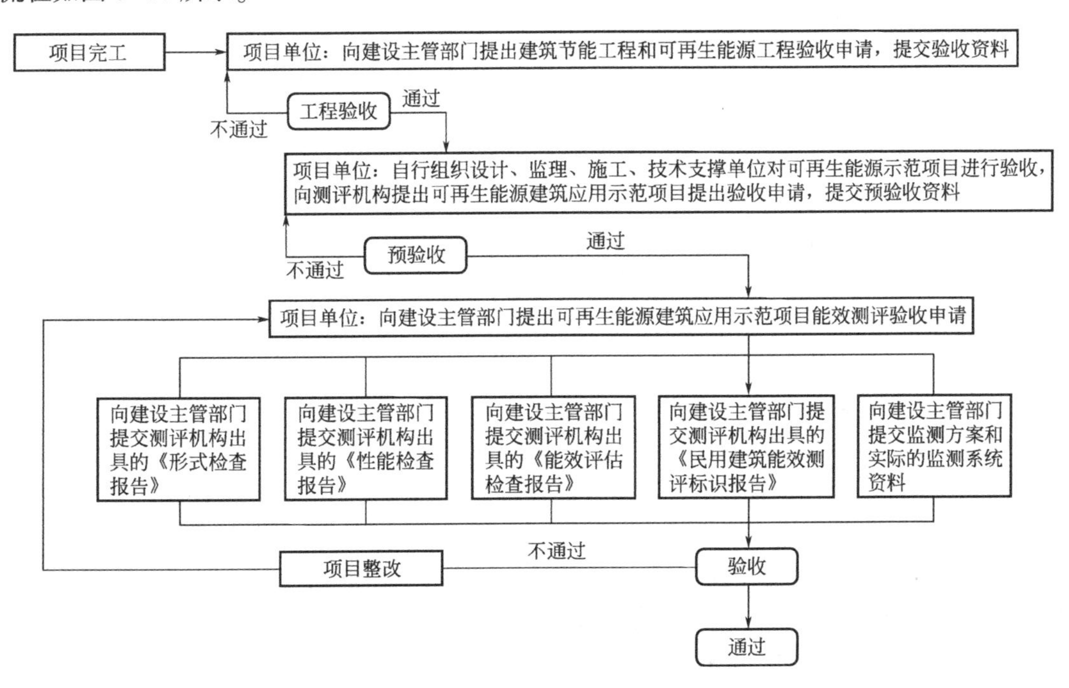

图 8-14　项目验收体系

五、扩大宣传培训

1. 开展宣传培训，提高公众认知度

通过制作生态城专题宣传片、开设论坛、编制大众科普读物等，利用电视、广播、报刊、政府信息网站等渠道，有计划有针对性地组织宣传活动，提高全社会的节能意识，创造绿色生态的氛围和环境。

2. 开展示范项目展示展览

建立绿色建筑与建筑节能展厅，展示生态城内绿色生态技术应用项目建设成果，开展技术咨询，充分发挥示范牵引作用，增强投资者、建设者对绿色生态应用技术和产品的认识及信心，逐步形成绿色生态发展需求市场，推动此项工作的全面发展。

3. 加强与国际先进组织的合作交流

加强生态城绿色生态方面的国际合作交流，充分利用各种对外交流渠道，积极推动国内外科研机构、企业、院校交流与合作，培养和引进优秀科技人才。追踪当代国际前沿技术，引进、消化、吸收和推广国外先进技术、管理经验和设备产品。

附录　政策与标准

一、国际政策及标准

绿色生态城建设到如今正一步步成为引领世界城市建设发展的方向和目标。这一概念最早出现于1971年联合国教科文组织发起的“人与生物圈计划”，该计划指出“生态城（乡）规划就是要从自然生态与社会心理两方面去创造一种能充分融合技术和自然的人类活动的最优环境”。

从20世纪70年代生态城市的概念提出至今，世界各国对生态城市的理论进行不断地探索和实践。目前，美国、英国、日本等都已经进行各自的生态城市实践，其中波特兰、BedZED、北九州等都取得较好的效果，在实践的基础上各国还编制相应的生态城区评价体系。

1. 联合国环境署——SUC项目

“SUC可持续城市与宜居社区项目”（Sustainable Urban Development and Livable Garden Community Programe），是联合国环境署首次针对发展中国家，并先期从中国启动的可持续发展实效行动和示范项目。

与发达国家项目相比，发展中国家的科技、资金、科学规划技术、资源配置能力等方面存在巨大差距。SUC旨在聚焦“地方城市”及“社区（建筑）”两个层面，整合世界范围内“可持续城市与可持续社区的范例及定义”，由联合国环境署牵头，并与全球利益相关的各大可持续国际组织、机构紧密合作，为发展中国家尤其是中国的绿色城市与可持续社区制定指南与标准体系，选取代表性的城市与地产企业，由环境署国际专家组实施三年全程辅导，使其成为绿色发展领域的国际示范。同时，全面搭建务实、有效的国际可持续行动与倡议的在华平台，推动中国城市与社区与世界范围内可持续城市、联合国资源效率城市倡议、可持续建筑促进组织形成紧密互动交流机制，与C40世界大城市气候组织、环境倡议理事会、克林顿气候倡议、联合国人居署等各大国际组织、倡议形成紧密合作。

2015年，“可持续城市与社区国际论坛”在北京举行。会上，联合国环境署发布《SUC可持续城市与社区标准导则》，为发展中国家制定“可持续发展方向”。

2015年，第21届联合国气候变化大会官方边会“中欧社会联合应对气候变化巴黎对话会暨可持续城市与企业绿色发展论坛”在巴黎举行，“SUC可持续联盟”正式在会上宣布发起成立。

2016年，“SUC可持续城市与社区发展论坛”在深圳国际低碳城隆重召开，论坛聚焦联合国《2030可持续发展议程》框架下中国可持续发展的国际示范项目——“SUC可持续城市与社区项目”。

2018年，新版《城市可持续发展关于城市服务和生活品质的指标》发布，以人为核心，从城市服务和生活品质角度出发，围绕经济、教育、能源、环境、财政、城市管理、健康、居住条件、公共场所、休闲、安全、固体废弃物、运动与文化、通信、交通、农业与食品安全、城市规划、废水、供水 19 个方面提出 100 多项指标，以评价城市可持续发展状态。

2018 年，首届国际可持续发展大会在埃及开罗举办，联合国首份致力实施 SDG11 的国际标准《可持续城市与社区评价标准、管理体系、实施纲要》在会上隆重发布，为发展中国家建设符合国际最高标准的可持续城市与社区、实现联合国可持续发展目标 SDG11 提供明确指引。

2. 美国——LEED for Cities 体系

由于城市缺乏全球统一的、全面的指导架构，美国绿色建筑委员会于 2016 年推出 LEED for Cities 的评估和认证系统实验版（pilot），2019 年扩充并推出 v4. 1 测试版（beta）。LEED for Cities v4. 1 测试版评估城市的可持续性和生活质量，包括经济、环境和社会绩效衡量标准，适用于城市或社区生命周期的所有阶段。

LEED for Cities 是 LEED 最新的一个认证系列，认证内容涵盖城市的土地、交通、环境、资源能源、经济、社会等方面。它倡导的可持续发展理念契合“创新、协调、绿色、开放、共享”五大发展理念。该认证包括两大类独立的认证类型——规划设计、性能评估，每种大类都含预认证、正式认证两个小类。

作为新建城市规划设计和已建成的城市改造的参考架构，此评级系统包括如下六个影响大类，涉及联合国在 2015 年制定的所有 17 个可持续发展目标：自然与生态系统、交通和土地使用、水资源利用、能源和温室气体排放、材料和资源、生活质量。

和其他 LEED 系统一样，LEED for Cities 系统基于三重底线原则（经济底线、环境底线和社会底线）。它试图解决城市相关的社会、环境和财务问题，鼓励城市采用碳中性、水资源再生、零废物、以人为本、社会公平、以公交为主导的交通、智能技术连接，以及与循环经济相结合等概念，并在适合的情况下借鉴和参考全球最佳做法。

3. 英国——BREEAM Communities 体系

BREEAM Communities 的目标是减少开发项目对环境的总体影响，使发展目标符合当地社区的环境、社会以及经济利益，为社区发展规划提供可靠的、整体性的环境、经济以及社会可持续标准，鼓励建筑环境的可持续发展，促进可持续社区的开发，并确保可持续社区在建筑环境中的体现。BREEAM Communities 的目的是促进可持续发展计划的市场认知，保证可持续发展计划的最佳实践，通过制定标准以提供创新性解决方案，即通过项目的开发以及实际建造模式促进发展计划达到可持续目的，在此基础上，提升开发商、居民、设计师以及施工人员对低环境影响建筑优势的认知。

BREEAM Communities 评价得分按实际情况和既定可持续目标以及规划政策需求之间的对照进行评判，包括 8 个方面：气候和能源、资源、交通、生态、商业、社区、场所塑造和建筑，在评估的子项中，评估体系会给出国家政策的最低要求，为突出某些子项的重要性，指标体系还会提出强制性要求。

4. 日本——CASBEE Cities 体系

CASBEE Cities 最大的独创性是引入城市环境效率指标 BEE 值，以反映城市自身质量与其对外部环境相互关系的理想程度，这点与其核心思想“注重城市积极和消极两方面的影响”相呼应。BEE 值采用 5 分评价制，分 1 ~ 5 级进行评分，分值越高，说明城市越有资格被称为绿色生态城市。BEE 值由项目的 L 值和 Q 值相除得到。L（Load）为环境负荷指标，Q（Quality）为城市自身综合品质类指标。

L 值和 Q 值内部又进行细分。L 类划分为 L1 温室效应气体的排放量，L2 环境负担的降低和 CO_2 的吸收量，L3 抑制 CO_2 排放量来改善其他地区环境的努力，三大方面，8 个中类项，5 个小项。Q 类划分为 Q1 环境、Q2 经济、Q3 社会三大方面，10 个中类，以及 29 个小项。其中，环境类大项中，绿地和水面空间比例权重最高；经济类大项中，垃圾回收利用率和环保项目和政策权重最高；社会类大项中，生活环境、公共服务和社会活力权重并列最高。

二、我国政策及标准

随着全球环境的恶化，生态问题日趋严重，人们越来越关注人类自身的生存方式。在这一大背景下，生态型城市建设已经成为我国最关注的问题。

2011 年，住房城乡建设部开始着手低碳生态试点城（镇）遴选工作，印发《住房和城乡建设部低碳生态试点城（镇）申报管理暂行办法》，并对申报试点城（镇）提出要求；2012 年财政部与住房城乡建设部联合下发《关于加快推动我国绿色建筑发展的实施意见》，明确提出为推进绿色建筑的规模化发展，鼓励城市新区按照绿色、生态、低碳理念进行规划设计，发展绿色生态城区，中央财政对经审核满足条件的绿色生态城区给予 5000 万元资金补助。同年，低碳生态试点城（镇）申报工作结束，首批 8 个绿色生态城区获得 5000 万元资金补助，分别是中新天津生态城、唐山湾生态城、深圳光明新区、无锡太湖新区、长沙梅溪湖新城、重庆悦来生态城、昆明呈贡新区、贵阳中天未来方舟生态城。

2013 年，住房城乡建设部发布《关于印发"十二五"绿色建筑和绿色生态城区发展规划的通知》，该规划总结天津、上海、深圳、青岛、无锡等地生态城区规划建设及绿色建筑示范工程经验，提出实施 100 个绿色生态城区示范建设的目标，从此，绿色生态城区在我国各地蓬勃发展。各省、市、自治区积极响应，编制适用于当地的推动性文件、管理办法、资金扶助政策和生态城区体系，并积极开展生态城区评选工作。

为保证绿色生态城的健康发展，住房城乡建设部 2017 年发布国家标准《绿色生态城区评价标准》GB/T 51255-2017，该标准包含土地利用、生态环境、绿色建筑、资源与碳排放、绿色交通、信息化管理、产业与经济、人文八大类内容，能全面、科学地评价一个城区的设计和运营是否符合绿色生态城区要求。从此明确我国绿色生态城区的发展方向和评价内容。

1. 北京

2014 年，北京市财政局联合北京市规划委员会、北京市住房和城乡建设委员会制定《北京市发展绿色建筑推动绿色生态示范区建设财政奖励资金管理暂行办法》，规范绿色生态示范区奖励资金使用管理，并规定北京市每年评定并奖励两到三个绿色生态示范区，奖励资金基准为 500 万元。北京市规划委员会于当年开展绿色生态示范区评选工作，授予北京未来科技城、北京雁栖湖生态发展示范区、北京中关村软件园"北京市绿色生态示范区"称号。截至 2019 年，中关村生命科学园、新首钢综合服务区、中关村翠湖科技园、中关村科技园区丰台园东区、奥体文化商务园区、大望京科技商务创新区、中关村高端医疗器械产业园、北京雁栖湖生态发展示范区定向安置房项目（一期）、北京丽泽金融商务区、北京城市副中心城市绿心等6批13个城区已获得“北京市绿色生态示范区”称号。

为保证生态城区的顺利发展，2018年北京市规划和自然资源委员会发布《绿色生态示范区规划设计评价标准》，该标准是在国家标准《绿色生态城区评价标准》GB/T 51255的基础上，结合北京市资源条件和总体规划发展需求，以及现有绿色生态示范区建设经验和未来发展要求进行编制，对生态城的用地布局、生态环境、绿色交通、绿色建筑、水资源、低碳能源、固体废弃物、信息化、人文关怀与绿色产业9大类绿色生态示范区规划内容做出评价，该标准对不同建设程度城区的评价也不相同，分为新建类、提升类、更新类和限建类四种类型建设区评价。

2019年，北京市住房和城乡建设委员会和北京市规划和自然资源委员会联合发布《北京经济技术开发区绿色工业建筑集中示范区创建方案》，针对北京地区工业区的绿色生态发展，要求在全国率先开展绿色工业建筑规模化集中推广，并实施“绿色工业建筑+”战略，充分发挥绿色工业建筑带动作用，推动新技术应用，配套产业发展，同时兼顾用地布局、能源资源利用、生态环境、交通物流、信息化技术，以及绿色产业培育等方面内容，共21项指标，提升区域整体绿色化水平，建成全国领先的“绿色工业建筑集中示范区”。

2. 天津

天津地区的生态城发展要先于“十二五”时期。2007年11月18日，我国和新加坡签署《中华人民共和国政府与新加坡共和国政府关于在中华人民共和国建设一个生态城的框架协议》。原建设部与新加坡国家发展部签了《中华人民共和国政府与新加坡共和国政府关于在中华人民共和国建设一个生态城的框架协议的补充协议》。从此，中新天津生态城正式诞生。

为保证中新天津生态城的健康发展，2008年天津市人民政府第14次常务会议通过《中新天津生态城管理规定》，规范中新天津生态城的行政管理、建设管理、城市管理。

2014年发布的《国家发展改革委关于印发中国—新加坡天津生态城建设国家绿色发展示范区实施方案的通知》中，要求天津市和国务院有关部门要贯彻《中国—新加坡天津生态城建设国家绿色发展示范区实施方案》，努力把生态城建设成为国家生态文明建设示范区、绿色发展体制机制的创新区、绿色思想文化的策源地。

2018年，住房城乡建设部印发《中新天津生态城支持政策》，一共有八项政策。主要是响应企业发展需求而提出的，也是推动生态城进一步改革创新的重要举措，能进一步丰富产业类型，激发创新活力，优化营商环境，实现高质量发展。

2019年天津市人民政府第59次常务会议通过《天津市人民政府关于修改〈中新天津生态城管理规定〉的决定》，增加产业促进章节，并对原有条款进行修改。修改后的文件赋予中新天津生态城更大自主发展权，鼓励、支持生态城管委会创新管理体制和运营模式，为科技企业、孵化服务机构、科研机构等提供更好的发展环境，并为单位和个人的生产、经营和创业活动提供便捷服务。

为保证中新天津生态城的建设，天津市住房和城乡建设管理委员还先后发布《中新天津生态城绿色建筑评价标准》《中新天津生态城绿色建筑设计标准》《中新天津生态城绿色建筑评价技术细则》《中新天津生态城绿色施工技术管理规程》《中新天津生态城绿色

施工技术管理规程》《中新天津生态城绿色建筑运营管理导则》等。

3. 河北

2014年发布的《关于印发河北省生态示范城市建设评价指标（试行）的通知》中，要求河北省各地生态示范城市管理人员进行自评，并随后组织生态示范城市规划建设情况的评价工作。为保证生态城市建设，住房城乡建设厅同年发布《关于进一步推进生态示范城市建设的函》，明确将针对绿色建筑项目，制定有效的财政补贴、低息贷款、减免税收等经济支持政策。同时，建立绿色建筑星级标准与土地拍卖挂钩制度。

2017年，河北省发展和改革委员会等四部门印发《河北省绿色发展指标体系》和《河北省生态文明建设考核目标体系》，建立河北省以资源利用、环境治理、环境质量、生态保护、增长质量、绿色生活六大类、58个指标组成的绿色发展指标体系，同时指定各指标的统计部门，保证其落地性。为保证《河北省绿色发展指标体系》的顺利实施，同年河北省委办公厅、省政府办公厅印发《河北省生态文明建设目标评价考核办法》，要求每年按照河北省绿色发展指标体系实施情况，对各市资源利用、环境治理、环境质量、生态保护、增长质量、绿色生活、公众满意度等方面的变化趋势和动态进展进行评价，生成各市绿色发展指数。

为保证生态城区的绿色建筑质量和健康发展，2018年河北省第十三届人民代表大会常务委员会第七次会议通过《河北省促进绿色建筑发展条例》，设区的市人民政府可以结合本地实际提高绿色建筑发展要求，促进绿色建筑规模化发展，推动城市新区、功能园区创建绿色生态城区、街区、住宅小区。

4. 上海

2014年，上海市节能办公室发布《关于申报2014年上海市绿色建筑集中示范区的通知》，推动上海市绿色建筑集中规模化发展，引导城镇化绿色生态低碳转型。与之同时发布的附件《上海市绿色建筑集中示范区指标体系》，为上海量身打造经济持续、土地利用与市政、交通、能源、建筑、资源再利用、环境友好、高效管理8类、共30个指标。该通知的发布极大地推进了上海示范区的申报评审工作。

2018年，上海市住房和城乡建设管理委员会发布上海市地方标准《绿色生态城区评价标准》，并于2019年发布与之配套的《上海绿色生态城区评价技术细则2019》。该标准从选址与土地利用、绿色交通与建筑、生态建设与环境保护、低碳能源与资源、智慧管理与人文、产业与绿色经济等方面对生态城区进行评价。该标准不仅针对新建生态城区，而且许多内容考虑到已建成城区的改造问题，为更新城区工作提供指导方向。

同年，上海市住房城乡建设管理委发布《关于推进本市绿色生态城区建设的指导意见》，要求到2019年末，各区、特定地区管委会至少选定一个新开发城区或更新城区启动创建并完成其绿色生态专业规划编制。力争“十三五”末，各区、特定地区管委会至少创建一个绿色生态城区。全市形成一批可推广、可复制的试点、示范城区，以点带面推进本市绿色生态城区建设。为进一步推进绿色生态城区建设，上海市住房和城乡建设管理委员会于2019年发布《上海市绿色生态城区试点和示范项目申报指南（2019年）》，正式开始上海市绿色生态城区评价的工作。目前已经有新顾城获得二星级上海市绿色生态城区试点称号，前滩国际商务区、桃浦智创城获得三星级上海市绿色生态城区试点称号。

5. 江苏

2015 年发布的《江苏省省级节能减排（建筑节能和建筑产业现代化）专项引导资金管理暂行办法》中，明确绿色生态城区区域集成项目纳入专项资金支持范围，并对示范城区的绿色建筑情况提出要求。

同年，江苏省第十二届人民代表大会常务委员会第十五次会议通过了《江苏省绿色建筑发展条例》，明确要求编制城市、镇总体规划应当遵循绿色生态发展原则，落实生态环保、能源综合利用、水资源综合利用、土地节约集约利用、固体废弃物综合利用、绿色交通等要求。

2018 年，江苏省住房和城乡建设厅发布《江苏省绿色生态城区专项规划技术导则（试行）》，对功能布局、水资源综合利用、能源综合利用、绿色建筑、绿色交通、生态系统与生物多样性、固体废弃物综合利用等专项规划的形式、内容提出详细要求，规范绿色生态城区专项规划编制和管理工作，提高专项规划的科学性和可操作性。

江苏的无锡市太湖新城是国家首批绿色生态城区。为保证生态城的顺利建设，2011 年 10 月，无锡市十四届人大常委会第 30 次会议制定《无锡市太湖新城生态城条例》，为生态城建设过程中的规划、建设管理、法律责任等内容提供法律依据。为适应无锡市太湖新城的不断发展变化，于 2013 年和 2019 年发布《无锡市太湖新城中瑞低碳生态城控制性详细规划动态更新》，调整生态城区的布局规划。近年来，无锡市人民政府开展碧水河（太湖新城段一期工程）河道综合整治工程、太湖新城湖滨流域水质改善与生态修复等工程，保证太湖流域水系的生态环境。

6. 浙江

2016 年，浙江省委办公厅、省人民政府办公厅印发的《“811”美丽浙江建设行动方案》提出，通过实施 11 项专项行动，实现 8 方面主要目标。到 2020 年，构建起较为完善的生态文明制度体系，形成人口、资源、环境协调和可持续发展的空间格局、产业结构、生产方式、生活方式，以水、大气、土壤和森林绿化美化为主要标志的生态系统初步实现良性循环，全省生态环境面貌出现根本性改观，生态文明建设主要指标和各项工作走在全国前列，成为全国生态文明示范区和美丽中国先行区。2017 年、2018 年浙江省人民政府分别认定两批省级生态文明建设示范市 5 个、生态文明建设示范县 38 个。

2018 年，浙江省人民政府印发的《浙江省生态文明示范创建行动计划》中，要求到 2020 年，高标准打赢污染防治攻坚战；到 2022 年，各项生态环境建设指标处于全国前列，生态文明建设政策制度体系基本完善，成为生态文明思想和建设美丽中国的示范区。行动计划大力推进绿色发展，坚决打赢蓝天、碧水、净土、清废攻坚战，加大生态系统保护力度，深化生态文明体制改革等 7 项重点任务，配套蓝天、碧水、净土、清废 4 大行动方案；提出组织领导、投入保障、考核评价、能力建设、科技支撑、社会监督 6 个方面的保障措施；全省预计共投入 3000 多亿元，聚焦 4 大行动和生态保护与修复、能力建设等领域的 21 个项目。

象山县是浙江省宁波市下辖县，一直致力于生态、低碳发展。2011 年就开始谋划浙江省森林城市创建工作，2013 年完成森林城市总体规划编制，2014 年批准实施，2015 年正式启动创建。目前已形成以沿海基干林带为主线，农田防护林为网络，绿色通道工程为骨架，城镇、村庄绿化为依托，点、线、面、带相结合的森林城市绿化格局，展现出具有象山本地特色的森林城市风貌。随着森林城市创建的推进，象山县在推进机制建设上做足文章。先后制定出台《象山县森林城市建设总体规划（2013—2020）》《象山县关于开展森林城市建设工作的通知》《象山县创建浙江省森林城市实施意见》《象山县关于深入推进森林城市建设工作的通知》等指导性文件，明确职责、分解责任、落实任务，要求县农林、住建、国土、交通、水利、财政等部门按照各自职责抓好森林工程建设和资金保障等工作，2017年获得国家生态文明建设示范县，2019年获得年度全国绿色发展百强县市、全国科技创新百强县市。

7. 福建

2015年，福建省发展和改革委员会发布《长乐市推进港城联动、产城融合建设滨海生态城市试点方案》，要求充分发挥长乐市“海丝”文化积淀和港口、空港优势，积极呼应福州主城“东扩南进、沿江向海”发展，全面融入福州新区开放开发，着力打造以人的城镇化为核心、城镇基本公共服务常住人口全覆盖、城市空间布局合理、产业支撑和综合承载能力强的国际化航空滨海生态城市和21世纪海上丝绸之路重要节点城市。

2016年《福建省人民政府办公厅关于印发福建省“十三五”生态省建设专项规划的通知》发布，要求到2020年，资源节约型和环境友好型社会建设取得重大进展，经济发展质量和效益显著提高，生产方式和生活方式绿色、低碳水平显著提升，生态环境质量进一步改善，生态文明理念深入人心。生态文明体制改革取得突破性进展，与全面建成小康社会相适应的生态文明制度体系基本建立，在生态文明领域治理体系和治理能力现代化上走在全国前列。

福建南平市是领先全省的生态市区，2010年开始先后发布《南平市生态市建设总体规划纲要》《南平市生态市建设总体规划纲要实施意见》《抓住机遇加快水土流失治理推进生态南平建设实施方案》《关于鼓励中心城市企业退城入园的若干意见》等文件，并于2019年成立南平市“金山银山”平台建设推进工作领导小组，利用南平市生态环境大数据云平台，提高生态环境保护“用数据决策、用数据监管、用数据服务”的能力，引领环境管理全方位转型，持续提升生态环境治理体系和治理能力现代化水平。

8. 湖北

2014年，湖北省住房和城乡建设厅发布《湖北省绿色生态城区示范技术指标体系（试行）》，该指标体系适用于规划面积不小于1.5km^2的省级绿色生态城区示范项目。根据社会经济发展条件和自然环境等因素，将绿色生态城区分为资源开发型城区、工业主导型城区、综合性城区、旅游型城区等类型。各地可根据不同的特点，选择适宜的类型。

2015年发布的《湖北生态省建设规划纲要》中，要求从2014年至2030年，力争用17年左右的时间，使湖北在转变经济发展方式上走在全国前列，经济社会发展的生态化水平显著提升，全社会生态文明意识显著增强，全省生态环境质量总体稳定并逐步改善，保障人民群众在“天蓝、地绿、水清”的环境中生产生活，基本建成空间布局合理、经济生态高效、城乡环境宜居、资源节约利用、绿色生活普及、生态制度健全的美丽中国示范区。

2018年湖北省环委会办公室发布《湖北省生态文明建设示范区（湖北省环境保护模范城市）指标体系》，包含生态制度、生态环境、生态空间、生态经济、生态生活、生态文化6大类、44项指标。同年发布配套文件《省环委会办公室关于印发〈湖北省生态文明建设示范区（湖北省环境保护模范城市）管理规程（试行）〉的通知》，规范当地生态文明示范区的申报与评选。

2014 年，我国与法国在巴黎签署《关于在武汉市建设中法生态城的合作意向书》，中法武汉生态示范城正式落户武汉市蔡甸区。2015 年，成立由住房城乡建设部牵头，外交部、国家发展改革委、科技部、工业和信息化部、财政部、国土资源部、环保部、交通运输部、商务部、中国人民银行、国家税务总局、国家外汇管理局等 13 个国家部委及湖北省政府、武汉市政府共同组成的生态城中方协调组。2018 年 1 月，经中方协调组各成员单位会商，住房城乡建设部印发国家部委支持中法生态城 9 条政策，将在复制推广自贸区经验、外汇集中运营管理、什湖治理和地下综合管廊建设等 9 大方面给予支持。湖北省、武汉市、蔡甸区分别成立领导小组，并设立中法武汉生态示范城管委会，建立国家、省、市、区四级协调推进机制。

9. 湖南

2017 年，湖南省住房城乡建设厅发布《湖南省城市双修三年行动计划（2018—2020 年）》。要求力争到 2020 年，全省城市病得到有效缓解，城市功能基本完善，生态空间有效保护，景观风貌显著改观，城市治理能力和水平明显提升，城市发展方式基本实现由速度增长型向质量效益型、由外延扩张型向内涵集约型转变。

同年，湖南省委办公厅、湖南省人民政府办公厅发布《湖南省生态文明建设目标评价考核办法》，并制定《湖南省绿色发展指标体系》《湖南省生态文明建设考核目标体系》，作为开展生态文明建设评价考核的依据。《湖南省绿色发展指标体系》包括绿色发展指数和资源利用、环境治理、治理能力、生态保护、增长质量、绿色生活 6 个分类指数，共 55 项。《湖南省生态文明建设考核目标体系》包括资源利用、生态环境保护、年度评价结果、公众满意程度、生态环境事件 6 个分类指数，共 23 项。

2019 年，湖南省地方标准《湖南省绿色生态城区评价标准》发布征求意见稿，该标准正式发布后将为湖南地区绿色生态城区规划和建设提供标尺。

10. 广东

2014 年，广东省住房城乡建设厅发布《广东省绿色生态城区规划建设指引（试行）》，从多个方面规范全省绿色生态城区规划建设工作，确立以土地利用规划、城市形态与环境设计、交通系统规划、市政基础设施规划以及环境保护规划 5 大系统为核心的技术体系，为各地市规划管理部门与规划编制单位提供技术依据。该指引还对规划实施保障、评估与校核、规划编制的深度、成果构成与成果要求等做出明确要求，切实保障各地区编制绿色生态城区规划具有统一的编制标准与成果深度，对实现绿色生态规划编制和实施管理的标准化、规范化有积极作用。

2015 年，经中欧双方联合评审，珠海市成功入选“中欧低碳生态城市合作项目”综合试点城市。综合试点的范围囊括城市紧凑发展规划、清洁能源利用、绿色建筑、绿色交通、水资源与水系统、垃圾处理处置、城市更新与历史文化风貌保护、城市建设投融资机制、绿色产业发展 9 大领域共 27 个试点项目。在确定试点项目后，珠海市迅速成立中欧低碳生态综合试点城市工作领导小组，出台《珠海市人民政府关于促进中欧低碳生态城市合作项目的实施意见》《珠海建设国际宜居城市三年行动计划》等文件，成立项目管理办公室，全面负责珠海市试点项目的统筹协调、沟通联络、监督评估等工作，初步搭建较为完备的工作机制。

11. **山西**

2014年发布的《山西省住房和城乡建设厅关于开展绿色建筑集中示范区建设的通知》中，明确按照开展绿色规划、实施绿色建筑、创建绿色城区、促进绿色发展的思路，在全省城镇开展集中区建设。2014年首先在22个设市城市启动，其他有条件的城镇也可先行开展。

2014年发布的《山西省住房和城乡建设厅关于印发〈山西省绿色建筑集中示范区建设指南〉（试行）的通知》，为做好绿色建筑集中示范区的规划建设和推进工作提供指导。

12. **内蒙古**

2015年发布的《内蒙古自治区人民政府关于加快推进生态宜居县城建设的意见》中，明确以加快推进生态文明和新型城镇化建设为目标，坚持高起点规划、高质量建设、高效能管理，实现以规划引领城镇建设，以建设增强城镇功能，以管理提升城镇品位，建设规模适度、功能完善、环境优美、特色鲜明、生态宜居的现代化县城。

2015年发布的《内蒙古自治区生态宜居县城考评办法（试行）》为生态宜居县城的考核提供依据。

13. **吉林**

2018年，吉林省人民政府办公厅发布《吉林省城市管理效能提升三年行动方案》，要求坚持生态优先，以人为本的基本原则，严守生态保护红线，严控城镇开发红线，对城市生态建设变形走样坚决整改，按照全省统一部署，加快完成国土空间规划工作；将城市管理效能提升作为保障和改善民生的重要内容，以群众满意为标准，落实惠民便民措施。

14. **黑龙江**

2017年发布的《关于印发〈黑龙江省生态修复城市修补工作实施方案（2017-2020年）〉的通知》，明确到2020年，“城市双修”工作初见成效，被破坏的生态环境得到有效修复，“城市病”得到有效治理，城市基础设施和公共服务设施条件明显改善，环境质量明显提升，城市特色风貌初显。

2019年，黑龙江省住房和城乡建设厅发布《黑龙江省绿色城市建设评价指标体系》和《黑龙江省绿色城市建设指标评价细则》的征求意见稿，正式发布后将对城市设计与勘察设计、建筑施工管理、市政公共服务、城市环境秩序、营商环境优化等进行系统的指导，推动城市建设管理方式转变，改善城市功能，提升城市建设和管理品质。

15. **江西**

2014年发布的《江西省生态文明先行示范区建设实施方案》中，要求按照中部地区绿色崛起先行区、大湖流域生态保护与科学开发典范区、生态文明体制机制创新区的示范定位，加强组织领导，明确任务分工，落实工作责任，建立工作机制，确保各项政策措施落地，加快推进生态文明先行示范区建设。

2016年发布的《关于组织申报江西省生态文明示范基地的通知》，规范江西省生态文明示范基地的申报及评选，2016~2018年，江西省共授予生态文明示范基地称号100余家，促进江西省生态文明示范基地的发展。

16. **山东**

2017年，山东省住房和城乡建设厅发布《山东省绿色生态城区建设技术导则（试行）》，内容包括建设程序、土地使用、绿色交通、绿色建筑、能源、水资源生态环境、固体废弃物、信息化、绿色经济、实施保证等，为山东省绿色生态城区的建设发展提供技术指导。

同年，山东省环境保护厅发布《山东省省级生态文明建设示范区管理规程（试行）》《山东省省级生态文明建设示范区指标（试行）》。规程主要是对生态文明建设示范区的申报、评估、考核、管理能内容作出要求；指标主要针对生态文明建设示范市、县、镇制定不同的要求，包含生态空间、生态经济、生态环境、生态生活、生态制度、生态文化、生产发展等内容。

17. 河南

2016 年发布的《河南省人民政府办公厅关于健全生态保护补偿机制的实施意见》中，明确到 2020 年，实现森林、湿地、水流、耕地等重点领域和禁止开发区域、重点生态功能区等重要区域生态保护补偿全覆盖，生态保护补偿标准体系和制度体系基本建立，多元化补偿机制初步建立，跨地区、跨流域补偿试点示范工作取得明显进展，生态保护者与受益者良性互动的机制基本形成。

2017 年河南省发展和改革委员会、河南省统计局、河南省环境保护厅、中共河南省委组织部联合发布《河南省绿色发展指标体系》《河南省生态文明建设考核目标体系》，作为开展生态文明建设评价考核的依据。《河南省绿色发展指标体系》包括绿色发展指数和资源利用、环境治理、治理能力、生态保护、增长质量、绿色生活 6 个分类指数，共 56 项。《河南省生态文明建设考核目标体系》包括资源利用、生态环境保护、年度评价结果、公众满意程度、生态环境事件 6 个分类指数，共 22 项。同年，河南省人民政府发布《河南省生态文明建设目标评价考核实施办法》，制定每年的考核评价工作流程、考核目标、奖惩、监督等内容，为河南省生态文明建设目标评价工作的开展提供依据。

18. 安徽

2016 年中共安徽省委、安徽省人民政府印发的《关于扎实推进绿色发展着力打造生态文明建设安徽样板实施方案》中，要求到 2020 年，生态文明建设水平与全面建成小康社会目标相适应，资源节约型和环境友好型社会建设取得重大进展。符合主体功能定位的国土开发新格局基本确立，经济发展质量效益、能源资源利用效率、生态系统稳定性和环境质量稳步提升，生态文明主流价值观在全社会得到推行，“三河一湖”生态文明建设安徽模式成为全国示范样板。

2017 年，安徽省住房城乡建设厅发布《安徽省绿色生态城市建设指标体系（试行）》，其中包含综合指标、绿色规划引领、绿色城市建设、绿色建筑推广、城市智慧管理和绿色生活倡导六大类、40 个指标项，涵盖资源能源节约、生态环境安全、城市设计和城市风貌保护、海绵城市、综合管廊、公园绿地、可再生能源建筑应用、绿色建筑、装配式建筑、绿色建材、公共交通服务设施、智慧城管、绿色出行等内容，涉及城市规划建设管理服务各个环节。

19. 广西

2015 年发布的《广西壮族自治区人民政府办公厅关于印发〈广西生态经济发展规划〉（2015—2020 年）的通知》中，要求广西生态环境质量位居全国前列。设区市空气质量较大改善，各设区市河流交界断面水质水量达标率达到 100%，重要江河湖泊水功能区水质达标率达到90%，近岸海域环境功能区达标率高于88%，饮用水安全保障水平显著提升，土壤环境质量逐步改善，城镇污水集中处理率和生活垃圾无害化处理率分别达到90%和95%。森林覆盖率达到63%，活立木蓄积量达到8亿m^3，自然保护区和自然保护小区面积占国土面积比例高于8%；新建绿色建筑比例达到40%，公共交通出行比例达到20%。

2018年，广西住房城乡建设厅发布《广西开展生态修复城市修补工作的指导意见（试行）》，要求力争到2020年，全区“城市双修”工作初见成效，被破坏的生态环境得到有效修复，生态空间得到有效保护，环境质量明显提升；“城市病”得到有效缓解，城市功能基本完善，城市基础设施和公共服务设施条件明显改善，城市特色风貌初显。城市发展方式基本实现由速度增长型向质量效益型、由外延扩张型向内涵集约型转变。

20. 海南

2015年发布的《海南省人民政府办公厅关于印发2015年度海南省生态文明建设工作要点的通知》中，要求大力发展生态产业，壮大生态经济总量，加强环境污染治理，完善生态建设制度，改善人居环境，培育生态文化，努力建设“生产发展、生活富裕、生态良好、社会和谐”的生态文明建设示范省，谱写美丽中国海南篇章。

2018年，海南省住房和城乡建设厅发布的《海南省生态修复城市修补工作方案（2018—2020年）》，要求2019年，各市县违法建筑管控、海岸带整治、大气、水环境、山体保护等主要城镇生态环境存在的问题得到有效治理，城市功能明显改善，特色风貌明显提升，城市人居环境品质得到根本性改观。2020年，全省生态环境质量持续保持全国领先水平，城市人居环境明显改善，自然生态系统得到全面恢复和修复，资源节约型和环境友好型社会建设取得重大进展。

21. 重庆

2015年，重庆市正式实施地方标准《绿色低碳生态城区评价标准》，主要内容包含土地利用及空间、交通、建筑、基础设施、工业、城市管理等。该标准先于国家标准发布施行，为我国生态城建设提供经验。

2016年，《重庆市人民政府关于印发重庆市生态文明建设“十三五”规划的通知》发布，要求到2020年，全市国土空间和生态格局更加优化，生态系统稳定性明显增强，资源能源利用效率大幅提高，绿色循环低碳发展取得明显成效，生态环境质量总体改善，重点污染物排放总量继续减少，生态文明关键制度建设取得决定性成果，生态文化日益深厚，建成长江上游生态文明先行示范带的核心区，基本建成碧水青山、绿色低碳、人文厚重、和谐宜居的生态文明城市，使绿色成为重庆发展的本底，使重庆成为山清水秀的美丽之地。

22. 四川

2016年发布的《中共四川省委关于推进绿色发展建设美丽四川的决定》中，要求到2020年，资源节约型、环境友好型社会建设取得重大进展，生态环境质量明显改善，绿色、循环、低碳发展方式基本形成。

同年，四川省住房和城乡建设厅发布《关于组织申报绿色生态示范城区的通知》，并公布一批四川省绿色生态示范城区，分别为德阳旌东新区起步区、成都市高新区新川创新科技园、康定炉城镇。

23. 贵州

2015 年发布的《省人民政府办公厅关于印发〈绿色贵州建设三年行动计划（2015—2017 年）〉的通知》中，要求坚持生态优先，兼顾产业。围绕生态修复和培育生态经济，大力开展宜林荒山植树造林、封山育林和退耕还林还草，在改善生态环境的前提下，创新经营方式，发展山地特色优势经济林、林下经济和生态旅游，最大限度实现绿化和产业化的有机结合。

2016 年，贵州省住房和城乡建设厅发布《贵州省绿色生态城区评价标准》，该标准从土地利用、生态环境、绿色建筑、资源与碳排放、绿色交通、信息化管理、产业与经济、人文等方面对生态城区进行评价。该标准的特色在于对生态城区分为 A、B 两类，A 类生态城区规划建设范围在 $3km^2$ 以上，B 类生态城区规划建设范围在 $1km^2$ 以上，产业与经济内容不参评，适用于贵州省小规模城区的建设开发。

24. 云南

2017 年，云南省人民政府办公厅发布《关于健全生态保护补偿机制的实施意见》，要求到 2020 年，全省森林、湿地、草原、水流、耕地等重点领域和禁止开发区域、重点生态功能区、生态环境敏感区/脆弱区及其他重要区域生态保护补偿全覆盖，生态保护补偿试点示范取得明显进展，跨区域、多元化补偿机制初步建立，基本建立起符合省情、与经济社会发展状况相适应的生态保护补偿制度体系，促进形成绿色生产生活方式。

2018 年发布的《云南省人民政府关于发布云南省生态保护红线的通知》，要求 2020 年年底前，完成生态保护红线勘界定标工作，基本建立生态保护红线制度，国土生态空间得到优化和有效保障，生态功能保持稳定，生态安全格局更加完善。到 2030 年，生态保护红线制度有效实施，生态功能显著提升，生态安全得到全面保障。

25. 陕西

2015 年，陕西省住房和城乡建设厅发布《陕西省绿色生态城区指标体系（试行）》，该体系坚持以生态优先、以人为本、动态发展为原则，分规划、运营不同阶段和分有无工厂或工业区域，制定不同的绿色生态城区评价要求。该体系包含土地利用与空间开发、绿色建筑、环境与园林绿化资源与能源、基础设施、城市经营与管理、历史文化遗产及特色保护、产业 7 大类、60 项内容，并分为控制项和引导项，为陕西省绿色生态城区发展工作提供理论依据。

2017 年，陕西省人民政府发布《陕西省沿黄生态城镇带规划（2015—2030 年）》，要求围绕生态文明、文化传承与发展两大重点任务，集生态文明、文化旅游、新型特色城镇化、区域合作为一体，以特色发展、产业提升、城镇集聚为主要动力，加快推进陕西省沿黄地区振兴和全省同步实现小康。同时，对沿黄生态城镇带的定位与策略、空间布局、支撑体系、分区段发展指引、区域协调、近期行动计划、规划实施保障做出相关规划。

26. 甘肃

2015 年发布的《甘肃省人民政府办公厅关于印发甘肃省生态保护与建设规划（2014—2020 年）的通知》中，要求到 2020 年，重点区域综合治理取得明显成效，生态系统的稳定性和防灾减灾能力逐步提升，生态系统服务功能得到增强，应对气候变化能力进一步提高，水土流失得到有效治理，全省生态环境得到明显改善，生态系统实现良性循环，从源头上扭转甘肃生态环境恶化的势头；生态保护与建设和经济发展协调推进，构筑起以“三屏四区”为骨架的综合生态安全屏障。

2017年，中共甘肃省委、甘肃省政府发布了《关于进一步加快推进生态文明制度建设的意见》，要求积极开展生态文明体制改革试验，完善生态文明制度体系，推进生态文明领域治理体系和治理能力现代化。做好推进生态文明先行示范区建设、统筹推进各类示范试点建设、积极开展申请设立国家生态文明试验区前期工作，申请设立国家生态文明试验区。

27. 青海

2013年《青海省省级生态建设示范区申报和审核管理办法（试行）》发布，规范了当地生态文明示范区的申报与评选。

2017年发布了《青海省省级生态建设示范区管理规程》，《青海省省级生态建设示范区申报和审核管理办法（试行）》作废，进一步明确了以奖代补的资金发放标准、后期监管机制，规范了当地生态文明示范区的申报与评选的流程。

2018年，中共青海省委、青海省人民政府出台《关于全面加强生态环境保护坚决打好污染防治攻坚战的实施意见》，要求到2020年，生态环境质量总体改善，主要污染物排放总量大幅减少，环境风险得到有效管控，生态环境保护水平同全面建成小康社会目标相适应。

28. 宁夏

2016年，宁夏回族自治区人民政府关于印发《宁夏生态保护与建设“十三五”规划》，并于2018年修订，要求紧紧围绕实现经济繁荣、民族团结、环境优美、人民富裕，确保与全国同步建成全面小康社会目标，基本形成与《宁夏回族自治区主体功能区规划》相适应的区域、城乡一体的生态空间格局，全社会生态保护意识增强，全区环境质量稳中有升，城乡人居环境质量大幅度提高，生态文明重大制度基本确立，实现经济社会持续发展、生态环境持续改善的良好局面。全区森林、草原、沙漠、湿地、农田自然生态系统趋于良好稳定状态，提高宁夏生态环境承载能力，建成西部生态文明示范区。

参考文献

[1] 龚迎节. 悦来生态城土地使用的低碳化策略 [D]. 重庆：重庆大学建筑城规学院，2016.

[2] 李晓宇. 基于气候生态视角的城市特色研究——以武汉新区（四新地区）城市特色研究为例 [D]. 武汉：华中科技大学，2007.

[3] 洪亮平，余庄，李鹍. 夏热冬冷地区城市广义通风道规划探析——以武汉四新地区城市设计为例 [J]. 中国园林，2011（02）：39-43.

[4] City of Berkeley. The Berkeley Bicycle Plan 2005. Berkeley：Central Administrative Offices，2005 [2019-10-11]. http：//www. ci. berkeley. ca. us/transportation/bicycling/bikeplan/bikeplan. html.

[5] Kurt Shickman. Operations Primer for Cool Cities：Responding to Excess Heat，2019.

[6] 李鑫. 什么是"韧性城市" [EB/OL]. 2019-07-10 [2019-09-27]. http：//www. sohu. com/a/325964357_ 732956.

[7] 山东人民防空. 韧性城市，提高城市系统抵御力 [EB/OL]. 2019-02-01 [2019-11-1]. http：//www. sohu. com/a/292783166_ 120028788.

[8] CITYIF. 国际观察 025 丨 何为"韧性城市"权威概念解析及最新案例分析 [EB/OL]. 2017-07-07 [2019-10-23]. https：//www. sohu. com/a/155180704_ 651721.

[9] 彭震伟等. 海岸城市的韧性城市建设：美国纽约提升城市韧性的探索 [EB/OL]. 上海：人类居住，2019-02-07 [2019-10-11]. https：//www. sohu. com/a/293559620_ 726503.

[10] 黄巾立国. 智慧城市行业发展趋势 [EB/OL]. 北京：百度文库，2017-12-07 [2020-1-19]. https：//wenku. baidu. com/view/f68e10a570fe910ef12d2af90242a8956aecaa5f. html [EB/OL]. https：//wenku. baidu. com/view/f68e10a570fe910ef12d2af90242a8956aecaa5f. html.

[11] 优管网. 智慧城市建设的"六个一"工程与评价指标 [EB/OL]. 北京：搜狐网 2019-01-14 [2020-2-1]. http：//www. sohu. com/a/288804811_ 120066730.

[12] 百信中联教育. 智能建筑与电动汽车间的对话 [EB/OL]. 北京：搜狐网 2015-08-13 [2019-12-23]. http：//www. sohu. com/a/27180925_ 202096.

[13] 凌晓红. 紧凑城市：香港高密度城市空间发展策略解析 [J]. 规划师，2014（12）：100-105.

[14] 贺鼎. 紧凑型城市——超大城市的可持续发展选择 [J]. 中国社会组织，2015（8）：15-16.

[15] 了望时评. 紧凑城市是个大方略 [J]. 机械工程文摘，2016（1）：2-3.

[16] 仇保兴. 海绵城市（LID）的内涵、途径与展望 [J]. 给水排水，2015（1）：1-3.

[17] 北京土人景观与建筑规划设计研究院. 五水共治：浦阳江生态廊道 [EB/OL]. 北京：北京土人景观与建筑规划设计研究院 2018-07-05 [2019-09-19]. https：//www. turenscape. com/project/detail/4669. html.

[18] 中国建筑科学研究院有限公司 主编. 绿色建筑评价标准 [S]. GB/T 50378-2014. 北京：中国建筑工业出版社，2014.

[19] 中国建筑科学研究院上海分院 主编. 绿色生态城区评价标准 [S]. DG/TJ 08-2253-2018. 上海：同济大学出版社，2018.

[20] 建科节能. 绿色建筑发展现状：真绿色？假绿色？[EB/OL]. 陕西：陕西省建筑节能协会 2019-08-30 [2019-12-11]. https：//www. sxjzjn. org/h-nd-4214. html#_ np=116_ 391.

[21] 人则水周. 如何用新科技提升办公空间品质：江森自控总部大楼的例子 [EB/OL]. 2017-08-31.

［2019-09-29］. https：//zhuanlan. zhihu. com/p/28937459.

［22］ 杨作涛. 江森自控在沪揭幕亚太区“智慧”总部［J］. 汽车与驾驶维修：维修版 2017（06）：40-41.

［23］ 张静辉，张益. 上海城建滨江大厦绿色建筑运行效果反思［J］. 城市住宅，2015（09）：27-31.

［24］ 姜华. 国外居住健康的实践［J］. 中华建设，2005（07）：62-63.

［25］ 国家住宅与居住环境工程中心 主编. 健康住宅建设技术要点［M］. 北京：中国建筑工业出版社. 2004.

［26］ 中国建筑科学研究院 主编. 健康建筑评价标准［S］. T/ASC 02-2016. 北京：中国建筑工业出版社. 2017.

［27］ 五建集团工程研究院. 案例 ｜ 宝山区顾村镇 N12-1101 单元 06-01 地块项目介绍［EB/OL］. 2017-04-25［2019-12-13］ https：//mp. weixin. qq. com/s？ src = 3×tamp = 1576030822&ver = 1&signature = C3NQEF2bgOzZgc6r92ORShyrumEP4UNzCJeIsLM9IaC6o-Uc3B * SsuTOlI8mOoUmS250IjB3lfxeEf2qrqEsGcCWfDXj8VjYyLwvS3k * qSwq1gdtwm1wIC-Ib-6ti5VMvxfcadildqQ-epbbOLF3PCNQW98xPshyaFbQEqvF5J8=.

［28］ 徐伟，邹瑜，孙德宇 等.《被动式超低能耗绿色建筑技术导则》编制思路及要点［J］. 建设科技，2015（23）：17-21.

［29］ 上海朗诗建筑科技有限公司. 布鲁克被动房的设计理念与技术实施［J］. 建设科技，2014（19）：27-30.

［30］ 中国建筑科学研究院有限公司 主编. 近零能耗建筑技术标准［S］. GB/T 51350-2019. 北京：中国建筑工业出版社. 2019.

［31］ 李聪，曹勇，毛晓峰. 被动式超低能耗建筑中智慧能源管理系统的应用［J］. 建筑技术开发，2016（2）：24-27.

［32］ 蒋勤俭. 国内外装配式混凝土建筑发展综述［J］. 建筑技术，2010（12）：1074-1076.

［33］ 陈丰华，钱忠勤. 混凝土保温模卡砌块外墙自保温系统施工工法［EB/OL］. 2017-08-08［2019-10-30］. http：//www. doc88. com/p-9496307496791. html.

［34］ 刘维明. 装配式建筑结构技术与分析. 科学与财富［J］，2018（01）：1-12.

［35］ 李光建. 装配式混凝土结构设计关键连接技术研究［J］. 中国房地产业，2017，中旬（6）：65-67.

［36］ 中国勘察设计协会工程智能设计分会、ICA 联盟. 2018 智慧建筑白皮书［R］. 北京：中国勘察设计协会工程智能设计分会、ICA 联盟，2018.

［37］ 阿里巴巴置业部，阿里巴巴研究院. 2017 智慧建筑白皮书［R］. 杭州：阿里巴巴，2017.

［38］ 张娟，苏金河. 智慧建筑与腾讯智慧建筑［J］. 建筑，2019［14］：30-33.

［39］ World Economic Forum. The Edge［R］. New York：World Economic Forum，2019.

［40］ 于本一. Cruise 发布首款无人驾驶汽车，迎接下一个十年挑战［EB/OL］. 北京：极客出行 2020-01-22［2020-02-03］ http：//www. sohu. com/a/368474379_ 413980.

［41］ 中国养老金网. 全国首单绿色建筑性能责任保险落地朝阳区. 北京：中国养老金网 2019-04-09［2019-10-29］ https：//www. cnpension. net/qynjkx/38107. html.

［42］ 贵州贵安新区管理委员会. 关注 ｜ 贵安新区：走出独具特色的绿色金融发展新路. 2018-07-08［2019-10-27］ https：//www. sohu. com/a/239987521_ 283740.

［43］ 郑佳佳，周元杰，谢佳杰，谌思宇，杨伦. 贵安新区：绿色金融，改革创新添动力. 贵州：多彩贵州网. 2018-07-06［2019-11-01］ http：//gaxq. gog. cn/system/2018/07/06/016680343. shtml.

［44］ 陶懿君. 德国弗莱堡的生态规划与建设管理措施研究［J］. 绿色建筑，2015（2）：30-33.

［45］ 王欣. 伦敦道克兰城市更新实践［J］. 城市问题，2004（5）：72-75.

［46］ 赵丹. 伦敦国王十字火车站改造［J］. 城市建筑，2013（05）：94-101.